工业和信息化人才培养规划教材

INDUSTRY AND INFORMATION TECHNOLOGY TRAINING PLANNING MATERIALS

TECHNICAL AND VOCATIONAL EDUCATION

工业和信息化人才培养规划教材　高职高专计算机系列

MS Office 实用教程

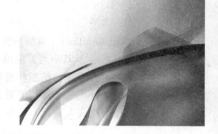

Practical tutorial of MS Office

朱风明 薛娟 ◎ 主编
王斌 ◎ 主审

人民邮电出版社
北京

图书在版编目（CIP）数据

MS Office实用教程 / 朱风明 ，薛娟主编. -- 北京 : 人民邮电出版社, 2016.1（2017.8重印）
工业和信息化人才培养规划教材. 高职高专计算机系列
ISBN 978-7-115-41301-7

Ⅰ. ①M… Ⅱ. ①朱… ②薛… Ⅲ. ①办公自动化一应用软件一高等职业教育一教材 Ⅳ. ①TP317.1

中国版本图书馆CIP数据核字(2016)第006930号

内 容 提 要

本书讲解了计算机基础和 MS Office 的相关知识及其操作应用，全书共有 7 章，系统地论述了计算机基础知识、Windows 7 系统操作、Word 2010 基本操作及其应用、Excel 2010 基本操作及其应用、PowerPoint 2010 基本操作及其应用、网络基础与 Internet 应用、信息检索与毕业论文排版。

本书配有大量的例题和解决实际问题的案例，特别侧重于操作技能的培养和训练，适合作为高职高专院校的计算机基础课程的教材，也可作为计算机等级考试培训教材以及计算机应用工程技术人员的参考书，还可供成人教育人员参考、学习、培训之用。

◆ 主　　编　朱风明　薛　娟
主　　审　王　斌
责任编辑　刘盛平
执行编辑　左仲海
责任印制　张佳莹　杨林杰

◆ 人民邮电出版社出版发行　　北京市丰台区成寿寺路 11 号
邮编　100164　　电子邮件　315@ptpress.com.cn
网址　http://www.ptpress.com.cn
北京鑫正大印刷有限公司印刷

◆ 开本：787×1092　1/16
印张：18.5　　2016 年 1 月第 1 版
字数：452 千字　　2017 年 8 月北京第 4 次印刷

定价：42.00 元

读者服务热线：(010)81055256　印装质量热线：(010)81055316
反盗版热线：(010)81055315

前　言

为了适应办公自动化发展及职业教育改革需要，编者依据高职高专计算机应用基础课程教学的基本要求和全国计算机等级考试一级MS Office考试大纲(2013年版)的要求，按照计算机科学技术的最新发展和办公自动化的实际应用编写了本书。本书能抓住基本概念，突出实践操作，强调应用能力培养，系统、详细地介绍了计算机应用基础知识和办公自动化软件的实践操作，统筹兼顾计算机一级考试需要，是一本集系统性、知识性、操作性、实践性于一体的计算机应用基础类教材，具有很强的实用性和针对性。

本书主要内容包括计算机基础知识，Windows 7 系统操作，Word 2010 基本操作及其应用，Excel 2010 基本操作及其应用，PowerPoint 2010 基本操作及其应用，网络基础与 Internet 应用，信息检索与毕业论文排版。书中配有大量的例题和解决实际问题的案例，特别侧重于操作技能的培养和训练。

本书具有以下特色。

（1）根据教育部有关高职高专教育的文件和全国计算机等级考试一级 MS Office 考试大纲（2013 年版）的要求编写，突出标准性与严谨性。

（2）采取“一点一练，即学即会”的方式，突出实用性和高效性。

（3）介绍了计算机发展的现状，注重知识与技术的更新，突出时效性。

（4）兼顾知识学习和计算机等级考试的需要，增加部分考试大纲中没有但读者需要掌握的知识。

本书由朱凤明、薛娟主编，参加编写的还有范民红、石范锋、王如荣、刘贺，全书由王斌主审。

由于编者水平有限，书中难免存在不足之处，恳请大家批评指正。

编　者

2015 年 11 月

目　　录

第 1 章 计算机基础知识

当今社会已进入信息化时代，善于运用计算机技术和手段进行学习、工作和解决专业问题已成为衡量人才素质的基本要求。本章比较全面和概括性地介绍计算机的一些基础性知识和重要概念，并配合必要的实践教学，使学生掌握计算机应用方面的基本知识，获得使用计算机解决专业和日常问题的能力，为后续课程的学习以及就业后从事办公自动化方面的工作做好必要地准备。

学习目标:

- 了解计算机的发展、分类、特点和应用范围。
- 了解数制的概念，掌握二进制、十进制和十六进制数之间的转换方法。
- 理解数据的存储单位（位、字节、字）。
- 掌握字符与 ASCII 码、汉字及其编码。
- 掌握计算机硬件系统的组成和功能。
- 了解 CPU、存储器（ROM、RAM）以及常用的输入输出设备的功能和使用方法。
- 掌握计算机软件系统的组成和功能。
- 了解系统软件和应用软件、程序设计语言（机器语言、汇编语言和高级语言）的概念。
- 了解计算机的安全知识。
- 理解病毒的防治和黑客攻击的防范方法。

1.1 计算机概述

1.1.1 计算机的发展

现代计算机是 20 世纪人类最伟大的发明创造之一。第二次世界大战期间，美国军方开始研制电子计算机，目的是为了生成导弹轨道表格。1946 年，美国宾夕法尼亚大学研制成功世界上第一台电子计算机 ENIAC（Electronic Numerical Integrator And Calculator，即“电子数字积分计算机”）。这台计算机从 1946 年 2 月开始投入使用，到 1955 年 10 月最后切断电源，共服役 9 年多。

在第一台计算机诞生以来的半个多世纪里，其发展日新月异，令人目不暇接。特别是电子元器件的不断改进，有力地推动了计算机的发展，因此过去很长时间内，人们都习惯以计算机的主要元器件作为计算机发展年代划分的依据，将电子计算机的发展分成电子管计算机、晶体管计算机、中小规模集成电路计算机、大规模和超大规模集成电路计算机四个阶段。

1. 第一代（1946 年 ~ 1958 年）：电子管计算机

第一代电子计算机是电子管电路计算机。其基本特征是采用电子管作为计算机的逻辑元件，体积庞大，耗电量大；速度低，每秒仅几千到几万次运算；内存容量仅几个 KB（千字节）；可靠性差；使用机器语言和汇编语言编程；应用难度大，仅应用于军事和科学研究领域。

我国在 1956 年开始研制计算机，1958 年研制成功第一台电子计算机 103 机。1959 年研制成功 104 机，每秒的运算速度达到 1 万次。

2. 第二代（1959 年 ~ 1964 年）：晶体管计算机

第二代电子计算机是晶体管电路电子计算机。基本特征是逻辑元件逐步由电子管改为晶体管，内存所使用的器件大都使用铁淦氧磁性材料制成的磁芯存储器。外存储器有了磁盘、磁带，外设种类也有所增加。运算速度达每秒几十万次，内存容量扩大到几百 KB。

在软件方面，人们研制出了一些通用的算法和语言，如 FORTRAN、ALGOL 和 COBOL 等。同时，出现了监控程序，其发展成为后来的操作系统。

在计算机的应用领域，也由当初的科学计算发展到开始广泛应用于数据处理和事务处理等领域。

1964 年，我国研制成功晶体管计算机。

3. 第三代（1964 年 ~ 1970 年）：中小规模集成电路计算机

第三代电子计算机是中小规模集成电路计算机。其基本特征是逻辑元件采用小规模集成电路 SSI 和中规模集成电路 MSI。计算机的体积变得更小，功耗更低，而且速度更快。

在软件方面，开始使用操作系统来控制和协调计算机中运行的程序；开始出现了数据库管理系统；高级语言的数量增多。

计算机已经开始广泛地应用到科学计算、数据处理、工业控制等领域。

1971 年，我国研制了以集成电路为主要器件的 DJS 系列计算机。

4. 第四代（从 1971 年至今）：大规模和超大规模集成电路计算机

第四代电子计算机一般统称为大规模集成电路计算机。大规模集成电路 LSI 可以在一个芯片上容纳数千至几万个元件，超大规模集成电路 VLSI 达到几十万甚至上百万个元件。由此，计算机的体积和价格不断下降，而存储容量、功能和可靠性不断增强。

这个时代最重要的成就之一就是表现在微处理器（Micro-processor）技术上。微处理器是一种超小型化的电子器件，它指导计算机的运算器、控制器等核心部件集成在一个电路芯片上。微处理器的出现为微型计算机的诞生奠定了基础。计算机由此开始进入了办公室、学校和家庭。

5. 计算机的发展趋势

随着大规模、超大规模集成电路的广泛应用，计算机在存储的容量、运算速度和可靠性等各方面都得到了很大的提高。在科学技术日新月异的今天，人们正试图用光电子元件、超导电子元件和生物电子元件等来代替传统的电子元件，制造出在某种程度上具有学习、记忆、联想、推理等功能的新一代的智能计算机系统。

计算机系统正朝着巨型化、微型化、网络化、智能化等方向更深入地发展。

1.1.2　计算机的分类

按照计算机系统的性能和规模可以把计算机分为以下几大类。

1．巨型机

巨型机也称为超级计算机（Super Computer），它采用大规模并行处理的体系结构，CPU 通常由数以百计、千计，甚至万计的处理器组成，有极强的运行处理能力，主要特点表现为高速度和大容量，配有多种外部和外围设备及丰富的、多功能的软件系统。

巨型计算机实际上是一个巨大的计算机系统，主要用来承担重大的科学研究、国防尖端技术和国民经济领域的大型计算课题及数据处理任务。如大范围天气预报，整理卫星照片，原子核物理的探索，研究洲际导弹、宇宙飞船等，制定国民经济的发展计划，项目繁多，时间性强，要综合考虑各种各样的因素，依靠巨型计算机能较顺利地完成。

目前，世界上只有少数几个国家能生产巨型机。著名巨型机如美国 IBM“Sequoia（红杉）”超级计算机，我国自行研制的“天河”系列超级计算机，日本超级计算机“京（K computer）”。图 1-1 所示为我国的“天河一号”超级计算机。

2．大型机

大型机包括我们通常所说的大、中型计算机。这是在微型机出现之前最主要的计算模式，即把大型主机放在计算中心的玻璃机房中，用户要上机就必须去计算中心的终端上工作。大型主机经历了批处理阶段、分时处理阶段，进入到分散处理与集中管理的阶段。IBM 公司一直在大型主机市场处于霸主地位，DEC、富士通、日立、NEC 也生产大型主机。图 1-2 所示为大型机 IBM mainframe Z10。

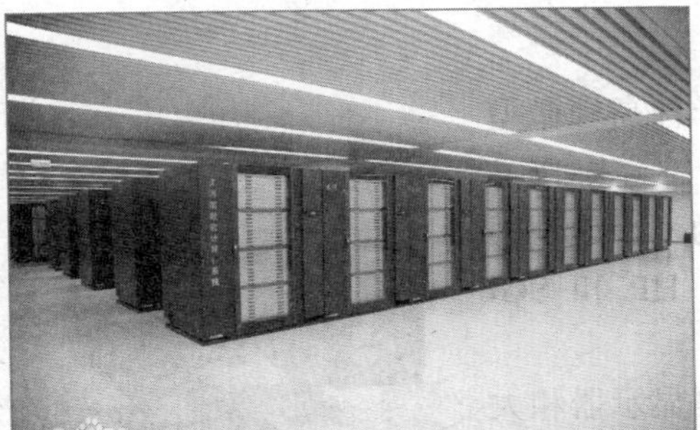

图 1-1　“天河一号”超级计算机

图 1-2　IBM mainframe Z10

3．小型机

HP 公司生产的 1000、3000 系列，DEC 公司生产的 VAX 系列机，IBM 公司生产的 AS/400 机，以及我国生产的太极系列机都是小型计算机的代表。小型计算机一般为中小型企事业单位或某一部门所用，例如高等院校的计算机中心一般都是以一台小型机为主机，配以几十台甚至上百台终端机，以满足大量学生学习程序设计课程的需要。当然其运算速度和存储容量都比不上大型主机。图 1-3 所示为一般小型机。

4. 微型机

微型机是目前发展最快、应用范围最广的领域，微型机也称为个人电脑、PC 机或微型计算机。其特点是轻、小、价廉、易用。

图 1-3　小型机

1971 年，美国的 Intel 公司成功地在一块芯片上实现了中央处理器的功能，制成了世界上第一片 4 位微处理器 MPU（Micro-Processing Unit），也称为 intel4004，并由它组成了第一台微型计算机 MCS－4，由此拉开了微型计算机大普及的序幕。随后，许多公司如 Motorola、Zilog 等也争相研制微处理器，相继推出了 8 位、16 位、32 位和 64 位微处理器。

随着芯片性能的提高，PC 机的功能越来越强大。今天，PC 机的应用已遍及到各个领域，从工厂的生产控制到政府的办公自动化，从商店的数据处理到个人的学习娱乐，几乎无处不在，无所不用。目前，PC 机占所有计算机装机量的 95%以上。

图 1-4 所示为微型机中最为常见的台式机（见图 1-4（a））和笔记本电脑（见图 1-4（b））。

（a）台式机

（b）笔记本

图 1-4　微型机

5. 工作站

工作站是介于 PC 机和小型计算机之间的一种高档微型机。1980 年，美国 Apollo 公司推出世界上第一台工作站 DN-100。十几年来，工作站迅速发展，现已成长为专于处理某类特殊事务的一种独立计算机系统。著名的 Sun、HP 和 SGI 等公司是目前最大的几个生产工作站的厂家。

图 1-5　工作站

工作站通常配有高档 CPU、高分辨率的大屏幕显示器和大容量的内外存储器，具有较强的数据处理能力和高性能的图形功能。它主要用于图像处理、计算机辅助设计（CAD）等领域。图 1-5 所示为一般工作站的图片。

近年来，随着计算机技术的飞速发展，不同类型的计算机之间的界线已经非常模糊。

1.1.3　计算机的特点和应用

1. 计算机的特点

计算机是一种可以进行自动控制、具有记忆功能的现代化计算工具和信息处理工具。它有以下五个方面的特点。

（1）运算速度快

现代的计算机运算速度已经达到每秒数千万亿次运算。计算机高运算速度可以为各个领域提供快速的服务。

（2）计算精度高

一般来说，现在的计算机有几十位有效数字，而且理论上还可更高。数的精度主要由这个数的二进制码的位数决定，位数越多精度就越高。现代的计算机计算精确度，可以满足人们对各种复杂计算的需求。

（3）存储容量大

计算机依靠各种存储设备，存储容量越来越大，可存储大量信息，使其在信息检索方面可以得到广泛应用。

（4）逻辑判断能力

计算机在程序的执行过程中，会根据上一步的执行结果，运用逻辑判断方法自动确定下一步的执行命令。计算机的逻辑判断能力，使得计算机不仅能解决数值计算问题，而且能解决非数值计算问题，比如信息检索、图像识别等。

（5）自动工作的能力

计算机能在程序控制下，按事先的规定步骤执行任务而不需要人工干预。其自动执行程序的能力，可提高诸如自动化生产线等系统的自动化程度。

（6）支持人机交互

计算机具有多种输入输出设备，配上适当的软件后，可支持用户进行方便的人机交互。以广泛使用的鼠标为例，当用户手握鼠标，只需轻轻一点，计算机便随之完成某种操作，真可谓“得心应手，心想事成”。当这种交互性与声像技术结合形成多媒体用户界面时，更可使用户的操作达到自然、方便和丰富多彩。

2. 计算机的应用

计算机服务于科研、生产、交通、商业、国防、卫生等各个领域。随着相关技术的发展，其应用领域还将进一步扩大。目前，计算机的主要用途如下。

（1）科学计算

科学计算机又称数值计算，是计算机最早的应用领域。通常用于完成科学研究和工程技术中提出的数学问题的计算。

（2）数据处理

数据处理也称为信息处理，非数值计算，是指对大量的数据进行加工处理，例如统计分析、合并、分类等。如银行日常账务管理、股票交易管理、图书资料的检索等。事实上，计算机在非数值方面的应用已经远远超过了在数值计算方面的应用。

（3）过程控制

过程控制又称实时控制，是指用计算机及时采集检测数据，并迅速地对控制对象进行自动控制或自动调节。从 20 世纪 60 年代起，实时控制就开始应用于冶金、机械、电力、石油化工等部门。例如，高炉炼铁，计算机用于控制投料、出铁出渣以及对原料和生铁成分的管理和控制，通过对数据的采集和处理，实现对各工作操作的指导。实时控制是实现工业生产过程自动化的一个重要手段。

（4）计算机辅助系统

① CAD/CAM/CAT：计算机辅助设计/制造/测试。它是利用计算机的快速计算，逻辑判断等功能和人的经验与判断能力相结合，形成一个专业系统，用来帮助产品或各项工程的设计、制造和系统测试，使设计、制造和测试过程实现半自动化或自动化。这不仅可以缩短设计周期，节省人力、物力、降低成本，而且可提高产品质量。计算机辅助设计、制造和测试已广泛应用于飞机、船舶、汽车、建筑、服装等行业。

② CIMS：计算机集成制造系统。它是集设计、制造、管理等三大功能于一体的现代化工厂生产系统。CIMS 是从 80 年代初期迅速发展起来的一种新型的生产模式，具有生产效率高，生产周期短等优点。

③ CDE：计算机辅助教育。它包括计算机辅助教学（CAI）和计算机管理教学（CMI）。在计算机辅助教学中，课件 CAI 系统所使用的教学软件，相当于传统教学中的教材，并能实现远程教学、个别教学，并有自我检测、自动评分等功能，可模拟实验过程，并通过画面直观展示给学生。它是现代化教育强有力的手段。

（5）人工智能

人工智能（AI）一般是指模拟人脑进行演绎推理和采取决策的思维过程。在计算机中存储一些定理和推理规则，然后设计程序让计算机自动探索解题的方法。

近几十年来，围绕 AI 的应用主要表现在以下几个方面。

① 机器人。可分为工业机器人和智能机器人。工业机器人由预先编好的程序控制，通常用于完成重复性的规定操作。智能机器人具有感知和识别能力，能说话和回答问题。

② 专家系统。它是用于模拟专家智能的一类软件。需要时只需由用户输入要查询的问题和有关数据，专家系统通过推理判断向用户作出解答。

③ 模式识别。它的实质是抽取被识别对象的特征（即“模式”），与预存在于计算机中的已知对象的特征进行比较与判别。文字识别、声音识别、邮件自动分拣、指纹识别、机器人景物分析等都是模式识别应用的实例。

④ 智能检索。它除存储经典数据库中代表已知“事实”外，智能数据库和知识库中还存储供推理和联想使用的“规则”，因而智能检索具有一定的推理能力。

（6）电子商务（Electronic Commerce）

所谓电子商务（Electronic Commerce）是利用计算机技术、网络技术和远程通信技术，实现整个商务（买卖）过程中的电子化、数字化和网络化。人们不再是面对面的、看着实实在在的货物、依靠纸介质单据（包括现金）进行买卖交易。而是通过网络，通过网上琳琅满目的商品信息、完善的物流配送系统和方便安全的资金结算系统进行交易（买卖）。

电子商务发展的特点：

① 更广阔的环境：人们不受时间、空间的限制，不受传统购物的诸多限制，可以随时随

地在网上交易。

② 更广阔的市场：在网上一个商家可以面对全球的消费者，而一个消费者可以在全球的任何一家商家购物。

③ 更快速的流通和低廉的价格：电子商务减少了商品流通的中间环节，节省了大量的开支，从而也大大降低了商品流通和交易的成本。

④ 更符合时代的要求：如今人们越来越追求时尚、讲究个性，注重购物的环境，网上购物，更能体现个性化的购物过程。

另外，计算机在文化教育、娱乐方面也有很大的推动作用。

1.1.4　计算机的发展方向

计算机的应用有力地推动了国民经济的发展和科学技术的进步，同时也对计算机技术提出了更高的要求，促进它的进一步发展。未来的计算机将向巨型化、微型化、网络化和智能化的方向发展。

1. 巨型化

巨型化是指发展高速、大存储容量和功能强大的超大型计算机。这既是诸如天文、气象、宇航、核反应等尖端科学以及诸如基因工程、生物工程等新兴学科的需要，也是为了能让计算机具有人脑学习、推理的复杂功能。当今知识信息犹如核裂变一样不断膨胀，记忆、存储和处理这些信息是必要的；1970 年代中期的巨型机运算速度已达每秒 1.5 亿次，现在则高达每秒数千万亿次。随着科学技术的发展，超级计算机的运算速度还在进一步的提高之中。2013 年 6 月 17 日下午，国际超级计算机 TOP 500 组织在德国正式发布了第四十一届世界大型超级计算机 TOP 500 排行榜的排名，由我国国家科技部与我国国防科学技术大学合作研制的“天河二号”超级计算机以峰值计算速度每秒 5.49 亿亿次、持续计算速度每秒 33.86 千万亿次的优异性能位居榜首。

2. 微型化

随着大规模、超大规模集成电路的出现，计算机迅速微型化。因为微型机可渗透到诸如仪表、家用电器、导弹弹头等中、小型机无法进入的领地，所以 20 世纪 80 年代以来发展异常迅速。预计性能指标将持续提高，而价格将持续下降。当前微型机的标志是运算部件和控制部件集成在一起，今后将逐步发展到对存储器、通道处理机、高速运算部件、图形卡、声卡的集成，进一步将系统的软件固化，达到整个微型机系统的集成。

3. 网络化

网络化就是把各自独立的计算机用通信线路连结起来，形成各计算机用户之间可以相互通信并能实行资源共享的网络系统。网络化能够充分利用计算机的宝贵资源并扩大计算机的使用范围，为用户提供方便、及时、可靠、广泛、灵活的信息服务。

如今的计算机已经离不开网络了，网络计算机在即将到来的时代中将无处不在。但是有时可能很难找到它们，它们中的一些看上去像平时使用的 PC 机，但是多数网络计算机将藏在电视、电话和冰箱等我们日常使用的家电中。

4. 智能化

智能化是指让计算机具有模拟人的感觉和思维过程的能力。智能计算机具有解决问题、逻辑推理、知识处理和知识库管理等功能。人与计算机的联系是通过智能接口，用文字、声音、图像等与计算机进行自然对话。

计算机要代替人类做更多的工作，就要使计算机有更接近人类的思维和智能。未来的计算机将能接受自然语言的命令，如视觉、听觉和触觉。将来的计算机可能不再有现在的计算机这样的外型，体系结构也会不同。目前，已研制出各种“机器人”，有的能代替人劳动，有的能与人下棋等等。智能化使计算机突破了“计算”这一初级的含意，从本质上扩充了计算机的能力，可以越来越多地代替人类脑力劳动。

1.2 数制和信息编码

1.2.1 数制

1. 数制的基本概念

对于不同的数制，它们具有以下共同特点。

（1）逢 N 进一

N 是指数制中所需要的数字字符的总个数，称为基数。如十进制的基数是 0、1、2、3、4、5、6、7、8、9 等 10 个不同的符号，表示逢十进一。二进制数制，其符号有两个即 0 和 1，为逢二进一。

（2）位权表示法

位权是指一个数字在某个固定位置上所代表的值，处在不同位置上的数字所代表的值不同，每个数字的位置决定了它的值或者位权。位权与基数的关系是各进位制中位权的值是基数的若干次幂。

位权表示法的方法是每一位数要乘以基数的幂次，幂次以小数点为界，整数自右向左 0 次方、1 次方、2 次方、…，小数自左向右-1 次方、-2 次方、-3 次方…。

例如，十进制数 555.555 可表示为：

$555.555=5\times10^2+5\times10^1+5\times10^0+5\times10^{-1}+5\times10^{-2}+5\times10^{-3}$

二进制数 1011.1011 可表示为：

$1011.1011=1\times2^3+0\times2^2+1\times2^1+1\times2^0+1\times2^{-1}+0\times2^{-2}+1\times2^{-3}+1\times2^{-4}$

八进制数 327.46 可表示为：

$327.46=3\times8^2+2\times8^1+7\times8^0+4\times8^{-1}+6\times8^{-2}$

十六进制数 327D.1AE 可表示为：

$327D.1AE=3\times16^3+2\times16^2+7\times16^1+13\times16^0+1\times16^{-1}+10\times16^{-2}+14\times16^{-3}$

常用的数制有多种，在计算机中采用二进制。为了表示方便，还经常使用八进制数或十六进制数。

2. 二进制数（Binary）

（1）二进制数的概念

二进制数用 0、1 两个数码表示，遵循“逢二进一”的原则，二进制的基数是 2。在计算机中书写时常用“B”表示二进制数，如 10100011B。

一个二进制数的值，可以用它的按权展开式来表示。如：

$$1011.101B = 1\times2^{3}+0\times2^{2}+1\times2^{1}+1\times2^{0}+1\times2^{-1}+0\times2^{-2}+1\times2^{-3}$$
$$=11.625$$

（2）二进制数转换为十进制数

把一个二进制数转换成十进制数方法非常简单，只需根据前面讲过的按位权展开后相加即得结果。

例 1-1：把 11010.011B 转换成十进制数。

按位权展开相加得：

$$11010.011B=1\times2^{4}+1\times2^{3}+0\times2^{2}+1\times2^{1}+0\times2^{0}+0\times2^{-1}+1\times2^{-2}+1\times2^{-3}$$
$$=16+8+2+0.25+0.125$$
$$=26.375$$

二进制向十进制的转换十分简单，即从右向左进行：第 1 位上的“1”表示 1，第 2 位上的“1”表示 2，第 3 位上的“1”表示 4，第 4 位上的“1”表示 8，第 5 位上的“1”表示 16……依此类推，把所有有“1”的位上表示的数全部加起来，就得到结果了。

例 1-2：将 10011101 转换为十进制数。

1	0	0	1	1	1	0	1
↑			↑	↑	↑		↑
128			16	8	4		1

10011101B=128+16+8+4+1=157

（3）十进制数转换为二进制数

整数部分采用“除 2 取余倒序排列”；小数部分采用“乘 2 取整顺序排列”。

例 1-3：将十进制整数 156 转换成二进制数。

用除 2 取余法，转换过程如下：

2⌊ 156		
2⌊ 78	取余数	0（最低位）
2⌊ 39	取余数	0
2⌊ 19	取余数	1
2⌊ 9	取余数	1
2⌊ 4	取余数	1
2⌊ 2	取余数	0
2⌊ 1	取余数	0
0	取余数	1（最高位）

故十进制数 156 转换成二进制数为 10011100B。即：

156 = 10011100B

该题也可按照例 2 的方法逆推，即：

156=128+16+8+4= 10011100B

例 1-4：将十进制小数 0.625 转换成二进制数。

用乘 2 取整法，转换过程如下：

0.625×2 =1.25　　取出整数 1 (最高位)

0.25 ×2 =0.5　　取出整数 0　↓

0.5 ×2 =1.0　　取出整数 1 (最低位)

故十进制小数 0.625 对应的二进制数为 0.101B。即：

0.625 =0.101B

注意

有的十进制小数不能用二进制数精确表示，也就是说上述乘法过程永远不能达到小数部分为零而结束。这时可根据精度要求取够一定位数的二进制数即可。

对于既有整数部分又有小数部分的十进制数的转换，可以将两部分的转换分开进行，最后再将结果合并在一起即可。例如，十进数 156.625 转换成二进制数为 10011100.101B。即：

156.625 = 10011100.101B

表 1-1 所示为四位二进制与其他进制数对照表。

表 1-1　　四位二进制与其他进制数对照表

二进制数	十进制数	八进制数	十六进制数
0000	0	0	0
0001	1	1	1
0010	2	2	2
0011	3	3	3
0100	4	4	4
0101	5	5	5
0110	6	6	6
0111	7	7	7
1000	8	10	8
1001	9	11	9
1010	10	12	A
1011	11	13	B
1100	12	14	C
1101	13	15	D
1110	14	16	E
1111	15	17	F

3. 十六进制（Hexadecimal）

十六进制数用 0、1、2、…、9、A、B、C、D、E、F 十六个数码表示，遵循“逢十六进一”的原则，十六进制的基数是 16。在计算机中书写时常用“H”表示十六进制数，如 9FH。

（1）十进制数与十六进制数的转换

① 十六进制数转换为十进制数：按位权展开式求和获得。

如：$19CH=1\times16^2+9\times16^1+12\times16^0 = 412$

② 十进制数转换为十六进制数：整数部分“除 16 取余，逆序排列”，小数部分“乘 16 取整，顺序排列”。

（2）二进制数与十六进制数的相互转换

二进制数转换成十六进制数的方法：“四位合一位”法——整数部分：将二进制数按从低到高的顺序每四位合成一位十六进制数，不足四位则在高位加“0”补足；小数部分则反之。

例 1-5：将 1111101.01B 转换成十六进制数。

$$
\begin{array}{ccccc}
0111 & & 1101 & . & 0100 \\
\downarrow & & \downarrow & & \downarrow \\
7 & & 13(D) & & 4
\end{array}
$$

转换结果为 1111101.01B = 7D.4H。

十六进制数转换成二进制数方法：与二进制数转换成十六进制数的方法相逆，即“一位扩展四位”法。按表 1-1 中的对应关系将每位十六进制数化成 4 位二进制数书写，便可得到转换结果。

例 1-6：将 3A6.C5H 转换成二进制数。

$$
\begin{array}{cccccc}
3 & A & 6 & . & C & 5 \\
\downarrow & \downarrow & \downarrow & & \downarrow & \downarrow \\
0011 & 1010 & 0110 & . & 1100 & 0101
\end{array}
$$

转换结果为 3A6.C5H = 1110100110.11000101B。

4. 八进制数（Octal）

八进制数用 0、1、2、…、7 八个数码表示，遵循“逢八进一”的原则，八进制的基数是 8。在计算机中书写时常用“O”或“Q”表示八进制数，如 735O。

二进制数和八进制数的转换方法与十六进制数相似，采用“三位合一位”法。

1.2.2 信息表示单位

在计算机中广泛采用二进制数表示各种信息。在计算机中采用二进制码的原因是：

① 二进制码在物理上最容易实现。

② 二进制码用来表示的二进制数及其编码、计数、加减运算规则简单。

③ 二进制码的两个符号“1”和“0”正好与逻辑命题的两个值“是”和“否”相对应。

④ 与电子部件的二态性相对应。

信息表示的单位有位（bit）、字节（Byte）和字（word）等几种。

1. 位（bit）

位是二进制数中的一个数位，可以是 0 或者 1，是计算机内部数据储存的最小单位。

11010100 是一个 8 位二进制数。一个二进制位只可以表示 0 和 1 两种状态，两个二进制位可以表示 00、01、10、11 四种状态，以此类推，n 个二进制位有 2^n 种状态。

2. 字节（Byte）

通常将相邻 8 位组成一个字节（Byte），简写为 B。

计算机中以字节为单位存储和解释信息，规定一个字节由八个二进制位构成，即 1 个字节等于 8 个比特（1Byte=8bit）。八位二进制数最小为 00000000，最大为 11111111。通常 1 个字节可以存入一个 ASCII 码，2 个字节可以存放一个汉字国标码。

字节是计算机中用于衡量容量大小的最基本单位，容量一般用 KB（简写为 K，下同）、MB、GB、TB 来表示，它们之间的关系如下：

1 KB=1024 B

1 MB=1024 KB

1 GB=1024 MB

1 TB=1024 GB

其中，$1024 = 2^{10}$。

3. 字（word）和字长（word length）

计算机进行数据处理时，一次存取、加工和传送的数据长度称为字（word）。一个字通常由一个或多个（一般是字节的整数位）字节构成，通常将组成一个字的位数称为字长。例如一个字由四个字节组成，则字长为 32 位。

字长（word length）是计算机性能的一个重要指标，是 CPU 一次能直接操作处理的二进制数据的位数，字长越长，计算机运算速度越快、精度越高，性能也就越好。通常，人们所说的多少位的计算机，就是指其字长是多少位的。常用的字长有 8 位、16 位、32 位和 64 位等。目前主流的 CPU 都是 64 位字长。

1.2.3 常见的信息编码

计算机除了能处理数字信息外，还能处理非数值的各种字符信息，如英文字母、汉字、运算符等。但在计算机中，数据是用二进制表示的，所以数据在输入计算机之前必须进行编码。编码有很多种方法，但只能采用相同的编码方式，才能使全国乃至全世界的计算机用户在信息的表示、交换、处理、传输和存储等基本问题上达成一致。因此，颁布了编码的国家标准和国际标准。

1. 西文字符与 ASCII 码

字符数据主要指数字、字母、通用符号、控制符号等，在计算机中它们都被转换成能被计算机识别的二进制编码形式。目前，在计算机中普遍采用的一种字符编码方式是美国信息交换标准码（American Standard Code for Information Interchange，ASCII 码）。

ASCII 码是用 7 位表示一个字符，可以表示 128 种不同的字符，共有 4 组字符：第 1 组是控制字符，如 LF，CR 等，其对应 ASCII 码值最小；第 2 组是数字 0～9，第 3 组是大写字母 A～Z，第 4 组是小写字母 a～z。这 4 组对应的值逐渐变大。

字符对应数值的关系是“小写字母比大写字母对应数大，字母中越往后对应的值就越大”。

例如，回车键的 ASCII 码为 00001101（13），空格键的 ASCII 码为 00100000（32），“0”的 ASCII 码为 00110000（48），“A”的 ASCII 码为 01000001（65），“a”的 ASCII 码为 01100001（97）等，如表 1-2 所示。

由于数据存储的最基本单位是字节（8 位），故通常用一个字节来表示 ASCII 码，一般情况下，最高位为 0。

表 1-2 常用字符与 ASCII 代码对照表

ASCII 值	字符	控制字符	ASCII 值	字符	ASCII 值	字符	ASCII 值	字符	ASCII 值	字符	ASCII 值	字符	ASCII 值	字符	ASCII 值	字符
000	null	NUL	032	(space)	064	@	096	`	128	Ç	160	á	192	└	224	α
001	☺	SOH	033	!	065	A	097	a	129	ü	161	í	193	┴	225	β
002	☻	STX	034	"	066	B	098	b	130	é	162	ó	194	┬	226	Γ
003	♥	ETX	035	#	067	C	099	c	131	â	163	ú	195	├	227	π
004	♦	EOT	036	$	068	D	100	d	132	ā	164	ñ	196	─	228	Σ
005	♣	END	037	%	069	E	101	e	133	à	165	Ñ	197	†	229	σ
006	♠	ACK	038	&	070	F	102	f	134	å	166	ª	198	╞	230	µ
007	beep	BEL	039	'	071	G	103	g	135	ç	167	º	199	╟	231	τ
008	backspace	BS	040	(	072	H	104	h	136	ê	168	¿	200	╚	232	Φ
009	tab	HT	041	)	073	I	105	i	137	ë	169	⌐	201	╔	233	θ
010	换行	LF	042	*	074	J	106	j	138	è	170	¬	202	╩	234	Ω
011	♂	VT	043	+	075	K	107	k	139	ï	171	½	203	╦	235	δ
012	♀	FF	044	,	076	L	108	l	140	î	172	¼	204	╠	236	∞
013	回车	CR	045	-	077	M	109	m	141	ì	173	¡	205	═	237	ø
014	♫	SO	046	.	078	N	110	n	142	Ä	174	«	206	╬	238	є
015	☼	SI	047	/	079	O	111	o	143	Å	175	»	207	╧	239	∩
016	►	DLE	048	0	080	P	112	p	144	É	176	░	208	╨	240	≡
017	◄	DC1	049	1	081	Q	113	q	145	æ	177	▒	209	╤	241	±
018	↕	DC2	050	2	082	R	114	r	146	Æ	178	▓	210	╥	242	≥
019	‼	DC3	051	3	083	S	115	s	147	ô	179	│	211	╙	243	≤
020	¶	DC4	052	4	084	T	116	t	148	ö	180	┤	212	╘	244	⌠
021	§	NAK	053	5	085	U	117	u	149	ò	181	╡	213	╒	245	⌡
022	▬	SYN	054	6	086	V	118	v	150	û	182	╢	214	╓	246	÷
023	↨	ETB	055	7	087	W	119	w	151	ù	183	╖	215	╫	247	≈
024	↑	CAN	056	8	088	X	120	x	152	ÿ	184	╕	216	╪	248	°
025	↓	EM	057	9	089	Y	121	y	153	Ö	185	╣	217	┘	249	•
026	→	SUB	058	:	090	Z	122	z	154	Ü	186	║	218	┌	250	·
027	←	ESC	059	;	091	[	123	{	155	¢	187	╗	219	█	251	√
028	∟	FS	060	<	092	\	124	¦	156	£	188	╝	220	▄	252	^{n}
029	↔	GS	061	=	093	]	125	}	157	¥	189	╜	221	▌	253	^{2}
030	▲	RS	062	>	094	^	126	~	158	P_t	190	╛	222	▐	254	■
031	▼	US	063	?	095	_	127	⌂	159	ƒ	191	┐	223	▀	255	Blank'FF'

注：128~255 是 IBM-PC 上专用的，表中 000~127 是标准的。

2. 汉字编码

汉字也是字符，但汉字的计算机处理技术远比西文字符复杂。汉字是象形文字，结构复杂，字型、字音和字义之间没有明显的规律可寻，因此应对汉字采取特殊的编码方式。根据汉字处理过程中的不同要求，汉字的编码分为 4 类：汉字输入码、汉字交换码、汉字内码和汉字字形码。

（1）输入码（也称外码）

输入码是指操作人员通过西文键盘上输入的汉字信息编码，主要有以下四种。

① 数字编码，如电报码、区位码输入法等。

② 字音编码，如双拼、全拼、智能 ABC 输入法等。

③ 字形编码，如五笔字形码、表形码输入法等。

④ 音形编码，根据语音和字型双重因素确定的输入码，如自然码输入法等。

（2）汉字交换码

① 国标码。国家标准汉字编码简称国标码，全称是“信息交换用汉字编码字符集·基本集”，以国家标准局公布的 GB2312-80 规定的汉字交换码为标准汉字编码。该字符集主要用于汉字信息交换。

GB 2312—1980 中，共收录了一、二级汉字和图形等符号 7445 个。其中图形符号 682 个，一级汉字（常用汉字）3755 个，二级汉字（不常用汉字）3008 个。一级汉字按拼音字母顺序排序，二级汉字按偏旁部首顺序排序。

在 2000 年 3 月我国又推出了《信息技术·信息交换用汉字编码字符集·基本集的扩充》新国家标准，共收录了 27000 多个汉字，还包括藏族、蒙古族、维吾尔族等主要少数民族文字，基本上解决了计算机汉字和少数民族文字的使用标准问题。

② 区位码。GB 2312-80 规定，所有的国际汉字与图形组成一个 94×94 的代码表。在此代码表中，每一行称为一个“区”（区号为 01~94），每一列称为一个“位”（位号为 01~94）。每个汉字用两个字节表示，前一个字节表示区码，后一个字节表示位码。如汉字“保”字在代码表中处于 17 区第 3 位，区位码为“1703”。

国标码并不等于区位码，它是由区位码稍作转换得到，其转换方法为：先将十进制区码和位码转换为十六进制的区码和位码，这样就得了一个与国标码有一个相对位置差的代码，再将这个代码的第一个字节和第二个字节分别加上 20H，就得到国标码，即：**国标码=区位码+2020H**。例如，“保”字的国标码为 3123H，它是经过下面的转换得到的：1703－>1103H—>+2020H－>3123H。

（3）机内码（也称内码）

机内码是指计算机内部存储、处理加工汉字时所用的代码。

输入码通过键盘被接受后就由汉字操作系统的“输入码转换模块”转换为机内码，每个汉字的机内码用 2 个字节的二进制数表示。为了与 ASCII 相区别，将其两个最高位均置为“1”，因此，**机内码=国标码+8080H**。如“保”的机内码为：3123H+8080H=B1A3H。

汉字“保”的各种编码的转换如图 1-6 所示。

注意

将十进制的区位码转换为十六进制的区位码的方法是：将十进制区码 17 转化为十六进制

的区码 11H，将十进制位码 03 转化为十六进制的位码 03H，然后将两者组成为十六进制的区位码 1103H。

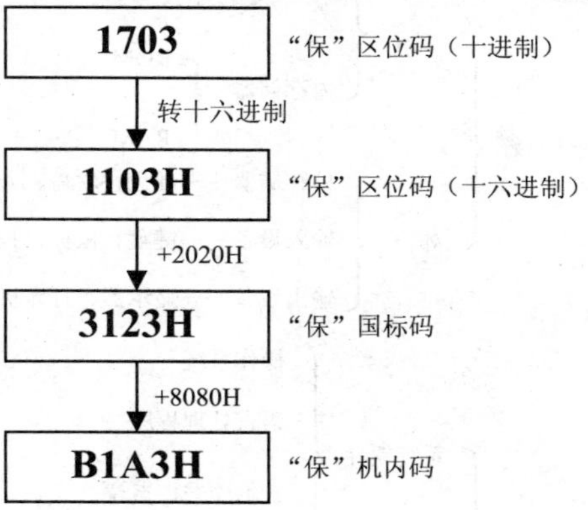

图 1-6　各种编码的转换规则

虽然某一个汉字在用不同的汉字输入方法时其输入码各不相同，但其内码基本是统一的。

（4）字形码

字形码是指文字信息的输出编码，用来将存储在计算机中的汉字输出到屏幕或打印机上。

字形码采用点阵形式，不论一个字的笔划多少，都可以用一组点阵表示。每个点即二进制的一个位，由"0"和"1"表示不同状态，如明、暗或不同颜色等特征表现字型和字体。所有字形码的集合构成的字符集称为字库。根据输出字符的要求不同，字符点的多少也不同。点阵越大、点数越多，分辨率就越高，输出的字形也就越清晰美观。汉字字型有 16×16、24×24、32×32、48×48、128×128 点阵等，不同字体的汉字需要不同的字库。点阵字库存储在文字发生器或字模存储器中。字模点阵的信息量是很大的，所占存储空间也很大。以 16×16 点阵为例，每个汉字就要占用 32 个字节（16×16=256bit=32B）。

图 1-7 所示为这几种汉字编码之间的关系。

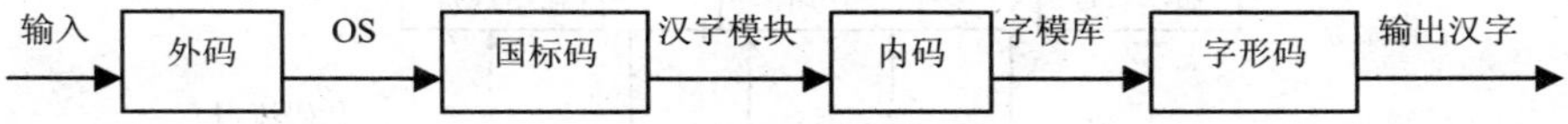

图 1-7　汉字编码

1.3　计算机系统的组成

美籍匈牙利数学家冯·诺依曼（Von Neumann）于 1946 年提出了数字计算机设计的基本思想，即"存储程序控制"思想与"五大部件"结构体系，由此奠定了电子数字计算机的基本结构体系。到目前为止，绝大多数计算机仍然沿用这一体系结构与思想。

计算机系统由硬件系统和软件系统构成。硬件系统包括控制器、运行器、存储器、输入设备和输出设备等；软件系统分为系统软件和应用软件。

计算机系统的组成如图 1-8 所示。

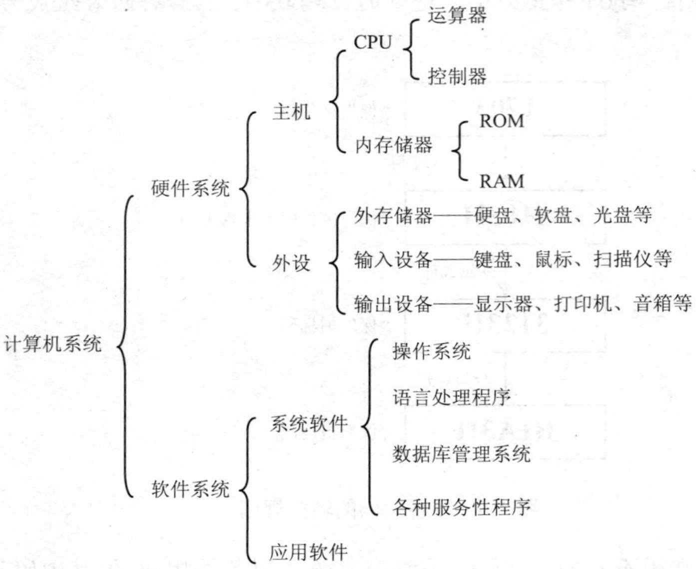

图 1-8　计算机系统的组成

1.3.1　计算机硬件的组成

硬件是指组成计算机的各种物理设备，也就是我们所说的那些看得见、摸得着的实际物理设备。

根据冯·诺依曼的关于计算机“五大部件”结构体系的思想，计算机硬件由运算器、控制器、存储器、输入设备和输出设备五大部件组成。这种硬件结构也称为冯·诺依曼结构，如图 1-9 所示。

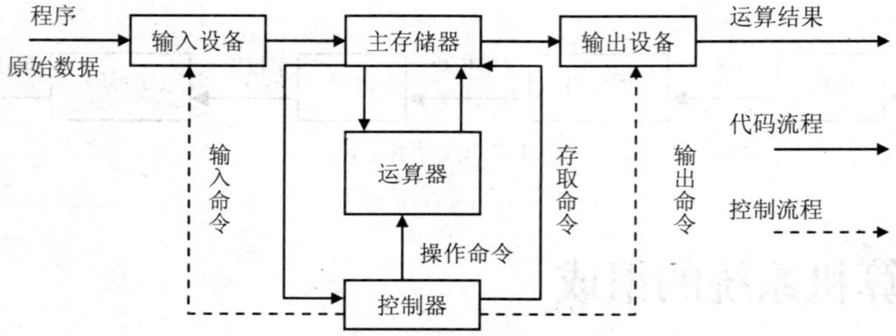

图 1-9　计算机硬件的基本组成

计算机各部件之间的联系是通过两股信息流而实现的，实线的一股代表数据流，虚线的代表控制流。数据由输入设备输入至运算器，再存于存储器中，在运算处理过程中，数据从存储器读入运算器进行运算，运算的中间结果存入存储器，或由运算器经输出设备输出。指令也以数据形式存于存储器中，运算时指令由存储器送入控制器，由控制器产生控制流控制数据流的流向并控制各部件的工作，对数据流进行加工处理。

1. 运算器

运算器是完成二进制编码的各种算术或逻辑运算的部件。运算器由累加器（用符号 A 表示）、通用寄存器（用符号 B 表示）和算术逻辑单元（用符号 ALU 表示）组成。

2. 控制器

控制器是计算机的指挥中心，它控制各部件动作，使整个系统连续地、有条不紊地运行。控制器工作的实质就是解释程序。

控制器每次从存储器读取一条指令，经过分析译码，产生一串操作命令，发向各个部件，进行相应的操作。接着从存储器取出下一条指令，再执行这条指令，依次类推。通常把取指令的一段时间叫做取指周期，把执行指令的一段时间叫做执行周期。因此，控制器反复交替地处在取指周期与执行周期之中，直至程序执行完毕。

3. 存储器

计算机的存储器是计算机的记忆和存储部件。计算机中原始输入数据、经过加工的中间数据以及最后处理完成的有用信息都存放在存储器中。

按在计算机系统中的作用不同，存储器又可分为主存储器、辅助存储器和缓冲存储器。

主存储器的主要特点是它可以和 CPU 直接交换信息，用来存放 CPU 进行处理所需要的程序和数据。辅助存储器是主存储器的后援存储器，用来存放计算机暂时不需要的或需要永久保存的程序和数据，它不能与 CPU 直接交换信息。两者相比，主存储器速度快、容量小、价格高；辅助存储器存取速度慢、容量大、价格低。缓冲存储器用在两个速度不同的部件之中，如 CPU 与主存之间设置高速缓冲存储器（Cache），起到缓冲作用。

（1）内存储器

简称内存，用来存储计算机正在运行的程序的数据。内存按照功能可分为只读存储器（Read Only Memory，ROM）和随机存储器（Random Access Memory，RAM）两类。

① 只读存储器。只读存储器的特点：存储的信息只能读出，不能改写，断电后信息不会丢失。

早期只读存储器的存储内容根据用户要求，厂家采用掩膜工艺，把原始信息记录在芯片中，一旦制成后无法更改，叫做掩膜型只读存储器 MROM。随着半导体技术的发展和用户需求的变化，只读存储器先后派生出可编程只读存储器 PROM、可擦除可编程只读存储器 EPROM 以及用电可擦除可编程的只读存储器 EEPROM。

② 随机存储器。随机存储器的特点：存储的信息可以读出，也可以改写，断电后存储的内容消失。计算机系统中的主存都采用这种随机存储器。按照存储信息原理的不同，RAM 又分为静态 RAM（SRAM）和动态 RAM（DRAM）。

（2）辅助存储器

也称外存储器，简称外存，用来存放需要永久保存的或相对来说暂时不用的各种数据和程序。外存不能被 CPU 直接访问，必须通过专门设备将存储在外存中的信息调入内存中才为 CPU 所用。

软盘、硬盘、光盘、磁带以及 U 盘等都属于外存。

图 1-10 所示为存储器的分类图。

- 存储器
  - 主存储器
    - 随机存储器 RAM
      - 静态 RAM（SRAM）
      - 动态 RAM（DRAM）
    - 只读存储器 ROM
      - MROM
      - PROM
      - EPROM
      - EEPROM
  - 外存储器
    - 磁盘
    - 磁带
    - 光盘
    - 闪存类存储器等
  - 缓冲存储器

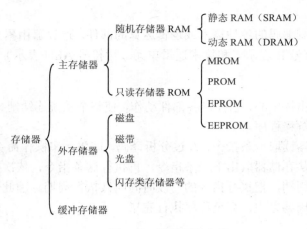

图 1-10　存储器的分类

通常把运算器和控制器合在一起称为中央处理器（简称 CPU），将 CPU 和内存储器等设备合在一起称为主机。

4．输入/输出设备

输入设备是指用户能够将信息输入到计算机中的设备，它将人们的输入信息变换成计算机能接收并识别的信息。目前常用的输入设备是键盘、鼠标器、扫描仪、写字板、数码相机、麦克风等。

输出设备是指从计算机中输出人们可以直接识别的信息的设备。它将计算机运算结果的二进制信息转换成人或其他设备能接收和识别的形式，如字符、文字、图形、图像、声音等。目前常用的输出设备有打印机、显示器、绘图仪、音箱、视频投影仪等。

计算机的输入/输出设备通常称为外围设备（简称外设），辅助存储器也是计算机中重要的外围设备，它既可以作为输入设备，也可以作为输出设备。

1.3.2　计算机软件的组成

假如计算机只有硬件，它是个“死”东西，计算机靠计算机程序才能变“活”，从而高速自动地完成各种运算。因为它是无形的东西，所以称为软件或软设备。

所谓软件是指为运行、维护、管理和应用计算机所编制的所有程序及文档的总和。

计算机软件一般分为两大类，一类叫系统软件，另一类叫应用软件。

1．系统软件

系统软件是指控制和协调计算机及其外部设备，支持应用软件的开发和运行的软件。其主要的功能是进行调度、监控和维护系统等等。系统软件是用户和计算机的接口，通常包括操作系统、语言处理程序、数据库管理系统和各种服务性程序。

（1）操作系统

操作系统是管理计算机资源（如处理器、内存、外部设备和各种编译、应用程序）和自动调度用户的作业程序，使多个用户能有效地共用一套计算机系统的软件。操作系统的出现，使计算机的使用效率成倍的提高，并且为用户提供了方便的使用手段和令人满意的服务质量。

概括起来，操作系统具有三大功能：管理计算机硬、软件资源，使之有效应用；组织协调计算机的运行，以增强系统的处理能力；提供人机接口，为用户提供方便。

根据操作系统的发展过程，通常分为以下几个类型。

① 单用户操作系统：一次只能运行一个用户程序，典型的代表是 DOS 系统。

② 批处理操作系统：凡欲处理的作业按批连续进入系统，程序一旦进入计算机，用户就不能再接触它，除非运行完毕。这有利于提高效率，但不便于程序的调度和人机对话。这种系统大都应用于大中型计算机。

③ 分时操作系统：允许系统同时为许多用户服务，一般采用时间片轮转的方式向用户轮流分配机时，而对用户来说，感觉不到有几个用户同时在使用一台计算机。这种系统的典型代表是 UNIX 系统。

④ 实时操作系统：实时系统中用户分优先级别，对不同级别的用户有不同的响应方式。实时系统要求响应时间快，性能好，常用于工业生产的过程控制中，还应用于订票系统、销售系统、军事指挥、武器控制之类的实时数据处理。

⑤ 网络操作系统：计算机网络将分布在不同地理位置的计算机连接起来，网络操作系统用于对多台计算机及其设备之间的通信进行有效的监护管理。因此，网络操作系统除具有一般操作系统功能外，还有专门的网络管理模块。常用的网络操作系统有 NetWare、Windows NT 等。

⑥ 微机操作系统：微机操作系统从单任务单用户的 DOS 操作系统，发展到单用户多用户的 Windows 操作系统，Windows 系统的版本也从最初的 3.X 版本发展到 Windows 95/98、Windows NT、Windows 2000、WindowsXP、Windows7 和 Windows 2003 等。

常用的操作系统有 Windows、Linux、UNIX 和苹果电脑专用的 MAC OS 等。

（2）语言处理程序

程序是软件中最重要的部分。程序是为了完成某一工作而设计的指令序列，而这些指令序列是要用某种计算机语言来编制的，编制程序的过程又叫程序设计。这些用来编制程序的计算机语言也就是程序设计语言。随着计算机技术的发展和用户要求的不断提高，计算机语言经历了由低级到高级的发展过程。它包括机器语言、汇编语言和高级语言。

① 机器语言。在早期的计算机中，人们是直接用机器语言（即机器指令代码）来编写程序的，这种用机器语言书写的程序，计算机完全可以“识别”并能直接执行，所以又叫做目标程序。

机器语言是由二进制代码组成的，难懂难记，并且它依赖于计算机的硬件结构，不同类型的计算机其机器语言不同，这些情况大大限制了计算机的使用。

② 汇编语言。为了编写程序方便和提高机器的使用效率，人们用一些约定的文字、符号和数字按规定的格式来表示各种不同的指令，然后再用这些特殊符号表示的指令来编写程序。这就是所谓的汇编语言。

符号语言简单直观，便于记忆和使用，比二进制数表示的机器语言方便了许多。但计算机不认识这些文字、数字、符号，也就不能直接运行汇编程序，为此人们创造了汇编程序，它是一种将汇编源程序翻译成机器语言程序的软件。

③ 高级语言。所谓高级语言，是指按实际需要规定好的一套基本符号以及由这套基本符

号构成程序的规则。高级语言比较接近数学语言和自然语言，程序可读性强、可靠性好、利于维护且独立于具体机器，大大提高了程序设计效率。

常用的高级语言有 Basic、FORTRAN、Pascal、C、C＋＋、Java 等。

用高级语言编写的程序称为源程序。但是这种源程序如同汇编程序一样，是不能由机器直接识别和执行的，也必须翻译为机器语言。通常采用下面两种方法。

编译程序：把源程序翻译成目标程序，然后机器执行目的程序，得出计算结果。

解释程序：逐条解释并立即执行源程序的语句，它不是将源程序的全部指令一起翻译，编出目的程序后再执行，而是直接逐一解释语句并得出计算结果。

（3）数据库管理系统

数据库就是实现有组织地、动态地存储大量相关数据，方便多用户访问的计算机软、硬件资源组成的系统。数据库和数据管理软件组成了数据库管理系统。

目前广泛应用的数据库管理系统有 Foxpro、Access、Oracle、SQL Server 等。

（4）各种服务性程序

如机器的调试、故障检查和诊断程序、杀毒程序等。

2. 应用软件

应用软件是指除了系统软件以外的所有软件，它是用户为解决各种实际问题而编制的计算机应用程序及其有关资料。

由于计算机已渗透到了各个领域，因此应用软件是多种多样的。应用软件在各个具体领域中为用户提供辅助功能，它也是绝大多数用户学习、使用计算机时最感兴趣的内容。

目前应用软件可以分为 3 大类：通用应用软件、专门行业的应用软件和定制的软件。具体而言，常用的应用软件有：

① 信息管理软件，如各种财务管理软件、税务管理软件等。

② 办公自动化软件，如 WPS Office、Microsoft Office 等。

③ 图像处理类软件，如 Photoshop、动画处理软件 3DS MAX。

④ 工业控制软件。

⑤ 辅助设计与辅助教学软件。

1.4 微型计算机及其常用外设

1.4.1 微型计算机的主要类型

微型计算机就称为个人计算机，其常见类型有台式机、一体机、笔记本、掌上电脑和平板电脑等。

1. 台式机（Desktop）

台式机（见图 1-11）也叫桌面机，是一种独立且分离的计算机，相对于笔记本和上网本体积较大，主要部件如主机、显示器、键盘、鼠标等设备一般都是相对独立的，一般需要放置在电脑桌或者专门的工作台上，因此命名为台式机。它是现在非常流行的微型计算机，大多数人的家用和公司用的机器都是台式机。台式机的性能相对而言较笔记本电脑要强。

台式机具有如下特点：

① 散热性好。台式机具有笔记本计算机所无法比拟的散热功能。台式机的机箱空间大，通风条件好，一直被人们广泛使用。

② 扩展性强。台式机的机箱方便用户硬件升级，如光驱，硬盘，显卡。现在台式机箱的光驱驱动器插槽是 4～5 个，硬盘驱动器插槽是 4～5 个，非常方便用户日后的升级。

③ 保护性好。台式机全方面保护硬件不受灰尘的侵害，而且防水性不错。

2. 电脑一体机

电脑一体机（见图 1-12）是由一台显示器、一个电脑键盘和一个鼠标组成的电脑。它的芯片、主板与显示器集成在一起，显示器就是一台电脑，因此只要将键盘和鼠标连接到显示器上，机器就可以使用了。随着无线技术的发展，电脑一体机的键盘、鼠标与显示器可实现无线连接，机器只有一根电源线，这就解决了一直为人诟病的台式机线缆多而杂的问题。有的电脑一体机还具有电视接收、AV 功能（视频输出功能）、触控功能等。

图 1-11　台式机

图 1-12　电脑一体机

3. 笔记本电脑（Notebook 或 Laptop）

笔记本电脑（见图 1-13），也称手提电脑或膝上型电脑，是一种小型、可携带的个人电脑，通常重 1～6 kg。它和台式机架构类似，但是提供了台式机无法比拟的绝佳便携性：液晶显示器、较小的体积、较轻的重量。

图 1-13　笔记本电脑

笔记本电脑除了键盘外，还提供了触控板（TouchPad）或触控点（Pointing Stick），提供了更好的定位和输入功能。

笔记本电脑可以大体上分为 6 类：商务型、时尚型、多媒体应用、上网型、学习型和特殊用途型。

① 商务型笔记本电脑一般可以概括为移动性强、电池续航时间长、商务软件多。

② 时尚型主要服务于对外观要求较高的时尚女性。

③ 多媒体笔记本电脑多拥有较为强劲的独立显卡和声卡（均支持高清），并有较大的屏幕，有较强的图形、图像处理能力和多媒体的能力，尤其是播放能力，为享受型产品。

④ 上网本（Netbook）就是轻便和低配置的笔记本电脑，具备上网、收发邮件以及即时

信息（IM）等功能，并可以实现流畅播放流媒体和音乐。上网本比较强调便携性，多用于在出差、旅游甚至公共交通上的移动上网。

⑤ 学习型机身设计为笔记本外形，采用标准电脑操作，全面整合学习机、电子辞典、复读机、学生电脑等多种机器功能。

⑥ 特殊用途的笔记本电脑是服务于专业人士，是可以在酷暑、严寒、低气压、战争等恶劣环境下使用的机型，有的较笨重，比如奥运会前期在“华硕珠峰大本营 IT 服务区”使用的华硕笔记本电脑。

4. 掌上电脑（PDA）

掌上电脑（见图 1-14）是一种运行在嵌入式操作系统和内嵌式应用软件之上的小巧、轻便、易带、实用、价廉的手持式计算设备。

掌上电脑无论在体积、功能和硬件配备方面都比笔记本电脑简单轻便，但在功能、容量、扩展性、处理速度、操作系统和显示性能方面又远远优于电子记事簿。掌上电脑除了用来管理个人信息（如通讯录、计划等），上网浏览页面，收发 E-mail，还具有录音机功能、英汉汉英词典功能、全球时钟对照功能、提醒功能、休闲娱乐功能、传真管理功能等等。

在掌上电脑基础上加上手机功能，就成了智能手机（Smartphone）。智能手机除了具备手机的通话功能外，还具备了 PDA 分功能，特别是个人信息管理以及基于无线数据通信的浏览器和电子邮件功能。智能手机为用户提供了足够的屏幕尺寸和带宽，既方便随身携带，又为软件运行和内容服务提供了广阔的舞台，很多增值业务可以就此展开，如股票、新闻、天气、交通、商品、应用程序下载、音乐图片下载等。

5. 平板电脑（Tablet）

平板电脑（见图 1-15）是一款无须翻盖、没有键盘、大小不等、形状各异，却功能完整的电脑。其构成组件与笔记本电脑基本相同，但它是利用触笔在屏幕上书写，而不是使用键盘和鼠标输入，并且打破了笔记本电脑键盘与屏幕垂直的 L 型设计模式。它支持手写输入或语音输入，移动性和便携性比笔记本电脑更胜一筹，支持来自 Intel、AMD 和 ARM 的芯片架构。从微软提出的平板电脑概念产品上看，平板电脑就是一款无须翻盖、没有键盘、小到足以放入女士手袋的便携电脑，但其功能没有 PC 完整。

图 1-14 掌上电脑

图 1-15 平板电脑

1.4.2　微型计算机的硬件配置

1. CPU

在微机中，运算器和控制器被制作在同一个半导体芯片上，称为中央处理器，简称 CPU，又称微处理器。CPU 是计算机硬件系统中的核心部件，可以完成计算机的各种算术运算、逻辑运算和指令控制。

由于 CPU 在微机中起到关键作用，人们往往将 CPU 的型号作为衡量和购买机器的标准。目前的 CPU 主要有 Intel 公司的赛扬（celeron）双核系列、奔腾（Pentium）双核系列、酷睿 2（Core2）系列和酷睿 i 系列等；AMD 公司的闪龙（Sempron）Ⅱ系列、速龙（Athlon）Ⅱ系列、羿龙（Phenom）Ⅱ系列和 APU 等。图 1-16 所示为一款酷睿 i 系列产品。

2. 主板

主板又叫主机板（Main Board）、系统板（System Board）或母板（Mother Board），它安装在机箱内，是微机最基本的也是最重要的部件之一，如图 1-17 所示。

主板是整个微机内部结构的基础，不管是 CPU、内存、显卡还是鼠标、键盘、声卡、网卡都要通过主板来连接并协调工作。若主板性能不好，一切插在它上面的部件的性能都不能充分发挥出来。如果把 CPU 看成是微机的大脑，那么主板就是微机的身躯。

图 1-16　CPU

图 1-17　主板

3. 内存条

目前微机广泛采用动态随机存储器（DRAM）作为主存，它的成本低、功耗低、集成度高，采用的电容器刷新周期与系统时钟保持同步，使 RAM 和 CPU 以相同的速度同步工作，提高了数据的存取时间。

目前一般用户配置的内存条（见图 1-18）容量大小为 2GB、4GB、8GB 甚至 16GB 以上。

4. 硬盘

硬盘（见图 1-19）作为微机中最常用的外存，主要用于存放应用程序、系统程序和数据文件。一般用户配置的硬盘容量为 500GB、750MB、1TB 甚至更高。

图 1-18 内存条

图 1-19 硬盘

1.4.3 微型计算机的软件配置

1. 操作系统

常用的操作系统有 Windows、Unix、Linux，苹果电脑专用的 MAC OS 等，在微机上可以安装 Windows XP、Windows 2003、Windows 7 或更高版本的操作系统。

2. 实用程序

实用程序可以完成一些与计算机系统资源及文件有关的任务。如杀毒软件：金山杀毒、360 杀毒、NOD32 杀毒软件，压缩解压软件，音频软件，视频软件等。

3. 语言处理程序

语言处理程序是程序设计的重要工具，它可以使计算机按一定的格式编写程序，实现特定的功能。面向过程的语言有 Basic 语言、C 语言、Pascal 语言；面向对象的语言有 C#语言、Java 语言、Visual Basic 语言、Delphi 等。

4. 办公软件

办公软件包括字处理软件、电子表格软件、演示文稿软件、网页制作软件等。常用的办公软件有 Microsoft Office，WPS Office 等。

1.4.4 微型计算机的性能指标

1. 字长

通常，CPU 向存储器送入或从存储器取出信息时，不能存取单个的“位”，而是用字节（Byte）和字（Word）等较大的信息单位来工作。一个字节由 8 位二进制位组成，而一个字则至少由一个以上的字节组成。通常把组成一个字的二进制位数叫做**字长**。常用的字长有 8 位、16 位、32 位、64 位等，相应的计算机称为 8 位、16 位、32 位和 64 位机。

字长越长，数据处理的速度越快，数据处理的精度越高，性能越好。

2. 主频

微型计算机的主频指计算机 CPU 的时钟频率，即微处理器提供有规则的电脉冲速度，在很大程度上决定了计算机的运算速度，单位一般用 MHz 和 GHz。例如，P4 2.4 GHz 表示该 CPU 型号为 P4，主频为 2.4GHz。

主频越高，计算机的运算速度越快。

3. 运算速度

运算速度通常是指计算机每秒钟所能执行的指令条数，单位为用 MIPS（百万次/秒）。

4. 存储容量

某个存储设备所能容纳的二进制信息的总和称为存储容量，分为内存和外存容量。

内存容量是指为计算机系统所配置的主存（RAM）总字节数，是 CPU 可直接访问的存储空间，是衡量计算机性能的一个重要指标。目前微型计算机的内存容量多为 4GB 以上。

外存多以硬盘和光盘为主，一般微机硬盘都具有 500GB 以上的存储容量。

5. 存取周期

存取周期指的是对内存储器完成一次完整的读/写操作所需的时间，也是直接影响计算机速度的一个技术指标。

另外，计算机的可靠性、可维护性、平均无故障时间以及性能价格比，都是其技术指标。

1.4.5 计算机的常用外设

1. 键盘

键盘由一组按键排成的开关阵列组成，按下某个键就会产生一个相应的扫描码，键盘中的电路将扫描码送到主机，再由主机将键盘扫描码转换成 ASCII 码。例如，按下左上角的 Esc 键，主机则将它的扫描码 01H 转换成 ASCII 码 00011011。

键盘是计算机的标准输入设备。常用的键盘有 101、104、107 和 108 个键，图 1-20 所示的是标准 104 键的键盘。根据不同键字使用的频率和方便操作的原则，键盘划分为四个功能区：主键盘区、功能键区、控制键区和小键盘区。

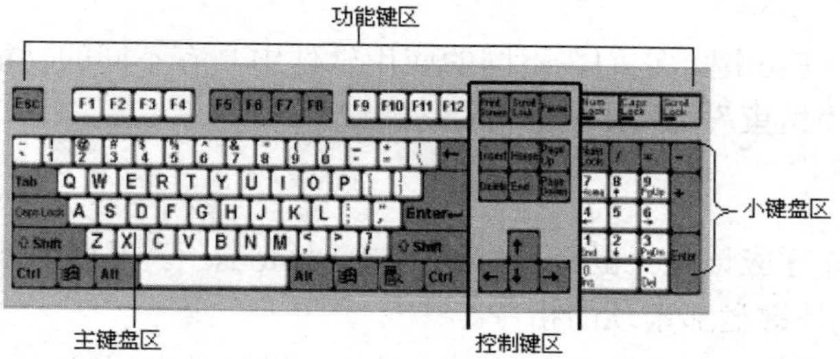

图 1-20　标准 104 键盘

（1）主键盘区

在键盘左下部，由字母键、数字键和控制键组成。字母键共有 26 个（A-Z），数字键 10 个（0-9），符号键 32 个（“@、\、{、[、(、$、%、&” 等）。这些键中有些键与键盘上的键字是一一对应的，但有些键上印有两个符号。例如：上印有 “5” 和 “%”。通常，将上部

字符称为上档键，下部字符称为下档键。输入上档键时，要按住 Shift（换档键）不放，再输入键的上部字符。主键盘区中一些特殊键的功能如下。

① Caps Lock　大小写控制转换键
② Tab　表格键，跳到下一个制表位，或在对话框中切换焦点。
③ Backspace　退格键，删除光标左边的一个字符
④ Enter　回车键，常用于执行命令、确认操作
⑤ SpaceBar　空格键，输入一个空格
⑥ Ctrl　组合键，常与其他键组合使用
⑦ Shift　换档键，用于输入上档字符，也用于组合键
⑧ Alt　组合键，常与其他键组合使用

（2）控制键区

控制键区共有 13 个键。↑、↓、←、→键控制光标上下左右移动，其他 9 个键供编辑操作使用。

① Insert　插入/改写状态转换键
② Delete　删除键
③ End　移动光标至行尾
④ Home　移动光标至行首
⑤ PageUp　前翻一页
⑥ PageDown　后翻一页
⑦ PrintScreen　屏幕拷贝
⑧ Scroll Lock　锁定屏幕
⑨ Pause　暂停屏幕显示

（3）小键盘区

键盘最右边是小键盘区，共有 17 个键。NumLock 是数字锁定键，按下该键时指示灯亮，可以使用右边小键盘区的数字键输入数字。再按一下该键，指示灯灭，这时小键盘区的数字键可以作为控制键使用。

（4）功能键区

包括 F1～F12 和 Esc 键，它们在不同的应用软件中具有不同的功能定义。例如，Esc 键通常定义为“退出”“结束”“返回”之类的功能键。

2. 鼠标

“鼠标”的标准称呼应该是“鼠标器”，英文名“Mouse”。鼠标的使用是为了使计算机的操作更加简便，来代替键盘那繁琐的指令。

鼠标按其工作原理的不同可以分为机械式鼠标、机械光电式鼠标和光电式鼠标等。

（1）机械式鼠标

机械式鼠标的结构简单，但由于精度有限，且内部器件的磨损也较为厉害，直接影响机械鼠标的寿命。因此，机械式鼠标已基本淘汰而被同样价廉的光电机械式鼠标取而代之。

（2）光电机械式鼠标

所谓光电机械式鼠标，顾名思义就是一种光电和机械相结合的鼠标，是前几年市场上最

常见的一种鼠标。光电机械式鼠标在机械鼠标的基础上采用了非接触部件，使磨损率下降，从而大大地提高了鼠标的寿命，也能在一定范围内提高鼠标的精度。光电机械式鼠标的外形与机械鼠标没有区别，不打开鼠标的外壳很难分辨，人们习惯上还称其为机械式鼠标。

（3）光电式鼠标

光电式鼠标是通过发光二极管（LED）和光敏管协作来测量鼠标的位移，垫板将 LED 发出的光束部分反射到光敏接收管，形成高低电平交错的脉冲信号。这种结构可以做出分辨率较高的鼠标，且由于接触部件较少，鼠标的可靠性大大增强，适用于对精度要求较高的场合，不仅手感舒适操控简易而且实现了免维护。

光电式鼠标是目前市场上的主流产品，图 1-21 所示为一款罗技的光电式鼠标。

图 1-21　光电式鼠标

3. 显示器

显示器是计算机的主要输出设备，用来将系统信息、计算机处理结果、用户程序及文档等信息显示在屏幕上，是人机对话的一个重要工具。

显示器按结构分有 CRT 显示器、液晶显示器（LCD）等，如图 1-22 所示。

（a）CRT 显示器　　（b）液晶显示器

图 1-22　显示器

CRT（阴极射线管）显示器和一般电视的工作原理相同，只是数据接收和控制方式不同。液晶显示器（LCD）为平板式、体积小、重量轻、功耗低。

显示器的主要指标包括显示器的屏幕大小、显示分辨率等。屏幕越大，显示的信息越多；显示分辨率越高，显示图像就越清晰。目前市场上的主流显示器基本上是 22 英寸；显示分辨率通常有 1024×768、1280×1024、1680×1050、1920×1080 等。

显示器与主机相连必须配置适当的显示适配器，即显示卡。显示卡的功能主要用于主机与显示器数据格式的转换，是体现计算机显示效果的必备设备，它不仅把显示器与主机连接起来，而且还起到处理图形数据、加速图形显示等作用。显示卡较早的标准有：CGA（Color Graphics Adapter）标准（320×200，彩色）、EGA（Enhanced Graphics Adapter）标准（640×350，彩色）和 VGA（Video Graphics Array）标准（640×480，256 种颜色）。目前常用的 SVGA、TVGA 卡等，分辨率提高到 800×600、1024×768、1280×1024 等，有多达 2^{24} 甚至 2^{32} 种色彩，称为“真彩色”。

4. 打印机

打印机（Printer）是计算机的输出设备，用于把文字或图形在纸上输出，供阅读和保存。

打印机按工作机构可分为两类：击打式打印机和非击打式印字机。针式打印机属于击打式打印机。非击打式的喷墨打印机和激光打印机，目前应用越来越广。图 1-23 所示为常见的 3 种打印机。

（a）针式打印机（b）喷墨打印机（c）激光打印机

图 1-23　打印机

针式打印机又称为点阵式打印机，其优点是结构简单，技术成熟，耗材费用低，尤其在票据打印方面有不可替代的作用，但是也有速度慢、噪音大、打印效果差、难以实现色彩打印等缺点。

喷墨打印机的优点：整机价格低、工作噪音低，能以较小的代价实现彩色打印。缺点是相对的打印速度较慢，耗材较为昂贵且长时间不使用的情况下打印喷嘴容易堵塞。

激光打印机的优点：打印速度快、工作噪音低、打印质量好，是目前市场上主流的打印机。缺点：整机价格相对较高，耗材较为昂贵。

5. 光驱

随着多媒体技术的发展，光盘驱动器已经成为计算机的基本配置，光盘存储器是一种利用激光技术存储信息的装置。光盘存储器由光盘片和光盘驱动器构成。

光盘需要与光盘驱动器配合才能使用。根据性能的不同，光盘分为三类：只读性光盘（CD-ROM）、一次写入性光盘（CD-R）和可多次写入光盘（CD-RW）。只读性光盘（CD-ROM）只能读出其中的数据，不能进行写操作。一次写入性光盘（CD-R）可以进行写操作，但只能写一次。一旦写入，可多次读取。可多次写入光盘（CD-RW）可以进行多次读写操作。

与光盘相配套的光盘驱动器也可以分为：CD-ROM、CD-R、CD-RW 驱动器，后两者通常称之为刻录机。图 1-24 所示为光盘驱动器。

DVD 是一种容量更大、技术更先进的产品，其光盘容量大大增加，按照不同容量分为：4.7G、8.5G、9.4G、17G，目前已经成为个人计算机中的主流部件。

6. U 盘

通常也被称作闪存盘、闪盘、优盘，是一个通用串行总线 USB 接口的无需物理驱动器的微型高容量移动存储产品，它采用的存储介质为闪存类存储介质（Flash Memory），如图 1-25 所示。

图 1-24　光盘驱动器

图 1-25　U 盘

U 盘不需要额外的驱动器，将驱动器及存储介质合二为一，只要接上电脑上的 USB 接口就可独立地存储读写数据。可用于存储任何格式数据文件以及在电脑间方便地交换数据。

U 盘具有以下的特点。

① 从容量上讲：目前 U 盘的容量越来越大，从 8GB、16GB 到 32GB 甚至更大。

② 从读写速度上讲：U 盘采用 USB 接口，读写速度较快。

③ 从稳定性上讲：U 盘没有机械读写装置，避免了移动硬盘容易碰伤、跌落等原因造成的损坏。

④ 部分款式 U 盘具有加密等功能，令用户使用更具个性化。

⑤ U 盘外形小巧，重量极轻，更易于携带。

另外，U 盘都使用 USB 接口，可以即插即用。只要计算机在开机状态，将 U 盘插入计算机的 USB 接口，在 Windows 2000 及以上的操作系统中，不须任何驱动，就可以方便地使用。

1.5　计算机安全

随着计算机的快速发展以及计算机网络的普及，计算机安全问题越来越受到广泛的重视与关注。国际标准化组织（ISO）对计算机安全的定义是：为数据处理系统建立和采取的技术和管理的安全保护，保护计算机硬件、软件、数据不因偶然的或恶意的原因而遭到破坏、更改、显露。

影响计算机系统安全的因素很多，可能是有意的，也可能是无意的；可能是人为的，也可能是非人为的；也有可能是外来黑客对网络系统资源的非法使用。归纳起来，影响计算机安全的主要因素有人为的无意失误、人为的恶意攻击和自然因素等三个方面。其中人为的恶意攻击主要是指计算机病毒对系统的侵袭和网络黑客的电子闯入。

本节分别从计算机病毒和网络黑客两方面对计算机系统的安全进行简单的讨论。

1.5.1　计算机病毒

1. 计算机病毒概念和特点

在《中华人民共和国计算机信息系统安全保护条例》中，计算机病毒（Computer Virus）指“编制者在计算机程序中插入的破坏计算机功能或者破坏数据，影响计算机使用并且能够自我复制的一组计算机指令或者程序代码”。通俗地讲，病毒就是人为的特殊程序，具有自我复制能力、很强的感染性、一定的潜伏性、特定的触发性和极大的破坏性。由于它与生物医学上的“病毒”同样有传染和破坏的特性，因此被称为计算机病毒。

计算机病毒的特点如下。

① 传染性：传染性是计算机病毒的主要特征。它一般具有很强的再生机制，其传播速度很快。计算机病毒往往借助 Internet 的电子邮件系统，不分国界地以几乎不可思议的速度传播。如 2000 年 5 月 4 日凌晨，I Love You（情书）病毒在菲律宾的计算机开始发作，到傍晚已经传染了地球另一端美国的数十万台计算机。

② 破坏性：耗费资源，造成堵塞，删改程序，甚至使系统崩溃。近年来，计算机病毒的攻击、破坏性越来越强，而攻击对象也不仅仅限于原来的软件系统，甚至可以破坏计算机硬件系统。CIH 病毒在全球造成经济损失估计是 10 亿美元，而受 I Love You 病毒的影响全球的损失预计高达 100 亿美元。

③ 寄生性：计算机病毒一般不会独立存在，主要寄生在其他文件、程序当中。计算机病毒不仅在数量上急剧增加，而且种类繁多，并且又出现了新变化——病毒变形。

④ 潜伏性：计算机病毒隐藏于正常的程序或数据文件之中，可以长时间潜伏不被发现，甚至还以貌似善良、诱人的面孔出现，如 Want Job（求职信）、Happy Time（欢乐时光）等。一旦达到某种条件，隐蔽潜伏的病毒就肆虐地进行复制、变形、传染、破坏。

⑤ 触发性：根据病毒程序设计者设定的触发条件，如某个日期或时间等，当条件满足时，病毒程序会被激活并开始发作。例如，CIH 病毒就是在 4 月 26 日发作。

2. 计算机病毒分类

计算机病毒有许多不同的种类，可以根据不同的准则来对病毒进行分类。

① 根据病毒存在的媒体，病毒可以划分为网络病毒、文件病毒、引导型病毒。

② 根据病毒传染的方法可分为驻留型病毒和非驻留型病毒。

③ 根据病毒破坏的能力可划分为无害型、无危险型、危险型、非常危险型。

④ 根据病毒特有的算法，病毒可以划分为伴随型病毒、“蠕虫”型病毒、寄生型病毒、练习型病毒、诡秘型病毒、变型病毒（又称幽灵病毒）。

3. 计算机病毒的传播途径

① 通过相关的存储设备传播：硬盘、U 盘、存储卡和光盘等都有可能是病毒的传播媒介。

② 通过网络传播：网络的出现，特别是 Internet 的发展使得计算机病毒的传播速度达到了惊人的程度。

4. 计算机感染病毒后的异常现象

① 屏幕上突然出现特定画面或一些莫名其妙的信息。如“Your PC is now stoned”“I want a cookie”、屏幕下雨、骷髅黑屏等。

② 原来运行良好的程序，突然出现了异常现象或荒谬的结果；一些可执行文件无法运行或突然丢失。

③ 计算机运行速度明显降低。

④ 计算机经常莫名其妙地死机、突然不能正常启动。

⑤ 系统无故进行磁盘读写或格式化操作。

⑥ 文件长度奇怪地增加、减少，或产生特殊文件。

⑦ 磁盘上突然出现坏的扇区或磁盘信息严重丢失。

⑧ 磁盘空间仍有空闲，但不能存储文件，或提示内存不够。

⑨ 打印机、扫描仪等外部设备突然出现异常现象。

⑩ 计算机运行时突然有蜂鸣声、尖叫声、报警声或重复演奏某种音乐等。

1.5.2　网络黑客

黑客最早源自英文 hacker，原指热心于计算机技术、水平高超的电脑专家，尤其是程序设计人员。但到了今天，黑客一词被用于泛指那些专门利用电脑网络搞破坏或恶作剧的家伙，是网络犯罪的代名词。黑客就是利用计算机技术、网络技术，非法侵入、干扰、破坏他人的计算机系统，或擅自操作、使用、窃取他人的计算机信息资源，对电子信息交换和网络实体安全具有威胁性和危害性的人。

随着互联网黑客技术的飞速发展，网络世界的安全性不断受到挑战。对于普通用户而言，要想尽量的免遭黑客的攻击，当然就得对它的主要手段和攻击方法作一些了解。下面我们以网络上常见的“网络钓鱼”进行简单的讲述。

目前，网上一些黑客经常利用“网络钓鱼”手法进行诈骗，如建立假冒网站或发送含有欺诈信息的电子邮件，盗取网上银行、网上证券或其他电子商务用户的账户密码，从而窃取用户资金的违法犯罪活动。

“网络钓鱼”的主要手法有以下几种方式。

① 发送电子邮件，以虚假信息引诱用户中圈套。诈骗分子以垃圾邮件的形式大量发送欺诈性邮件，这些邮件多以中奖、顾问和对账等内容引诱用户在邮件中填入金融账号和密码，或是以各种紧迫的理由要求收件人登录某网页提交用户名、密码、身份证号、信用卡号等信息，继而盗窃用户资金。

② 建立假冒网上银行、网上证券网站，骗取用户账号和密码实施盗窃。犯罪分子建立起域名和网页内容都与真正网上银行系统、网上证券交易平台极为相似的网站，引诱用户输入账号和密码等信息，进而通过真正的网上银行、网上证券系统或者伪造银行储蓄卡、证券交易卡盗窃资金；还有的利用跨站脚本，即利用合法网站服务器程序上的漏洞，在站点的某些网页中插入恶意 Html 代码，屏蔽住一些可以用来辨别网站真假的重要信息，利用 cookies 窃取用户信息。

③ 利用虚假的电子商务进行诈骗。此类犯罪活动往往是建立电子商务网站，或是在比较知名、大型的电子商务网站上发布虚假的商品销售信息，犯罪分子在收到受害人的购物汇款后就销声匿迹。

④ 利用木马和黑客技术等手段窃取用户信息后实施盗窃活动。木马制作者通过发送邮件或在网站中隐藏木马等方式大肆传播木马程序，当感染木马的用户进行网上交易时，木马程序即以键盘记录的方式获取用户账号和密码，并发送给指定邮箱，用户资金将受到严重威胁。

⑤ 利用用户弱口令等漏洞破解、猜测用户账号和密码。不法分子利用部分用户贪图方便设置弱口令（比如纯数字、简单字符等）的漏洞，对银行卡密码进行破解。

实际上，不法分子在实施网络诈骗的犯罪活动过程中，经常采取以上几种手法交织、配合进行，还有的通过手机短信、QQ、MSN 进行各种各样的“网络钓鱼”不法活动。

1.5.3　计算机病毒的防治和黑客攻击的防范

计算机病毒和黑客的出现给计算机安全提出了严峻的挑战，解决问题最重要的一点就是建立“预防为主，防治结合”的思想，树立计算机安全意识，防患于未然，积极地预防计算机病毒的攻击和黑客的侵入。

1. 养成良好的计算机使用习惯

俗话说，自己动手，丰衣足食。如果每个人都养成了良好的计算机使用习惯，不给病毒进入电脑的机会，就不用再担心会受到病毒的侵害。

良好的计算机使用习惯主要包括以下几方面。

① 外来的移动硬盘和 U 盘等存储设备应先扫描确认无安全威胁后再打开使用。

② 尽量不要访问不良或者陌生网站。

③ 不要随意下载网站的文件，更不要去陌生网站上下载文件。

④ 不访问广告链接。

⑤ 不要轻易打开陌生的电子邮件及其附件，或以纯文本方式阅读信件。

⑥ 关闭网络共享。

⑦ 购买安装正版的操作系统和应用软件。

⑧ 关注互联网安全方面的新闻，做好预防新生病毒和木马的准备。

2. 安装最新的杀毒软件和安全类辅助软件

杀毒软件也称反病毒软件，是用于消除计算机病毒、木马和恶意软件，保护计算机安全的一类软件的总称，可以对资源进行实时的监控，阻止外来侵袭。杀毒软件通常集成病毒监控、识别、扫描和清除以及病毒库自动更新等功能。

目前，用户使用较多的杀毒软件有国产的 360 杀毒、瑞星、金山毒霸和国外的卡巴斯基、NOD32、Macfee、诺顿等。

为了更好地保护系统的安全，在安装杀毒软件后我们一般还会安装安全类辅助软件，如 360 安全卫士、金山卫士、腾讯电脑管家和瑞星安全助手等。

所谓安全辅助软件，是可以帮助杀毒软件的计算机安全产品，主要用于实时监控防范和查杀流行木马，清理系统中的恶评插件，管理应用软件，系统实时保护，修复系统漏洞并具有 IE 修复、IE 保护、恶意程序检测及清除功能等，同时还提供系统全面诊断、弹出插件免疫、阻挡色情网站以及其他不良网站，以及端口的过滤、清理系统垃圾、痕迹和注册表，以及系统还原、系统优化等特定辅助功能，并且提供对系统的全面诊断报告，方便用户及时定位问题所在，为每一位提供全方位系统安全保护。

安全辅助软件和杀毒软件同时在一起使用，可以更大幅度提高计算机安全性、稳定性和其他性能。比如常见的 360 杀毒搭配 360 安全卫士、金山毒霸搭配金山卫士等。

3. 安装防火墙

现在的网络安全威胁主要来自病毒、木马、黑客攻击以及间谍软件攻击。安装防火墙可以有效地保护系统的安全。

防火墙指设置在不同网络（比如可信任的企业内部网和不可信的公共网）或网络安全域之间的一系列部件的组合。它可通过监测、限制、更改跨越防火墙的数据流，尽可能地对外部屏蔽内部的信息、结构和运行状况，以此来实现网络的安全保护。

典型的防火墙具有以下三方面的基本特征。

① 内部、外部网络之间的所有网络数据流都能够经过防火墙。

② 只有符合安全策略的数据流才能够通过防火墙。

③ 防火墙自身应具有非常强的抗攻击免疫力。

目前常见的防火墙有 Windows 防火墙、天网防火墙、瑞星防火墙和卡巴斯基防火墙等。

4. 及时安装系统补丁

任何操作系统甚至软件在开发完成的时候都是不完善的，开发商在后续的时间里作为售后服务会一直为软件做修补，直到软件生命周期结束。软件的修订程序就是我们所说的补丁。

对于 Windows 操作系统来讲，系统本身就有很多问题和漏洞，微软通过发布补丁包来修改和纠正这些问题和漏洞，同时也会通过发布 SP（服务包）来升级系统功能，提高系统的运行效率，及时更新系统可以有效防止病毒的攻击、黑客的袭击和其他安全威胁。

常见的更新 Windows 系统漏洞的方法有两种。

① 开启系统自动更新。

② 采用第三方安全辅助软件如 360 安全卫士对系统进行有选择地更新。

一般情况下，我们可以考虑在关闭系统自动更新的情况下，用第三方安全辅助软件进行系统更新。

习题

（1）第 3 代电子计算机使用的电子元件是（　　）。

A．晶体管　　B．电子管

C．中、小规模集成电路　　D．大规模和超大规模集成电路

（2）在 ENIAC 的研制过程中，由美籍匈牙利数学家总结并提出了非常重要的改进意见，他是（　　）。

A．冯·诺依曼　　B．阿兰·图灵

C．古德·摩尔　　D．以上都不是

（3）计算机的特点是处理速度快、计算精度高、存储容量大、可靠性高、工作全自动以及（　　）。

A．造价低廉　　B．便于大规模生产

C．适用范围广、通用性强　　D．体积小巧

（4）计算机按其性能可以分为 5 大类，即巨型机、大型机、小型机、微型机和（　　）。

A．工作站　　B．超小型机　　C．网络机　　D．以上都不是

（5）计算机在现代教育中的主要应用有计算机辅助教学、计算机模拟、多媒体教室和（　　）。

A．网上教学和电子大学　　B．家庭娱乐

C．电子试卷　　D．以上都不是

（6）计算机模拟是属于（　　）类计算机应用领域。

A．科学计算　　B．信息处理　　C．过程控制　　D．现代教育

（7）下列 4 个无符号十进制整数中，能用 8 个二进制位表示的是（　　）。

A．257　　B．201　　C．313　　D．296

（8）十进制数 215 用二进制数表示是（　　）。

A．1100001　　B．11011101　　C．0011001　　D．11010111

（9）有一个数是 123，它与十六进制数 53 相等，那么该数值是（　　）。

A．八进制数　　B．十进制数　　C．五进制　　D．二进制数

（10）下列 4 种不同数制表示的数中，数值最大的一个是（　　）。

A．八进制数 227　　B．十进制数 789

C．十六进制数 1FF　　D．二进制数 1010001

（11）计算机存储器中，组成一个字节的二进制位数是（　　）。

A．4bits　　B．8bits　　C．16bits　　D．32bits

（12）1GB 等于（　　）。

A．1000×1000 字节　　B．1000×1000×1000 字节

C．3×1024 字节　　D．1024×1024×1024 字节

（13）CPU、存储器、I/O 设备是通过（　　）连接起来的。

A．接口　　B．总线　　C．系统文件　　D．控制线

（14）CPU 能够直接访问的存储器是（　　）。

A．软盘　　B．硬盘　　C．RAM　　D．CD-ROM

（15）内存（主存储器）比外存（辅助存储器）（　　）。

A．读写速度快　　B．存储容量大　　C．可靠性高　　D．价格便宜

（16）断电会使存储数据丢失的存储器是（　　）。

A．RAM　　B．硬盘　　C．ROM　　D．软盘

（17）SRAM 存储器是（　　）。

A．静态随机存储器　　B．静态只读存储器

C．动态随机存储器　　D．动态只读存储器

（18）下列 4 条叙述中，正确的一条是（　　）。

A．为了协调 CPU 与 RAM 之间的速度差间距，在 CPU 芯片中又集成了高速缓冲存储器

B．PC 机在使用过程中突然断电，SRAM 中存储的信息不会丢失

C．PC 机在使用过程中突然断电，DRAM 中存储的信息不会丢失

D．外存储器中的信息可以直接被 CPU 处理

（19）微型计算机系统中，PROM 是（　　）。

A．可读写存储器　　B．动态随机存取存储器

C．只读存储器　　D．可编程只读存储器

（20）微型计算机内存储器是（　　）。

A．按二进制数编址　　B．按字节编址

C．按字长编址　　D．根据微处理器不同而编址不同

（21）下列设备中，既可以做输入设备又可以做输出设备的是（　　）。

A．图形扫描仪　　B．磁盘驱动器　　C．绘图仪　　D．显示器

（22）下列设备组中，完全属于输出设备的一组是（　　）。

A．喷墨打印机、显示器、键盘　　B．键盘、鼠标器、扫描仪

C．激光打印机、键盘、鼠标器　　D．打印机、绘图仪、显示器

（23）硬盘工作时应特别注意避免（　　）。

A．噪声　　B．震动　　C．潮湿　　D．日光

（24）一张软磁盘中已存有若干信息，当什么情况下，会使（　　）信息受到破坏。

A．放在磁盘盒内半年没有用过

B．通过机场、车站、码头的 X 射线监视仪

C．放在强磁场附近

D．放在摄氏零下 10 度的房间里

（25）目前市售的 USB FLASH DISK（俗称优盘）是一种（　　）。

A．输出设备　　B．输入设备　　C．存储设备　　D．显示设备

（26）下列关于操作系统的主要功能的描述中，不正确的是（　　）。

A．处理器管理　B．作业管理　　C．文件管理　　D．信息管理

（27）微型机的 DOS 系统属于（　　）类操作系统。

A．单用户操作系统　　B．分时操作系统

C．批处理操作系统　　D．实时操作系统

（28）用户用计算机高级语言编写的程序，通常称为（　　）。

A．汇编程序　　B．目标程序

C．源程序　　D．二进制代码程序

（29）将高级语言编写的程序翻译成机器语言程序，所采用的两种翻译方式是（　　）。

A．编译和解释　　B．编译和汇编

C．编译和链接　　D．解释和汇编

（30）下列软件中，属于系统软件的是（　　）。

A．用 FORTAN 语言编写的计算弹道的程序

B．FORTRAN 语言的编译程序

C．交通管理和定位系统

D．计算机集成制造系统

（31）下列 4 种软件中属于应用软件的是（　　）。

A．BASIC 解释程序　　B．UCDOS 系统

C．财务管理系统　　D．Pascal 编译程序

（32）以下关于汇编语言的描述中，错误的是（　　）。

A．汇编语言诞生于 20 世纪 50 年代初期

B．汇编语言不再使用难以记忆的二进制代码

C．汇编语言使用的是助记符号

D．汇编程序是一种不再依赖于机器的语言

（33）下列叙述中，正确的说法是（　　）。

A．编译程序、解释程序和汇编程序不是系统软件

B．故障诊断程序、排错程序、人事管理系统属于应用软件

C．操作系统、财务管理程序、系统服务程序都不是应用软件

D．操作系统和各种程序设计语言的处理程序都是系统软件

（34）ASCII 码其实就是（　　）。

A．美国标准信息交换码　　B．国际标准信息交换码

C．欧洲标准信息交换码　　D．以上都不是

（35）五笔型输入法是（　　）。

A．音码　　B．形码　　C．混合码　　D．音形码

（36）中国国家标准汉字信息交换编码是（　　）。

A．GB2312-80　　B．GBK　　C．UCS　　D．BIG-5

（37）一个汉字的内码长度为 2 个字节，其每个字节的最高二进制位的依次分别是（　　）。

A．0，0　　B．0，1　　C．1，0　　D．1，1

（38）某汉字的区位码是 5448，它的机内码是（　　）。

A．D6D0H　　B．E5E0H　　C．E5D0H　　D．D5E0H

（39）下列关于字节的 4 条叙述中，正确的一条是（　　）。

A．字节通常用英文单词“bit”来表示，有时也可以写做“b”

B．目前广泛使用的 Pentium 机，其字长为 5 个字节

C．计算机中将 8 个相邻的二进制位作为一个单位，这种单位称为字节

D．计算机的字长并不一定是字节的整数倍

（40）下列描述中，不正确的一条是（　　）。

A．世界上第一台计算机诞生于 1946 年

B．CAM 就是计算机辅助设计

C．二进制转换成十进制的方法是“除二取余”

D．在二进制编码中，n 位二进制数最多能表示 2n 种状态

（41）CAI 表示为（　　）。

A．计算机辅助设计　　B．计算机辅助制造

C．计算机辅助教学　　D．计算机辅助军事

（42）下列字符中，其 ASCII 码值最小的是（　　）。

A．$　　B．J　　C．b　　D．T

（43）微型计算机按照结构可以分为（　　）。

A．单片机、单板机、多芯片机、多板机

B．286 机、386 机、486 机、Pentium 机

C．8 位机、16 位机、32 位机、64 位机

D．以上都不是

（44）“32 位微型计算机”中的 32 指的是（　　）。

A．微型机号　　B．机器字长　　C．内存容量　　D．存储单位

（45）使用 PentiumIII500 的微型计算机，其 CPU 的输入时钟频率是（　　）。

A．500kHz　　B．500MHz　　C．250kHz　　D．250MHz

（46）要存放 1 个 24×24 点阵的汉字字模，需要（　　）存储空间。

A．72B　　B．320B　　C．720B　　D．72KB

（47）计算机病毒是一种（　　）。

A．特殊的计算机部件　　B．游戏软件

C．人为编制的特殊程序　　D．能传染致病的生物病毒

（48）下列 4 项中，不属于计算机病毒特征的是（　　）。

A．潜伏性　　B．传染性　　C．激发性　　D．免疫性

（49）下列叙述中，正确的一条是（　　）。

A．计算机病毒只在可执行文件中传播

B．计算机病毒主要通过读写软盘或 Internet 网络进行转播

C．只要把带毒软盘片设置成只读状态，那么此盘片上的病毒就不会因读盘而传染给另一台计算机

D．计算机病毒是由于软盘片表面不清洁而造成的

（50）以下（　　）不是预防计算机病毒的措施。

A．建立备份　　B．专机专用　　C．不上网　　D．定期检查

第 2 章 Windows 7 系统操作

Windows 7 是由微软公司开发的，具有革命性变化的操作系统。该系统旨在让人们的日常计算机操作更加简单和快捷，为人们提供高效易行的工作环境。Windows 7 可供家庭及商业工作环境、笔记本电脑、平板电脑、多媒体中心等使用。微软 2009 年 10 月 22 日于美国正式发布 Windows 7，2009 年 10 月 23 日于中国发布，2011 年 2 月 22 日发布 Windows 7 SP1。

学习目标:

- 了解操作系统的组成，理解文件（文档）、文件（文档）名、目录（文件夹）、目录（文件夹）树和路径等概念。
- 了解 Windows 7 的特点、功能、配置和运行环境。
- 掌握 Windows 7“开始”按钮、“任务栏”“菜单”“图标”等的使用。
- 掌握应用程序的运行和退出、“计算机”和“资源管理器”的使用。
- 掌握文档和文件夹的基本操作：打开、创建、移动、删除、复制、更名、查找、及设置属性。
- 掌握中文输入法的安装、卸除、选用和屏幕显示。
- 掌握快捷方式的设置和使用。
- 掌握附件的使用。

2.1 Windows 7 系统概述

2.1.1 启动系统与关闭系统

1. *启动* Windows 7

打开 Windows 7 系统至少涉及两个开关：主机箱的电源开关和显示器的电源开关。

启动系统的一般步骤如下。

① 顺序打开外部设备的电源开关、显示器开关和主机电源开关。

② 计算机自动执行硬件测试，测试无误后即开始引导系统。

③ 根据使用该电脑的用户账户数目，登录界面分单用户和多用户两种。

④ 单击要登录的用户名，输入用户名及密码，单击“确定”按钮或按回车键后启动完成，

出现 Windows 7 桌面，如图 2-1 所示。

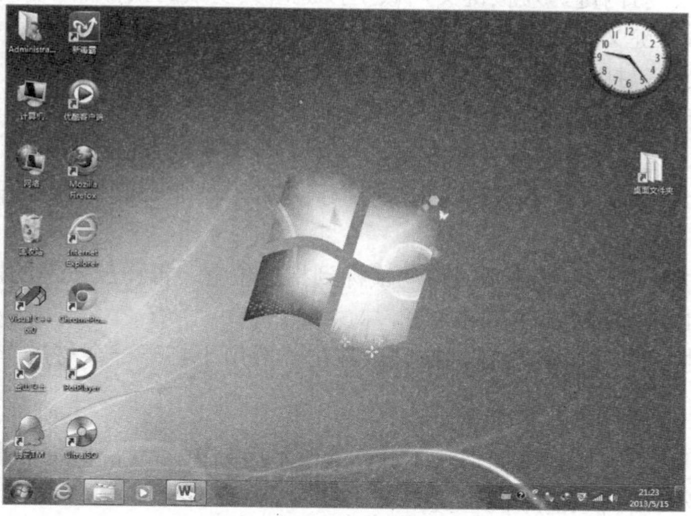

图 2-1　Windows 7 主界面

2. 关闭系统

使用装有 Windows 7 的计算机，在关闭时，必须遵照正确的步骤，而不能在 Windows 7 仍在运行时直接关闭计算机的电源。

Windows 7 系统运行时，将重要的数据存储在内存中，若不遵循正确步骤关机，将来不及把数据写入到硬盘中，可能造成程序数据和处理信息的丢失，严重时可能会造成系统的损坏。

另外，Windows 7 运行时需要占用大量的磁盘空间以保存临时信息。这些保存在文件夹中的临时文件会在正常退出 Windows 7 时被清除掉，以免资源浪费；如不正常退出，将使系统来不及处理这些临时信息。

正常退出 Windows 7 并关闭计算机的步骤如下。

① 保存所有应用程序中处理的结果，关闭所有运行着的应用程序。

② 单击“开始”按钮，选择“关机”，如图 2-2 所示。若单机“关机”安排旁边的三角图标，还会出现如“注销”“锁定”“重新启动等选项”，如图 2-2 所示。

③ 关闭显示器的开关和连接到 PC 上的任何设备（比如打印机）。

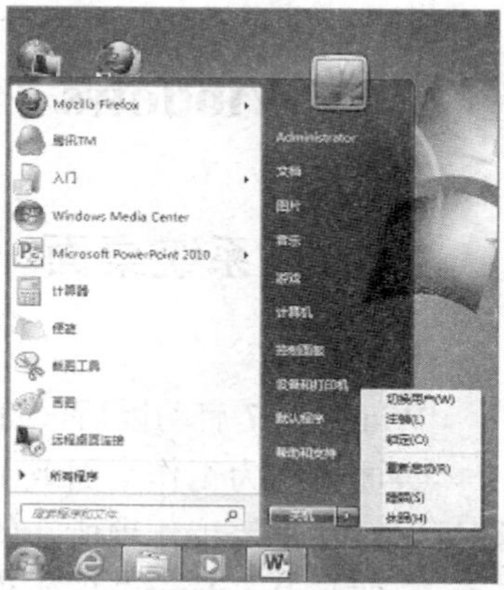

图 2-2　Windows 7 关闭设备

2.1.2 使用鼠标

1. 鼠标的基本操作

现在鼠标已经成为一台计算机的必备输入设备，Windows 7 的许多操作都可以通过鼠标的操作完成。利用鼠标能够快捷地对计算机进行各种操作。尽管这些操作用键盘也可以完成，但大多数时候使用鼠标是更为方便的。

二键鼠标有左、右两键，左按键又叫做主按键，大多数的鼠标操作是通过主按键的单击或双击完成的。右按键又叫做辅按键，主要用于一些专用的快捷操作。

鼠标的基本操作包括：

① 指向：指移动鼠标，将鼠标指针移到操作对象上。

② 单击：指快速按下并释放鼠标左键。单击一般用于选定一个操作对象。

③ 双击：指连续两次快速按下并释放鼠标左键。双击一般用于打开窗口，启动应用程序。

④ 拖动：指按下鼠标左键不放，移动鼠标到指定位置，再释放按键的操作。拖动一般用于选择多个操作对象，复制或移动对象等。

⑤ 右击：指快速按下并释放鼠标右键。右击一般用于打开一个与操作相关的快捷菜单。

2. 鼠标指针的形状及其功能

Windows 7 中的不同场合鼠标形状不同。表 2-1 中列出了 Windows 7 默认方式下最常见的几种鼠标形状及其所代表的不同含义。

表 2-1　　鼠标指针形状及其功能

箭头指针	Windows 7 的基本指针，用于选择菜单、命令或选项
双向箭头	做水平、垂直缩放指针，当将鼠标指针移到窗口的边框线上时，会变成双向箭头，此时拖动鼠标，可上下或左右移动边框改变窗口大小
斜向箭头	等比缩放指针，当鼠标指针正好移到窗口的四个角落时，会变成斜向双向箭头，此时拖动鼠标，可沿水平和垂直两个方向等比例放大或缩小窗口
四头箭头指针	搬移指针，用于移动选定的对象
绿色圆圈	表示计算机正忙，需要用户等待
I 型指针	用于在文字编辑区内指示编辑位置

2.2　Windows 7 系统界面

2.2.1　系统桌面

1. 桌面

Windows 7 启动以后，首先看到的是它的桌面，如图 2-3 所示。

桌面也称为工作桌面或工作台，是指 Windows 所占据的屏幕空间，也可以理解为窗口、图标、对话框等工作项所在的屏幕背景。屏幕上的整个区域就是“桌面”。

桌面是 Windows 7 的工作平台。以 Web 的方式来看，桌面相当于 Windows 7 的主页。桌面上放着用户经常要用到的和特别重要的文件夹和工具，为用户快速启动带来便利。

第一次启动 Windows 7 后，缺省的桌面上只包含“计算机”“网络”“回收站”等少数几个图标。每个图标都与一个 Windows 提供的功能相关联。

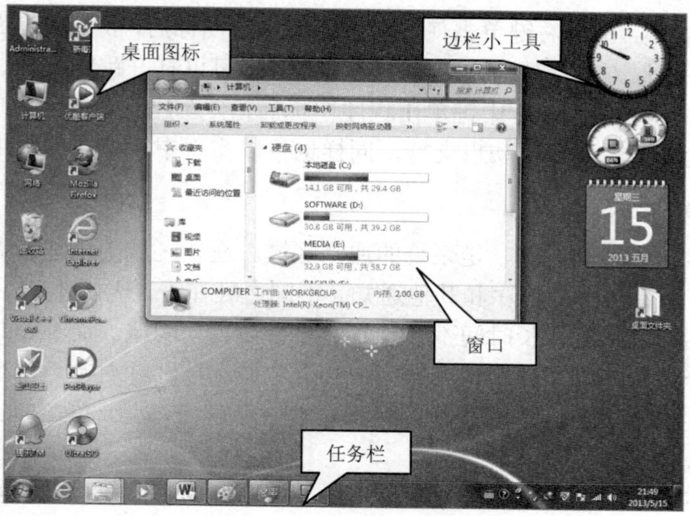

图 2-3　Windows 7 桌面

2. 图标

在桌面的左边，有些上面是图形、下面是文字说明的组合被称作“图标”。

作为操作系统，Windows 7 控制着存储在计算机内的信息。信息在 Windows 中显示成图标，每个图标代表保存在硬盘中的文件。程序图标代表 Windows 中完成某些工作的应用程序。例如浏览器（Internet Explorer，IE）就是访问互联网信息的一种程序。该程序在 Windows 中用一个图标表示，通过双击鼠标就能运行。图标也可以用来表示不同的程序创建的文档或数据文件。

2.2.2　任务栏

1. 任务栏

“任务栏”就是通常位于桌面下方的长条，如图 2-3 所示。相比 Windows XP 和 Windows Vista，Windows 7 的任务栏有了较大的变化，新的任务栏更高，占据了更多的屏幕空间，同时新的任务栏结合了以往的“快速启动栏”和任务栏的两种功能，可以在同一区域中显示正在运行的程序按钮和程序的快捷方式。

图 2-4　Windows 7 任务栏

如图 2-4 所示，在任务栏中，有的图标周围有一个方块，形成了“按钮”效果，这种图标对应着正在运行的程序，单机此类按钮，可以将后台运行的程序放在前端。有些图标周围没有“方块”效果，这种就属于普通的快捷方式，单击这种图标可以启动对应的程序。

在任务栏上，可以通过鼠标实现 3 种不同的操作。

① 单击左键鼠标：如果程序对应的程序尚未启动，则可以启动该程序；如果程序已经启动，左键单击可以将程序对应的窗口放到最前端；如果程序同时打开了多个窗口或者标签，左键单击鼠标可以查看该程序所有窗口和标签的缩略图。

② 单击鼠标右键：鼠标右键单击任务栏上任何一个图标后，可以打开跳转列表。使用鼠标左键单击任务栏图标不放，然后向屏幕中心拖动，也可以打开跳转列表。

③ 单击鼠标中键：使用鼠标中键单击程序图标后，会新建一个程序窗口。如果鼠标上没有中键，但有滚轮，并且鼠标驱动也支持，同样也可以实现中键单击的效果。

2. 通知区域

在 Windows 7 任务栏的右侧，是系统的通知区域。通知区域的用途和老版本的 Windows 一样，用于显示在后台运行的程序和其他通知。不同之处在于，老版本的 Windows 中在这一区域会显示所有图标，只有在长时间不活动时，才会被自动隐藏。而 Windows 7 在默认情况下，只会显示几个系统图标，分别代表操作中心、电源选项（针对笔记本或使用电池供电的计算机）、网络连接及音量图标。其他的图标都会被隐藏起来，需要单击向上三角箭头才能看到，如图 2-5 所示。

这一特性虽然可以方便使用，但也可能造成一些不便，因此可以根据实际情况决定是否显示通知区域图标。在图 2-5 所示的界面上单击“自定义”链接，打开图 2-6 所示的界面，可以进行相应的调整。

图 2-5　显示通知区域的隐藏图标

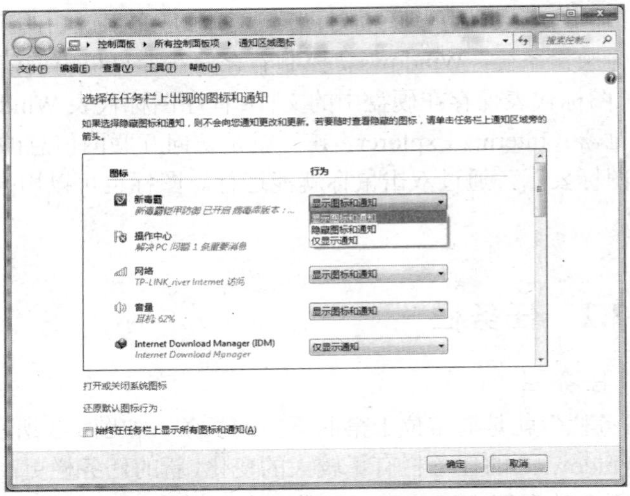

图 2-6　设置任务栏通知区域图标的显示状态

① 显示图标和通知：无论是否有需要用户注意的通知，对应的图标总是显示。

② 隐藏图标和通知：无论是否有需要用户注意的通知，对应的图标总是被隐藏。

③ 仅显示通知：只有在需用户注意的通知时，对应的图标才会被显示若干秒，随后图标会被再次隐藏。

④ 勾选“始终在任务栏上显示所有图标和通知”选项则会像老版本 Windows 系统一样显示所有通知和图标。

3. 时间和日期

在任务栏通知区域的右侧显示了当前的系统的时间和日期，单击后系统会弹出系统日历和指针表盘，如图 2-7 所示。

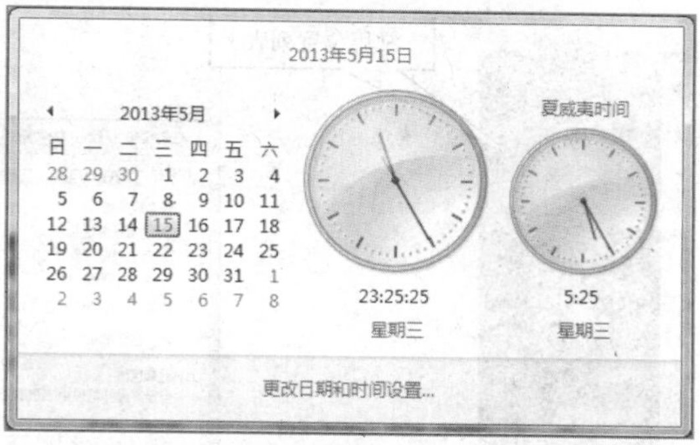

图 2-7　系统时钟

4. “显示桌面”功能

在任务栏时钟区的右侧是“显示桌面”按钮，如图 2-8 所示。当鼠标指针指向该按钮时，系统会将所有的窗口都隐藏；当移开鼠标指针后，会恢复原本的窗口。

若单击此按钮，则所有打开的窗口会被最小化，再次单击该按钮，被最小化的窗口会被恢复显示。

图 2-8　显示桌面

2.2.3　“开始”菜单

屏幕左下角的圆按钮是“开始”菜单，它可以运行程序或者控制 Windows 本身。当用户在使用计算机时，利用“开始”菜单可以完成启动应用程序、打开文档以及寻求帮助等工作，一般的操作都可以通过“开始”菜单来实现。

在任务栏上单击圆形 Windows 徽章按钮，或者在键盘上按下 Ctrl+Esc 组合键，就可以打开“开始”菜单。

“开始”菜单由分组线分成 4 部分，如图 2-9 所示。

① 第一部分是系统启动某些常用程序的快捷菜单选项。用户可以利用这个命令直接打开相应的程序，而不用在“所有程序”下的子菜单中打开。

② 第二部分是所有程序列表，如果要运行的程序没有显示在常用程序列表中，可以使用鼠标单击“所有程序”命令，显示的是本机安装的所有程序列表。

③ 第三部分是搜索框，在搜索框中输入关键字，可以直接搜索出本机安装的程序或搜索本地硬盘上的文件。

④ 第四部分是常用位置列表，列表中显示了一些常用位置，用户可以快速进入，如“文档”“图片”“音乐”“计算机”“控制面板”等，同时在此位置还显示当前的用户名。

⑤ 同时还可以打开“任务栏和开始菜单属性”菜单进行任务栏的定制。方式是使用鼠标右键单击任务栏的空白位置，在弹出的菜单中选择“属性”命令，如图 2-10 所示。

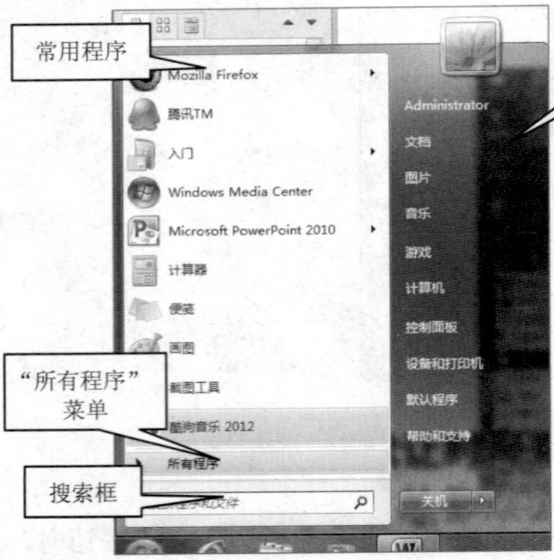

图 2-9　开始菜单

图 2-10　任务栏属性

2.2.4　窗口

1. 窗口的概念

窗口是 Windows 系统的基本对象，是指用户访问各种文件资源的矩形区域。以“计算机”窗口为例，窗口可以分为各种不同的组件，窗口的组成如图 2-11 所示。

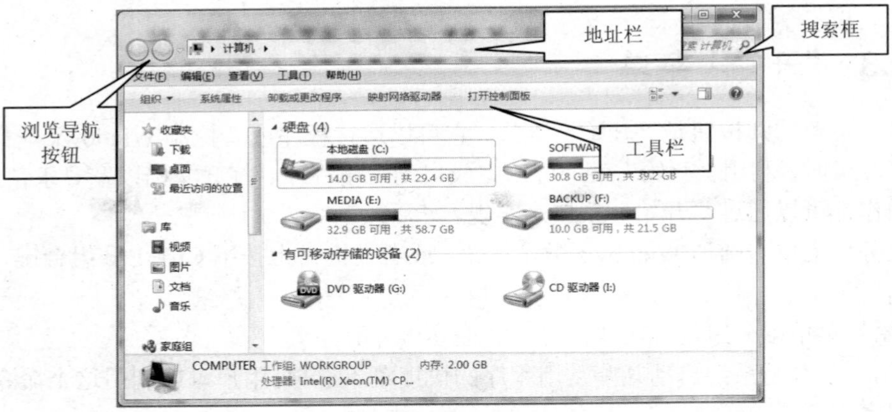

图 2-11　窗口的组成

2. 窗口的组成

① 地址栏：地址栏用于输入文件地址，也可使用下拉菜单选择地址，同时也可以直接在窗口的地址栏中输入网址，直接访问互联网。

② 工具栏：工具栏中存放着常用的操作命令和按钮，在 Windows 7 中，工具栏上的按钮会随着查看的内容不同而有变化，但一般包含“组织”和“视图”按钮。

“组织”按钮提供文件或文件夹的复制、粘贴、剪贴、删除、重命名和文件夹和搜索选项等操作，而“视图” 按钮提供不同的图标显示方式，如图 2-12 所示。

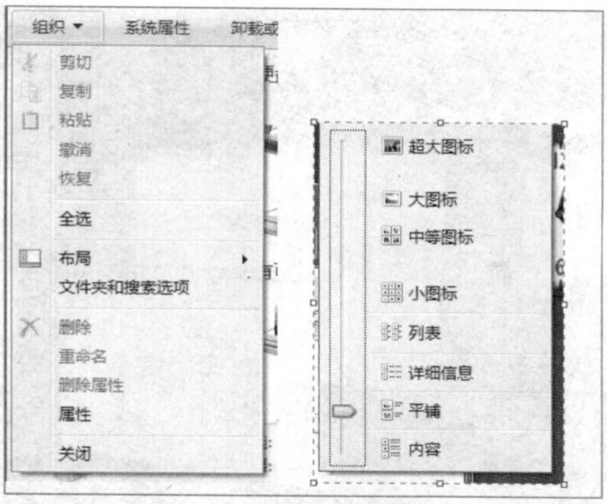

图 2-12　组织和视图按钮

③ 搜索框：在地址栏的右边是搜索框，在这里是对当前位置的内容进行搜索，不仅可以针对文件名进行搜索，还可针对文件的内容来搜索。当使用者输入关键字的时候，搜索就已经开始了，因此使用者并不需要输入完整的关键字就可以找到相关的内容。

④ 浏览导航按钮：其可以帮助用户“前进”或“后退”到前一级或后一级界面。

3. 窗口的切换

Windows 7 中可以同时打开多个窗口，使用者可以根据需要快捷的切换窗口，切换的方法有：

① 利用 Alt+Tab 组合键。当按下此组合键时，屏幕中会出现一个矩形区域，显示所有打开的程序和文件图标，按住 Alt 键不放，重复按 Tab 键，这些图标就会依次突出显示，当要切换的窗口突出显示时，松开组合键，该窗就成为了活动窗口，如图 2-13 所示。

图 2-13　Alt+Tab 组合键窗口切换

② 利用 Alt+Esc 组合键。该组合键的使用方法和上一个组合键的使用方法类似，区别是不会显示矩形区域，而是直接进行窗口间的切换。

③ 利用 Windows 键+Tab 组合键。该组合键的使用方法与 Alt+Tab 组合键类似，区别是切换效果更美观，如图 2-14 所示。

2.2.5　Aero 界面

Aero 界面是 Windows 7 下的一种全新图新界面，最初出现在 Vista 系统中，Windows 7 中的 Aero 提供了非常多的实用功能，可以大幅度的提高工作效率。

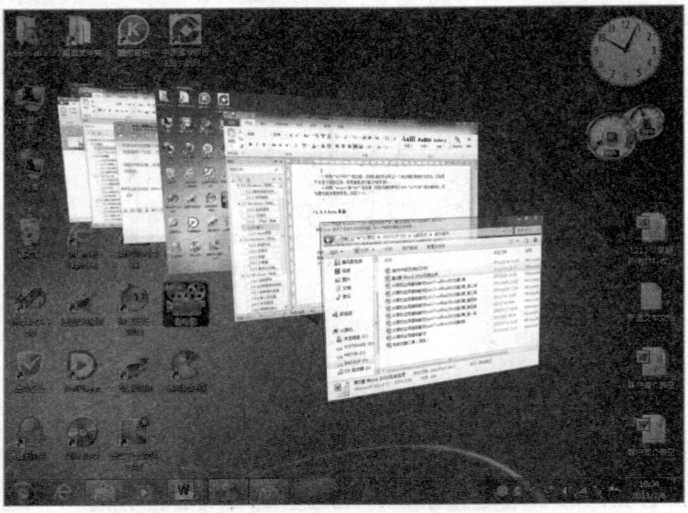

图 2-14　Windows 键+Tab 组合键窗口切换

1. Areo 桌面透视

有的时候需要同时打开大量程序和窗口，每个窗口的位置和大小可能都不同，解决这个问题，可以使用 Windows 7 中的 Aero 桌面透视功能。使用该功能可以将所有打开窗口的内容都隐藏，但只保留每个窗口的边框，用于代表每个窗口的大小和相对位置，如图 2-15 所示。

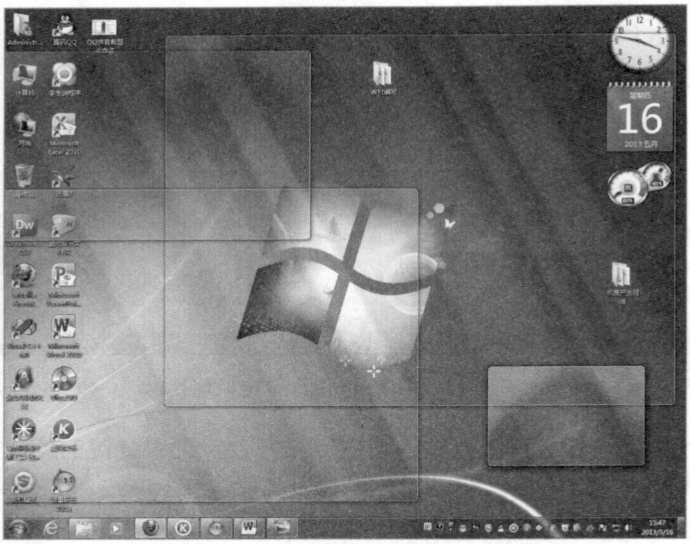

图 2-15　Aero 窗口透视功能

2. Aero 吸附功能

使用 Aero 窗口吸附功能可以让使用者并排显示两个或多个窗口，以便同时操作其中的内容。使用 Aero 窗口吸附功能不用手动调整窗口的大小，只需要使用鼠标左键单击一个窗口的标题栏不放，然后将其拖动到屏幕的最左侧，此时屏幕上会出现该窗口的虚拟边框，并自动占据屏幕一半的位置（见图 2-16），随后松开鼠标左键，该窗口就会自动填满屏幕一半的位置。

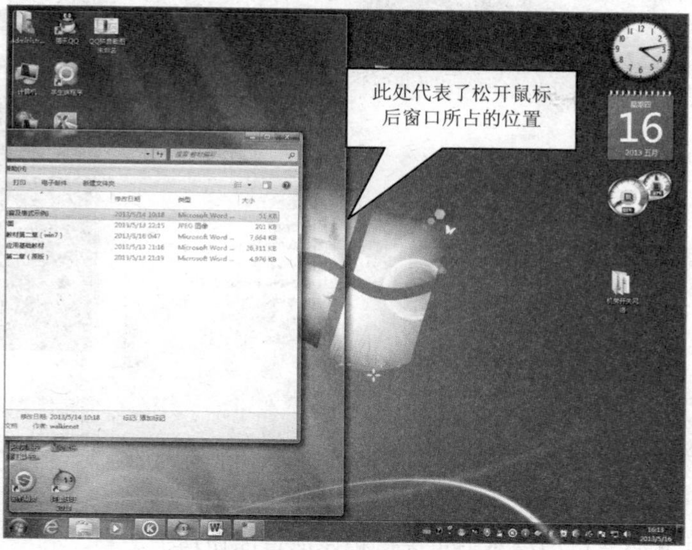

图 2-16　Aero 吸附

对于另一个希望并排显示的窗口，向左侧进行同样的操作即可，这样，两个窗口就会平分整个屏幕。在使用完成后，只要使用鼠标左键单击窗口的标题栏不送，将窗口推动回桌面的中央即可恢复原始状态。

3. Aero 晃动

有时使用者只需要使用一个窗口，同时希望将其他窗口都隐藏或最小化，在 Windows 7 中只要在目标窗口的标题栏上按下鼠标左键不放，同时左右晃动鼠标若干次，其他窗口就会被立刻隐藏起来。如果希望将窗口布局恢复为原来的状态，只需再次晃动即可。

2.3 Windows 7 自带工具的使用

2.3.1 快捷方式

桌面上的图标实质上就是打开各种程序和文件的快捷方式，用户可以在桌面上创建自己经常使用的程序或文件的图标，这样使用时直接在桌面上双击即可快速启动该项目。

1. 创建桌面快捷方式

【案例 2-1】创建 DVD Maker 程序的桌面快捷方式。

操作步骤如下。

① 打开“计算机”，按照指定路径找到该应用程序（C:\Program Files\DVD Maker）。

② 鼠标单击，选定要创建快捷方式的“DVD Maker”文件。

③ 单击鼠标右键，在打开的快捷菜单中选择“发送到”命令，选择“桌面快捷方式”，即可在桌面创建该项目的快捷方式，如图 2-17 所示。

图 2-17　创建“DVD Maker”快捷方式

【案例 2-2】从开始菜单创建“记事本”程序的桌面快捷方式。

操作步骤如下。

① 在 Windows 桌面上单击“开始”按钮，选择“所有程序”，在打开的子菜单中选择“附件”，选择附件的子菜单中的“记事本”。

② 在“记事本”图标上单击鼠标右键。

③ 在弹出的快捷菜单中选择“发送到”命令，选择“桌面快捷方式”，即可创建该项目的桌面快捷方式，如图 2-18 所示。

2. 图标的排列

当用户在桌面上创建了多个图标时，如果不进行排列，会显得非常凌乱，这样不利于用户选择所需要的项目，而且影响视觉效果。使用排列图标命令，可以使用户的桌面看上去整洁而富有条理。

用户需要对桌面上的图标进行位置调整时，可在桌面上的空白处右击，在弹出的快捷菜单中选择“排列图标”命令，在子菜单项中包含了多种排列方式，如图 2-19 所示。

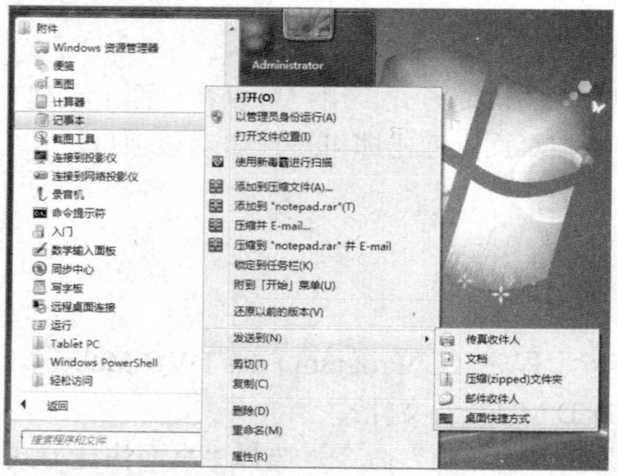

图 2-18　创建“记事本”快捷方式

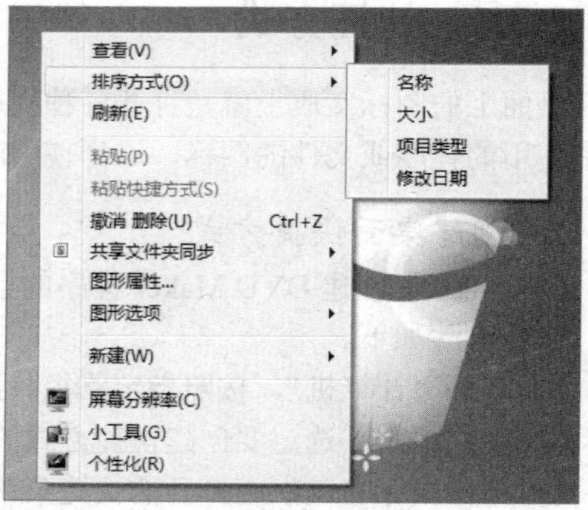

图 2-19　排列桌面图标

排列图标有下列几种方式。

① 名称：按图标名称开头的字母或拼音顺序排列。

② 大小：按图标所代表文件的大小的顺序来排列。

③ 项目类型：按图标所代表的文件的类型来排列。

④ 修改时间：按图标所代表文件的最后一次修改时间来排列。

2.3.2 记事本

记事本用于纯文本文档的编辑，适于编写一些篇幅短小的文件，由于它使用方便、快捷，应用也非常广泛。记事本除了可以打开默认的 txt、ini 等文本文档以外，许多其他扩展名的文件都可以用记事本打开和编辑后保存。

依次打开“开始”菜单|“所有程序”|“附件”，就会看到 Windows 7 提供的几个实用程序。图 2-20 所示为记事本程序。

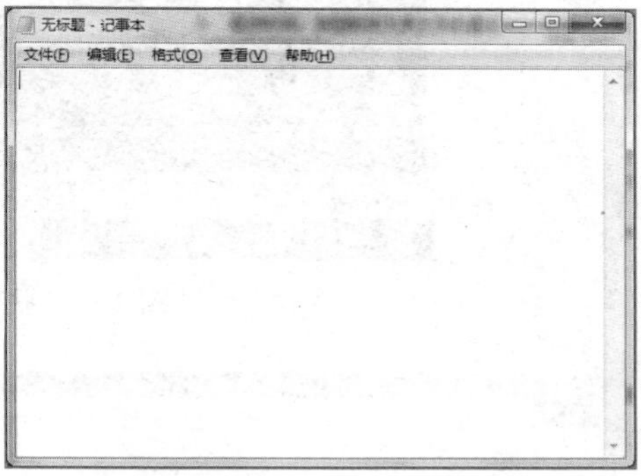

图 2-20　记事本程序

2.3.3 画图

“画图”程序是一个位图编辑器，可以对各种位图格式的图画进行编辑，用户可以自己绘制图画，也可以对扫描的图片进行编辑修改。编辑完成后，可以以 BMP、JPG、GIF 等格式存档，用户还可以发送到桌面和其他文本文档中。

单击“开始”按钮，单击“所有程序”|“附件”，这时用户可以进入“画图”程序界面。

【案例 2-3】将当前屏幕上的内容以图片的形式保存到 D 盘根目录下，文件名为“截屏.jpg”。

操作步骤如下。

① 选定想截屏的屏幕内容，按键盘上 Print Screen 键。（“Print Screen”键的作用是将当前屏幕上的所有内容以图片的形式保存到剪贴板中，“Alt+Print Screen”组合键的作用是保存当前活动窗口的图片）。

② 打开画图程序。

③ 使用“粘贴”操作的 Ctrl+V 组合键，将截取的图像内容粘贴进画图程序，如图 2-21 所示。

④ 单击画图程序的菜单，在下拉菜单中选择“另存为”按钮，鼠标停留几秒后在新弹出的格式类型中，选择“JPEG 图片”命令，如图 2-22 所示。

⑤ 在弹出的“另存为”窗口中选定保存位置和修改文件名后单击“保存”按钮即可，如图 2-23 所示。

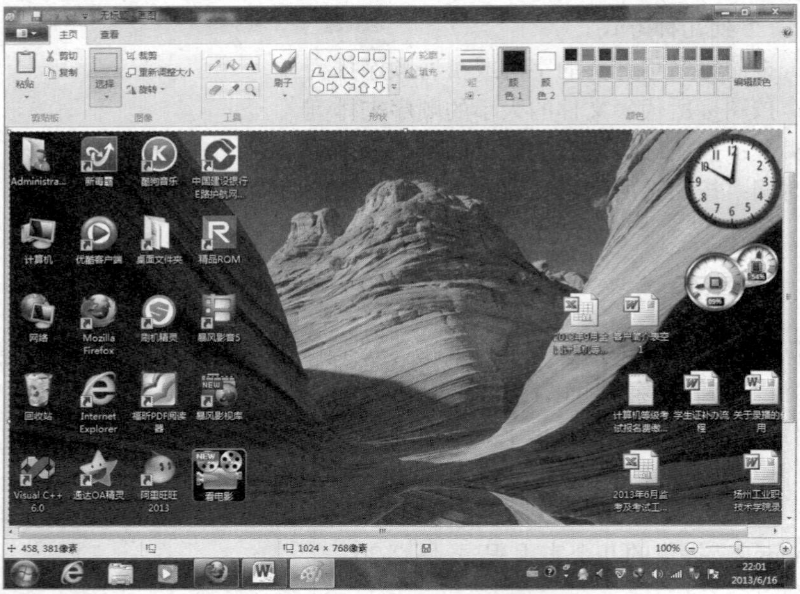

图 2-21　执行“粘贴”操作后的画图板

图 2-22　画图程序的“另存为”菜单

图 2-23　“另存为”窗口

2.3.4　计算器

早在 Windows 3.1 中就已经包含了计算器工具，在 Windows 7 中，计算器功能得到了进一步完善。

默认模式的计算器功能非常简单，只提供了最基本的功能。与以往版本的计算器相比，Windows 7 计算器的显示区域更大，可以显示更多的内容，类似于科学计算器。

单击“计算器”窗口的“查看菜单”，可以选择图 2-24 所示的多种不同的计算器来使用。

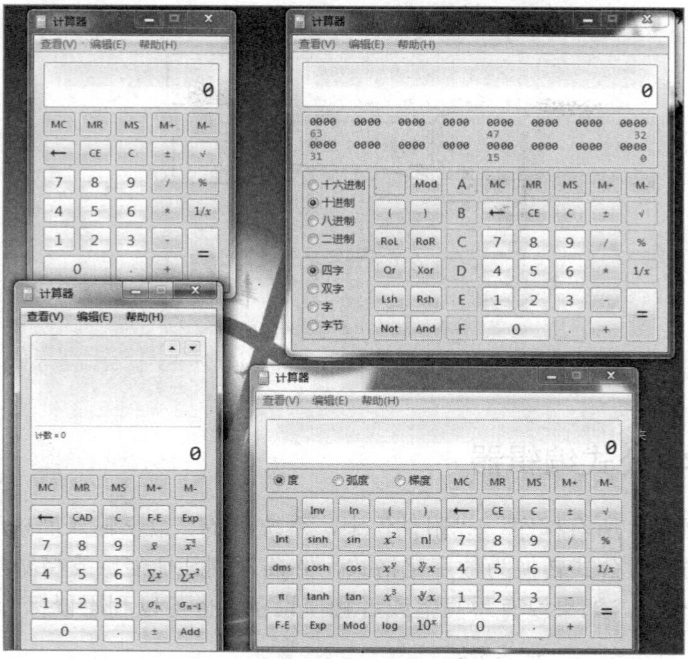

图 2-24 不同形式的计算器

使用者除了使用“计算器”进行普通的运算外，还可以方便地进行数制的转换。

【案例 2-4】将二进制数“1101101”转换成十进制数。

操作步骤如下。

① 打开“计算器”程序。

② 单击“计算器”的“查看”菜单，选择“程序员”选项，如图 2-25 所示。

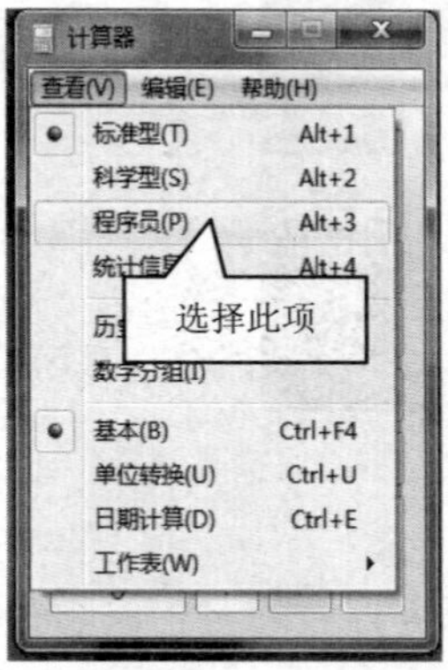

图 2-25 “计算器”菜单

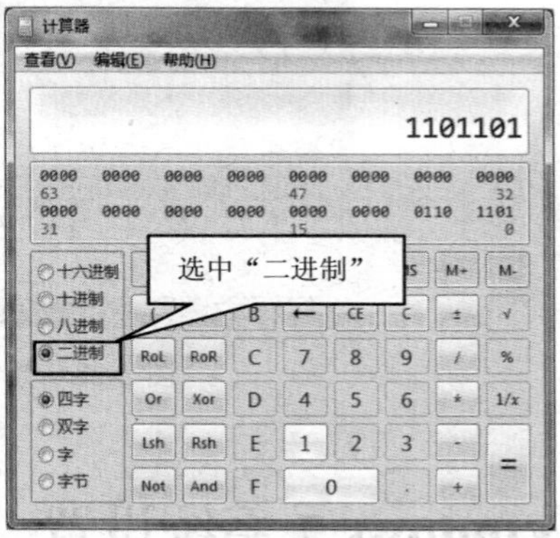

图 2-26 输入二进制数

③ 在“程序员”状态的“计算器”窗口中，选中“二进制”单选框后，输入二进制数“1101101”，如图 2-26 所示。

④ 输入完成后，在左侧的数制单选区选“十进制”，在“计算器”的显示区域中就会出现二进制数“1101101”的十进制值，如图 2-27 所示。

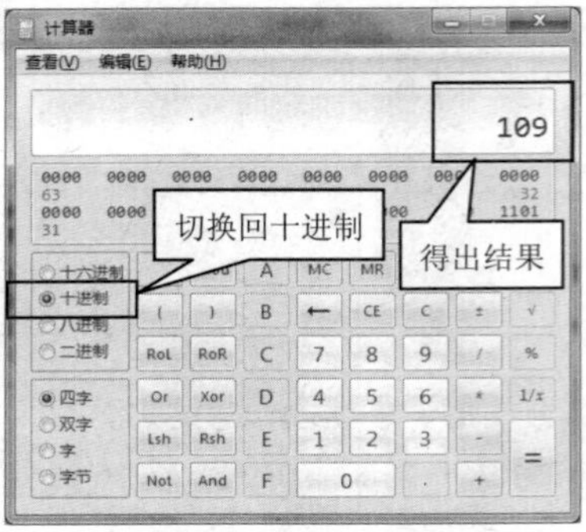

图 2-27　得出十进制值

2.3.5　数学公式编辑器

在“开始”菜单|“所有程序”|“附件”中，系统自带“数学输入面板”工具，该工具主要用途是将手写的数学公式转换为数字化格式，并插入到其他能够支持数学标记语言的软件中，如 Word 办公软件。如果没有手写笔或者触摸设备，也可以利用鼠标画出所需要的公式。

【案例 2-5】输入公式“ $x^2 + y^2$ ”。

操作步骤如下。

① 首先打开该工具，直接在书写区域中输入要使用的公式。

② 程序对书写的内容进行识别，并将识别结果显示在窗口顶部。

③ 如果公式正确，直接单击右下角的“插入”按钮，即可将公式直接插入其他程序。如果识别错误，则可使用右侧的工具修改，如图 2-28 所示。

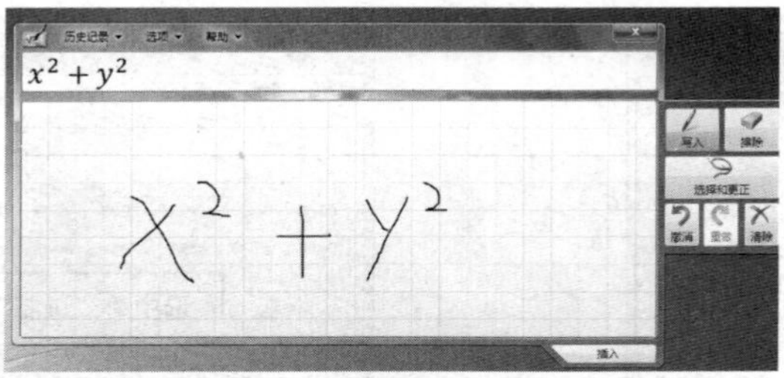

图 2-28　数学公式编辑器

2.4　Windows 7 系统设置

2.4.1　控制面板

在 Windows 7 中进行系统设置，一般要使用“控制面板”，它允许用户查看并操作基本的系统设置和控制，如添加/删除软件或硬件，控制用户账户，更改辅助功能等。

1. 打开控制面板

① 单击开始菜单按钮。

② 选择“控制面板”，选项。

③ 打开“控制面板”窗口，如图 2-29 所示。

图 2-29 “控制面板”窗口

2. 控制面板的常用功能

① 程序和功能：允许使用者从系统中添加或删除程序。

② 设备管理器：可以查看并解决硬件设备问题。

③ 管理工具：包含为系统管理员提供的多种工具，包括安全、性能服务配置。

④ 时间和日期：允许用户修改计算机本地时间、更改时区。

⑤ 显示：允许用户修改显示分辨率和校准显示颜色。

⑥ 个性化：允许用户设置桌面壁纸、屏幕保护程序、更换 Aero 主题等操作。

⑦ 字体：显示所有安装到计算机中的字体。允许使用者删除、安装字体。

⑧ Internet 选项：允许使用者更改 Internet 安全设置，Internet 隐私设置和定义主页等浏览器选项。

⑨ 网络和共享中心：显示并允许使用者修改和添加网络连接。

⑩ 键盘：允许使用者更改并测试键盘设置，包括光标闪烁速度和按键重复率。

⑪ 设备和打印机：显示所有安装的计算机上的打印机和传真设备，并允许使用者配置该设备或移除。

⑫ 区域和语言：允许使用者更改时间区域，更改数字、货币的显示方式。

⑬ 声音：允许使用者调整音量等其他相关功能。

⑭ 系统：查看计算机的基本系统信息，显示用户计算机的常规信息。

⑮ 任务栏和开始菜单：更改任务栏和开始菜单的行为和外观。

⑯ 用户账户：允许使用者控制系统中用户账户，如添加账户、删除账户、设置账户密码等操作。

2.4.2 应用程序的卸载

当安装到计算机中的应用程序不再需要时，就可以将其卸载。卸载的方法很多，在这里可以通过“控制面板”中的“程序和功能”命令实现。

【案例 2-6】卸载“QQ 拼音”应用程序。

操作步骤如下。

① 打开“控制板面”中的“程序和功能”命令，在打开的窗口中会显示在此计算机中安装程序的所有信息，如程序名称、发表者、安装时间等，如图 2-30 所示。

图 2-30 “程序和功能”命令

② 双击想要卸载的应用程序名称“QQ 拼音输入法 4.5”，在弹出的对话框中选择“是”，即可开始卸载该程序，如图 2-31 所示。

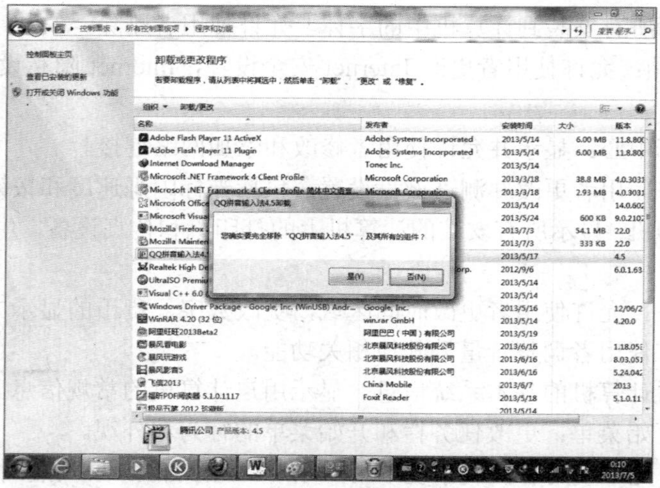

图 2-31 卸载程序

2.4.3　控制硬件设备

在默认情况下，控制面板中的设备管理器将按照类型显示所有设备，如图 2-32 所示。单击每一个类型前的加号图标就可以展开该类型的设备，并查看属于该类型的具体设备；双击设备就可以打开这个设备的属性对话框。在具体设备上单击鼠标右键，则可以在弹出的快捷菜单中选择要执行的命令。

有时可能因为某种原因，原本正常工作的硬件设备不能正常工作，这时就可以在设备管理器中查看硬件的状态。如图 2-33 所示，可以看到设备列表中增加了一个“其他设备”类，而该类别下有一很多带黄色感叹号标志的设备，说明该计算机中的蓝牙设备出现了问题。一般可以通过重新安装蓝牙设备的驱动程序进行修复。

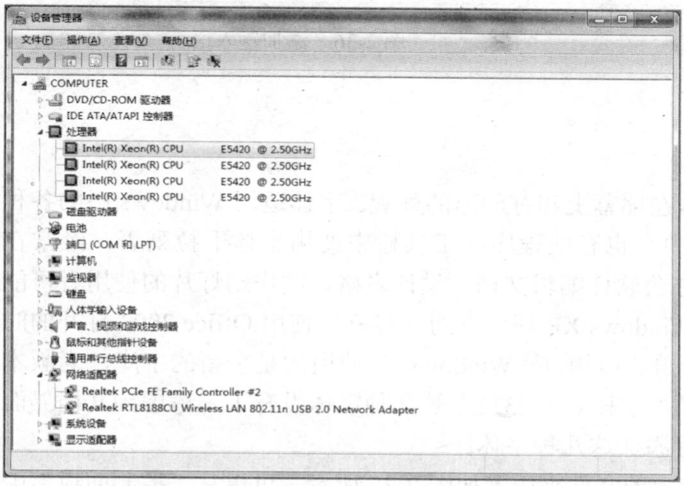

图 2-32　设备管理器

图 2-33　设备管理器中显示的出错设备

2.4.4　输入法设置

输入法是用来进行英文以外的语言录入的方法，Windows 7 本身带有全拼、郑码、微软拼音等许多输入法。

使用鼠标右键单击“任务栏”上“键盘”图标，在弹出的快捷菜单中选择“设置”命令，如图 2-34 所示。

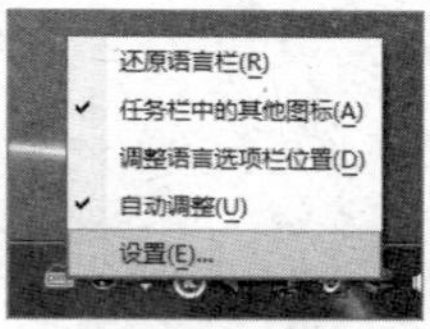

图 2-34　语言栏快捷菜单

在弹出的“文本服务和输入语言”窗口中单击“添加”按钮，在新弹出的“添加输入语言”窗口中，会出现很多国家和地区的名称，选择“中文（简体，中国）”项，带“√”的输入法就是在系统输入法区域中可被用户使用的输入法，若不想使某种输入法在系统输入法区域中现在，将前面的“√”去除即可，如图 2-35、图 2-36 所示。

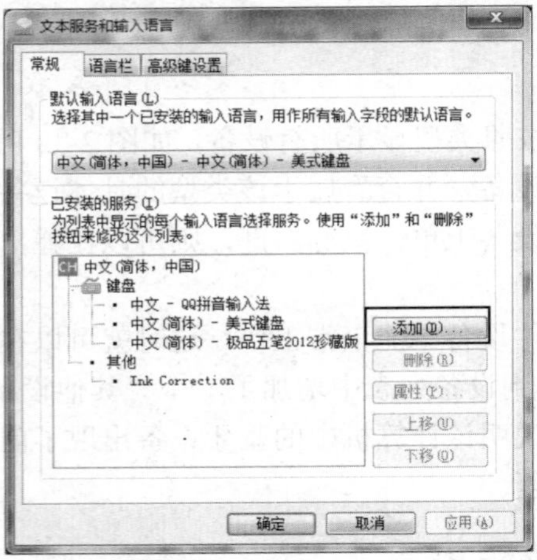

图 2-35　输入语言设置

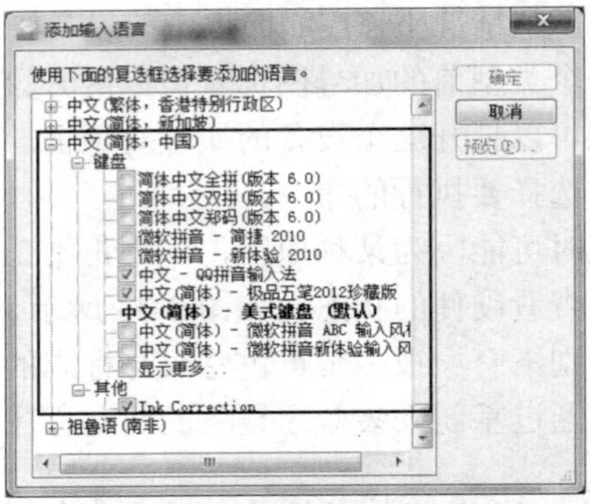

图 2-36　添加输入语言

2.4.5　字体管理

字体是字的样式，它定义了文本在屏幕上和打印出的外观。字体适用 Windows 中的各种文本。字体命令通常放在格式菜单中，也有些程序在工具栏中使用字体下拉列表。经常在 Windows 7 环境下使用 Office 2010 办公软件编辑文档、设计表格、制作幻灯片的使用者可能已经发现，编辑好的文档拿到安装 Windows XP 环境下的计算机中使用 Office 2003 打开的时候，排版全都错乱了。造成这种情况的原因就是 Windows 7 使用的是全新的字库，老版本 Windows 中一些如“楷体_GB2312”“仿宋 GB_2312”等几种字体没有了，考虑到文档界面美观和通用性的问题，我们可以自行添加这几种字体。

Windows 7 把字体保存在一个特定的文件夹中，如图 2-37 所示，可以从“控制面板”中找到。

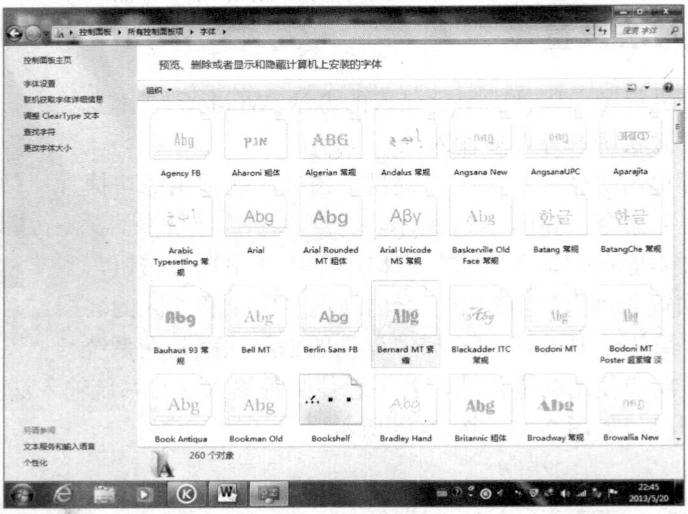

图 2-37　Windows 7 字库

1．添加字体

添加新字体即把字体文件复制到此文件夹中。

【案例 2-7】添加“楷体 GB_2312”字体。

操作步骤如下。

① 准备好需要的字体文件“楷体 GB_2312”。

② 复制此文件。

③ 打开“控制面板”中“字体”窗口。

④ 粘贴。

2．删除字体

删除字体即删除字体文件。

【案例 2-8】删除“黑体”字体。

操作步骤如下。

① 打开“字体”窗口。

② 单击希望删除的字体“黑体”。

③ 选择“删除”。出现警告对话框，询问是否要删除字体。

④ 单击“是”。该字体就被彻底删除了。

2.4.6　界面的美化

使用者可以通过 Windows 7 的自定义功能，按照自己的喜好调整各种界面元素，创建一个个性化的界面。

1．添加桌面图标

进入刚安装的好 Windows 7 系统时，桌面上仅有“回收站”一个图标。“计算机”“控制面板”等图标被放在了“开始”菜单中，使用者可以根据实际需要手动将其添加到桌面上。

【案例 2-9】给桌面添加“计算机”“控制面板”等系统图标。

操作步骤如下。

① 在桌面空白处单击鼠标右键，从弹出的快捷菜单中选择“个性化”命令，如图 2-38 所示，打开“个性化”窗口，如图 2-39 所示。

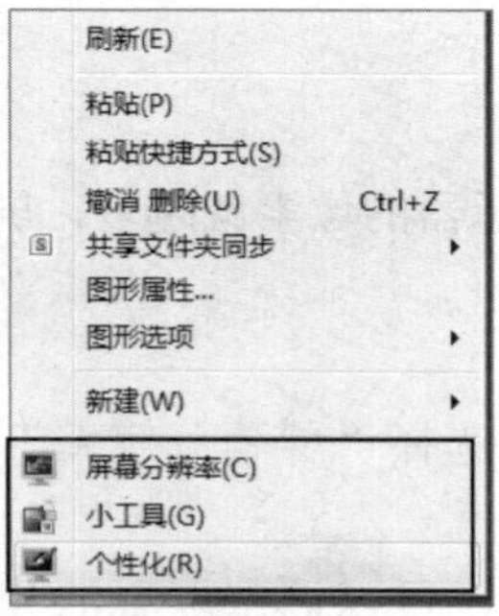

图 2-38　桌面快捷菜单

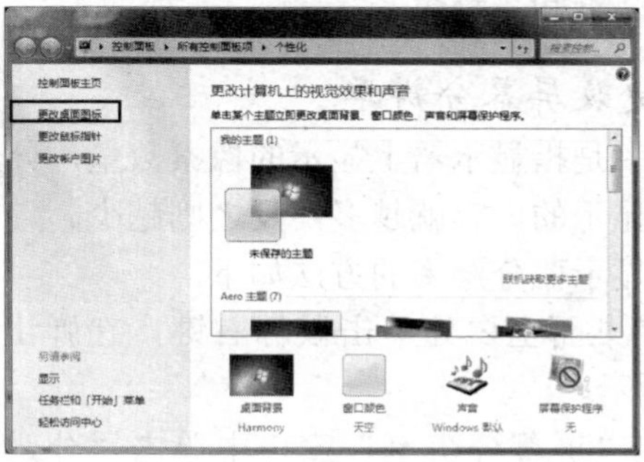

图 2-39　个性化窗口

② 在图 2-39 所示的窗口中单击左侧的“更改桌面图标”选项，弹出“桌面图标设置”对话框，如图 2-40 所示。

③ 可以根据需要在“桌面图标”复选框中选择需要添加到桌面上显示的系统图标，依次单击“应用”和“确定”按钮。

图 2-40 图标设置

2. 更改计算机上的视觉效果和声音

在“个性化”窗口除了可以设置桌面图标外，还可以进行更改主题、更改屏幕保护程序、设置定制更换背景等操作。

操作步骤如下。

① 在桌面空白处单击鼠标右键，从弹出的快捷菜单中选择“个性化”命令，如图 2-38 所示，打开“个性化”窗口，如图 2-41 所示。

② 在图 2-41 所示窗口中用户可以根据自身需要，单独设置“桌面背景”“窗口颜色”“声音”和“屏幕保护程序”。

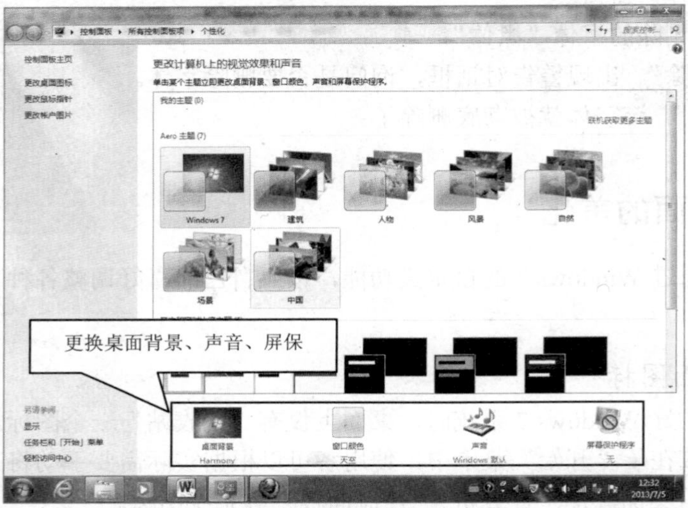

图 2-41 界面的自定义

③ Windows 7 系统还提供了整套的 Areo 主题供用户切换。例如，在 Aero 主题中选择“中国”的主题，应用该主题后，不仅窗口颜色会偏向红色，而且可以自动应用很多有关中国自然风光的墙纸和系统声音。

3. 更改屏幕分辨率

分辨率是指显示器上显示的像素数量，分辨率越高，显示器的像素就越多，屏幕区域就越大，可显示的内容就越多，反之则越少。

设置显示器分辨率的方法如下。

① 在桌面空白处单击鼠标右键，在弹出的快捷菜单中选择“屏幕分辨率”命令，如图 2-38 所示。

② 在“屏幕分辨率”窗口中单击“分辨率”下拉列表，可以调整屏幕的分辨率，如图 2-42 所示。

图 2-42　屏幕分辨率窗口

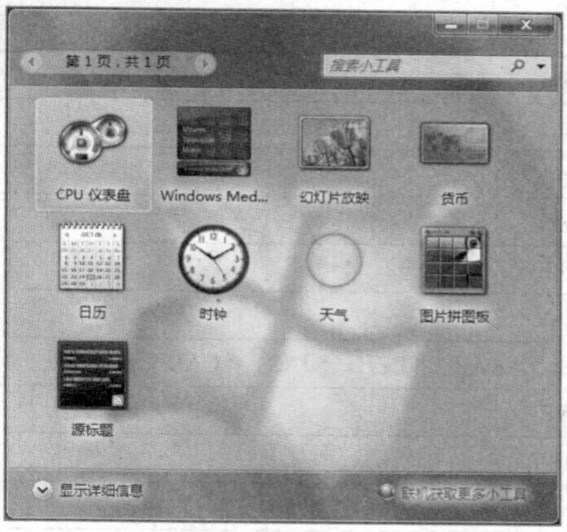

图 2-43　小工具库窗口

4. 添加桌面小工具

Windows 7 系统自带了很多实用漂亮的小工具，使用者可以通过小工具从多个不同的程序获得信息。例如股票信息、天气信息、日历等。默认情况下，小工具并未启用，使用者可按照以下步骤启用桌面小工具。

① 在桌面空白处单击鼠标右键，从弹出的快捷菜单中选择“小工具”命令，如图 2-38 所示。

② 打开图 2-43 所示“小工具库”窗口，其中列出了系统自带的多个小工具，使用者可是选择自己喜欢的个性化小工具，使用鼠标直接拖动到桌面上即可。

2.5 文件管理

2.5.1 文件和文件夹的相关概念

1. 文件的概念

文件就是存储在磁盘上的信息的集合，由文件名进行区分。它可以是用户创建的文档，也可以是可执行的应用程序或一张图片、一段声音等。在计算机系统中，文件是最小的数据组织单位。

在 Windows 7 系统中文件夹通常由主文件名和扩展名两部分组成，中间由英文的小点间隔，如“再见.mp3”。

主文件名即文件的名称，可以通过它了解文件的主题或内容，主文件名可有英文字符、汉字、数字及一些其他符号组成，但不能有“+、<、>、*、?、\”等符号。

扩展名表示文件的类型，一般是由三到四个英文字母组成。使用有些软件时，软件会给生成的文件自动加上扩展名。例如，“教材.docx”表示该文件是一个 word2010 文档，文件名是“教材”。不同类型不同扩展名的文件都有与之对应的图标。表 2-2 所示为常见的文件扩展名和文件类型，表 2-3 中区分了 Office2003 和 Office2010 两种不同版本办公软件的默认扩展名。

表 2-2　　常用文件扩展名

*.fon	字库文件
*.txt	文本文件
*.htm	超文本文件
*.bmp	位图文件
*.MPEG	动画文件
*.WAV	音频文件
.ZIP、.RAR、*.LZH、*.JAR、*.CAB	压缩文件
*.EXE	可执行文件
*.HLP	帮助文件
*.TMP	临时文件
*.pdf	便携文档格式

表 2-3　　常用 office 文件扩展名

*.docx	Word 2010 文档
*.doc	Word 97-2003 文档
*.xlsx	Excel 2010 电子表格
*.xls	Excel 97-2003 电子表格
*.pptx	Power Point 2010 演示文稿
*.ppt	Power Point 97-2003 演示文稿

2. 文件夹的概念

文件夹是系统组织和管理文件的一种形式，是为方便用户查找、维护和存储而设置的。为了便于管理文件，可把文件组织到目录和子目录中去。目录在 Windows 就叫作文件夹，子目录就叫子文件夹。用户可以将文件分门别类地存放在不同的文件夹中。

当打开一个文件夹时，它是以窗口的形式呈现在屏幕上，关闭它时，则收缩为一个图标，如图 2-44 所示。

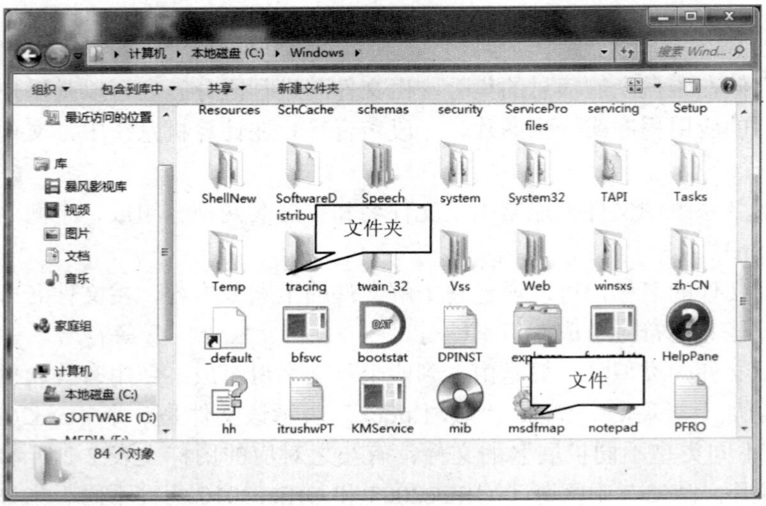

图 2-44　文件和文件夹

3. 盘符的概念

一般使用者在使用计算机时，会将一块硬盘分为几个逻辑分区，在 Windows 中表现为 C 盘、D 盘、E 盘等。每一个盘符下可以包含多个文件和文件夹，每个文件夹下又有文件夹或文件，形成树状结构。

4. 路径

路径是指从根目录或当前目录到所要访问对象（文件或目录）所在目录所经的通道组合。就如我们日常去访问朋友一样，从出发点到达目的，所经的路线就是路径。

路径包括文件所在的驱动器符、文件夹名和文件名。驱动器符后跟冒号，反斜线（\）是驱动器符（或盘符）与文件夹、文件夹与文件夹及文件夹与文件名之间的分隔符，如 D:\myfile\homework.docx。

5. 库的概念

Windows 7 中“我的文档”使用了全新的“库”组件，所谓的“库”，就是专用的虚拟视图，使用者可以将硬盘上不同位置的文件或文件夹添加到库中，并在库这个统一视图中浏览不同文件夹的内容。“库”和普通文件夹几乎完全一样，就算库中的文件来自不同的硬盘分区、不同的计算机上的文件夹组成，也可以对某个库采取统一操作，如删除或备份，而这些操作也会被应用到组成库的所有文件夹上。

Windows 7 除了提供了默认的视频、图片、文档和音乐的“库”之外，使用者还可以建立新的库，如可以建立“下载软件”库，把本机下载的软件进行统一的管理。实际上，它并不是将存在于不同路径的文件移动到一起，而且通过库将这些文件的快捷方式整合在一起，大大提高了文件访问和查找效率。

2.5.2 “计算机”和“资源管理器”

在 Windows 7 中实现文件或文件夹的创建、删除、复制、粘贴、重命名和打开操作都可以使用“计算机”或“资源管理器”来实现。

1. “计算机”窗口

使用者可以通过“计算机”操作整个计算机内的文件或文件夹，可以完成打开、删除、复制、查找、创建新文件夹或新文件等操作，管理本地资源。

打开“计算机”的方法一般有两种。

① 双击桌面上“计算机”图标，打开“计算机”窗口，如图 2-45 所示。

② 单击“开始菜单”，单击“计算机”命令。

如果要查看单个文件夹或文件的内容，那么使用“计算机”是很方便的，在“计算机”窗口中显示有效的分区，双击分区盘符，窗口将显示该分区上包含的文件夹或文件。

2. “资源管理器”窗口

“资源管理器”以分层的方式展示计算机所有文件的详细图表。使用资源管理器可以放的实现文件的浏览、查看移动、复制等操作。使用者可以不必打开多个窗口，在一个窗口中就可以浏览所有的逻辑分区和文件夹。使用“资源管理器”的方法如下。

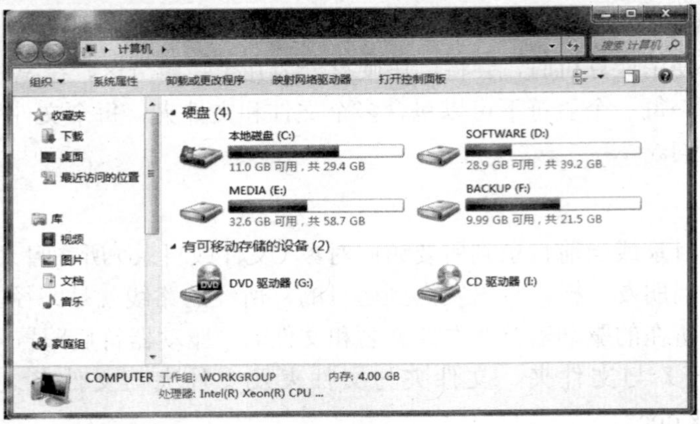

图 2-45 “计算机”窗口

① 使用鼠标右键单击圆形“开始”按钮，在弹出的菜单中选择“打开 Windows 资源管理器”命令，如图 2-46 所示。

② 单击 Windows 7 任务栏中“Windows 资源管理器”按钮，如图 2-47 所示。

打开后的 Windows 7 资源管理器窗口如图 2-48 所示。

图 2-46 快速打开“资源管理器”

图 2-47 任务栏中的资源管理器按钮

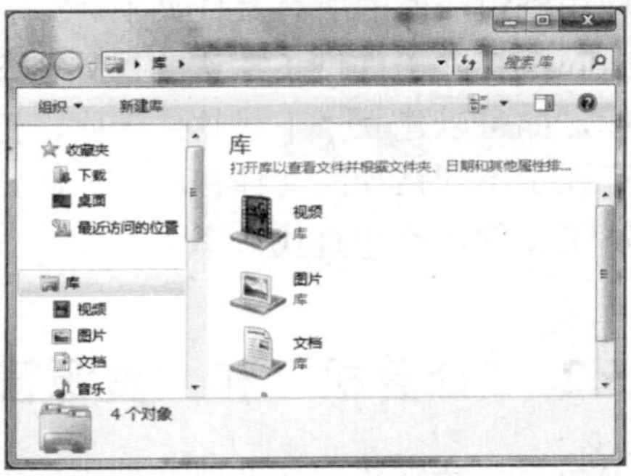

图 2-48 资源管理器窗口

3. 选中文件或文件夹

操作文件与文件夹之前必需先选中它们。选中文件与文件夹有下列几种形式。

① 选择某一个文件：移动鼠标至待选择的文件上后单击鼠标。

② 全部选定：单击“编辑”菜单中的“全部选定”命令。快捷键是 Ctrl+A 组合键。

③ 选择连续若干文件或文件夹：在待选的文件或文件夹中的第（最后）一个文件或文件夹名上单击鼠标一下，然后移动鼠标到最后（第）一个文件或文件夹后同时按住 Shift 键单击鼠标，如图 2-49 所示。

④ 选定不连续的文件或文件夹：在待选的文件或文件夹中的任意一个文件或文件夹名上单击鼠标一下，然后移动鼠标至第二个文件或文件夹后同时按住 Ctrl 单击鼠标，用同样的方法选择第三及其他文件或文件夹，如图 2-50 所示。

⑤ 取消全部选定：移动鼠标至窗口的空白处后单击。

⑥ 取消部分选定：移动鼠标至窗口等取消的文件或文件夹上后按住 Ctrl 后单击鼠标（重复进行以上操作可取消某些选定的文件或文件夹）。

⑦ 反向选定：首先将不选定的文件或文件夹选定，然后选择工具栏中“编辑”菜单中“反向选定”项，则可以选定除刚选定外的其他文件或文件夹。

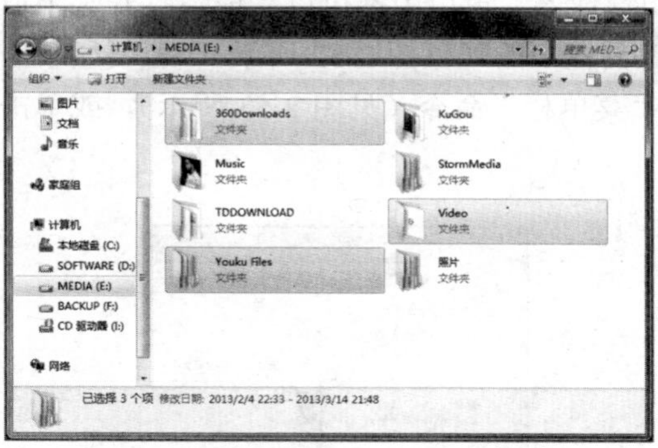

图 2-49　选中不连续的文件

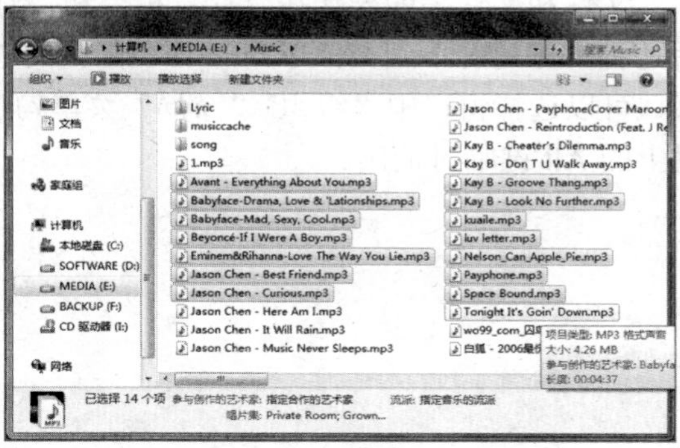

图 2-50　选中连续的文件

4. 使用“搜索”

在 Windows 7 的“计算机”或“资源管理器”窗口的右侧有一个“搜索”输入框，使用者可以直接进行搜索。

Windows 7 提供了两个通配符“*”与“?”，以便于用户成批处理文件。

*——代表该字符起的任意多个字符

?——代表该字符位置的一个字符

如：

*.TXT 表示扩展名为 TXT 的所有文件。

??AB.*表示主文件名由四个字符组成，其中第三个字符为 A，第四个字符为 B，扩展名为任意的所有文件。

【案例 2-10】搜索 F 盘下所有的.doc 文件。

操作步骤如下。

使用“计算机”打开 F 盘，窗口的右侧“搜索框”内输入“*.doc”后，敲回车键后就会立即在当前位置开始搜索，如图 2-51 所示。

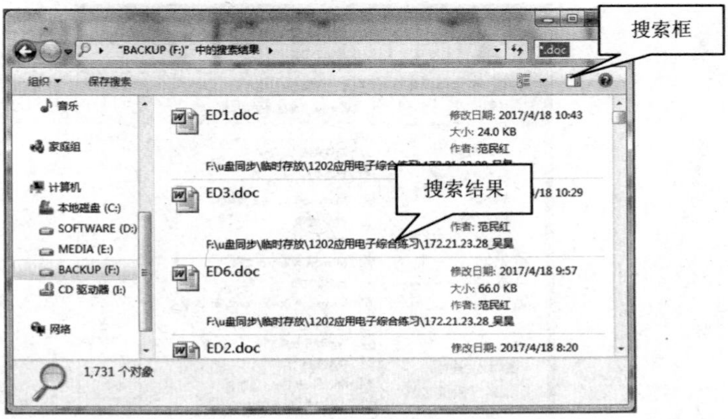

图 2-51　使用搜索

2.5.3 文件或文件夹的创建

文件和文件夹的操作在“计算机”和“资源管理器”窗口中都可以完成，打开某个窗口后是看不见是看不到类似 Windows XP 中的“工具栏”的（见图 2-52 所示），若要显示工具栏，可以选择窗口中“组织”“布局”菜单勾选“菜单栏”命令（见图 2-53 所示），或单击键盘上的 Alt 键临时调出。

图 2-52 Windows 7 窗口工具栏

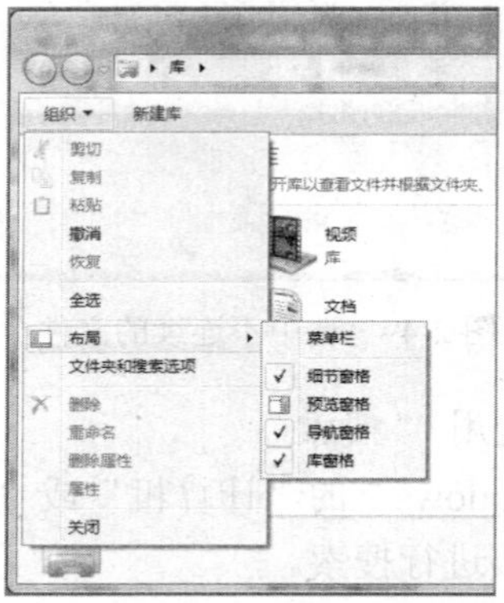

图 2-53 勾选“菜单栏”命令

1. 创建文件夹

用户可以创建新的文件夹来存放具有相同类型或相近形式的文件。

【案例 2-11】在 D 盘根文件下创建一个名为 ABC 的文件夹。

操作步骤如下。

① 打开“计算机”，打开 D 盘驱动器窗口。

② 在打开的“工具栏”中选择“文件”菜单项下“新建”项（见图 2-54），或在窗口空白的地方右击出现快捷菜单下“新建”项（见图 2-55）。

③ 选择“文件夹”。

④ 输入一个新文件夹名称 ABC，按 Enter 键确定或在窗口的其他任意处单击鼠标即可。

图 2-54 新建文件夹

图 2-55　创建文件夹

2. 新建文件

【案例 2-12】在 D 盘根目录下创建一个名为“记录”的文本文档。

操作步骤如下。

① 打开“计算机”，打开 D 盘驱动器窗口。

② 在打开的“工具栏”中选择“文件”菜单项下“新建”项，或在窗口空白的地方右击出现快捷菜单下“新建”项。

③ 选择“文本文档”。

④ 输入一个新文件名称“记录”，按 Enter 键确定或在窗口的其他任意处单击鼠标即可。

2.5.4　重命名文件或文件夹

重命名文件或文件夹就是给文件或文件夹重新命名一个新的名称，使其可以更符合用户的要求。

1. 重命名文件

【案例 2-13】将 D 盘下“记录”文本文档重命名为“使用记录”。

操作步骤如下。

① 选定需重命名的文件“记录.txt”。

② 单击工具栏“文件”菜单，执行“重命名”命令，或使用鼠标快捷键。

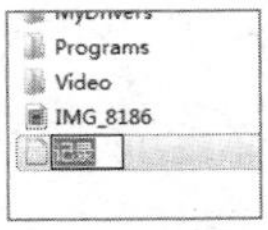

图 2-56　重命名文件

③ 这时选定的文件或文件夹的文件名被加上了方框，原文件名呈反色显示，这时键入新的文件名（“使用记录”）后按回车键即可，如图 2-56 所示。

2. 更改文件的扩展名

而在某些特定环境下，使用者要更改文件的扩展名。而 Windows 7 系统在默认情况下文件的扩展名是隐藏的。

【案例 2-14】将 D 盘下“使用记录.txt”文本文档的扩展名改为“.docx”。

操作步骤如下。

① 打开桌面上“计算机”图标，打开 D 盘驱动器窗口。

② 在打开的窗口中单击“组织”按钮，在弹出的下拉菜单中选择“文件夹和搜索选项”命令，如图 2-57 所示。

③ 在弹出的“文件夹选项”窗口中选择“查看”选项卡，在该窗口的中部“高级设置”区域使用鼠标移动滑块，将“隐藏已知文件类型的扩展名”前的“√”号去掉，并单击“应用”“确定”，如图 2-58 所示。

图 2-57　文件夹和搜索选项命令

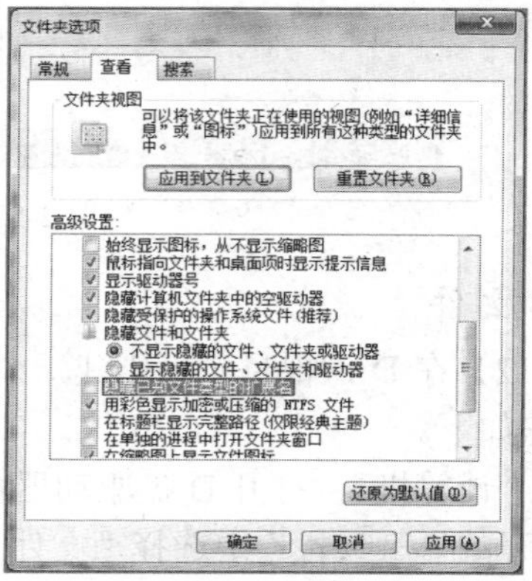

图 2-58　文件夹选项窗口

④ 使用者返回桌面，可发现所有文件的扩展名显示出来，如图 2-59 所示。

⑤ 选中“使用记录.txt”文件，单击鼠标右键，在弹出的快捷菜单中选择“重命名”命令。

⑥ 将“使用记录.txt”文件名的后半部分“txt”改为“docx”。

⑦ 在弹出的“重命名”窗口中单击“是”按钮，更改完扩展名的文件如图 2-60 所示。

使用者会发现，更改完扩展名后，文件的图标发生了变化，这是因为不同类型不同扩展名的文件都有与之对应的图标。

若使用者想将文件扩展名重新隐藏起来，只需在图 2-58 所示窗口中选中“隐藏已知文件类型的扩展名”复选项，然后单击“应用”或者“确定”按钮即可。

图 2-59　显示文件扩展名

图 2-60　更改扩展名

2.5.5　移动与复制文件或文件夹

使用“计算机”或“资源管理器”窗口均能进行文件或文件夹的复制操作。

复制文件或文件夹就是将文件或文件夹复制一份，放到其他地方，执行复制命令后，原位置和目标位置均有该文件或文件夹。

移动文件或文件夹就是将文件或文件夹放到其他地方，执行移动命令后，原位置的文件或文件夹消失，出现在目标位置。

1. 复制操作

【案例 2-15】把 D 盘下“使用记录”文件复制到“F:\”。

操作步骤如下。

① 双击“计算机”，打开 D 盘。找到文件“使用记录.docx”，并选定。

② 右键单击文件“使用记录.docx”。

③ 在弹出的快捷菜单中执行“复制”命令（见图 2-61）。

④ 打开 F 盘。

⑤ 从菜单栏中选择“编辑”。

⑥ 从菜单列表中选择“粘贴”（见图 2-62），即可完成复制工作。

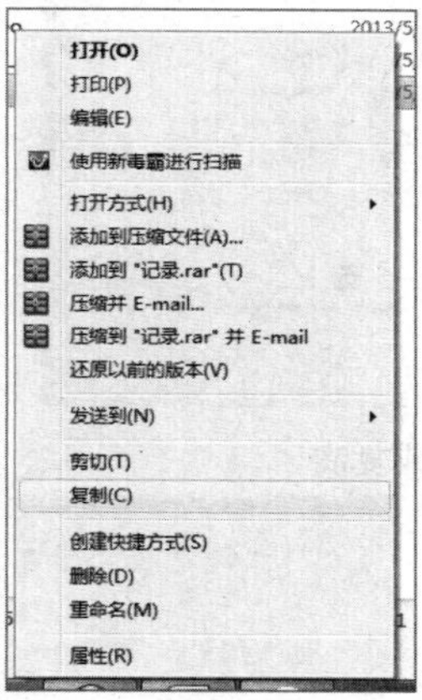

图 2-61 复制命令

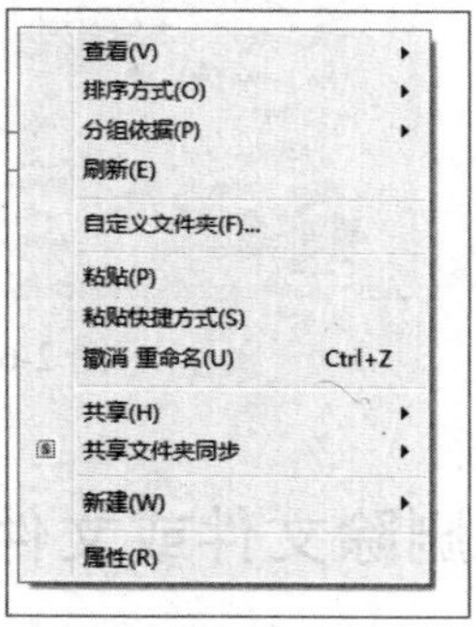

图 2-62 粘贴命令

2. 移动操作

【案例 2-16】把“D:\music.rar”文件移动到“E:\”。

操作步骤如下。

① 双击“计算机”，打开 C 盘。找到文件“music.rar”，并选定。

② 右键单击文件“music.rar”。

③ 在弹出的快捷菜单中执行“剪切”命令，如图 2-61 所示。

④ 打开 E 盘。

⑤ 在 E 盘窗口空白区中右键单击鼠标，在快捷菜单中执行“粘贴”命令。

3. 使用鼠标拖动文件

用鼠标拖动文件是一种迅速方便的复制或移动文件的方法。

操作步骤如下。

① 打开“资源管理器”。

② 选择文件图标并拖动。

③ 把图标拖动到目标位置上。

④ 释放图标，如图 2-63 所示。

如果原文件与目标位置在同一盘符下，则拖动默认为移动文件；如果原文件与目标位置在不同一盘符下，则默认为复制文件。

在 Windows 7 资源管理器下，单击某文件或文件夹进行拖动操作时，配合键盘的 Ctrl 键是进行复制操作，配合键盘的 Alt 键是进行创建链接操作（快捷方式），配合键盘的 Shift 键是进行移动操作。

图 2-63　使用资源管理器移动或复制

2.5.6　删除文件或文件夹

当有的文件或文件夹不再需要时，用户可将其删除掉，以利于对文件或文件夹进行管理及节省空间。

在 Windows 操作系统中，删除操作分逻辑删除和物理删除，逻辑删除的文件或文件夹是可以重新恢复的，而物理删除的则不能。

将无用的文件（夹）拖放到回收站中，这叫做逻辑删除。如果要恢复这些逻辑删除的文件，只要利用回收站菜单中的“恢复”即可。如果要彻底删除这些文件（夹），则利用回收站菜单中的“删除”即可，这种操作叫物理删除，所删除内容将不可恢复。

1. 删除操作

【案例 2-17】删除“D:\使用记录.docx”文件。

操作步骤如下。

① 双击“计算机”，打开 D 盘。找到文件“使用记录.docx”，并选定。

② 单击工具栏“文件”菜单，执行“删除”命令，或直接按键盘 Delete 键删除。

2. 还原操作

删除文件后 Windows 给使用者一次反悔的机会，可以恢复被删除的文件。删除后的文件或文件夹将被放到“回收站”中，用户可以选择将其彻底删除或还原到原来的位置。

【案例 2-18】还原刚才删除的文件“使用记录.docx”。

操作步骤如下。

① 双击桌面上“回收站”图标。

② 找到已删除的文件“使用记录.docx”，如图 2-64 所示。

③ 单击“文件”。

④ 单击“还原”。

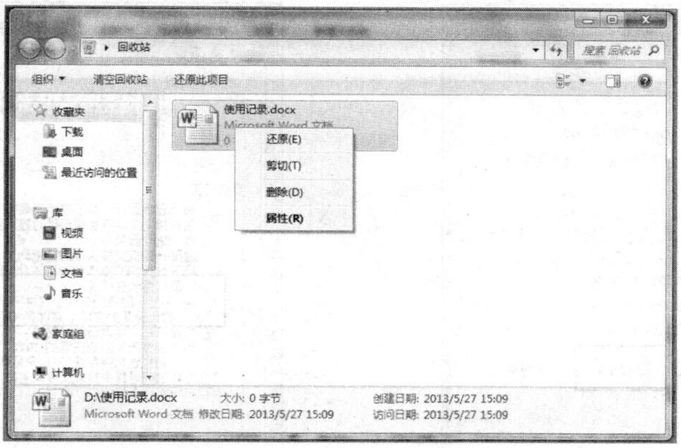

图 2-64　回收站

文件从列表中消失，并且回到原来的地方。

在 Windows 中，要做物理删除，只要选中对象后用按下 Shift+Del 组合键来删除，对象就不会被放入回收站，而是不可恢复的删除了。

3. 回收站

“回收站”用于暂时存放用户删除的内容，这些内容还没有真正从硬盘上删除掉。如果是误删除，还可以从“回收站”中恢复；对于一些肯定没有用的内容，再从回收站中清除掉，清除掉的内容不能再恢复。回收站类似于家里的垃圾筒，无用的物品可丢进垃圾筒，如果觉得还有用的，可从垃圾筒中取回，但一旦将垃圾倒掉，那么倒掉的东西就不可能再找回。

“回收站”实际上是系统在硬盘中预留的部分空间，其容量是有限的，一般为驱动器容量的 10%。也可以通过其“属性”来改变其大小。

2.5.7　文件或文件夹的属性

对于存放在计算机中的一些重要的文件，可以将其隐藏起来。

【案例 2-19】将 D 盘下“使用记录.docx”文件设置为隐藏。

操作步骤如下。

① 使用鼠标右键单击“使用记录.docx”文件，在弹出的快捷菜单中选择“属性”命令。

② 在弹出的“属性”对话框中，选中窗口下方的“隐藏”复选框，单击“应用”或“确定”按钮，如图 2-65 所示。

③ 返回到该文件所在的文件夹窗口后，发现该文件已被隐藏。

若使用者想修改或编辑被隐藏的文件或文件夹，可以进行如下操作。

（a）在文件夹窗口中单击“组织”按钮，从弹出的下拉菜单中选择“文件夹和搜索选项”命令。

（b）在弹出的“文件夹选项”窗口中选择“查看”选项卡，在该窗口的中部“高级设置”区域中选中“显示隐藏的文件、文件夹和驱动器”单选项，如图 2-66 所示。选择后单击“应用”或“确定”后即可显示计算机中所有被隐藏的文件、文件夹和驱动器。

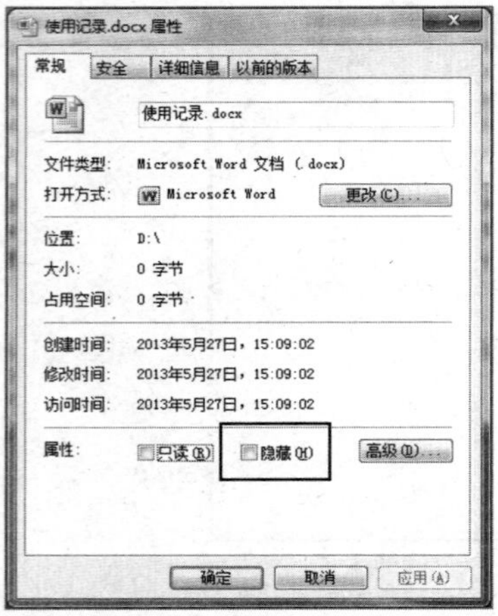

图 2-65　文件属性对话框

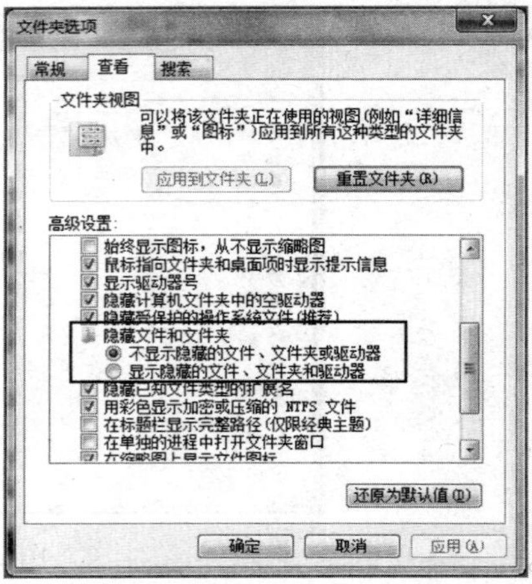

图 2-66　文件夹选项

习题

（1）在实验素材文件夹下新建一个名为 SHEET 的文件夹。

（2）将实验素材文件夹 NEWS 文件夹中的文件 WATER.TXT 移动到实验素材文件夹下的 BAD 文件夹中。

（3）将实验素材文件夹下名为 DOC1.doc 的文件改名为 SHEET.doc。

（4）删除实验素材文件夹下的 XSAK.txt 文件。

（5）将实验素材文件夹下 SOLID 文件夹中的文件 PROOF.PAS 的属性设置为隐藏。

（6）为实验素材文件夹下 SHEET 文件夹建立名为 KPBOB 的快捷方式，并存放在实验素材文件夹下。

第 3 章　Word 2010 基本操作及其应用

Word 2010 是 Office 2010 套件的组件之一，适合在计算机上进行文稿的输入、编辑和格式处理。文稿一般有三种形式：文件和信函、告示和报告、长文档。在文稿中可以插入图片、表格等增加文稿说明信息的数据。文稿编辑后，还要进行文稿的格式化处理。

Word 2010 使用“面向结果”的全新用户界面，让用户可以轻松找到并使用功能强大的各种命令按钮，快速实现文本的录入、编辑、格式化、图文混排、文档输出等。

学习目标:

- 了解中文 Word 的基本功能，Word 的启动和退出，Word 的工作窗口。
- 熟练掌握一种常用的汉字输入方法。
- 掌握文档的创建、打开，文档的编辑（文字的选定、插入、删除、查找与替换等基本操作），多窗口和多文档的编辑。
- 掌握文档的保存、复制、删除、插入、打印。
- 掌握文字格式、段落格式和页面格式的设置与打印预览。
- 了解 Word 的图形功能，Word 的图形编辑器及使用。
- 掌握 Word 的表格制作，表格中数据的输入与编辑，数据的排序和计算。

3.1　概述

3.1.1　Word 2010 的启动与退出

1. Word 2010 的启动

① 选择“开始”菜单“程序”子菜单“Microsoft Office”中的“Microsoft Word 2010”命令。

② 双击桌面上快捷方式图标。

③ 双击一个具体的 Word 文档。

2. Word 2010 的退出

① 单击窗口右上角的关闭按钮。

② 单击“文件”菜单中的“退出”命令。

③ 双击窗口左上角的控制图标。

3.1.2 Word 2010 的窗口组成

启动 Word 2010 后，屏幕上会打开一个 Word 窗口，它是与用户进行交互的界面，是用户进行文字编辑的工作环境。窗口的主要组成如图 3-1 所示。

Word 2010 的窗口摒弃菜单类型的界面，采用全新的“面向结果”的用户界面，可以在面向任务的选项卡上找到操作按钮。Word 2010 的窗口主要有快速访问工具栏、标题栏、选项卡、功能区、状态栏、编辑区、视图按钮、缩放滑块和标尺按钮。

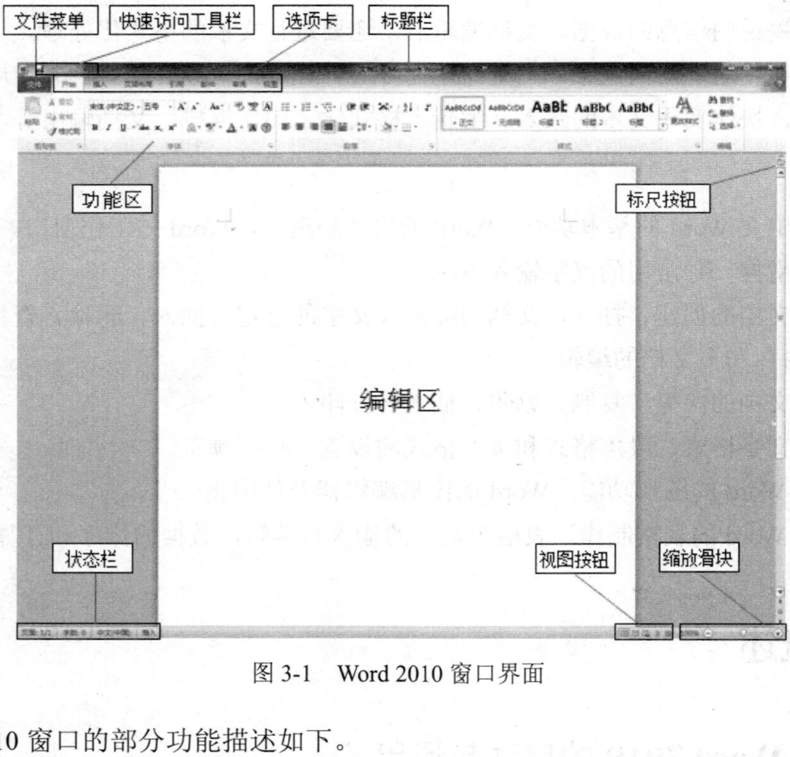

图 3-1 Word 2010 窗口界面

Word 2010 窗口的部分功能描述如下。

1. 标题栏

标题栏位于窗口的最上方，它包含应用程序名、文档名和控制按钮。当窗口不是最大化时，用鼠标按住标题栏拖动，可以改变窗口在屏幕上的位置。双击标题栏，可以使窗口在最大化与非最大化状态之间切换。

2. 选项卡

在 Word 2010 窗口上方是选项卡栏，类似 Windows 菜单，但是单击某个选项卡时，并不会打开这个选项卡的下拉菜单，而是切换到与之对应的功能区面板。选项卡分为主选项卡和工具选项卡。默认情况下，Word 2010 界面提供的是主选项卡，如图 3-2 所示。主选项卡从左到右依次是文件、开始、插入、页面布局、引用、邮件、审阅、视图。当文档中图表、SmartArt、形状、文本框、图片、表格和艺术字等元素被选定操作时，在选项卡栏的右侧会出现相应的工具选项卡。如插入“图片”后，在选项卡栏的右侧就出现“图片工具”工具选项卡，图片工具下面有四个工具选项卡：调整、图片样式、排列和大小。选项卡和工具选项卡并不是固定不变的，操作者可根据自己的需要增加或减少选项卡、组。

图 3-2　“开始”功能区

3. 功能区

每选择一个选项卡，会打开对应的功能区面板，每个功能区根据功能的不同又分为若干个功能组，如图 3-2 所示。鼠标指向功能区的图标按钮时，系统会自动在光标下方显示相应按钮的名字和操作。单击各命令按钮右下角的 按钮可打开下设的对话框或任务窗格。图 3-3 所示为单击段落组右下角的 按钮弹出的“段落”对话框。

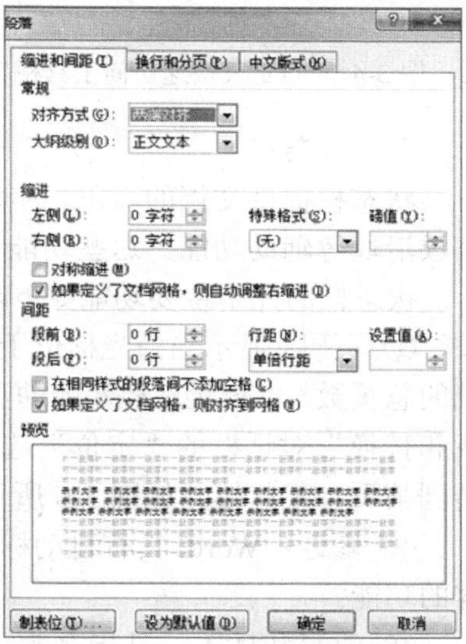

图 3-3　“段落”对话框

单击 Word 窗口选项卡栏右边的 按钮，可将功能区最小化，这时 按钮变成 按钮，再次单击该按钮可复原功能区。

Word 2010 提供的默认选项卡的功能区说明如下。

①“开始”功能区从左到右依次包括剪贴板、字体、段落、样式和编辑五个组，是用户最常用的功能区。

②“插入”功能区从左到右依次包括页、表格、链接、页眉和页脚、文本和符号等几个组，主要用于在 Word 2010 文档中插入各种元素。

③“页面布局”功能区从左到右依次包括主题、页面设置、稿纸、页面背景、段落和排列等，用于设置文档的页面样式。

④“引用”功能区从左到右依次包括目录、脚注、引文与书目、题注、索引和引文目录，用于在文档插入目录等比较高级的功能。

⑤“邮件”功能区从左到右依次包括创建、开始邮件合并、编写和插入域、预览结果和完成等，用于在文档中进行邮件合并方面的操作。

⑥“审阅”功能区从左到右依次包括校对、语言、中文简繁转换、批注、修订、更改、比较和保护等，主要用于对文档进行校对和修订等操作，适用于多人协作处理的长文档。

⑦“视图”功能区从左到右依次包括文档视图、显示、显示比例、窗口和宏等，主要用

于设置 Word 2010 操作窗口的视图类型。

4. 快速访问工具栏

快速访问工具栏可以实现常用操作工具的快速选择和操作，如保存、撤销、恢复、打印、预览等。单击该工具栏右侧的■按钮，在弹出的下拉列表中选择一个左边复选框未选中的命令，如图 3-4 所示，可以在快速访问工具栏右侧增加该命令按钮；要删除快速访问工具栏的某个按钮，只需右击该按钮，在弹出的快捷菜单中选择“从快速访问工具栏删除”命令即可，如图 3-5 所示。

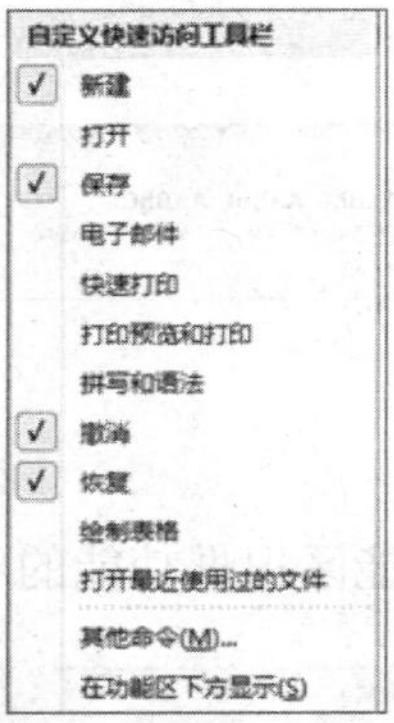

图 3-4 “自定义快速访问工具栏”下拉列表

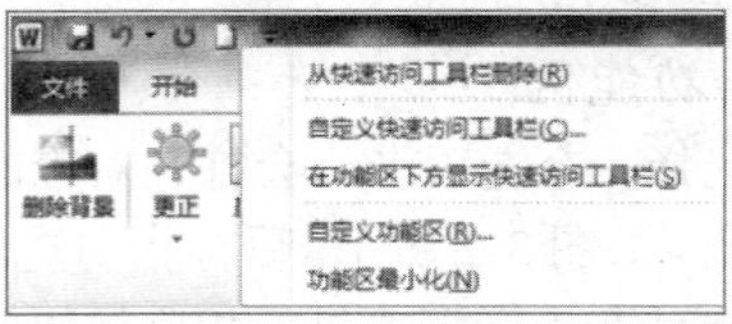

图 3-5 删除快速访问工具栏按钮

5. 状态栏

状态栏提供文档的页码、字数统计、语言、修订、改写和插入、视图方式、显示比例和缩放滑块等辅助功能。这些功能可以通过在状态栏上单击相应文字来激活或取消。

状态栏的几个主要功能如下。

① 页码：显示当前光标位于文档第几页以及文档的总页数。单击状态栏左端的页码，可以打开“查找和替换”对话框的“定位”选项卡，可以快速跳转到某页、某行等，如图 3-6 所示。

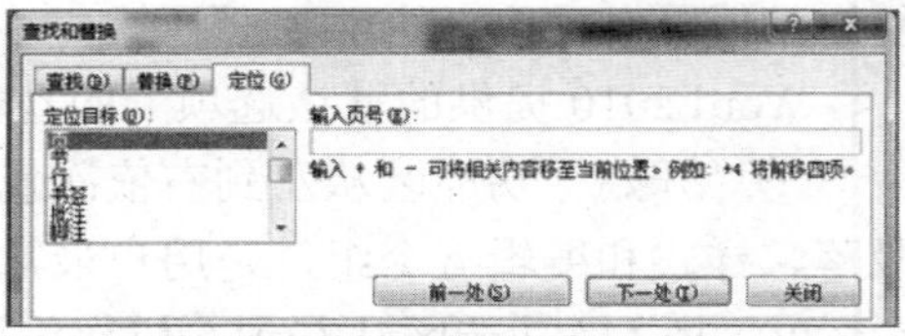

图 3-6 “查找与替换”对话框

② 修订：Word 具有自动标记修订过的文本内容的功能。

③ 改写和插入：是指在改写和插入两张编辑状态之间进行切换，也可以通过键盘上的 Insert 键实现两种状态的切换。

3.2 文档编辑

3.2.1 文档的基本操作

1. 创建空白文档

① 启动 Word 时自动建立空白文档。Word 启动后系统就会自动建立一个无标题的新空

白文档“文档 1”。Word 2010 文档的扩展名为“.docx”。当一个新文档建立时，系统暂时用“文档 n”（n 是数字，表示建立的是第 n 个新文档）命名，直到文档存盘时由用户确定具体的文件名。

② 选择“文件”菜单中的“新建”命令建立新文档。选择“文件”→“新建”命令后，在“可用模板”列表中选择“空白文档”，创建空白文档。

③ 单击“快速访问工具栏”的“新建”按钮（或按 Ctrl+N 组合键）直接创建空白文档。

2. 保存文档

（1）保存新建文档

单击“文件”菜单中的“保存”命令、或单击“快速访问工具栏”中的保存按钮、或按 Ctrl+S 组合键，出现“另存为”对话框，在对话框中设定保存的位置和文件名，然后单击对话框右下角的“保存”按钮，如图 3-7 所示。

图 3-7 “另存为”对话框

（2）保存已有文档

单击工具栏“保存”按钮或单击“文件”→“保存”，文档自动保存到打开的位置。

注意

此时不会出现图 3-7 对话框。

（3）另存文档

单击“文件”菜单中的“另存为”命令，打开图 3-7 所示的“另存为”对话框，选择保存位置，输入文件名，单击“保存”按钮。

（4）自动保存

单击“文件”菜单中的“选项”命令，在弹出的对话框中选择“保存”选项卡，将“自动保存时间间隔”复选框选中，并设定自动保存时间间隔，如图 3-8 所示。

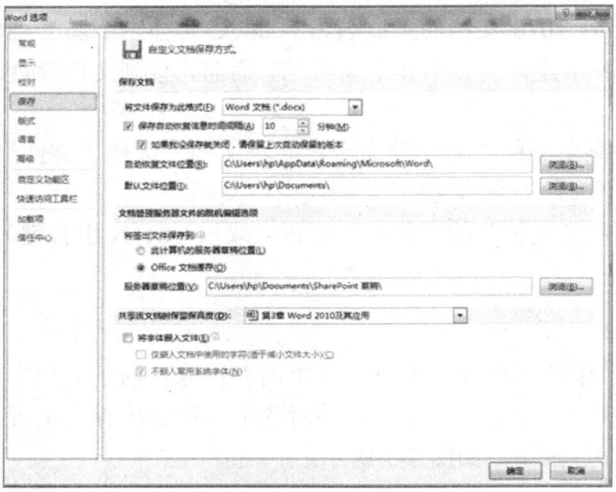

图 3-8 “Word 选项”对话框

3. 打开文档

通过以下四种方法之一，都可以打开文档。

① 单击“文件”菜单中的“打开”命令。

② 单击“快速访问工具栏”上的“打开”按钮。

③ 使用 Ctrl+O 组合键。

④ 通过“文件”菜单中“最近所用文件”项列出的最近使用过的文件名来打开。

3.2.2 文档输入

1. 输入法的选择

通过以下三种方法之一，都可以选择不用的输入法。

① 鼠标单击任务栏右侧的输入法指示器CH进行选择。

② 按 Ctrl+Shift 组合键在已安装的各种输入法之间切换选择。

③ 按 Ctrl+Space（空格键）组合键在上次使用的中文输入法与英文输入法之间切换。

2. 全角字符和半角字符

（1）全角字符和半角字符的区别

英文和数字的全角和半角有很大的区别。例如：“１２３”“ＡＢＣ”就是全角字符，而“123”“ABC”是半角字符，一个全角字符相当于 2 个半角字符。

对于汉字和中文标点，本身就是全角的。当使用中文标点时，即输入法状态条中标点类型指示为时，即使处在半角状态，输入的依然是全角的汉字和全角的中文标点。

（2）全角/半角的切换

鼠标单击输入法状态条上的半角按钮和全角按钮，可进行切换，或使用 Shift+Space 组合键进行切换，如图 3-9 所示。

图 3-9 输入法状态条

（3）中英文标点输入

常见中、英文标点符号的输入（见表 3-1）。

表 3-1　　**常见中、英文标点符号对照表**

键盘显示（英文标点符号）	中文标点符号	键盘显示（英文标点符号）	中文标点符号
, 英文逗号	，中文逗号	‘英文单引号	‘’中文单引号
. 英文句号	。中文句号	^ 乘方符号	……省略号
<>英文书名号	《》中文书名号	_ 下划线	——破折号
"英文双引号	“中文双引号	&连接运算符	—短划线
\ 反斜杠	、顿号	@ 等于 at	·间隔号
: 英文冒号	：中文冒号	$ 美元符号	￥人民币符号

3. 特殊字符的键入

（1）插入符号

单击“插入”选项卡→“符号”→“其他符号”，打开图 3-10 所示的对话框，在“符号”对话框中选择相应的字体，再选择所需要插入的符号，单击“插入”即可。

（2）插入编号

使用“插入”选项卡→“编号”，打开图 3-11 所示的对话框，在“编号(N)”下方输入所需的编号，在“编号类型”列表中选择所需的类型，单击“确定”按钮，即可在文档的相应位置输入所需的编号。

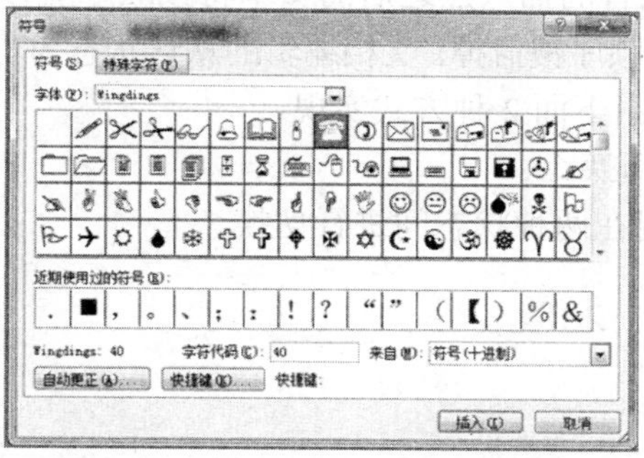

图 3-10　“符号”对话框

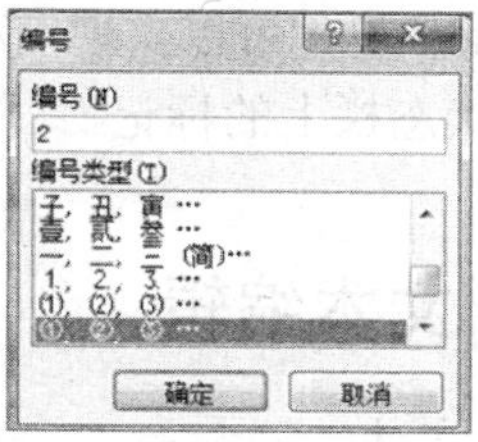

图 3-11　“编号”对话框

（3）使用软键盘

鼠标右击中文输入法状态条上的软键盘按钮。如图 3-12 所示。

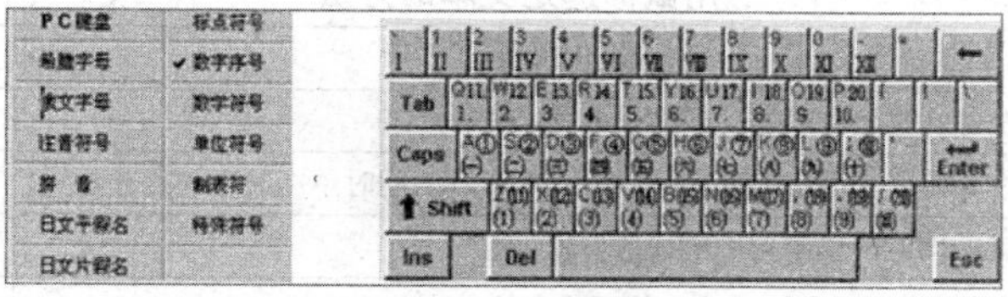

图 3-12　软键盘

（4）V0—V9 法

在中文输入法状态下，直接单击键盘上的 V0，V2，…，V9 中的任意一种，可以输入各种不同的字符和图形符号。

4. 插入点的定位

（1）利用鼠标定位

鼠标指针指向需要插入内容的位置，单击鼠标左键。

（2）利用键盘定位

通过光标控制键或其它组合键进行定位，如表 3-2 所示。

表 3-2　　通过键盘定位插入点

键盘命令	可执行的操作
↑ ↓	向上、下移动一行
←→	向左、右移动一个字符
PageUp、PageDown	上翻、下翻若干行
Home、End	快速移动到行首、行尾
Ctrl+Home、Ctrl+End	快速移动到文档开头、文档结尾
Ctrl+ ↑ 、Ctrl+ ↓	在各段落的段首间移动
Shift+F5	插入点移动到上次编辑所在位置

（3）使用滚动条定位。

5. 编辑状态的调整

在 Word 中进行文档编辑时，有“插入”和“改写”两种状态。“插入”状态是指新键入的文本将插入到当前插入点所在的位置，原有的插入点之后的文本将按顺序后移。“改写”状态是指新键入的文本将插入点之后的文字按顺序覆盖掉。文档编辑的默认状态为“插入”状态。

“插入”状态和“改写”状态的切换可由下面 2 种方式实现。

① 按 Insert 键，可以实现两种方式的切换。

② 单击状态栏上的标记

，可以实现在两种状态间进行切换。

3.2.3 文本编辑

1. 选定文本

（1）用鼠标选定文本。

具体方法如表 3-3 所示。

表 3-3　　用鼠标选定文本的方法

选定文本的范围	选定操作步骤	适用范围
小块文本	按住鼠标左键从起始位置拖动到终止位置	小块的、不跨页的文本
大块文本	先用鼠标在起始位置单击定位，然后按住 Shift 键的同时单击文本的终止位置	大块的、特别是跨页的文本
一句	按住 Ctrl 键的同时，单击句中的任意位置	一个完整的句子
矩形块	按住 Alt 键拖动鼠标可纵向选定一矩形文本块	纵向矩形文本块
一行	鼠标移到文本左侧的选定栏单击	一整行文本
一段	鼠标在选定栏双击，可选定双击处的段落	一个段落
整篇文档	按住 Ctrl 键单击选定栏，或按 Ctrl+A 组合键	全文

（2）用键盘选定文本。

具体方法如表 3-4 所示。

表 3-4　　用键盘选定文本的方法

组合键	选定步骤及范围
Shift+→（←）方向键	向右（左）扩展选定一个字符
Shift+↑（↓）方向键	由插入点向上（下）一行扩展选定
Ctrl+Shift+Home	从当前位置扩展选定到文档开头
Ctrl+Shift+End	从当前位置扩展选定到文档结尾
Ctrl+A 或 Ctrl+5（数字键盘上的 5 键）	选定整篇文档

（3）撤销文本的选定

要撤销文本的选定状态，用鼠标单击文档中选定区域之外的任意位置即可。

2. 插入整篇文档

在编辑文本时，有时需要将多个文件合并成一个文件，或把另一个文档的内容插入到当前文档的某个地方。用插入文档的方式可以解决这类问题。

① 将插入点置于要插入文档的位置。

② 单击“插入”选项卡，单击“文本”组中“对象”右侧的下拉箭头，单击“文件中的文字(F)”命令，打开如图 3-13 所示的对话框。

图 3-13　“插入文件”对话框

③ 在地址栏中选择文件的路径，在文件列表中选定要插入的文件名，单击“插入”按钮。该文档的内容就插入到当前插入点所指的位置。

3. 删除文本

（1）删除小块文本的方法

① 按 BackSpace 键（退格键）：删除插入点之前的一个字符或汉字。

② 按 Delete 键：删除插入点之后的一个字符或汉字。

③ 按 Ctrl + BackSpace 组合键：删除插入点之前的一个英文单词或汉语词组。

④ 按 Ctrl + Delete 组合键：删除插入点之后的一个英文单词或汉语词组。

（2）删除大块文本的方法

① 选定大块文本后，按 Delete 键或 BackSpace 键。

② 选定大块文本后，单击“开始”选项卡上的“剪切”按钮或单击右键从快捷菜单中选择“剪切”命令，还可以使用 Ctrl + X 组合键。

4. 复制文本

（1）使用鼠标拖放复制文本

选定要移动的文本，按住 Ctrl 键的同时按住鼠标左键拖动鼠标，此时鼠标指针右下方出现虚线方框和一个“+”号，到指定位置松开鼠标即可。

（2）使用命令复制文本

① 选定要复制的文本。

② 单击“开始”选项卡上的“复制”按钮，或按 Ctrl+C 组合键，将选定的文本复制到剪贴板上。

③ 将插入点定位到目标位置，单击“开始”选项卡上的“粘贴”按钮，或按 Ctrl+V 组合键，进行粘贴操作。

（3）使用剪贴板复制文本

① 单击“开始”选项卡中“剪贴板”组右侧的箭头，打开“剪贴板”任务窗格，可以存放 24 项目标文本。

② 依次选定要移动的文本，使用“复制”命令将其存放至剪贴板中来。

③ 依次将插入点定位到目标位置，直接单击剪贴板中的相应模块就可实现文本的复制。

5. 移动文本

（1）使用鼠标拖放移动文本

选定要移动的文本。按住鼠标左键，指针右下方出现虚线方框，指针前出现一条竖直虚线，拖动鼠标到目标位置，松开鼠标即可。

（2）使用命令移动文本

① 选定要移动的文本。

② 单击“开始”选项卡中的“剪切”按钮，或按 Ctrl+X 组合键，将选定的文本移动到剪贴板上。

③ 将插入点定位到目标位置，使用“开始”选项卡中得“粘贴”按钮，或按 Ctrl+V 组合键，将剪贴板中的内容复制到目标位置。

（3）使用剪贴板移动文本

① 单击“开始”选项卡中“剪贴板”组右侧的箭头，打开“剪贴板”任务窗格，可以存放 24 项目标文本。

② 依次选定要移动的文本，使用“复制”命令将其存放至剪贴板中来。

③ 依次将插入点定位到目标位置，直接单击剪贴板中的相应模块就可实现文本的移动。

6. 撤销与恢复

在文档的编辑过程中，用户往往需要将某些不当的操作撤销，有时又需要将某些已撤销的操作重新恢复，这时通过快速访问工具栏上的撤销和恢复按钮就可以快速实现。

① 撤销：单击“快速访问”工具栏上的“撤销”按钮或使用 Ctrl+Z 组合键。要撤销多步操作，可多次进行上述操作。

② 恢复：单击“快速访问”工具栏上的“恢复”按钮或使用 Ctrl+Y 组合键。

注意

单击“快速访问”工具栏上“撤销”或“恢复”按钮右边的下拉箭头，Word 2010 将显示最近执行的可恢复操作的列表，这样可提高文档编辑效率。

7. 拼写和语法检查

在输入的英文文本中，通常会出现蓝色和红色的波浪线，蓝色波浪线提示可能存在语法错误，红色波浪线提示可能存在拼写错误，可通过拼写和语法检查功能来修改或忽略。

① 单击“审阅”选项卡。

② 单击“校对”组中的“拼写和语法”命令可打开“拼写和语法”对话框。

③ 需要更改的，从“建议”列表中选择相应项，单击“更改”；不需修改的，单击“忽略”，如图 3-14 所示。

图 3-14 “拼写和语法”对话框

3.2.4 查找与替换

在文档的编辑过程中，用户往往需要将某些字、词、字符串或具有特定格式的文本修改成其他特定的内容。如果通过手动的方式去修改的话，不但浪费时间，而且很容易出错。若使用“查找与替换”操作，则可以快速、准确地完成任务。

1. 文字的查找与替换

【案例 3-1】将如图 3-15 所示文档中的“彩电”全部更改为“彩色电视机”。

操作步骤如下。

① 单击“开始”选项卡，单击“编辑”组中的“替换”，或使用 Ctrl+H 组合键，打开“查找和替换”对话框。

② 在“查找内容”中输入要替换的文字“彩电”，在“替换为”中输入所需替换的内容“彩色电视机”，如图 3-16 所示。

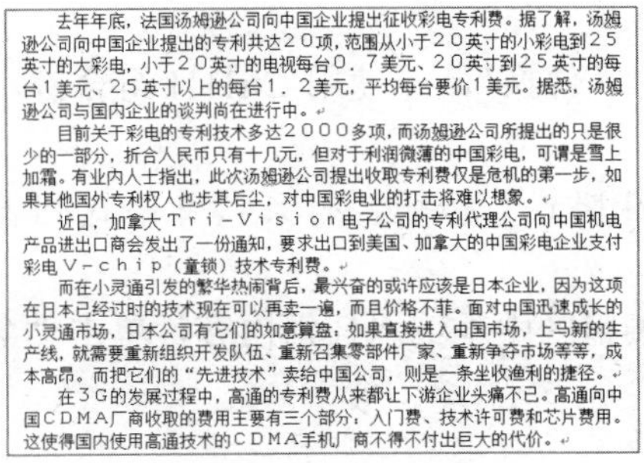

去年年底，法国汤姆逊公司向中国企业提出征收彩电专利费。据了解，汤姆逊公司向中国企业提出的专利共达２０项，范围从小于２０英寸的小彩电到２５英寸的大彩电，小于２０英寸的电视每台０．７美元、２０英寸到２５英寸的每台１美元、２５英寸以上的每台１．２美元，平均每台要价１美元。据悉，汤姆逊公司与国内企业的谈判尚在进行中。

目前关于彩电的专利技术多达２０００多项，而汤姆逊公司所提出的只是很少的一部分，折合人民币只有十几元，但对于利润微薄的中国彩电，可谓是雪上加霜。有业内人士指出，此次汤姆逊公司提出收取专利费仅是危机的第一步，如果其他国外专利权人也步其后尘，对中国彩电业的打击将难以想象。

近日，加拿大Ｔｒｉ－Ｖｉｓｉｏｎ电子公司的专利代理公司向中国机电产品进出口商会发出了一份通知，要求出口到美国、加拿大的中国彩电企业支付彩电Ｖ－ｃｈｉｐ（童锁）技术专利费。

而在小灵通引发的繁华热闹背后，最兴奋的或许应该是日本企业，因为这项在日本已经过时的技术现在可以再卖一遍，而且价格不菲。面对中国迅速成长的小灵通市场，日本公司有它们的如意算盘：如果直接进入中国市场，上马新的生产线，就需要重新组织开发队伍、重新召集零部件厂家、重新争夺市场等等，成本高昂。而把它们的“先进技术”卖给中国公司，则是一条坐收渔利的捷径。

在３Ｇ的发展过程中，高通的专利费从来都让下游企业头痛不已。高通向中国ＣＤＭＡ厂商收取的费用主要有三个部分：入门费、技术许可费和芯片费用。这使得国内使用高通技术的ＣＤＭＡ手机厂商不得不付出巨大的代价。

图 3-15　替换前的文档

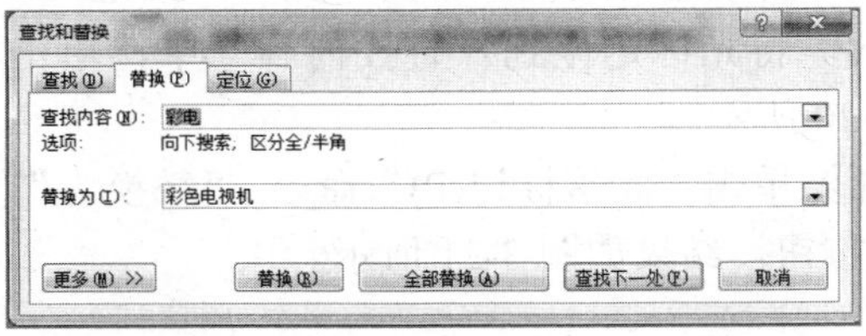

图 3-16 “查找和替换”对话框

③ 若是全部替换，则直接单击“全部替换”按钮；若要进行有选择性的替换，需要替换时，单击“替换”按钮，不需替换时，直接单击“查找下一处”按钮，操作结果如图 3-17 所示。

2. 替换文字格式

在“查找和替换”对话框中单击“高级”按钮，可以进行格式和特殊字符的设置和替换。

【案例 3-2】将图 3-17 所示样文中所有的“专利”的格式更改为“加粗、倾斜、加着重号”。

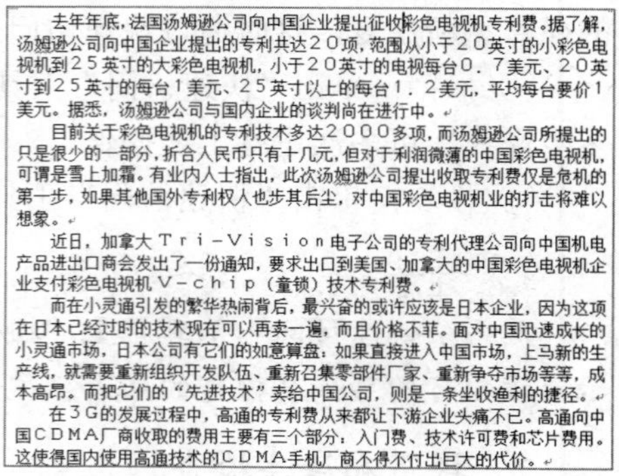

去年年底，法国汤姆逊公司向中国企业提出征收彩色电视机专利费。据了解，汤姆逊公司向中国企业提出的专利共达２０项，范围从小于２０英寸的小彩色电视机到２５英寸的大彩色电视机，小于２０英寸的电视每台０．７美元、２０英寸到２５英寸的每台１美元、２５英寸以上的每台１．２美元，平均每台要价１美元。据悉，汤姆逊公司与国内企业的谈判尚在进行中。

目前关于彩色电视机的专利技术多达２０００多项，而汤姆逊公司所提出的只是很少的一部分，折合人民币只有十几元，但对于利润微薄的中国彩色电视机，可谓是雪上加霜。有业内人士指出，此次汤姆逊公司提出收取专利费仅是危机的第一步，如果其他国外专利权人也步其后尘，对中国彩色电视机业的打击将难以想象。

近日，加拿大Ｔｒｉ－Ｖｉｓｉｏｎ电子公司的专利代理公司向中国机电产品进出口商会发出了一份通知，要求出口到美国、加拿大的中国彩色电视机企业支付彩色电视机Ｖ－ｃｈｉｐ（童锁）技术专利费。

而在小灵通引发的繁华热闹背后，最兴奋的或许应该是日本企业，因为这项在日本已经过时的技术现在可以再卖一遍，而且价格不菲。面对中国迅速成长的小灵通市场，日本公司有它们的如意算盘：如果直接进入中国市场，上马新的生产线，就需要重新组织开发队伍、重新召集零部件厂家、重新争夺市场等等，成本高昂。而把它们的“先进技术”卖给中国公司，则是一条坐收渔利的捷径。

在３Ｇ的发展过程中，高通的专利费从来都让下游企业头痛不已。高通向中国ＣＤＭＡ厂商收取的费用主要有三个部分：入门费、技术许可费和芯片费用。这使得国内使用高通技术的ＣＤＭＡ手机厂商不得不付出巨大的代价。

图 3-17　替换文字后的文档

操作步骤如下。

① 单击“开始”选项卡，单击“编辑”组中的“替换”，或使用 Ctrl+H 组合键，打开图 3-16 所示的对话框。

② 单击“更多”按钮，将光标定位到“替换为”对话框中，单击“格式”按钮，从中选择“字体”，如图 3-18 所示。

③ 按要求设置相应的字体格式，单击“确定”，单击“全部替换”，结果如图 3-19 所示。

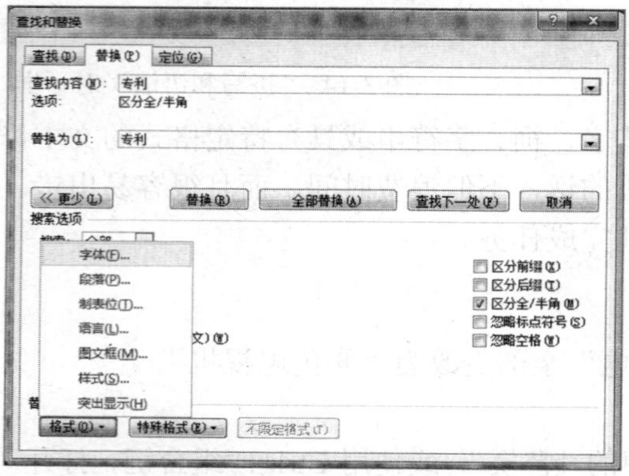

图 3-18 “字体格式替换”对话框

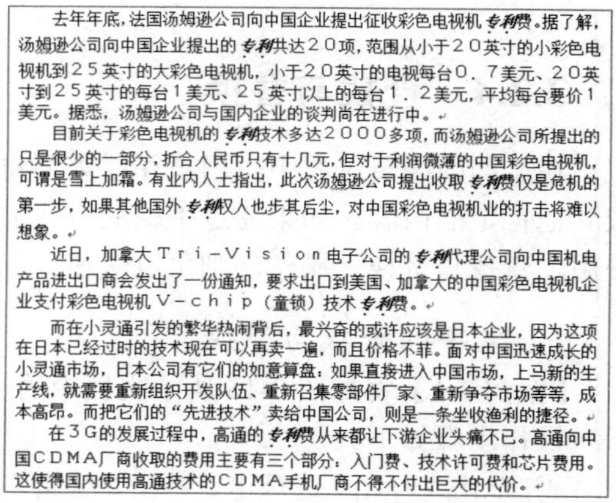

去年年底，法国汤姆逊公司向中国企业提出征收彩色电视机***专利***费。据了解，汤姆逊公司向中国企业提出的***专利***共达２０项，范围从小于２０英寸的小彩色电视机到２５英寸的大彩色电视机，小于２０英寸的电视每台０．７美元、２０英寸到２５英寸的每台１美元、２５英寸以上的每台１．２美元，平均每台要价１美元。据悉，汤姆逊公司与国内企业的谈判尚在进行中。

目前关于彩色电视机的***专利***技术多达２０００多项，而汤姆逊公司所提出的只是很少的一部分，折合人民币只有十几元，但对于利润微薄的中国彩色电视机，可谓是雪上加霜。有业内人士指出，此次汤姆逊公司提出收取***专利***费仅是危机的第一步，如果其他国外***专利***权人也步其后尘，对中国彩色电视机业的打击将难以想象。

近日，加拿大Ｔｒｉ－Ｖｉｓｉｏｎ电子公司的***专利***代理公司向中国机电产品进出口商会发出了一份通知，要求出口到美国、加拿大的中国彩色电视机企业支付彩色电视机Ｖ－ｃｈｉｐ（童锁）技术***专利***费。

而在小灵通引发的繁华热闹背后，最兴奋的或许应该是日本企业，因为这项在日本已经过时的技术现在可以再卖一遍，而且价格不菲。面对中国迅速成长的小灵通市场，日本公司有它们的如意算盘：如果直接进入中国市场，上马新的生产线，就需要重新组织开发队伍、重新召集零部件厂家、重新争夺市场等等，成本高昂。而把它们的“先进技术”卖给中国公司，则是一条坐收渔利的捷径。

在３Ｇ的发展过程中，高通的***专利***费从来都让下游企业头痛不已。高通向中国ＣＤＭＡ厂商收取的费用主要有三个部分：入门费、技术许可费和芯片费用。这使得国内使用高通技术的ＣＤＭＡ手机厂商不得不付出巨大的代价。

图 3-19　格式替换后的文档

3. 特殊字符处理

【案例 3-3】将图 3-19 所示文档所有的段落合并为一段。

操作步骤如下。

① 单击“开始”选项卡，单击“编辑”组中的“替换”，或使用 Ctrl+H 组合键，打开图 3-16 所示的对话框，单击“更多”按钮。

② 将光标定位到“查找内容”中，单击“特殊格式”按钮，打开特殊格式列表，如图 3-20 所示。

③ 单击“段落标记(P)”命令，“替换为”文本编辑区中不输入任何内容，单击“全部替换”按钮，结果如图 3-21 所示。

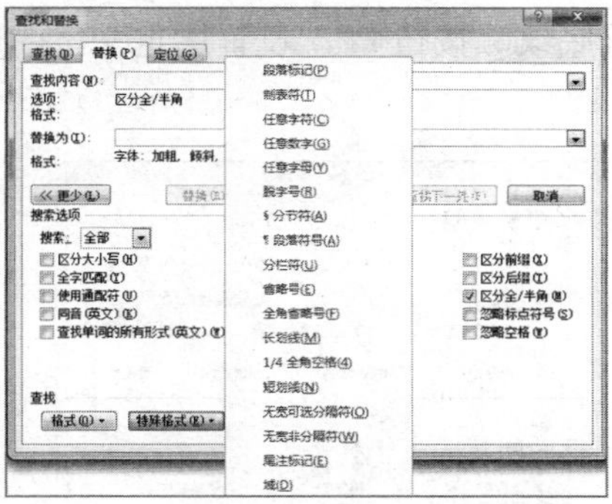

图 3-20 “查找和替换”中特殊格式应用对话框

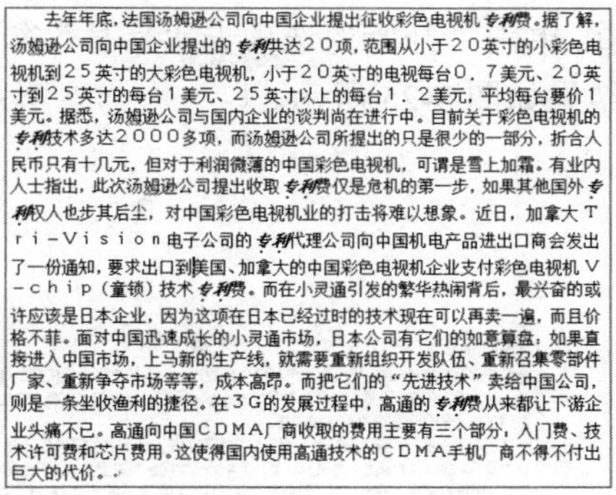

去年年底，法国汤姆逊公司向中国企业提出征收彩色电视机专利费。据了解，汤姆逊公司向中国企业提出的专利共达２０项，范围从小于２０英寸的小彩色电视机到２５英寸的大彩色电视机，小于２０英寸的电视每台０．７美元、２０英寸到２５英寸的每台１美元、２５英寸以上的每台１．２美元，平均每台要价１美元。据悉，汤姆逊公司与国内企业的谈判尚在进行中。目前关于彩色电视机的专利技术多达２０００多项，而汤姆逊公司所提出的只是很少的一部分，折合人民币只有十几元，但对于利润微薄的中国彩色电视机，可谓是雪上加霜。有业内人士指出，此次汤姆逊公司提出收取专利费仅是危机的第一步，如果其他国外专利权人也步其后尘，对中国彩色电视机业的打击将难以想象。近日，加拿大Ｔｒｉ－Ｖｉｓｉｏｎ电子公司的专利代理公司向中国机电产品进出口商会发出了一份通知，要求出口到美国、加拿大的中国彩色电视机企业支付彩色电视机Ｖ－ｃｈｉｐ（童锁）技术专利费。而在小灵通引发的繁华热闹背后，最兴奋的或许应该是日本企业，因为这项在日本已经过时的技术现在可以再卖一遍，而且价格不菲。面对中国迅速成长的小灵通市场，日本公司有它们的如意算盘：如果直接进入中国市场，上马新的生产线，就需要重新组织开发队伍、重新召集零部件厂家、重新争夺市场等等，成本高昂。而把它们的“先进技术”卖给中国公司，则是一条坐收渔利的捷径。在３Ｇ的发展过程中，高通的专利费从来都让下游企业头痛不已。高通向中国ＣＤＭＡ厂商收取的费用主要有三个部分，入门费、技术许可费和芯片费用。这使得国内使用高通技术的ＣＤＭＡ手机厂商不得不付出巨大的代价。

图 3-21 完成段落合并后的文档

3.3 格式化文档

对文档进行相应的格式设置，可以使文档版式更加美观，也便于阅读和理解文档的内容。文档的格式编排主要包括字符格式设置、段落格式设置、边框和底纹设置。

3.3.1 设置字符格式

字符是指文本中输入的汉字、字母、数字、标点符号以及特殊符号等。字符是文档格式化的最小单位，对字符格式的设置决定了字符在屏幕上显示及打印时的效果。对字符进行格式设置时必须先选定需要设置的字符。字符格式包括字体、字型、字号、颜色、效果等。对字符进行格式设置可以通过“字体”对话框和“开始”选项卡中“字体”组中的相关按钮这两种方法进行。

1. 字体的设置

【案例 3-4】将图 3-22 所示文档中正文字体格式设置为：楷体、四号、加粗。

操作步骤如下。

① 选定要进行格式化的文本。

② 单击“开始”选项卡中的“字体”组右边的箭头，打开如图 3-23 所示的“字体”对话框。

③ 在“字体”选项卡中可以设置字体、字形、字号，单击“确定”按钮，设置后的文档如图 3-24 所示。

字体颜色、下划线、着重号和文字效果的设置方法与字体、字号等设置类似。

2. 字符修饰

【案例 3-5】对图 3-24 中正文的第一段设置底纹和字符边框。

操作步骤如下。

① 选定正文的第一段。

② 单击“开始”选项卡“字体”组中的“字符边框”按钮A，设置选定文字的边框。

③ 单击“开始”选项卡“字体”组中的“字符底纹”按钮，设置选定文字的底纹。操作结果如图 3-25 所示。

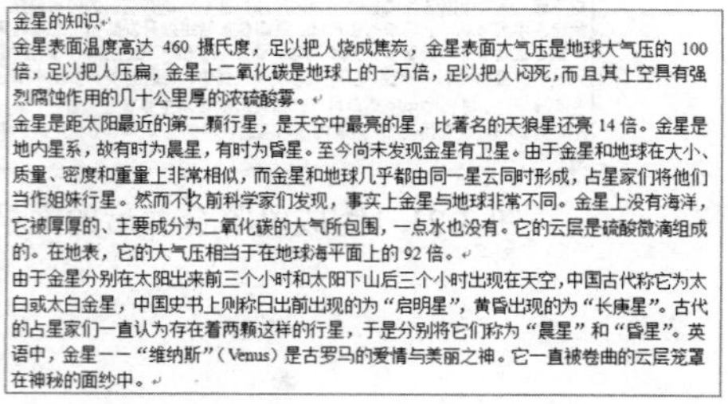
金星的知识
金星表面温度高达 460 摄氏度，足以把人烧成焦炭，金星表面大气压是地球大气压的 100 倍，足以把人压扁，金星上二氧化碳是地球上的一万倍，足以把人闷死，而且其上空具有强烈腐蚀作用的几十公里厚的浓硫酸雾。
金星是距太阳最近的第二颗行星，是天空中最亮的星，比著名的天狼星还亮 14 倍。金星是地内星系，故有时为晨星，有时为昏星。至今尚未发现金星有卫星。由于金星和地球在大小、质量、密度和重量上非常相似，而金星和地球几乎都由同一星云同时形成，占星家们将他们当作姐妹行星。然而不久前科学家们发现，事实上金星与地球非常不同。金星上没有海洋，它被厚厚的、主要成分为二氧化碳的大气所包围，一点水也没有。它的云层是硫酸微滴组成的。在地表，它的大气压相当于在地球海平面上的 92 倍。
由于金星分别在太阳出来前三个小时和太阳下山后三个小时出现在天空，中国古代称它为太白或太白金星，中国史书上则称日出前出现的为“启明星”，黄昏出现的为“长庚星”。古代的占星家们一直认为存在着两颗这样的行星，于是分别将它们称为“晨星”和“昏星”。英语中，金星——“维纳斯”（Venus）是古罗马的爱情与美丽之神。它一直被卷曲的云层笼罩在神秘的面纱中。

图 3-22　字体设置示例文档

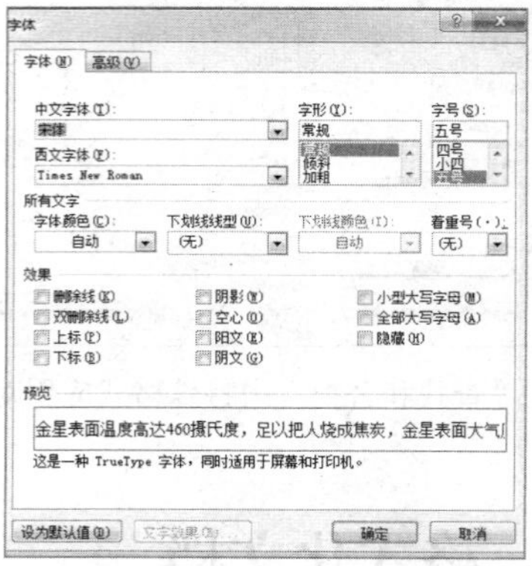

图 3-23　“字体”对话框

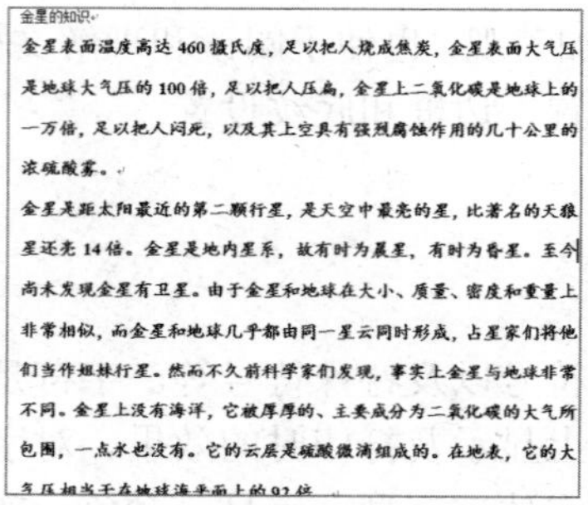
金星的知识
金星表面温度高达 460 摄氏度，足以把人烧成焦炭，金星表面大气压是地球大气压的 100 倍，足以把人压扁，金星上二氧化碳是地球上的一万倍，足以把人闷死，以及其上空具有强烈腐蚀作用的几十公里的浓硫酸雾。
金星是距太阳最近的第二颗行星，是天空中最亮的星，比著名的天狼星还亮 14 倍。金星是地内星系，故有时为晨星，有时为昏星。至今尚未发现金星有卫星。由于金星和地球在大小、质量、密度和重量上非常相似，而金星和地球几乎都由同一星云同时形成，占星家们将他们当作姐妹行星。然而不久前科学家们发现，事实上金星与地球非常不同。金星上没有海洋，它被厚厚的、主要成分为二氧化碳的大气所包围，一点水也没有。它的云层是硫酸微滴组成的。在地表，它的大气压相当于在地球海平面上的 92 倍。

图 3-24　完成字体设置后的文档示图

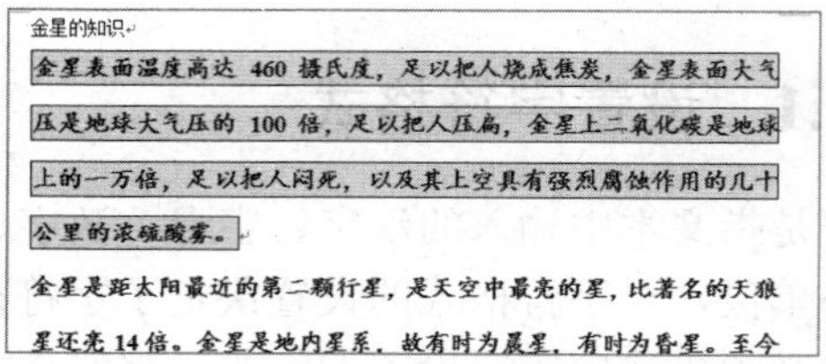
金星的知识
金星表面温度高达 460 摄氏度，足以把人烧成焦炭，金星表面大气压是地球大气压的 100 倍，足以把人压扁，金星上二氧化碳是地球上的一万倍，足以把人闷死，以及其上空具有强烈腐蚀作用的几十公里的浓硫酸雾。
金星是距太阳最近的第二颗行星，是天空中最亮的星，比著名的天狼星还亮 14 倍。金星是地内星系，故有时为晨星，有时为昏星。至今

图 3-25　完成字符修饰后的文档示图

3. 字符间距设置

【案例 3-6】将图 3-25 所示文档的标题文字放大为 200%，字符间距加宽 5 磅。

操作步骤如下。

① 打开“字体”对话框，选择“高级”选项卡，如图 3-26 所示。

② 在“缩放”列表中选择“200%”，在“间距”列表中选择“加宽”，在右边对应的“磅值”区中输入“5 磅”，单击“确定”按钮，结果如图 3-27 所示。

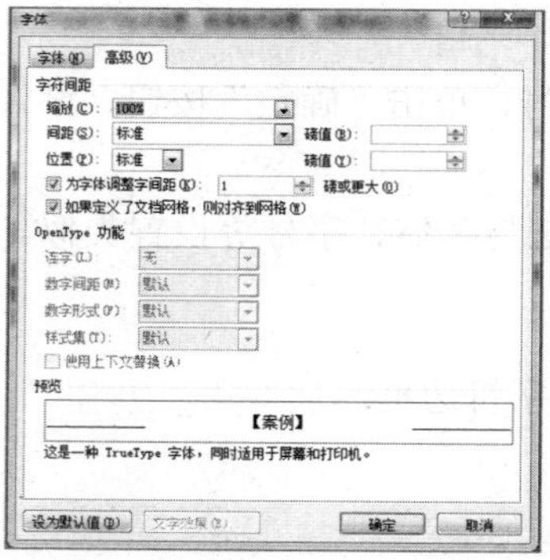

图 3-26　设置字符间距对话框

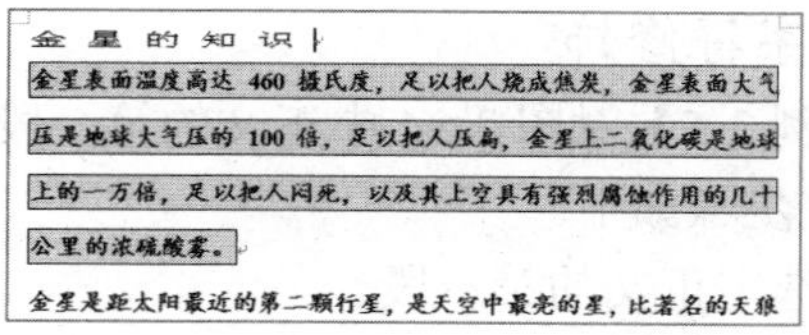
金　星　的　知　识
金星表面温度高达 460 摄氏度，足以把人烧成焦炭，金星表面大气压是地球大气压的 100 倍，足以把人压扁，金星上二氧化碳是地球上的一万倍，足以把人闷死，以及其上空具有强烈腐蚀作用的几十公里的浓硫酸雾。
金星是距太阳最近的第二颗行星，是天空中最亮的星，比著名的天狼

图 3-27　完成字符间距设置后的文档示图

4. 文字效果设置

在“字体”对话框中，单击“文字效果”按钮，打开图 3-28 所示的对话框，可以对所选文字进行“文本填充”“文本边框”“轮廓样式”“阴影”“映像”“发光和柔化边缘”“三维格式”等文字效果的设置，具体操作略。

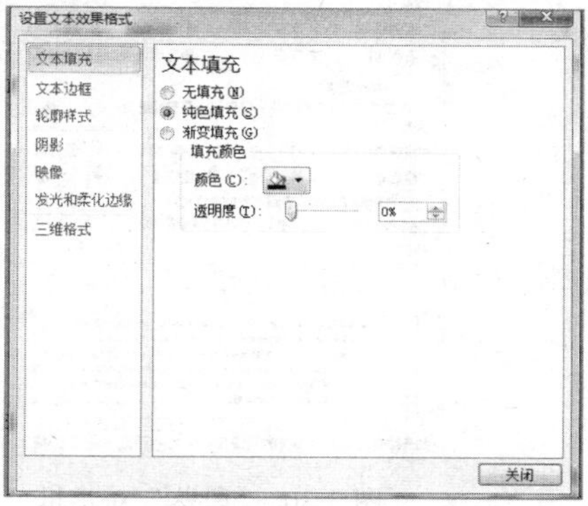

图 3-28 “设置文本效果格式”对话框

3.3.2 设置段落格式

段落格式是指以段落为单位的格式设置。对段落进行格式设置时，选定段落或将光标定位于段落中的任意位置都可以，但如果同时对多个段落进行格式设置，则必须先选定需要设置的所有段落，然后再进行格式设置。段落格式主要包括对齐、缩进、段间距、行间距、边框底纹、项目符号与编号等。对段落进行格式设置的方法有“段落”对话框，“开始”选项卡中“段落”组的相关按钮，水平标尺等三种方法。

1. 设置段落的对齐方式

【案例 3-7】将图 3-27 所示文档中的标题文字居中对齐。

操作步骤如下。

① 选定标题文本或将插入点定位至标题行中。

② 单击“开始”选项卡中“段落组中”的居中按钮，结果如图 3-29 所示。

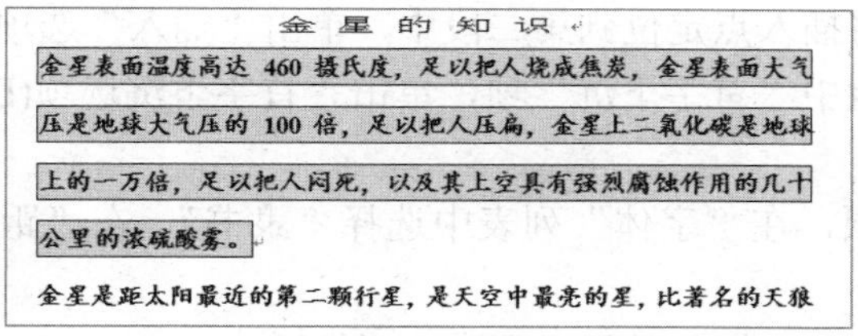
金 星 的 知 识

金星表面温度高达 460 摄氏度，足以把人烧成焦炭，金星表面大气压是地球大气压的 100 倍，足以把人压扁，金星上二氧化碳是地球上的一万倍，足以把人闷死，以及其上空具有强烈腐蚀作用的几十公里的浓硫酸雾。

金星是距太阳最近的第二颗行星，是天空中最亮的星，比著名的天狼

图 3-29　设置“居中对齐”示图

2. 设置缩进、间距和行距

【案例 3-8】将图 3-29 所示文档正文第二段设置为：首行缩进 2 字符、左右各缩进 1 字符、段前段后间距各为 1 行，行距为固定值 20 磅。

操作步骤如下。

① 选定第二段文本，单击“开始”选项卡中“段落”组右下角箭头，打开“段落”对话框。

② 在“缩进”下方的“左侧”和“右侧”编辑区中输入“2 字符”，在“间距”下方的“段前”和“段后”编辑区中输入“1 行”，在“特殊格式 ”列表中选择“首行缩进”，其中“磅值”默认为 2 字符，不需调整，在“行距”列表中选择“固定值”，在右侧的“设置值”中输入“20 磅”，如图 3-30 所示。

③ 单击“确定”按钮，结果如图 3-31 所示。

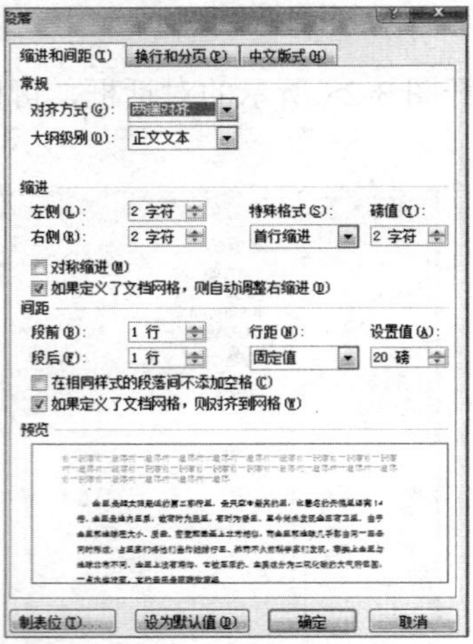

图 3-30 “段落”对话框

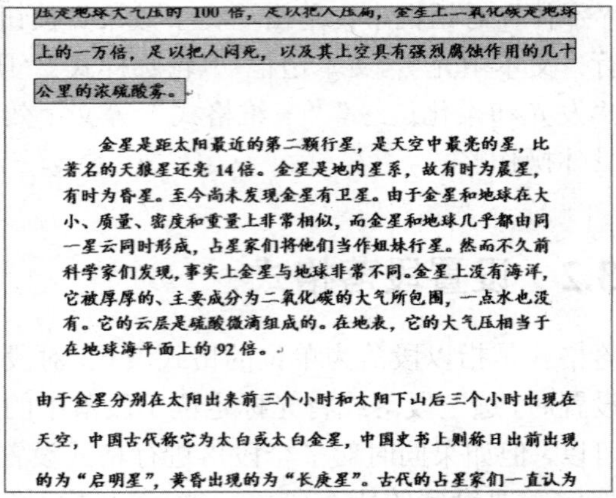

压是地球大气压的 100 倍，足以把人压扁，金星上二氧化碳是地球

上的一万倍，足以把人闷死，以及其上空具有强烈腐蚀作用的几十

公里的浓硫酸雾。

金星是距太阳最近的第二颗行星，是天空中最亮的星，比著名的天狼星还亮 14 倍。金星是地内星系，故有时为晨星，有时为昏星。至今尚未发现金星有卫星。由于金星和地球在大小、质量、密度和重量上非常相似，而金星和地球几乎都由同一星云同时形成，占星家们将他们当作姐妹行星。然而不久前科学家们发现，事实上金星与地球非常不同。金星上没有海洋，它被厚厚的、主要成分为二氧化碳的大气所包围，一点水也没有。它的云层是硫酸微滴组成的。在地表，它的大气压相当于在地球海平面上的 92 倍。

由于金星分别在太阳出来前三个小时和太阳下山后三个小时出现在

天空，中国古代称它为太白或太白金星，中国史书上则称日出前出现

的为“启明星”，黄昏出现的为“长庚星”。古代的占星家们一直认为

图 3-31 段落设置后示图

3. 首字下沉

利用首字下沉可以将段落开头的第一个或若干个字母、文字变为大号字。被设置成首字下沉的文字实际上已成为文本框中的一个独立段落，可以像对其他段落一样给它加上边框和底纹。但只有在页面视图方式下才可以查看所设置的效果。此外，用户可对选中的多个字母（不能是多个汉字）设置“首字下沉”。如果要将段落的首字母或第一个汉字设置为下沉方式，只要将插入符置于要设置首字下沉的段落中任一位置即可。

【案例 3-9】将图 3-31 所示文档的第二段设置为隶书、下沉 3 行、距正文 1 厘米。

操作步骤如下。

① 选定第二段或将插入点定位到第二段中，单击“插入”选项卡。

② 单击“文本”组中“首字下沉”项，单击“首字下沉选项(D)”命令，打开“首字下沉”对话框。

③ 选择“下沉”项，在“字体”列表中选择“隶书”，在“距正文”编辑区中输入“1 厘米”，如图 3-32 所示。

④ 单击“确定”按钮，操作结果如图 3-33 所示。

图 3-32 “首字下沉”对话框

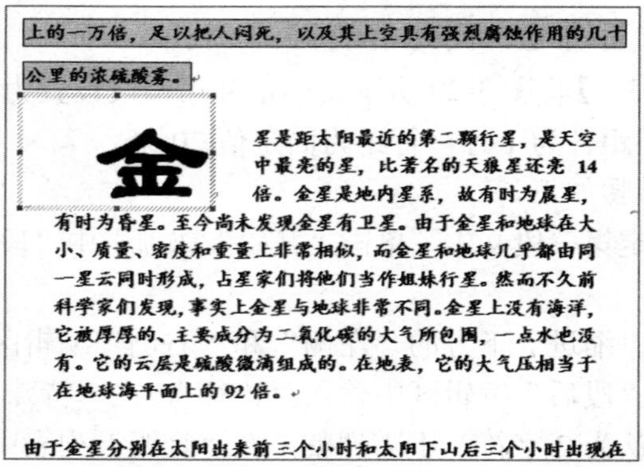

上的一万倍，足以把人闷死，以及其上空具有强烈腐蚀作用的几十

公里的浓硫酸雾。

金星是距太阳最近的第二颗行星，是天空中最亮的星，比著名的天狼星还亮 14 倍。金星是地内星系，故有时为晨星，有时为昏星。至今尚未发现金星有卫星。由于金星和地球在大小、质量、密度和重量上非常相似，而金星和地球几乎都由同一星云同时形成，占星家们将他们当作姐妹行星。然而不久前科学家们发现，事实上金星与地球非常不同。金星上没有海洋，它被厚厚的、主要成分为二氧化碳的大气所包围，一点水也没有。它的云层是硫酸微滴组成的。在地表，它的大气压相当于在地球海平面上的 92 倍。

由于金星分别在太阳出来前三个小时和太阳下山后三个小时出现在

图 3-33 完成首字下沉后文档示图

4. 项目符号与编号

项目符号是在一些段落的前面加上完全相同的符号，这样可以使文档整齐美观，层次感强。而编号则是按照大小顺序为文档中的段落加上编号。

【案例 3-10】给图 3-22 所示文档的正文设置◆型项目符号或(一)、(二)、(三)型编号。

操作步骤如下。

① 选择正文所有段落，单击“开始”选项卡，单击“段落”组中“项目符号”项右侧的下拉箭头，打开图 3-34 所示的对话框。若设置编号，则单击“段落”组中“编号”项右侧的下拉箭头，打开图 3-35 所示的对话框。

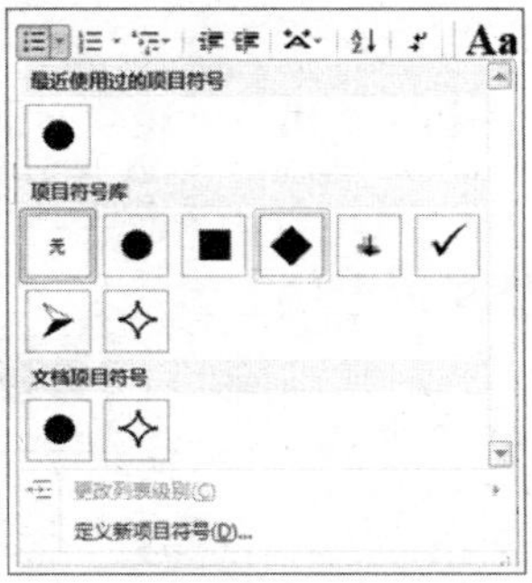

图 3-34 “项目符号”对话框

图 3-35 “编号”对话框

② 在“项目符号库”列表中单击“◆”，操作结果如图 3-36 所示，设置编号的结果如图 3-37 所示。

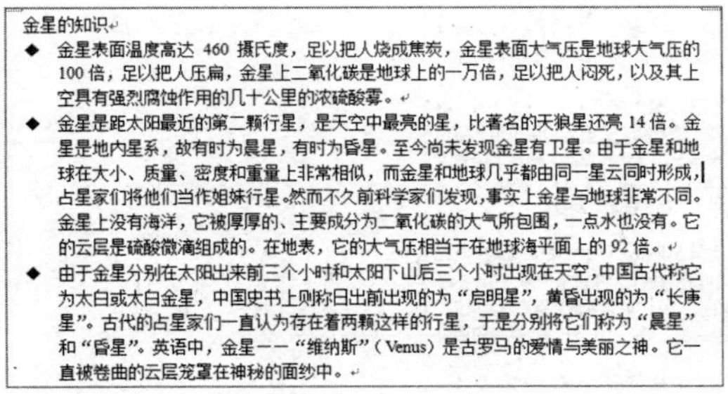

金星的知识

◆ 金星表面温度高达 460 摄氏度，足以把人烧成焦炭，金星表面大气压是地球大气压的 100 倍，足以把人压扁，金星上二氧化碳是地球上的一万倍，足以把人闷死，以及其上空具有强烈腐蚀作用的几十公里的浓硫酸雾。

◆ 金星是距太阳最近的第二颗行星，是天空中最亮的星，比著名的天狼星还亮 14 倍。金星是地内星系，故有时为晨星，有时为昏星。至今尚未发现金星有卫星。由于金星和地球在大小、质量、密度和重量上非常相似，而金星和地球几乎都由同一星云同时形成，占星家们将他们当作姐妹行星。然而不久前科学家们发现，事实上金星与地球非常不同。金星上没有海洋，它被厚厚的、主要成分为二氧化碳的大气所包围，一点水也没有。它的云层是硫酸微滴组成的。在地表，它的大气压相当于在地球海平面上的 92 倍。

◆ 由于金星分别在太阳出来前三个小时和太阳下山后三个小时出现在天空，中国古代称它为太白或太白金星，中国史书上则称日出前出现的为“启明星”，黄昏出现的为“长庚星”。古代的占星家们一直认为存在着两颗这样的行星，于是分别将它们称为“晨星”和“昏星”。英语中，金星——“维纳斯”（Venus）是古罗马的爱情与美丽之神。它一直被卷曲的云层笼罩在神秘的面纱中。

图 3-36　完成项目符号设置后示图

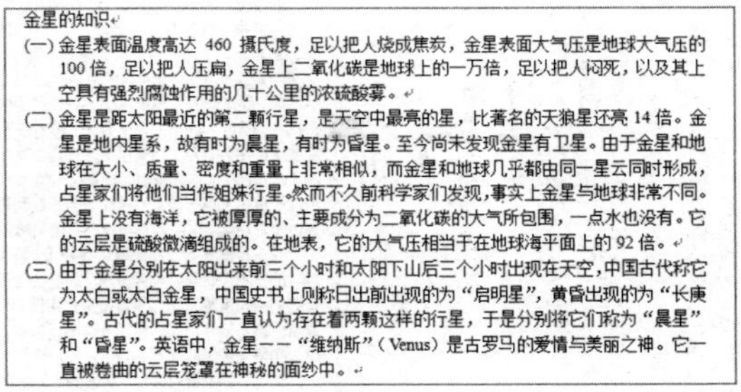

金星的知识

(一) 金星表面温度高达 460 摄氏度，足以把人烧成焦炭，金星表面大气压是地球大气压的 100 倍，足以把人压扁，金星上二氧化碳是地球上的一万倍，足以把人闷死，以及其上空具有强烈腐蚀作用的几十公里的浓硫酸雾。

(二) 金星是距太阳最近的第二颗行星，是天空中最亮的星，比著名的天狼星还亮 14 倍。金星是地内星系，故有时为晨星，有时为昏星。至今尚未发现金星有卫星。由于金星和地球在大小、质量、密度和重量上非常相似，而金星和地球几乎都由同一星云同时形成，占星家们将他们当作姐妹行星。然而不久前科学家们发现，事实上金星与地球非常不同。金星上没有海洋，它被厚厚的、主要成分为二氧化碳的大气所包围，一点水也没有。它的云层是硫酸微滴组成的。在地表，它的大气压相当于在地球海平面上的 92 倍。

(三) 由于金星分别在太阳出来前三个小时和太阳下山后三个小时出现在天空，中国古代称它为太白或太白金星，中国史书上则称日出前出现的为“启明星”，黄昏出现的为“长庚星”。古代的占星家们一直认为存在着两颗这样的行星，于是分别将它们称为“晨星”和“昏星”。英语中，金星——“维纳斯”（Venus）是古罗马的爱情与美丽之神。它一直被卷曲的云层笼罩在神秘的面纱中。

图 3-37　完成编号设置后示图

3.3.3 分栏

分栏排版常见于报纸杂志中，在 Word 2010 中，也能够创建类似于报纸栏目的分栏文档，使文档更便于阅读。

1. 设置普通分栏

在对文档进行分栏操作的过程中，如果不包含文档的末尾段落，则这种分栏相对比较简单，称之为普通分栏。

【案例 3-11】将图 3-38 所示文档的第二、三两段分为左右两栏、栏间距 2 字符，加分隔线。

操作步骤如下。

① 选定第二、三两段，单击“页面布局”选项卡，单击“页面设置”组中的“分栏”项，在列表中选择“更多分栏(C)”命令，打开“分栏”对话框。

② 在“预设”下方选择“两栏”项，在“间距”编辑区输入“2 字符”，选定“分隔线(B)”左侧的复选框，如图 3-39 所示。

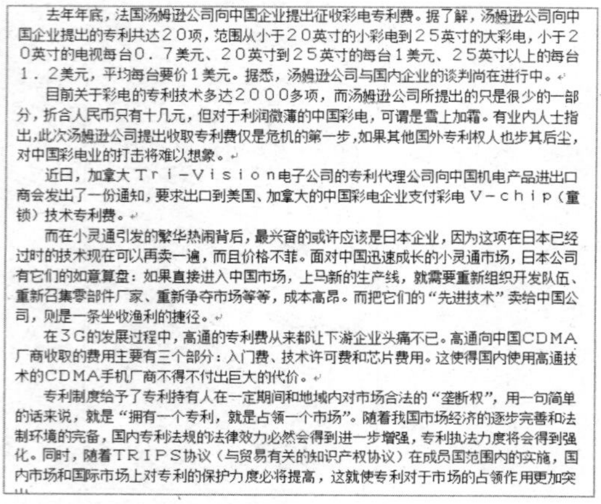
去年年底，法国汤姆逊公司向中国企业提出征收彩电专利费。据了解，汤姆逊公司向中国企业提出的专利共达２０项，范围从小于２０英寸的小彩电到２５英寸的大彩电，小于２０英寸的电视每台０．７美元、２０英寸到２５英寸的每台１美元、２５英寸以上的每台１．２美元，平均每台要价１美元。据悉，汤姆逊公司与国内企业的谈判尚在进行中。

目前关于彩电的专利技术多达２０００多项，而汤姆逊公司所提出的只是很少的一部分，折合人民币只有十几元，但对于利润微薄的中国彩电，可谓是雪上加霜。有业内人士指出，此次汤姆逊公司提出收取专利费仅是危机的第一步，如果其他国外专利权人也步其后尘，对中国彩电业的打击将难以想象。

近日，加拿大Ｔｒｉ－Ｖｉｓｉｏｎ电子公司的专利代理公司向中国机电产品进出口商会发出了一份通知，要求出口到美国、加拿大的中国彩电企业支付彩电Ｖ－ｃｈｉｐ（童锁）技术专利费。

而在小灵通引发的繁华热闹背后，最兴奋的或许应该是日本企业，因为这项在日本已经过时的技术现在可以再卖一遍，而且价格不菲。面对中国迅速成长的小灵通市场，日本公司有它们的如意算盘：如果直接进入中国市场，上马新的生产线，就需要重新组织开发队伍、重新召集零部件厂家、重新争夺市场等等，成本高昂。而把它们的“先进技术”卖给中国公司，则是一条坐收渔利的捷径。

在３Ｇ的发展过程中，高通的专利费从来都让下游企业头痛不已。高通向中国ＣＤＭＡ厂商收取的费用主要有三个部分：入门费、技术许可费和芯片费用。这使得国内使用高通技术的ＣＤＭＡ手机厂商不得不付出巨大的代价。

专利制度给予了专利持有人在一定期间和地域内对市场合法的“垄断权”，用一句简单的话来说，就是“拥有一个专利，就是占领一个市场”。随着我国市场经济的逐步完善和法制环境的完备，国内专利法规的法律效力必然会得到进一步增强，专利执法力度将会得到强化。同时，随着ＴＲＩＰＳ协议（与贸易有关的知识产权协议）在成员国范围内的实施，国内市场和国际市场上对专利的保护力度必将提高，这就使专利对于市场的占领作用更加突

图 3-38　样文

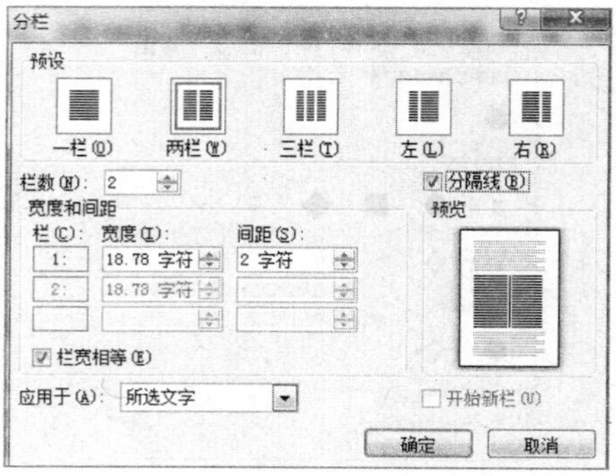

图 3-39　“分栏”对话框

③ 单击“确定”按钮，操作结果如图 3-40 所示。

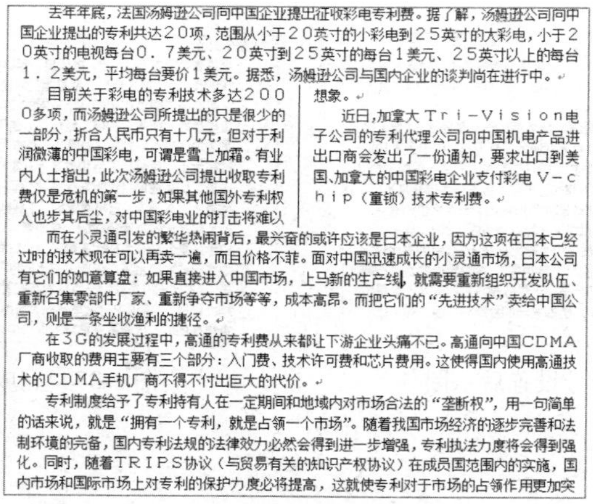
去年年底，法国汤姆逊公司向中国企业提出征收彩电专利费。据了解，汤姆逊公司向中国企业提出的专利共达２０项，范围从小于２０英寸的小彩电到２５英寸的大彩电，小于２０英寸的电视每台０．７美元、２０英寸到２５英寸的每台１美元、２５英寸以上的每台１．２美元，平均每台要价１美元。据悉，汤姆逊公司与国内企业的谈判尚在进行中。

目前关于彩电的专利技术多达２０００多项，而汤姆逊公司所提出的只是很少的一部分，折合人民币只有十几元，但对于利润微薄的中国彩电，可谓是雪上加霜。有业内人士指出，此次汤姆逊公司提出收取专利费仅是危机的第一步，如果其他国外专利权人也步其后尘，对中国彩电业的打击将难以想象。

近日，加拿大Ｔｒｉ－Ｖｉｓｉｏｎ电子公司的专利代理公司向中国机电产品进出口商会发出了一份通知，要求出口到美国、加拿大的中国彩电企业支付彩电Ｖ－ｃｈｉｐ（童锁）技术专利费。

而在小灵通引发的繁华热闹背后，最兴奋的或许应该是日本企业，因为这项在日本已经过时的技术现在可以再卖一遍，而且价格不菲。面对中国迅速成长的小灵通市场，日本公司有它们的如意算盘：如果直接进入中国市场，上马新的生产线，就需要重新组织开发队伍、重新召集零部件厂家、重新争夺市场等等，成本高昂。而把它们的“先进技术”卖给中国公司，则是一条坐收渔利的捷径。

在３Ｇ的发展过程中，高通的专利费从来都让下游企业头痛不已。高通向中国ＣＤＭＡ厂商收取的费用主要有三个部分：入门费、技术许可费和芯片费用。这使得国内使用高通技术的ＣＤＭＡ手机厂商不得不付出巨大的代价。

专利制度给予了专利持有人在一定期间和地域内对市场合法的“垄断权”，用一句简单的话来说，就是“拥有一个专利，就是占领一个市场”。随着我国市场经济的逐步完善和法制环境的完备，国内专利法规的法律效力必然会得到进一步增强，专利执法力度将会得到强化。同时，随着ＴＲＩＰＳ协议（与贸易有关的知识产权协议）在成员国范围内的实施，国内市场和国际市场上对专利的保护力度必将提高，这就使专利对于市场的占领作用更加突

图 3-40　完成分栏设置后的示图

2. 建立等长栏

在 Word 中，当文档排满一栏时，自动将后续的文本转到下一栏的顶部。通常文档的最后一页内的正文不会满页，而在分栏时 Word 将先按页面长度填满栏，导致最后一栏可能为空栏或者只有部分文档，显得很不美观。

【案例 3-12】将图 3-40 所示文档的最后三段分为三栏、栏间距 2 字符、加分隔线。

操作步骤如下。

① 将插入点定位到最后一段的末尾处，按回车键。

② 选定最后三段文本，打开“分栏”对话框。

③ 在“预设”下方选择“三栏”项，在“间距”编辑区输入“2 字符”，选定“分隔线(B)”左侧的复选框，如图 3-41 所示。

④ 单击“确定”按钮，操作结果如图 3-42 所示。

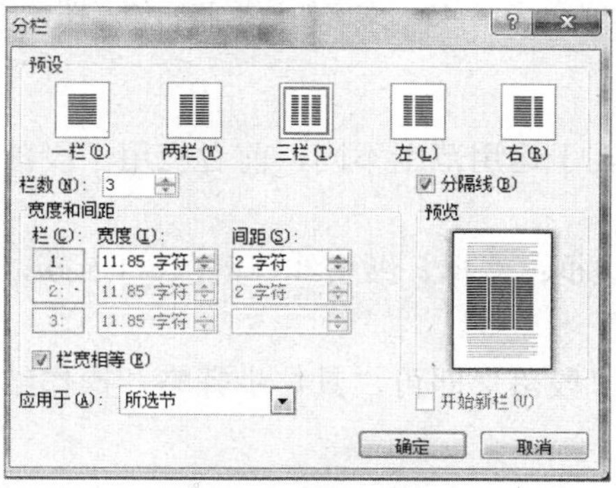

图 3-41　“分栏”对话框

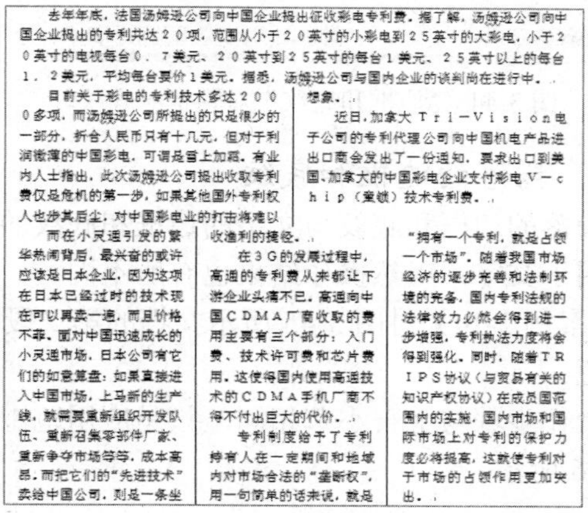

去年年底，法国汤姆逊公司向中国企业提出征收彩电专利费。据了解，汤姆逊公司向中国企业提出的专利共达２０项，范围从小于２０英寸的小彩电到２５英寸的大彩电，小于２０英寸的电视每台０．７美元、２０英寸到２５英寸的每台１美元、２５英寸以上的每台１．２美元，平均每台要价１美元。据悉，汤姆逊公司与国内企业的谈判尚在进行中。

目前关于彩电的专利技术多达２０００多项，而汤姆逊公司所提出的只是很少的一部分，折合人民币只有十几元，但对于利润微薄的中国彩电，可谓是雪上加霜。有业内人士指出，此次汤姆逊公司提出收取专利费仅是危机的第一步，如果其他国外专利权人也步其后尘，对中国彩电业的打击将难以想象。

近日，加拿大Ｔｒｉ－Ｖｉｓｉｏｎ电子公司的专利代理公司向中国机电产品进出口商会发出了一份通知，要求出口到美国、加拿大的中国彩电企业支付彩电Ｖ－ｃｈｉｐ（童锁）技术专利费。

而在小灵通引发的繁华热闹背后，最兴奋的或许应该是日本企业，因为这项在日本已经过时的技术现在可以再卖一遍，而且价格不菲。面对中国迅速成长的小灵通市场，日本公司有它们的如意算盘：如果直接进入中国市场，上马新的生产线，就需要重新组织开发队伍、重新召集零部件厂家、重新争夺市场等等，成本高昂，而把它们的“先进技术”卖给中国公司，则是一条坐收渔利的捷径。

在３Ｇ的发展过程中，高通的专利费从来都让下游企业头痛不已。高通向中国ＣＤＭＡ厂商收取的费用主要有三个部分：入门费、技术许可费和芯片费用。这使得国内使用高通技术的ＣＤＭＡ手机厂商不得不付出巨大的代价。

专利制度给予了专利持有人在一定期间和地域内对市场合法的“垄断权”，用一句简单的话来说，就是“拥有一个专利，就是占领一个市场”。随着我国市场经济的逐步完善和法制环境的完备，国内专利法规的法律效力必然会得到进一步增强，专利执法力度将会得到强化。同时，随着ＴＲＩＰＳ协议（与贸易有关的知识产权协议）在成员国范围内的实施，国内市场和国际市场上对专利的保护力度必将提高，这就使专利对于市场的占领作用更加突出。

图 3-42　完成等长栏设置示图

3.3.4　边框和底纹

在文档中为某些重要的文本和段落添加边框和底纹，可使显示的内容更突出，外观更美观。在 Word 中，可以对字符、段落、图形或整个页面设置边框或底纹。

1. 文字的边框与底纹

【案例 3-13】对图 3-38 所示文档的第一段文字设置边框：方框、细实线、红色、1 磅，底纹为橙色。

操作步骤如下。

① 选定第一段文字，单击“段落”组中的“边框和底纹”项，打开“边框和底纹”对话框。

② 在“边框”选项卡的“设置”列表中选择“方框”，在“线型”列表中选择第一条线型，在“颜色”列表中选择红色，在“宽度”列表中选择“1 磅”，在“应用范围”列表中选择“文字”，如图 3-43 所示。

③ 选择“底纹”选项卡，在“填充”列表中选择“橙色”，在“应用范围”列表中选择“文字”，如图 3-44 所示。

④ 单击“确定”按钮，结果如图 3-45 所示。

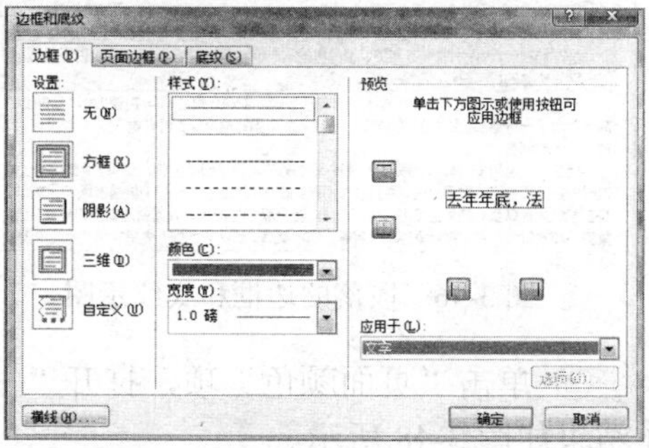

图 3-43　“边框和底纹”对话框—边框

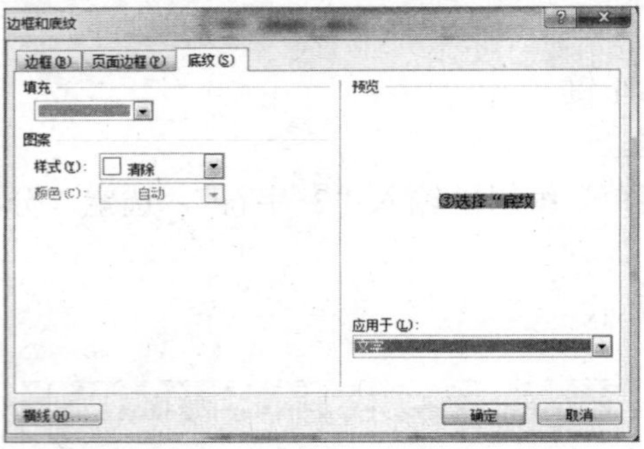

图 3-44 “边框和底纹”对话框—底纹

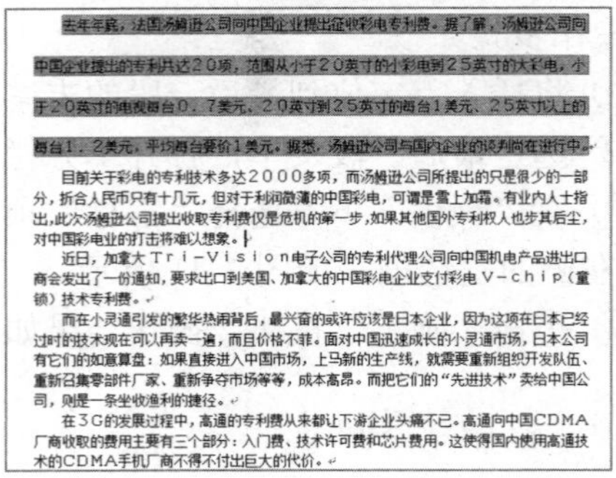

图 3-45 文字的边框和底纹示图

2. 段落的边框和底纹

段落的边框和底纹与文字的边框和底纹的区别在于运用范围不同，前者应用于段落，后者应用于文字，当然操作结果也有所不同。

【案例 3-14】对图 3-45 所示文档的第二段设置边框：方框、细实线、蓝色、1.5 磅，底纹为橙色。

操作步骤与上一小节相同，只是应用范围选择“段落”即可，具体步骤略，操作结果如图 3-46 所示。

3. 页面的边框和底纹

页面边框是指在页面的非编辑区形成的边框，页面的底纹是指页面的背景颜色。

【案例 3-15】对图 3-46 所示的文档设置宽度为 20 磅的艺术型边框和蓝色背景。

操作步骤如下。

① 单击“页面布局”选项卡，在“页面背景”组中单击“页面边框”项，打开“边框和底纹”对话框，选择“页面边框”选项卡，在“艺术型”列表中选择一种图形，在“宽度”编辑区中输入“20 磅”，如图 3-47 所示，单击“确定”按钮。

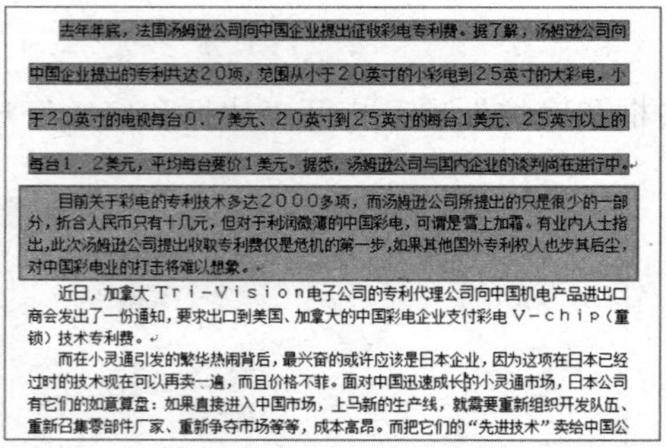

图 3-46 段落的边框和底纹示图

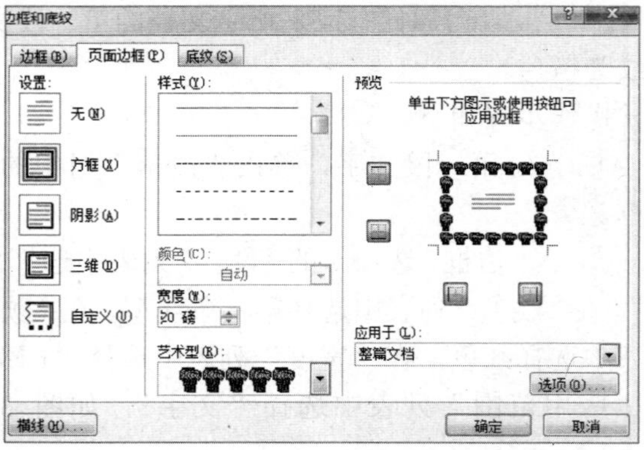

图 3-47 “边框和底纹”—页面边框

② 单击“页面颜色”项，打开“主题颜色”列表，在“标准色”下方选择“蓝色”，操作结果如图 3-48 所示。

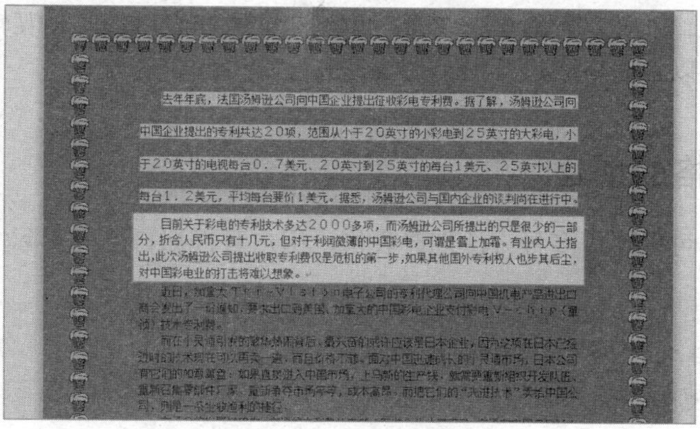

图 3-48 页面边框和底纹示图

3.3.5 格式刷

在文档的格式设置操作中，格式刷是一个非常有用的工具，它实现的是将一个目标的格式复制到另一个目标上去。尤其在长文档的格式设置中能够成倍地提高效率。单击格式刷，只能刷一次，双击格式刷可以刷多次。

【案例 3-16】将图 3-48 所示文档中第四段格式设置成与第二段格式完全相同。

操作步骤如下。

① 选定整个第二段，单击“开始”选项卡中“剪贴板”组中的“格式刷”项。

② 选定整个第四段，松开鼠标即可，操作结果如图 3-49 所示。

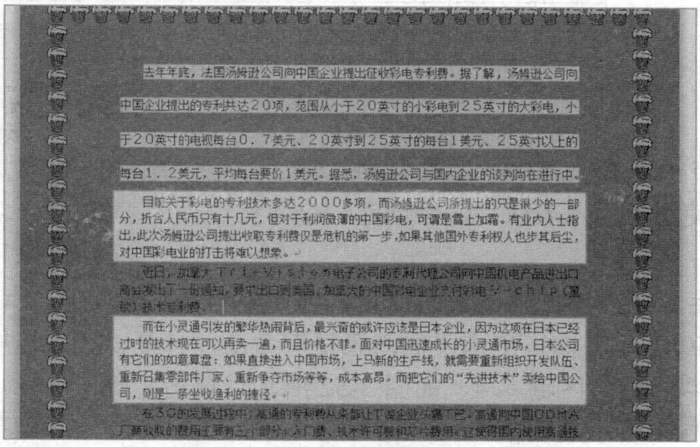

图 3-49 格式刷操作结果示图

3.4 创建与编辑表格

用户在编辑文档的过程中，往往要制作各种各样的表格来更形象地说明问题。在 Word 2010 中，用户可以快速创建表格，方便地修改表格的内容、移动表格的位置、调整表格的大小。在表格中可以输入文字、数据、图形，可以在文本和表格之间相互转换。对表格中的内容进行排序，还可以在表格中进行简单的统计和运算等操作。

3.4.1 表格的创建

在 Word 中，可以使用多种方法创建表格，用户可根据自己的实际情况来选择相应的创建表格的方法。

1. 使用“插入表格”工具创建表格

【案例 3-17】使用“插入表格”工具创建一个 4 行 5 列的表格。

操作步骤如下。

① 将插入点定位至需要创建表格的位置，选择“插入”选项卡。

② 单击“表格”项，鼠标移向下面的方格区，当方格区上方出现“5×4 表格”时，如图 3-50 所示，单击鼠标左键，即可创建一个 4 行 5 列的表格，如图 3-51 所示。

图 3-50 “插入表格”工具

图 3-51 4 行 5 列的表格

2. 使用“插入表格”命令创建表格

【案例 3-18】使用“插入表格”命令创建一个 4 行 5 列的表格。

操作步骤如下。

① 将插入点定位至需要创建表格的位置，选择“插入”选项卡。

② 打开图 3-50 所示界面，单击“插入表格”命令，打开“插入表格”对话框，在“列数”区输入 5，在“行数”区输入 4，如图 3-52 所示，单击“确定”，即可创建图 3-51 所示的表格。

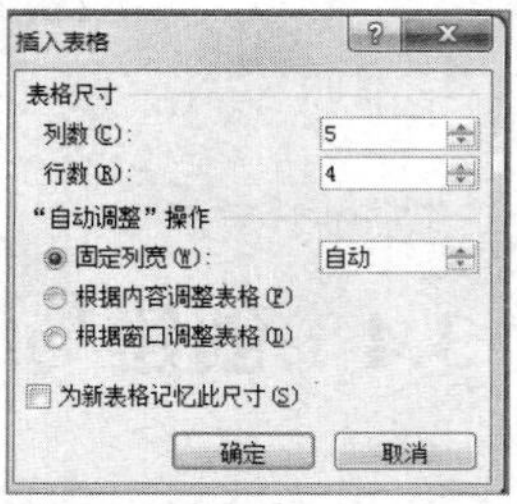

图 3-52 “插入表格”对话框

3. 使用“绘制表格”命令绘制表格

通过以上两种方式创建的表格都是非常规则的表格（行高相等、列宽相等），若要创建不规则的表格，则可以通过“绘制表格”命令来创建，先绘制外框线，再绘制内框线。

【案例 3-19】使用“绘制表格”命令创建一个 4 行 5 列的表格。

操作步骤如下。

① 将插入点定位至需要创建表格的位置，选择“插入”选项卡。

② 打开如图 3-50 所示界面，单击“绘制表格”命令，鼠标指针变成铅笔的形状，按住鼠标左键拖动鼠标，首先绘制表格的外边框，在内部需要绘制横线和竖线的地方按住鼠标左键拖动即可。

③ 绘制完成后，按 Esc 键，去除绘制功能，恢复鼠标指针的形状。

3.4.2 编辑表格

在创建了表格后，只要光标插入点在表格范围内，在主选项卡的右边自动产生一个名为“表格工具”的工具选项卡，由“设计”和“布局”两个工具选项卡组成，用户可以利用这两个工具选项卡的功能对表格或表格中的文字进行编辑。

1. 表格的选定

对表格进行操作前，必须选定操作的目标，包括选定单元格、选定行、选定列和选定整个表格等。

（1）单元格的选定

将鼠标移到单元格的左下角，鼠标指针变成向右的黑色箭头，单击可以选定一个单元格，按住鼠标左键拖动可以选定多个单元格，如图 3-53 所示。

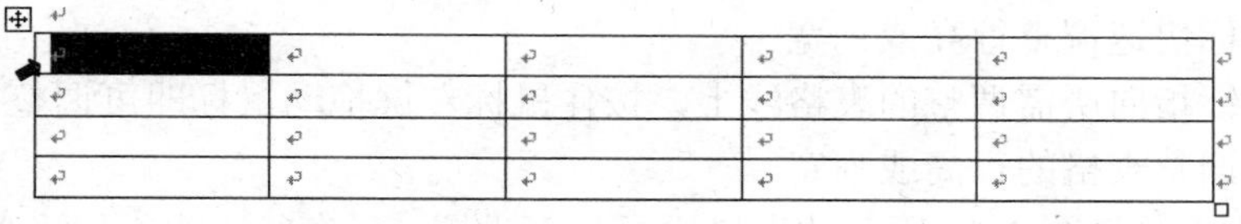

图 3-53　单元格的选定

（2）行的选定

鼠标移到表格左侧的选定栏，单击可以选定一行，按住鼠标左键向上或向下拖动可以选定多行，如图 3-54 所示。

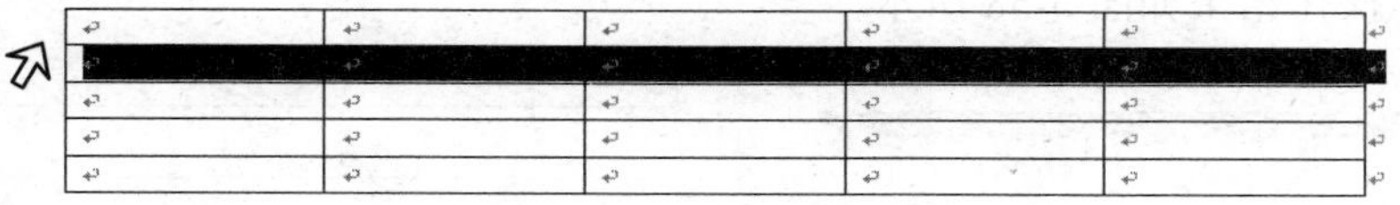

图 3-54　行的选定

（3）列的选定

将鼠标移到表格的顶端，鼠标指针变成向下的黑色箭头，单击可以选定一列，按住鼠标左键向左或向右拖动可以选定多列，如图 3-55 所示。

（4）整个表格的选定

当鼠标指针移向表格内，在表格外的左上角会出现一个全选按钮，单击它可以选定整个表格。将插入点定位在表格的任一单元格内，单击“表格”→“选定”→“表格”命令，也可以选定整个表格，如图 3-56 所示。

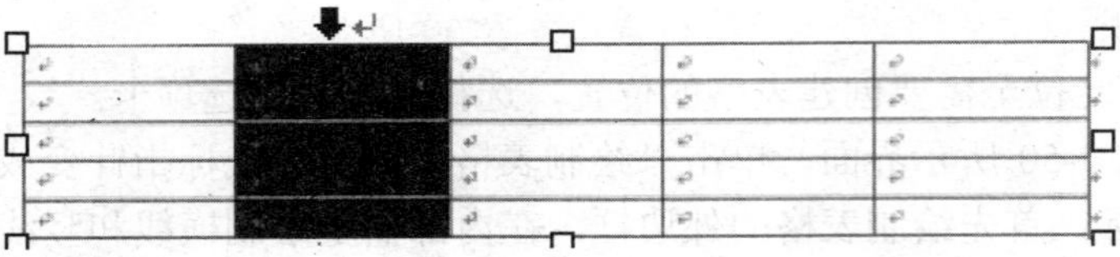

图 3-55　列的选定

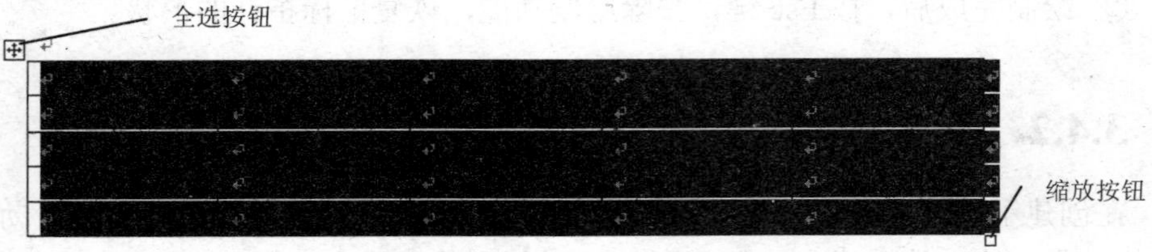

图 3-56　选定整个表格

2. 表格的调整

包括表格位置的调整、大小的调整以及行高、列宽的调整等操作。

（1）表格位置调整与缩放

鼠标指针指向如图 3-56 所示的全选按钮，按住鼠标左键拖动鼠标，可以调整表格在页面中的位置。

鼠标指针指向如图 3-56 所示的缩放按钮，按住鼠标左键拖动鼠标，可以调整表格整体的高度和宽度。

（2）用鼠标快速调整行高或列宽

将鼠标指针指向所需调整的表格线上，按住鼠标左键拖动鼠标即可调整行高或列宽。

（3）精确调整表格的行高或列宽

【案例 3-20】对如图 3-53 所示的表格进行如下设置：所有行高为 1 厘米，所有列宽为 2.5 厘米，表格相对于页面水平居中。

操作步骤如下。

① 选定整个表格，单击“表格工具”选项卡中的“布局”选项卡。

② 在“单元格大小”组的“高度”中输入“1 厘米”，“宽度”中输入“2.5 厘米”，如图 3-57 所示，操作结果如图 3-58 所示。

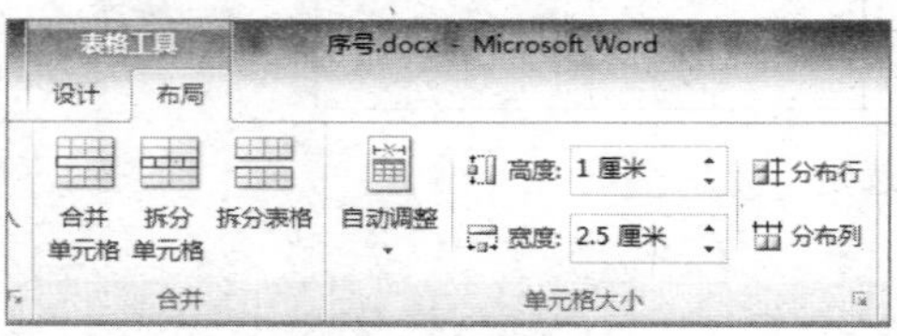

图 3-57　单元格大小功能区

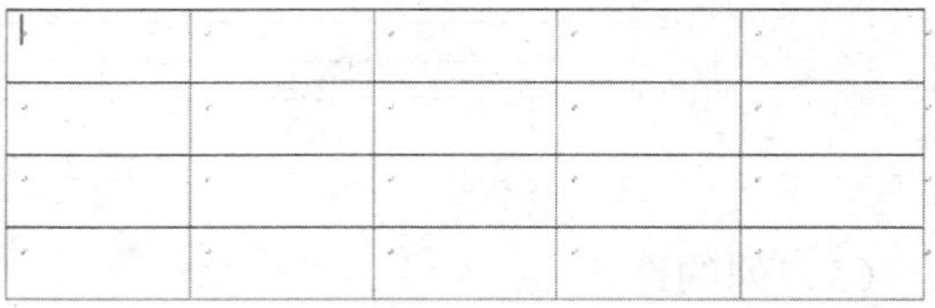

图 3-58　完成行高/列宽设置后的表格

3. 单元格合并与拆分

实际应用当中用到的表格往往是不规则的表格，要想把规则的表格转换成满足实际需要的表格，可以通过单元格的合并和拆分来进行处理。

【案例 3-21】将图 3-58 所示的表格设置成图 3-59 所示的表格。

操作步骤如下。

① 选定表格右边三列，单击图 3-57 所示“合并”组中的“合并单元格”项，将选定的 12 个单元格合并为一个大单元格，如图 3-60 所示。

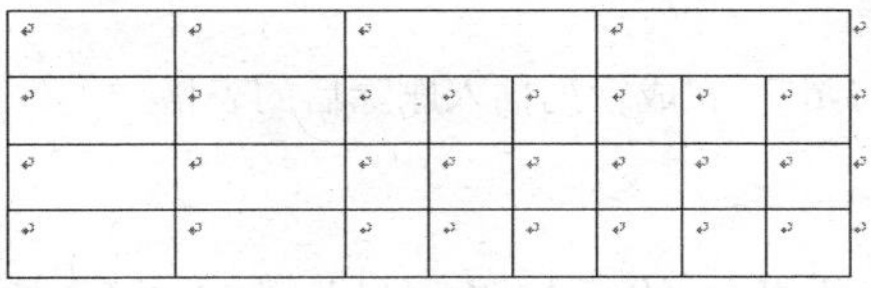

图 3-59 完成合并和拆分后的表格

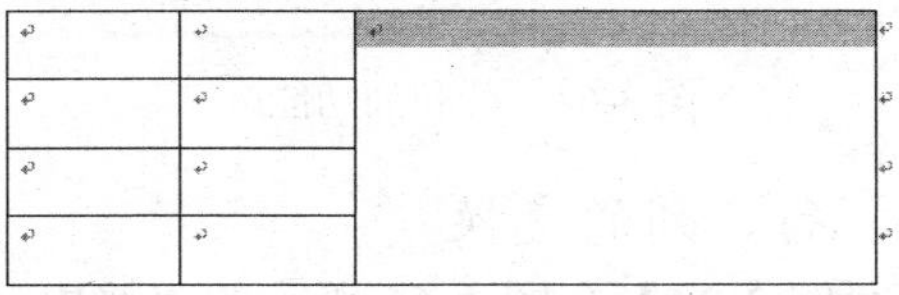

图 3-60 完成单元格合并的表格

② 选定刚合并的大单元格，单击图 3-57 所示“合并”组中的“拆分单元格”项，打开“拆分单元格”对话框。在“列数”中输入 6，在“行数”中输入 4，如图 3-61 所示。

③ 单击“确定”按钮，得到图 3-62 所示的表格。

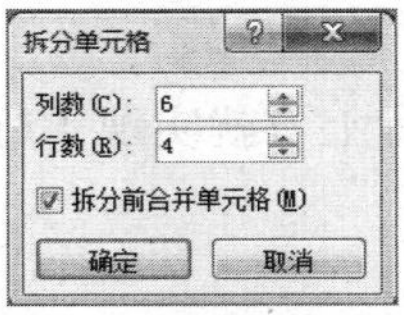

图 3-61 “拆分单元格”对话框

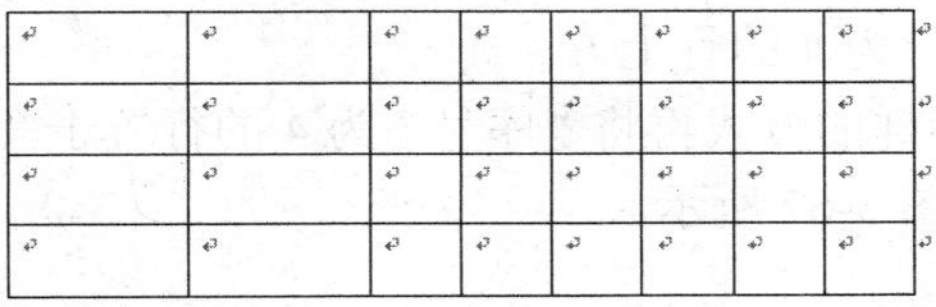

图 3-62 完成拆分后的表格

④ 将第一行的第 3 至第 5 单元格合并，再将第 6 至第 8 单元格合并，即可得到图 3-59 所示的表格。

4. 平均分布各行（列）

选定需要平均分布的行或列，在不改变表格高度和宽度的情况下将选定的行或列设置成等高的行或等宽的列。

【案例 3-22】将图 3-62 所示的表格各列平均分布。

操作步骤如下。

选定整个表格，单击图 3-57 所示“合并”组中的“分布列”项，结果如图 3-63 所示。

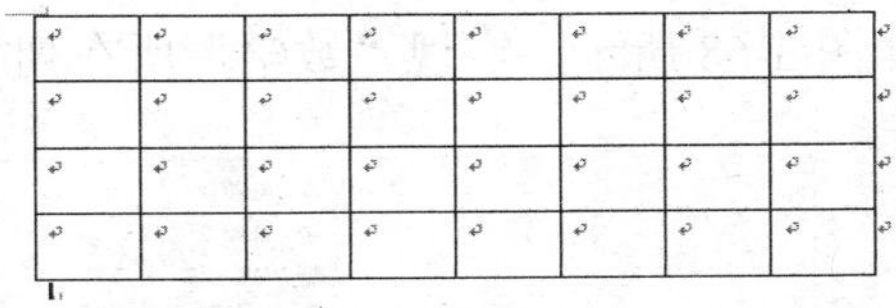

图 3-63 平均分布各列后的示图

5. 行、列的插入与删除

当表格中的行列数不够用时，可以在需要的位置插入新的行或列，当表格中得行列数过多时，可以将多余的行或列删除。

【案例 3-23】在图 3-63 所示的表格最下方插入一个空行，删除最右边的两列。

操作步骤如下。

① 选定表格的最后一行，单击“表格工具”选项卡中的“布局”选项卡。

② 在“行和列”组中单击“在下方插入”项，如图 3-64 所示。

③ 选定表格右边的两列，单击“行和列”组中的“删除”项，选择“删除列”命令，操作结果如图 3-65 所示。

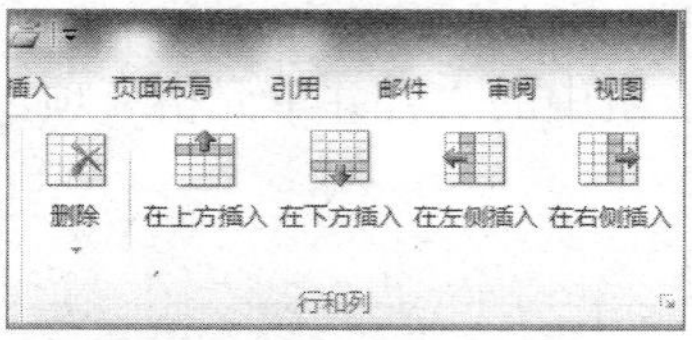

图 3-64　行和列功能区

图 3-65　完成行列插入删除后的表格

6. 行、列的交换

【案例 3-24】在图 3-66 所示的表格中，将“序号”为 1 的行与“序号”为 4 的行交换；要将“数学”所在的列与“语文”所在的列交换。

操作步骤如下。

① 先选定“序号”为 1 的行，按住鼠标左键拖动鼠标，此时鼠标指针会出现一条竖向的虚线。

② 将虚线置于“序号”为 4 的行的第一个单元格内，松开鼠标即可将“序号”为 1 的行置于“序号”为 4 的行上方。

③ 以同样的方式再将“序号”为 4 的行置于“序号”为 1 的行上方就实现了行的位置交换，结果如图 3-67 所示。

序号	姓名	数学	语文	外语	计算机
1	张三明	88	75	86	98
2	李时中	92	80	85	96
3	刘童	86	91	82	84
4	王盛男	76	89	87	83
5	陈化	68	80	99	92

图 3-66　行列交换示例表格

序号	姓名	数学	语文	外语	计算机
4	王盛男	76	89	87	83
2	李时中	92	80	85	96
3	刘童	86	91	82	84
1	张三明	88	75	86	98
5	陈化	68	80	99	92

图 3-67　行交换后的表格

④ 选定“数学”所在的列，单击鼠标右键，选择菜单中的“剪切”命令。

⑤ 选定“外语”所在的列，单击鼠标右键打开菜单，单击“粘贴选项”下方最左边一项，如图 3-68 所示，实现“数学”所在列与“语文”所在的列交换，结果如图 3-69 所示。

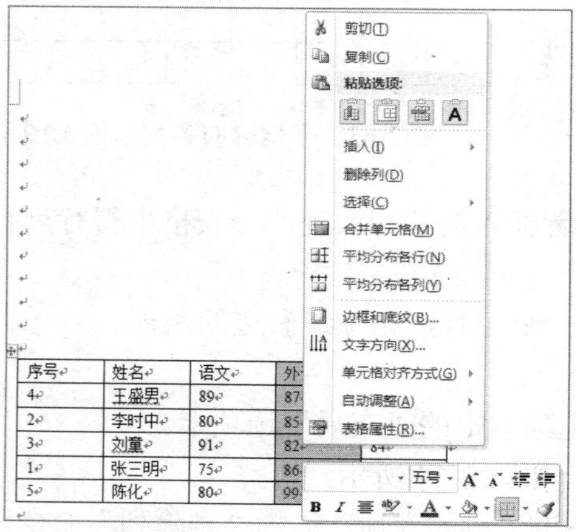

图 3-68　粘贴整列示图

序号	姓名	语文	数学	外语	计算机
4	王盛男	89	76	87	83
2	李时中	80	92	85	96
3	刘童	91	86	82	84
1	张三明	75	88	86	98
5	陈化	80	68	99	92

图 3-69　列交换后的表格

7. 单元格对齐方式的调整

单元格文本的对齐方式有多种，在实际应用当中，中部居中的应用最多。

【案例 3-25】将图 3-69 所示表格单元格文字设置为中部居中。

操作步骤如下。

① 选定整个表格，单击“表格工具”选项卡中的“布局”选项卡。

② 单击“对齐方式”组中的“水平居中”按钮，如图 3-70 所示。操作结果如图 3-71 所示。

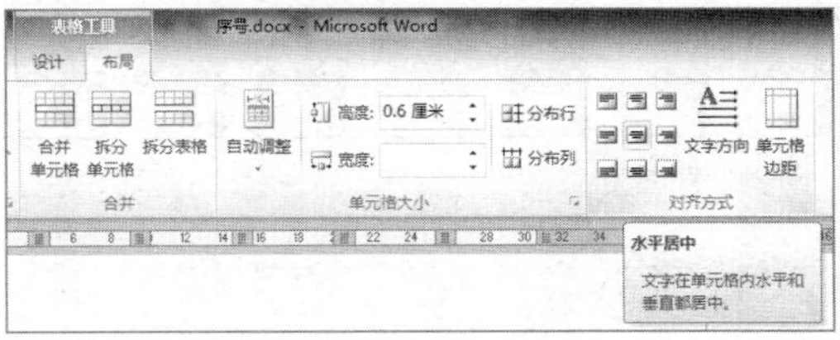

图 3-70　对齐方式调整示图

序号	姓名	语文	数学	外语	计算机
4	王盛男	89	76	87	83
2	李时中	80	92	85	96
3	刘童	91	86	82	84
1	张三明	75	88	86	98
5	陈化	80	68	99	92

图 3-71　完成“中部居中”设置后示图

8. 单元格文字方向处理

表格单元格中的文字默认是从左到右横向排列的，在实际应用中，有时需要用到从上到下纵向的文字排列方式。

【案例 3-26】将图 3-71 所示表格中“序号”纵向排列。

操作步骤如下。

① 选定“序号”所在的单元格，单击图 3-70 所示“对齐方式”中的“文字方向”项。

② 适当调整该行的行高，操作结果如图 3-72 所示。

序号	姓名	语文	数学	外语	计算机
4	王盛男	89	76	87	83
2	李时中	80	92	85	96
3	刘童	91	86	82	84
1	张三明	75	88	86	98
5	陈化	80	68	99	92

图 3-72　更改文字方向后的表格

3.4.3　格式化表格

格式化表格是指对表格进行边框和底纹的设置、表格在页面中的对齐方式、表格与周围文字之间有无环绕以及表格样式的设置。

1. 使用“表格样式”设置表格

【案例 3-27】将图 3-72 所示的表格应用表格样式“彩色网格-强调文字颜色 6”。

操作步骤如下。

① 选定整个表格，单击“表格工具”选项卡中的“设计”选项卡。

② 单击如图 3-73 所示的表格样式右侧的下拉箭头。打开表格样式列表，如图 3-74 所示。

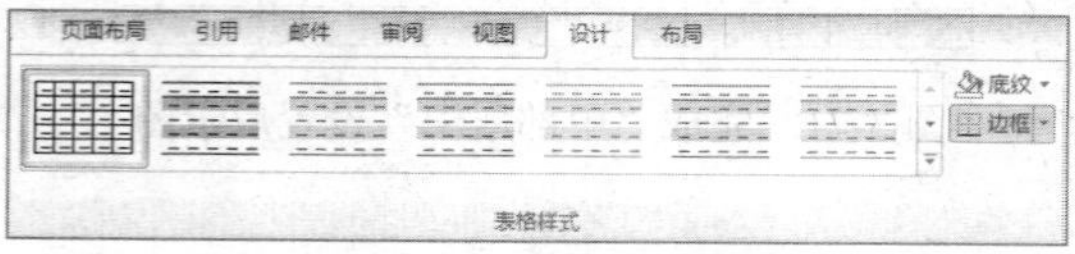

图 3-73　表格样式示图

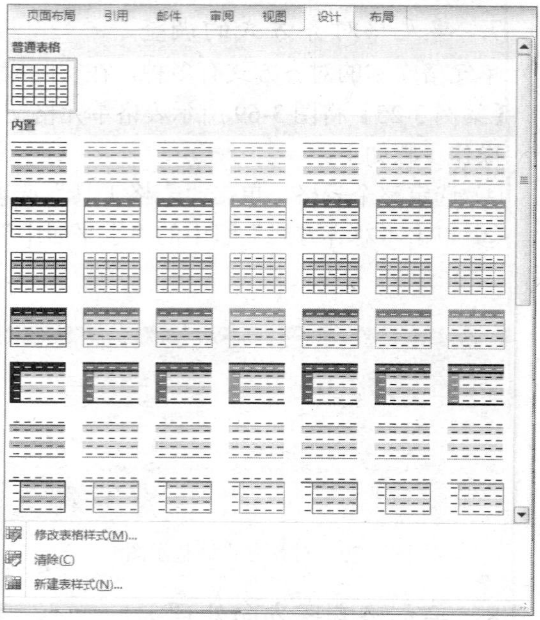

图 3-74　表格样式列表

③ 拖动右侧的滚动条，找到“彩色网格-强调文字颜色 6”，单击鼠标左键，操作结果如图 3-75 所示。

2. 使用“表格属性”对话框

在 Word 中插入的表格默认是左对齐，无文字环绕的格式，通过可以“表格属性”对话框可以设置表格的宽度、对齐方式、文字环绕。

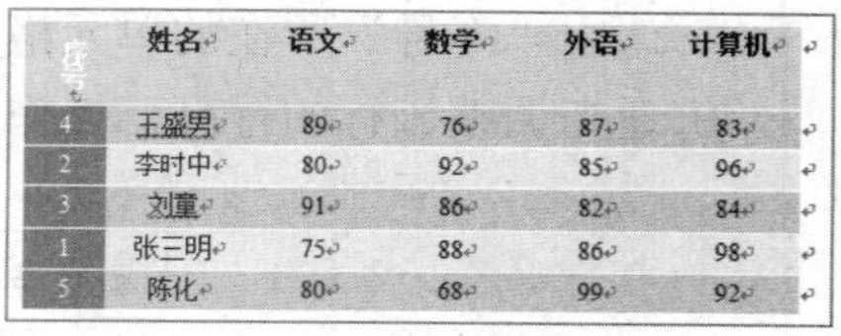

序号	姓名	语文	数学	外语	计算机
4	王盛男	89	76	87	83
2	李时中	80	92	85	96
3	刘童	91	86	82	84
1	张三明	75	88	86	98
5	陈化	80	68	99	92

图 3-75　应用样式后的表格

【案例 3-28】将图 3-75 所示的表格设置为：宽度 10 厘米，相对于页面水平居中，有文字环绕。

操作步骤如下。

① 选定表格，单击鼠标右键，选择“表格属性”命令，或选定表格后，单击“布局”选项卡中“表”组中的“属性”按钮，打开“表格属性”对话框。

② 在对话框中选择“表格”选项卡，选定“指定宽度”前的复选框，选择“对齐方式”中的“居中”项，选择“文字环绕”中的“环绕”项，如图 3-76 所示。

③ 单击“确定”按钮，操作结果如图 3-77 所示。

3. 表格的边框和底纹设置

在 Word 中创建表格时，所有表格线格式相同，所有单元格底纹相同。对表格的线型、颜色、单元格底纹颜色进行设置，可以起到美化表格的效果。

【案例 3-29】对图 3-71 所示的表格进行如下处理：删除“序号”所在列；外部边线为红色、0.5 磅双线；内部线为蓝色、1.5 磅细实线；底纹为填充橙色、图案样式 10%、图案颜色为浅绿色。

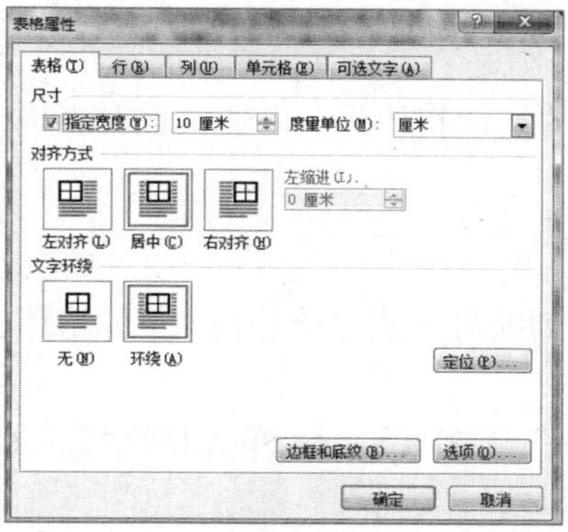

图 3-76　“表格属性”对话框

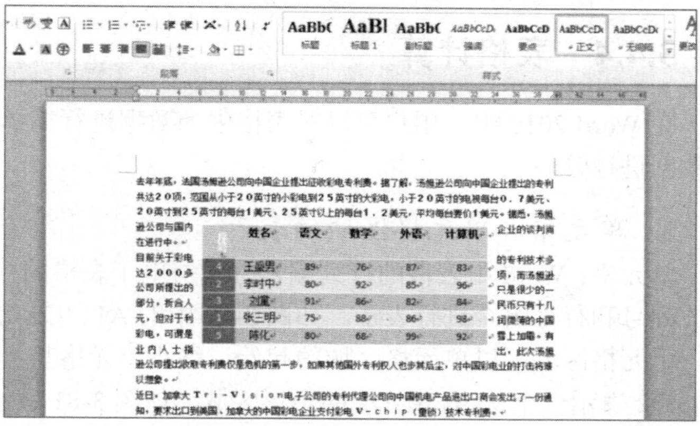

图 3-77　居中、环绕设置后示图

操作步骤如下。

① 选定整个表格，单击鼠标右键，选择“边框和底纹”命令，或选定表格后，单击图 3-73 中“边框”右侧的下拉箭头，选择“边框和底纹”命令，打开“边框和底纹”对话框。

② 选择“边框”选项卡，在“设置”列表中选择“全部”项，在“样式”列表中选择双线线型，在“颜色”下拉框中选择红色，在“宽度”列表中选择“0.5 磅”。

③ 分别单击“预览”区中内部横线按钮和内部竖线按钮，去除表格内部所有横线和竖线。

④ 在“样式”列表中选择细实线，在“颜色”下拉框中选择蓝色，在“宽度”列表中选择“1.5 磅”。

⑤ 分别单击“预览”区中内部横线按钮和内部竖线按钮，重新添加表格内部所有横线和竖线，如图 3-78 所示。

⑥ 选择“底纹”选项卡，在“填充”下拉框中选择橙色，在“图案”的“样式”列表中选择“10%”，在“颜色”下拉框中选择浅绿色，如图 3-79 所示。

⑦ 单击“确定”按钮，结果如图 3-80 所示。

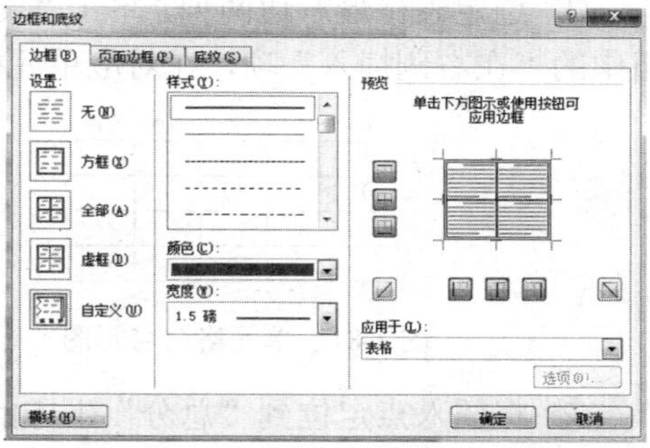

图 3-78　表格边框设置对话框

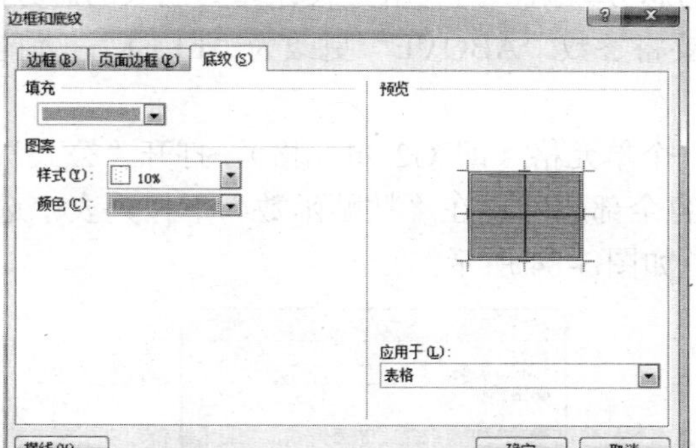

图 3-79　表格底纹设置对话框

姓名	语文	数学	外语	计算机
王盛男	89	76	87	83
李时中	80	92	85	96
刘董	91	86	82	84
张三明	75	88	86	98
陈化	80	68	99	92

图 3-80　完成边框底纹设置后的表格

3.4.4 表格计算

在 Word 2010 中，用户可以对表格中的数据进行简单的统计和计算，以便实现对表格中的数据进行管理。

1. 单元格和单元格区域的表示

单元格：Word 中表格的行列编号方式与电子表格的行列编号方式完全相同，单元格用对应的列号和行号组合进行表示，如图 3-81 中的 A1、C2 等。

单元格区域：以单元格区域的起始、终止单元格与“：”连接表示一个单元格区域。如：A1：D2 表示一个从 A1 到 D2 的矩形区域，如图 3-81 所示。

2. 表格计算

在利用公式对表格数据进行计算的过程中，函数的默认参数为 LEFT 和 ABOVE，分别表示当前单元格左边和上边所有的非空单元格，部分情况可以使用默认参数，最可靠的是使用单元格区域的引用方式来表示参数。

【案例 3-30】对图 3-80 所示的表格做如下处理：在表格的右侧增加两列，分别输入总分和平均分，分别求出每个人的总分和平均分。

操作步骤如下。

① 选定表格最右边两列，单击“表格工具”选项卡中的“布局”选项卡，单击“行和列”组中的“在右侧插入”项，在对应单元格中分别输入“总分”和“平均分”，如图 3-82 所示。

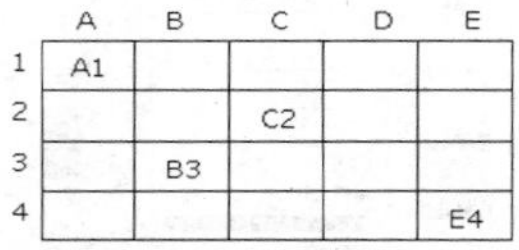

图 3-81 单元格命名示图

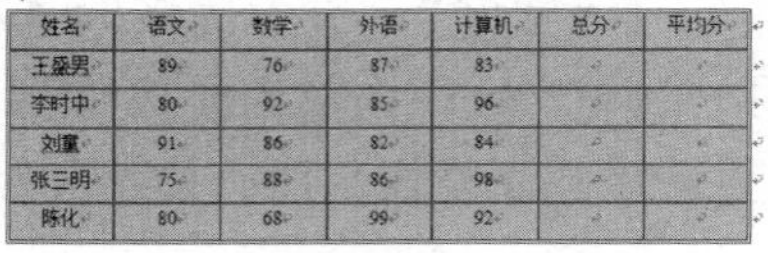

姓名	语文	数学	外语	计算机	总分	平均分
王盛男	89	76	87	83		
李时中	80	92	85	96		
刘震	91	86	82	84		
张三明	75	88	86	98		
陈化	80	68	99	92		

图 3-82 添加列之后的表格

② 将插入点定位到“总分”下方的第一个单元格（即 F2 单元格），单击“表格工具”选项卡中的“布局”选项卡，单击“数据”组中的“公式”项，打开“公式”对话框，如图 3-83 所示。

③ 单击“确定”按钮，计算出第一个人的总分数据，当利用公式计算其他人的总分时，图 3-83 所示的公式为“=SUM(ABOVE)”，需要将参数“ABOVE”更改为“LEFT”，才能计算出所需要的结果。

④ 将插入点定位到“平均分”下方的第一个单元格（即 G2 单元格），打开“公式”对话框，将“公式”编辑区中除“=”之外的内容全部删除，在“粘贴函数”下拉列表中选择“AVERAGE”，在括号中输入参数“B2：E2”，如图 3-84 所示。

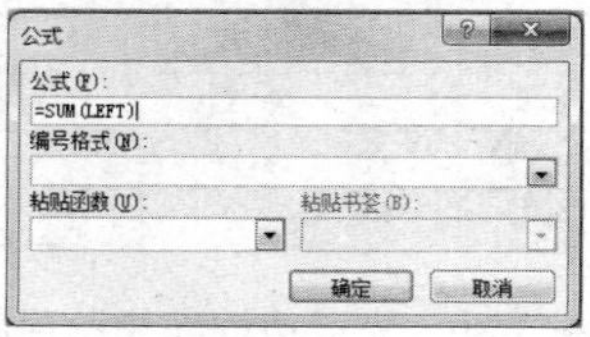

图 3-83 “公式”对话框—求总分

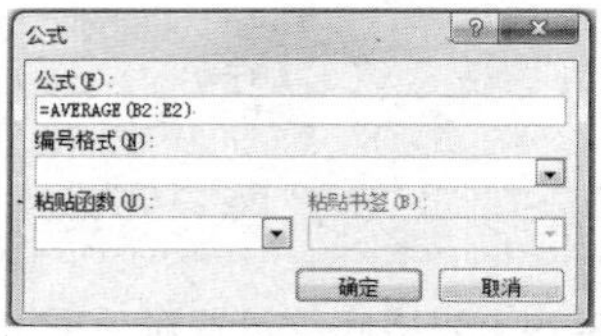

图 3-84 “公式”对话框—求平均分

⑤ 单击“确定”按钮，依次求出每个人的平均分，结果如图 3-85 所示。

姓名	语文	数学	外语	计算机	总分	平均分
王盛男	89	76	87	83	335	83.75
李时中	80	92	85	96	353	88.25
刘童	91	86	82	84	343	85.75
张三明	75	88	86	98	347	86.75
陈化	80	68	99	92	339	84.75

图 3-85　完成计算后的表格

3. 表格的排序

对 Word 2010 表格中的数据也可以进行排序操作，排序时将表格当做一个数据库来看待，表头中的每个单元格的内容当做字段名，排序是依据字段名来进行的。图 3-85 所示的表格中，“姓名”、“语文”、“数学”、“外语”、“计算机”、“总分”都是字段名，是排序的依据之一。

【案例 3-31】将图 3-85 所示的表格按“总分”降序排序。

操作步骤如下。

① 选定整个表格或将光标置于表格内任一单元格内，单击表格布局选项卡中“数据”组的“排序”项，打开“排序”对话框，如图 3-86 所示。

② 在“主要关键字”列表中选择“总分”，选择右侧的“降序”前的单选项，单击“确定”按钮，操作结果如图 3-87 所示。

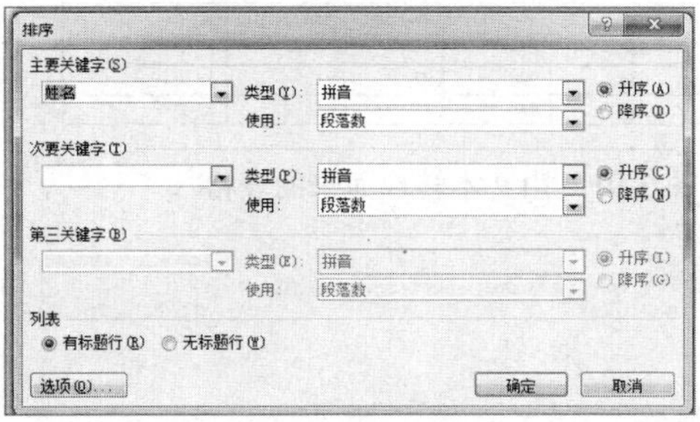

图 3-86 “排序”对话框

姓名	语文	数学	外语	计算机	总分	平均分
李时中	80	92	85	96	353	88.25
张三明	75	88	86	98	347	86.75
刘童	91	86	82	84	343	85.75
陈化	80	68	99	92	339	84.75
王盛男	89	76	87	83	335	83.75

图 3-87　完成总分排序后的表格

3.4.5　文本与表格的转换

在 Word 2010 中，可以方便地进行文本和表格之间的转换。为利用相同的信息源实现不同的工作目的提供了极大的方便。

1. 表格转换成文本

【案例 3-32】将图 3-87 所示的表格转换成文本。

操作步骤如下。

① 选定需要转换的整个表格，单击“表格工具”中的“布局”选项卡。

② 单击“数据”组中“转换为文本”项，打开“表格转换成文本”对话框，如图 3-88 所示，单击“确定”按钮，操作结果如图 3-89 所示。

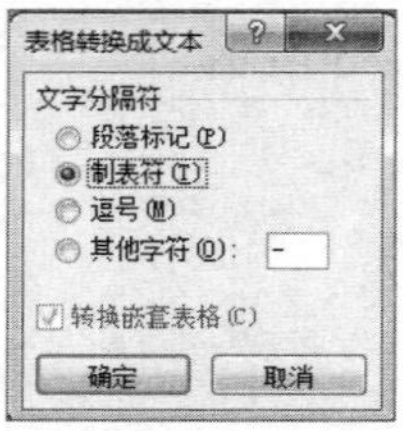

图 3-88 “表格转换成文本”对话框

姓名	语文	数学	外语	计算机	总分	平均分
李时中	80	92	85	96	353	88.25
张三明	75	88	86	98	347	86.75
刘童	91	86	82	84	343	85.75
陈化	80	68	99	92	339	84.75
王盛男	89	76	87	83	335	83.75

图 3-89 由表格转换而来的文本

2. 文本转换为表格

【案例 3-33】将图 3-89 所示的文本转换为 6 行 7 列的表格。

操作步骤如下。

① 选定需要转换的文本，打开如图 3-50 所示的界面。

② 选择“文本转换为表格”命令，打开“将文字转换为表格”对话框，如图 3-90 所示。

③ 单击“确定”按钮，操作结果如图 3-91 所示。

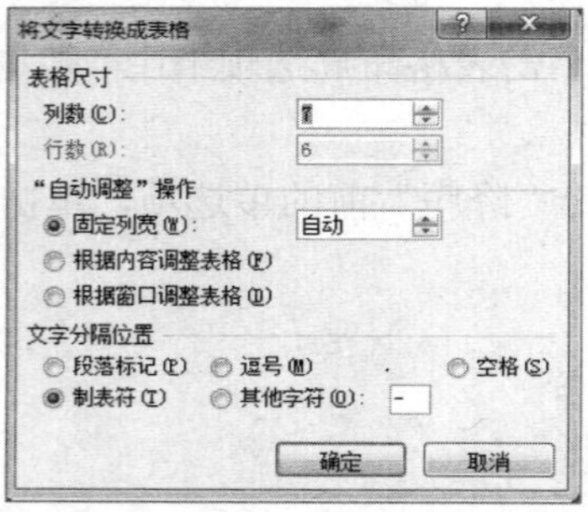

图 3-90 “将文字转换成表格”对话框

姓名	语文	数学	外语	计算机	总分	平均分
李时中	80	92	85	96	353	88.25
张三明	75	88	86	98	347	86.75
刘童	91	86	82	84	343	85.75
陈化	80	68	99	92	339	84.75
王盛男	89	76	87	83	335	83.75

图 3-91 由文本转换而来的表格

3.5 编辑图形和对象

在 Word 文档中可以插入两种图和多种对象类型，一种图是图形对象，另一种图是图片。图形对象由 Word 自身提供，它包括自选图形、图表、曲线、线条和艺术字等；图片由 Word 引入其他图片文件创建而成，包括位图和剪贴画等。对象所包含的类型非常多，如工作表、图表、幻灯片、演示文稿、图片、各种文档和音效等。

3.5.1 插入和编辑图片

1. 插入图片

Word 2010 提供了一个剪辑库，其中包括许多图片，用户可以将它们插入到文档中。另外，Word 2010 还能识别多种图形格式，让用户将其他程序创建的图形插入到文档中，通过对图形、图片及其周围文字的格式设置，从而设计出图文并茂的文档。在实际应用当中，人们更多地使用插入图片文件的形式。

【案例 3-34】在名为“企鹅进化”的文档中插入 Win7 图片库中名为“企鹅”的图片文件。

操作步骤如下。

① 打开待插入图片的文档，单击“插入”选项卡。

② 单击“插图”组中的“图片”项，打开“插入图片”对话框。

③ 在左边的导航窗格中一次选择“库”、“图片”、“公用图片”、“示例图片”，在右边的文件列表区选择名为“企鹅”的文件，如图 3-92 所示。

④ 单击“插入”按钮，结果如图 3-93 所示。

图 3-92 “插入图片”对话框

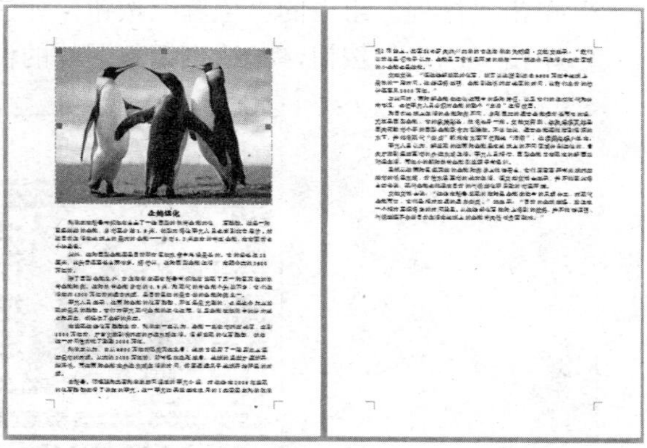

图 3-93 插入图片后的文档

2. 调整图片大小

图片插入到文档中后，只要选定图片，在主选项卡的右边自动弹出一个“图片工具格式”选项卡，通过该选项卡，可以对图片进行相应的编辑与调整。

【案例 3-35】将插入的图片设置为高度 7 厘米，宽度 8 厘米。

操作步骤如下。

① 选定图片，单击鼠标右键，打开“布局”对话框。

② 选择“大小”选项卡，取消“锁定纵横比(A)”项的选定，在“高度绝对值”中输入“7 厘米”，在“宽度绝对值”中输入“8 厘米”，如图 3-94 所示。

③ 单击“确定”按钮，操作结果如图 3-95 所示。

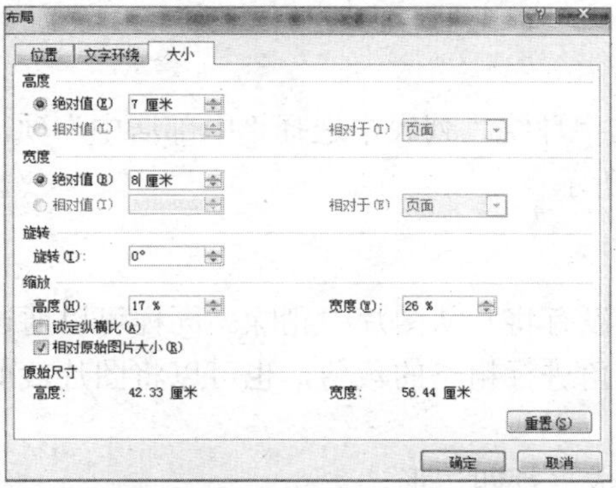

图 3-94 “布局”对话框

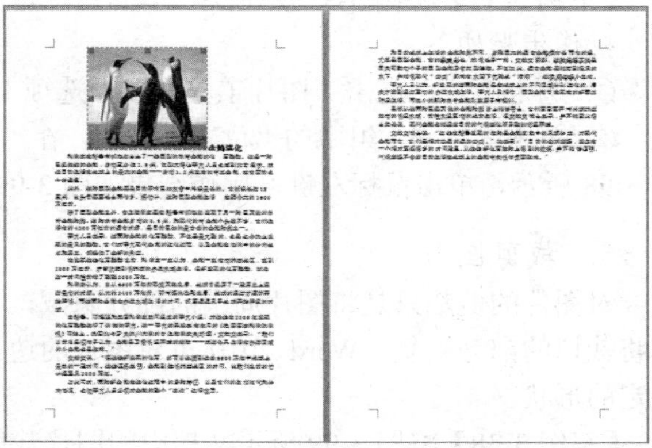

图 3-95 改变图片大小后的文档

3. 设置图片与文字的环绕方式

图片与文字的环绕方式有嵌入型、四周型、紧密型、穿越型、上下型、浮于文字上方、衬于文字下方等 7 种。新插入图片的默认环绕方式为嵌入型，嵌入型图片不便于位置的调整。在实际应用当中，常常需要更改图片的环绕方式以达到美化文档的效果。

【案例 3-36】将图 3-95 所示文档中的图片环绕方式更改为四周型。

操作步骤如下。

① 选定图片，单击“图片工具格式”选项卡。

② 单击“排列”组中的“位置”按钮，如图 3-96 所示。

③ 单击“确定”按钮，并适当调整图片的位置，结果如图 3-97 所示。

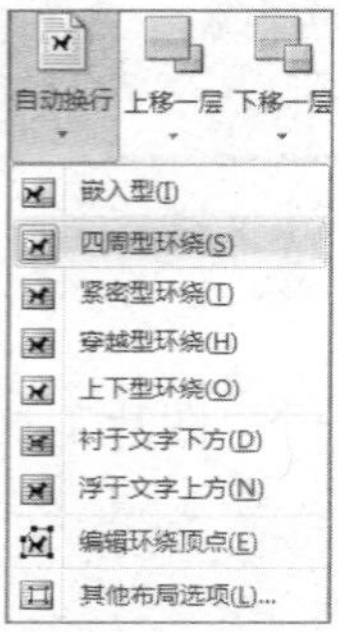

图 3-96　环绕方式示图

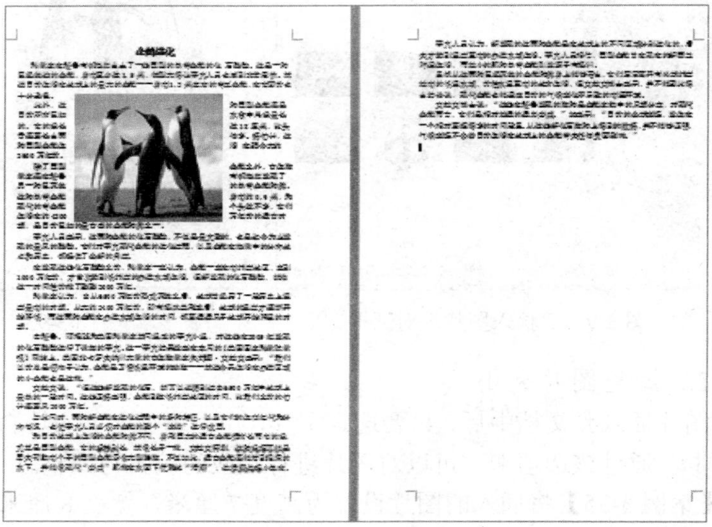

图 3-97　更改环绕方式后的文档示图

4. 定位图片的位置

对于非嵌入型图片，有多种方法可以用来调整图片的位置，如鼠标拖动；“图片工具”中“排列”组的“位置”项；“设置图片格式”对话框等。

【案例 3-37】将图 3-97 所示文档中的图片定位到页面中央。

操作步骤如下。

① 选定图片，单击“图片工具格式”选项卡。

② 单击“排列”组中的“位置”按钮，在“文字环绕”列表中选择“中部居中”项，如图 3-98 所示，单击鼠标左键，操作结果如图 3-99 所示。

5. 裁剪图片

对图片的剪裁只是将图片周围的部分隐藏，并没有将其从图片中删除。同样可以通过剪裁将裁掉的部分恢复。Word 2010 可对图片的边或角进行粗略的裁剪，也可以将图片裁剪成特定的形状。

【案例 3-38】将图 3-99 所示文档中的图片裁剪成平行四边形。

操作步骤如下。

① 选定图片，“图片工具格式”选项卡中“大小”功能区中“裁剪”按钮下方的箭头。

② 选择“裁剪为形状(S)”项，单击“基本形状”中的平行四边形图形，如图 3-100 所示，即可将图片裁剪为平行四边形，操作结果图略。

图 3-98　设置文字环绕示图

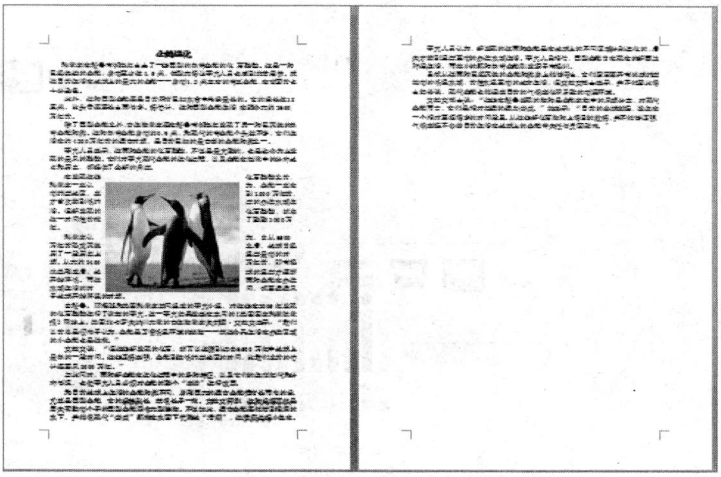

图 3-99　设置“中部居中”后的文档示图

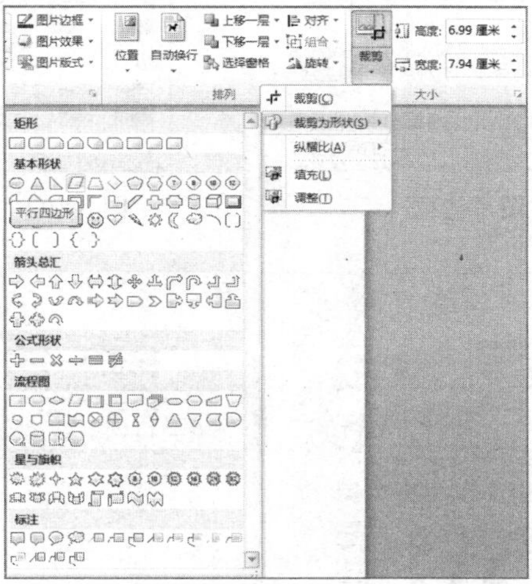

图 3-100　“图片裁剪”对话框

6. 设置图片边框和图片效果

图片的边框主要包括边框的颜色、边框线的虚实、边框线的粗细等。图片的效果包括阴影、发光、映像、柔化边缘、棱台和三维旋转等。

【案例 3-39】为图 3-99 所示文档中的图片设置红色、3 磅实线边框，并设置“左下斜偏移”的阴影效果。

操作步骤如下。

① 选定图片，单击“图片工具格式”选项卡中“图片样式”功能区中的“图片边框”按钮。

② 在“标准色”下方选择红色，在“粗细”列表中选择 3 磅，如图 3-101 所示。

③ 单击“图片工具格式”选项卡中“图片样式”功能区中的“图片效果”按钮。

④ 打开“阴影”列表，在“外部”区中，单击右上角项，如图 3-102 所示。设置完成的效果如图 3-103 所示。

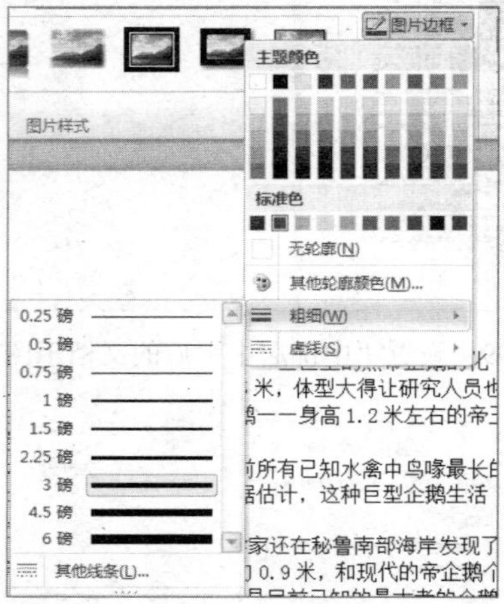

图 3-101　图片边框

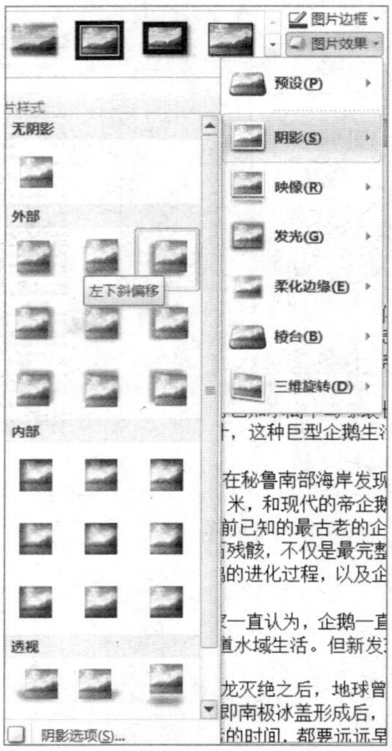

图 3-102　设置图片的阴影

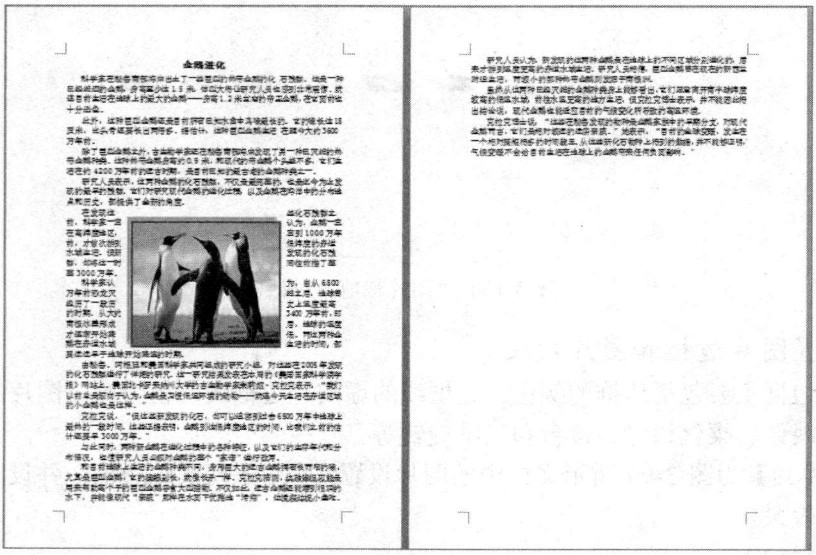

图 3-103　设置边框和阴影的图片

3.5.2　插入和编辑艺术字

艺术字具有特殊的视觉效果，可以是文档的标题变得更加生动活泼。艺术字可以像普通文字一样设置字体、大小、字形等，在 Word 2010 中，艺术字兼具图片和普通文字两种特性，在字体格式设置上与普通文字相同，在整体效果设置上与图片设置相似。

1. 创建艺术字

【案例 3-40】将图 3-103 所示文档的标题设置为艺术字，格式如下：渐变填充-紫色，强调文字颜色 4，映像。

操作步骤如下。

① 选定文档标题文字，单击“插入”选项卡，单击“文本”组中的“艺术字”项，打开艺术字样式列表，如图 3-104 所示。

② 单击第 4 行第 5 列的样式，操作结果如图 3-105 所示。

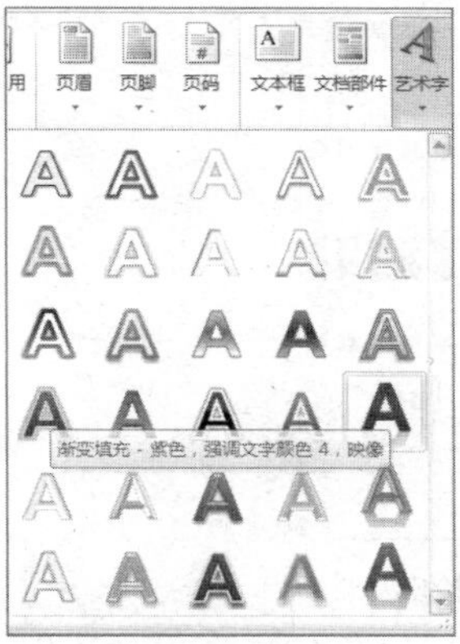

图 3-104　“编辑艺术字文字”对话框

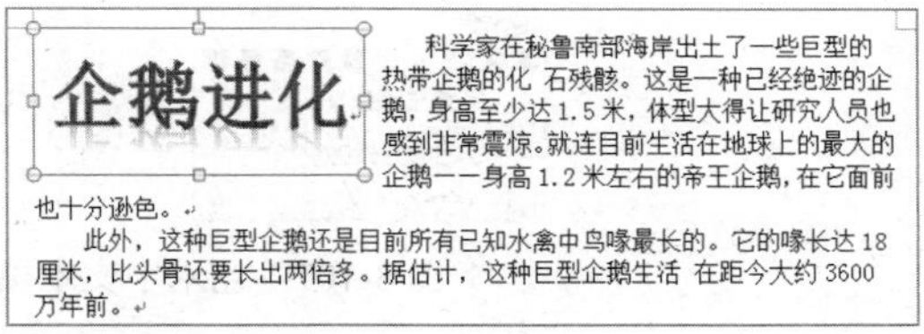

图 3-105　艺术字文档标题

2. 编辑艺术字

艺术字虽然整体是以图片的形式存在的，但艺术字的字体设置与普通文字相同。

【案例 3-41】将图 3-105 所示艺术字标题更改为“企鹅进化研究”、隶书。

操作步骤如下。

① 选定艺术字标题文字，将光标定位至需要插入文字的位置，输入文字。

② 单击“开始”选项卡，在“字体”功能区中直接进行字体设置，操作结果如图 3-106 所示。

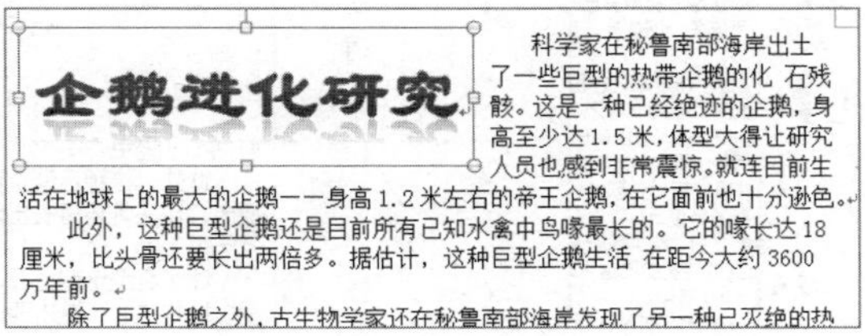

图 3-106　修改后的艺术字标题

3. 艺术字格式设置

艺术字的格式设置主要包括高度和宽度、颜色和线条、版式、对齐方式、旋转、艺术字样式、形状样式等。其中高度和宽度、版式、对齐方式的设置与图片的有关设置完全相同。

【案例 3-42】对图 3-106 所示文档的艺术字进行如下设置：文本填充红色、文本轮廓蓝色、文本效果为“三维旋转”—“等轴左下”。

操作步骤如下。

① 选定艺术字标题文字，单击“绘图工具格式”选项卡中“艺术字样式”组中的“文本填充”项，选择“标准色”下方的红色，如图 3-107 所示。

② 单击“绘图工具格式”选项卡中“艺术字样式”组中的“文本轮廓”项，选择“标准色”下方的蓝色，如图 3-107 所示。

③ 单击“绘图工具格式”选项卡中“艺术字样式”组中的“文本效果”项，打开“三维旋转(D)”列表，单击“平行”列表中的第一项，如图 3-108 所示。操作结果如图 3-109 所示。

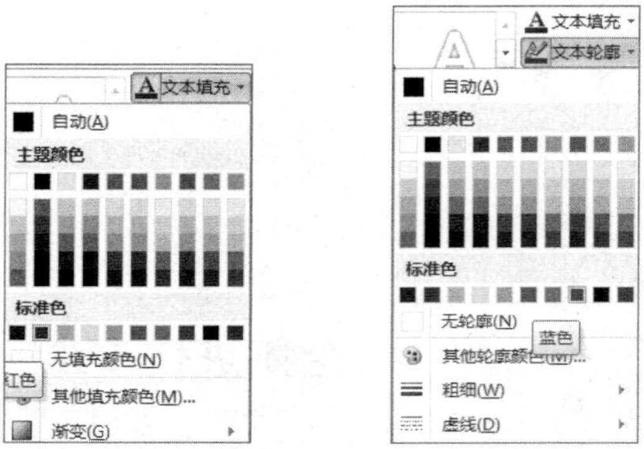

图 3-107　艺术字文本填充与文本轮廓

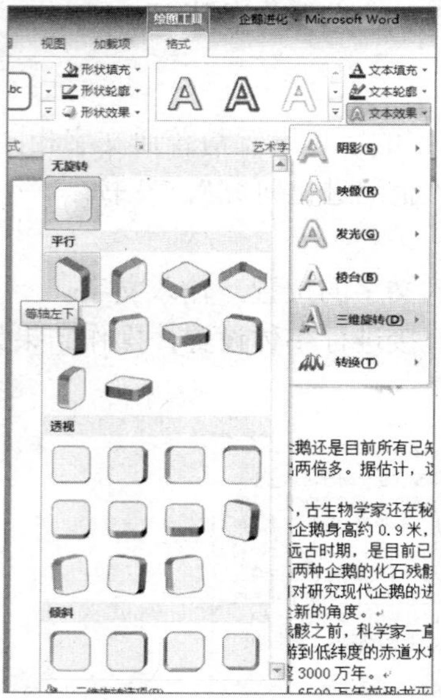

图 3-108　艺术字格式设置示图

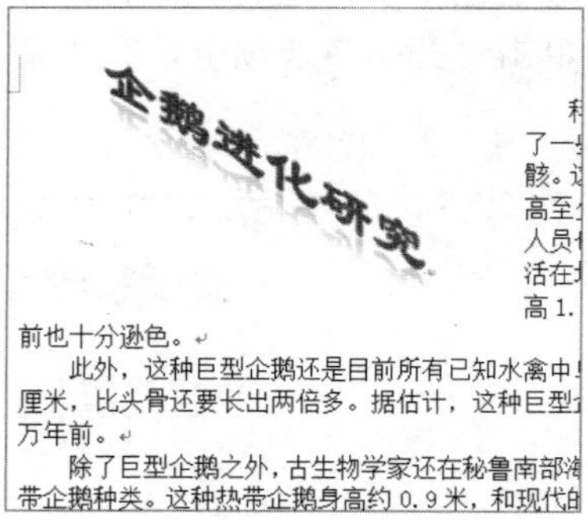

图 3-109　艺术字格式设置示图

3.5.3　绘制图形

在实际应用中，当用户需要表示完成某项任务的工作流程时，用图形来描述比用文字更直观。Word 2010 提供了插入自选图形的功能。图形的形状多种多样，如矩形、线条、箭头、流程图、符号、标注等，通过“叠放次序”和“组合”操作可以将多个小图形组合成一个大图形，以便根据文稿要求插入到合适的位置。自选图形的位置、大小、环绕方式等操作与图片的有关操作类似。

1. 绘制自选图形

【案例 3-43】绘制如图 3-110 所示的图形。

操作步骤如下。

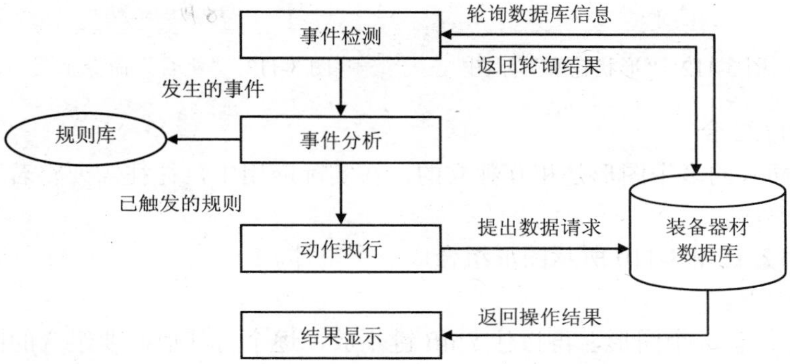

图 3-110　示例图

① 将插入点定位至需要绘制图形的空白区，单击“插入”选项卡。

② 单击“插图”组中的“形状”项，打开自选图形形状列表，在列表中选择相应的图形符号，在页面空白处按住鼠标左键拖动鼠标，绘制出相应的图形。

③ 逐个选定需要添加文字的图形，单击鼠标右键，从菜单中选择“添加文字”命令，输入相应的文字，如图 3-111 所示。

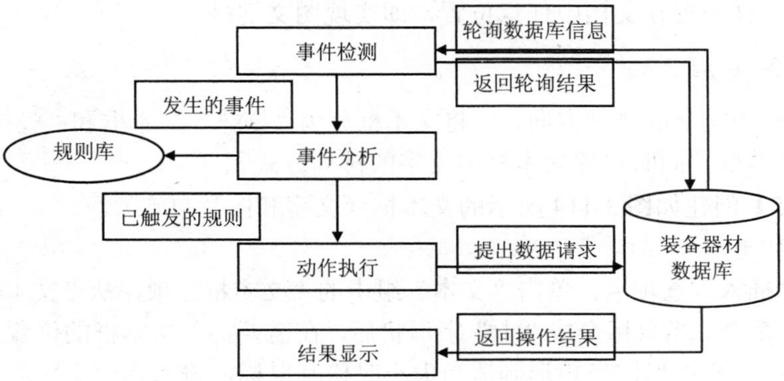

图 3-111　自选图形样图

④ 选定文字“发生的事件”所在的矩形，单击“形状样式”组中“形状轮廓”右侧的下拉箭头，选择“无轮廓”命令以去除该图片的边框，如图 3-112 所示。逐个选定其他需要去除边框的矩形，重复该操作。

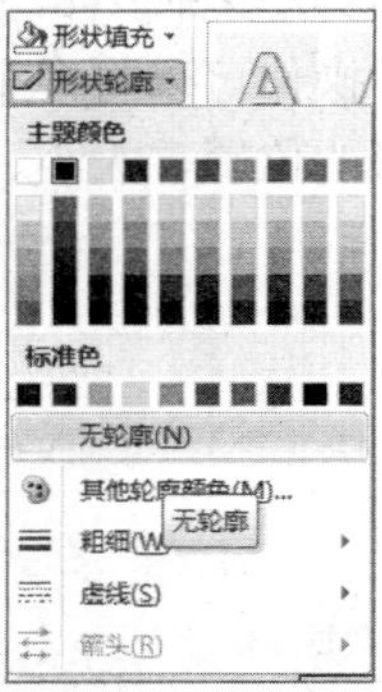

图 3-112 “形状轮廓”示图

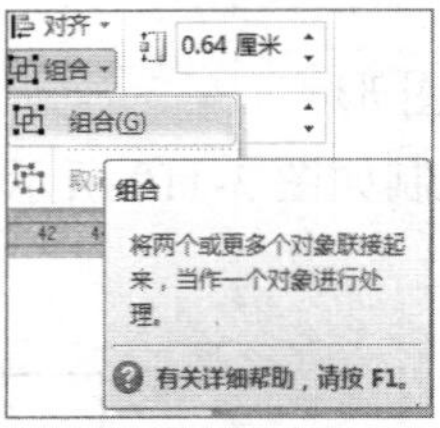

图 3-113 “组合”命令示图

2. 图形的组合

在文档中插入的多个图形是相互独立的，在实际应用中，往往需要将若干独立的小图片组合成为一个整体。

【案例 3-44】将图 3-110 所示图形组合成一个整体。

操作步骤如下。

① 先选定任意一个图形，再按住 Shift 键不放，逐个将其他需要组合的图形全部选定。

② 单击“排列”组中的“组合”项，选择“组合”命令。如图 3-113 所示。

3.5.4 创建文本框

文本框是一种图形对象，文本框中可以存放文本、表格和图形等内容。用文本框可以创造特殊的文本版面效果，实现与页面文本的环绕、脚注或尾注。文本框内的文本可以进行段落和字体格式设置，并且文本框可以移动，调节大小。使用文本框可以将文本、表格、图形等内容像图片一样放置在文档中任意位置，即实现图文混排。

1. 插入文本框

根据文本框中文字的排列方向，可将文本框分为“横排”文本框和“竖排”文本框两种。Word 在创建文本框的同时设置文本框中文字的排列方式。

【案例 3-45】创建如图 3-114 所示的文本框（文字和图片自定）。

操作步骤如下。

① 单击“插入”选项卡，单击“文本”组中的“文本框”项，从“文本框”列表中选择“绘制文本框”命令，当鼠标变成“十”字形状后，在需要插入文本框的位置按住鼠标左键并拖动鼠标会出现一个矩形，当矩形到适当大小时松开鼠标，输入相应文字。

② 单击“文本”组中的“文本框”项，从“文本框”列表中选择“绘制竖排文本框”命令，当鼠标变成“十”字形状后，在需要插入文本框的位置按住鼠标左键并拖动鼠标会出现

一个矩形，当矩形到适当大小时松开鼠标，输入相应文字。

③ 单击“文本”组中的“文本框”项，从“文本框”列表中选择“绘制文本框”命令，当鼠标变成“十”字形状后，在需要插入文本框的位置按住鼠标左键并拖动鼠标会出现一个矩形，当矩形到适当大小时松开鼠标，插入图片。

2. 设置文本框格式

文本框的格式设置主要包括大小调整、位置调整、边框线线型、环绕方式、阴影和三维效果、内部边距等，其中大小调整、位置调整、环绕方式、阴影和三维效果等设置与图片与艺术字的相关设置类似。

【案例 3-46】将图 3-114 所示的文本框边框线去除，内部边距设为 0 厘米。

操作步骤如下。

① 选定一个文本框，单击“绘图工具格式”选项卡，单击“形状样式”右侧的箭头或选定文本框后单击鼠标右键，从菜单中选择“设置形状格式”命令，打开“设置形状格式”对话框，单击“线条颜色”项，选定“无线条”左侧的单选按钮，如图 3-115 所示。

图 3-114　文本框示例图

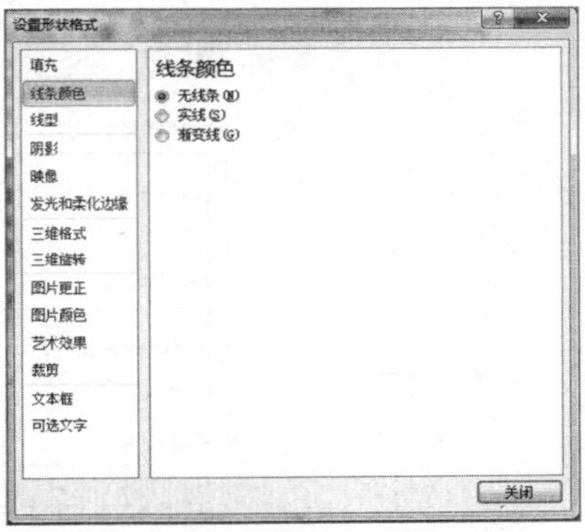

图 3-115　“线条颜色”设置对话框

② 单击“文本框”选项，在“内部边距”的“上”“下”“左”“右”四个区域中输入 0 厘米，如图 3-116 所示，单击“关闭”按钮。

③ 分别选定其他文本框，重复上述步骤，即可完成操作，并适当调整文本框位置，操作结果如图 3-117 所示。

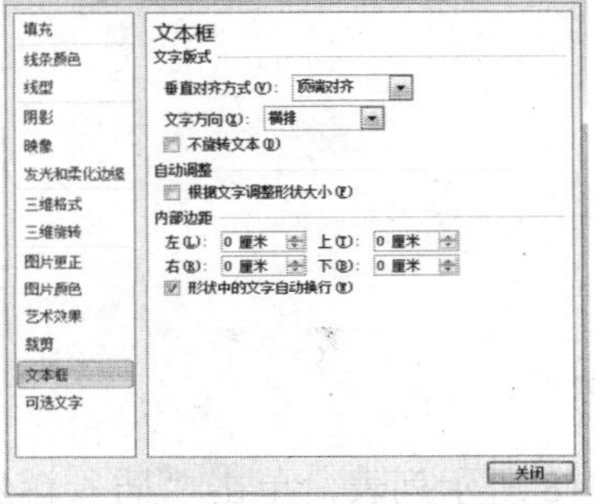

图 3-116　“内部边距”设置对话框

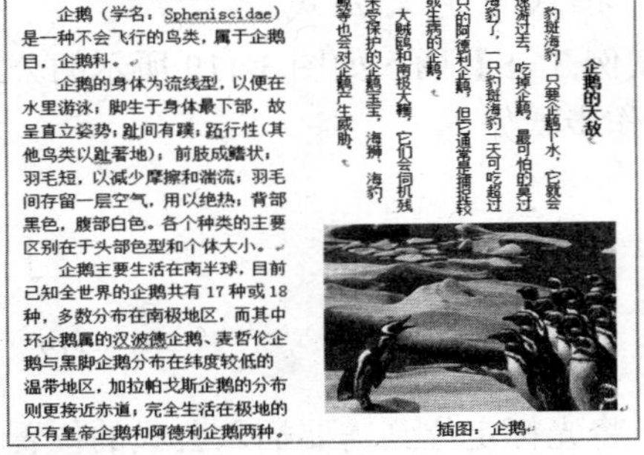

图 3-117　完成边框和内部边距设置后的文本框

3.5.5 插入数学公式

在编辑一些科技性的文档时，通常需要输入数理公式，其中含有许多的数学符号和运算公式。Word 2010 包括编写和编辑公式的内置支持，可以满足日常大多数公式和数学符号的输入和编辑需求，当内置公式不能满足需求时，用户可以插入自己编辑的格式来满足自己的个性化要求。

1. 插入内置公式

【案例 3-47】插入计算圆面积的内置公式 $A=\pi r^2$。

操作步骤如下。

① 将插入点定位至需要插入格式的位置，单击“插入”选项卡。

② 单击“符号”组中的“公式”项，打开公式列表，拖动滚动条，单击“圆的面积”项，如图 3-118 所示。

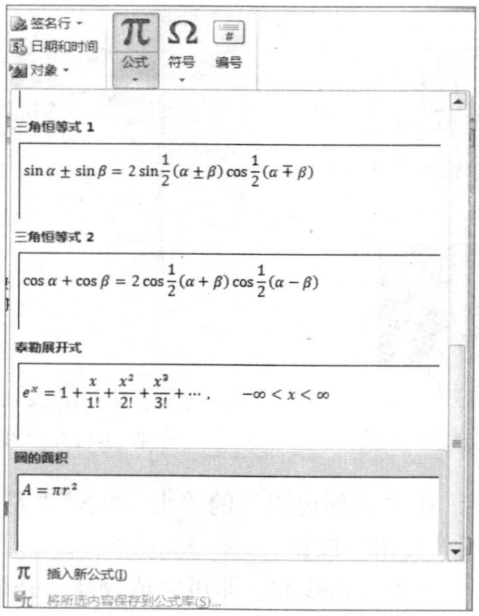

图 3-118 插入内置公式示图

2. 插入自定义公式

【案例 3-48】插入如图 3-119 所示的公式。

操作步骤如下。

$$\int_{-\infty}^{\infty} \mathrm{e}^{-a^2x^2}\mathrm{d}x$$

图 3-119 待插入的公式示例

① 将光标定位到需要插入公式的位置，打开如图 3-118 所示列表，单击“插入新公式”命令，打开“公式工具设计”选项卡，如图 3-120 所示。

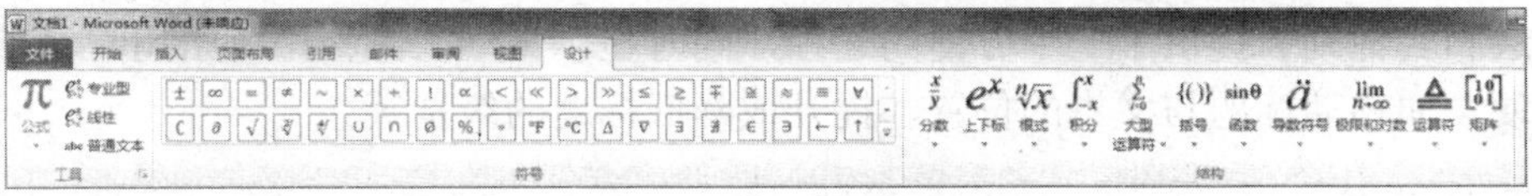

图 3-120　公式设计选项卡

② 利用“积分”模板和“上下标”模板完成公式的输入，在输入的过程中要注意利用鼠标进行插入点的精确定位。如果要对现有的公式进行修改，只要选定需要修改的数学公式，就会重新打开“公式工具设计”选项卡，以便进行编辑。

3.6　页面的版式设计

3.6.1　屏幕视图

Word 2010 提供了多种在屏幕上显示文档的方式。每一种显示方式称为一种视图。使用不同的显示方式，用户可以从不同的方面了解文档的内容，从而高效、快捷地查看、编辑文档。Word 2010 提供的视图有：页面视图、阅读版式视图、Web 版式视图、大纲视图、草稿视图。打开“视图”选项卡，在“文档视图”组中即可进行各种视图调整，如图 3-121 所示。

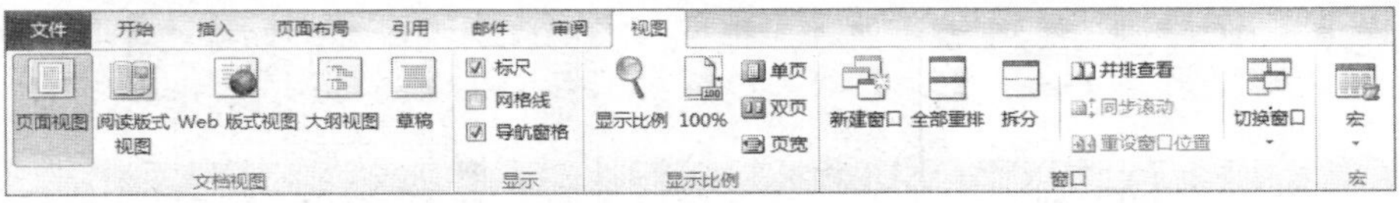

图 3-121　“视图”选项卡

1. 页面视图

用于显示整个页面的分布状况和整个文档在每一页上的位置，包括文件图形、表格、文本框、页眉、页脚、页码等，并对它们进行编辑，具有“所见即所得”的显示效果，与打印效果完全相同，可以预先看到整个文档以什么样的形式输出在打印纸上，可以处理图文框、分栏的位置并且可以对文本、格式及版面进行最后的修改，适合用于排版。启动 Word 2010 时默认的示图方式就是页面视图。

2. 阅读版式示图

以图书的分栏样式显示 Word 2010 文档，“文件”按钮、功能区等窗口元素被隐藏起来。在阅读版式视图中，用户还可以单击“工具”按钮选择各种阅读工具。

3. Web 版式视图

在该视图中，Word 能优化 Web 页面，使其外观与在 Web 或网络上发布时的外观一致，可以看到背景、自选图形和其他在 Web 文档及屏幕上查看文档时常用的效果，适合网上发布。

4. 大纲视图

用于显示文档的框架，可以用来组织文档、观察文档结构，也为在文档中进行大规模移动生成目录和其他列表提供了一个方便的途径，同时显示大纲工具栏，可给用户调整文档结构提供方便，如移动标题与文本的位置、提升或降低标题的级别等。

5. 草图视图

用于快速输入文件、图形及表格并进行简单的排放，这种视图方式可以看到版式的大部分（包括图形），但不能显示页眉、页脚、页码，不能编辑这些内容，也不能显示图文的内容、分栏的效果等。

3.6.2 页面设置

1. 纸张大小和方向的设置

一个文档编辑好以后，如果需要打印，要根据所使用的打印纸张大小决定是否进行页面设置。Word 2010 默认的纸型为 A4，方向为纵向。

【案例 3-49】将图 3-99 所示所示文档纸张设置为 16 开，横向。

操作步骤如下。

① 打开需要进行页面设置的文档，单击“页面布局”选项卡。

② 单击“页面设置”组中的“纸张大小”项，打开纸张列表，拖动滚动条，选定“16 开”项，如图 3-122 所示。

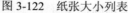

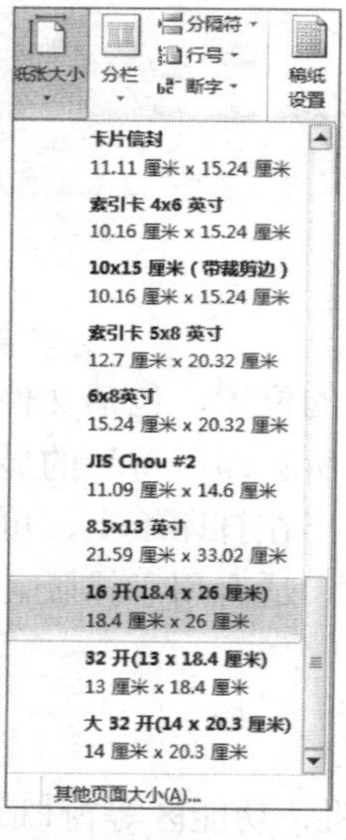

图 3-122 纸张大小列表

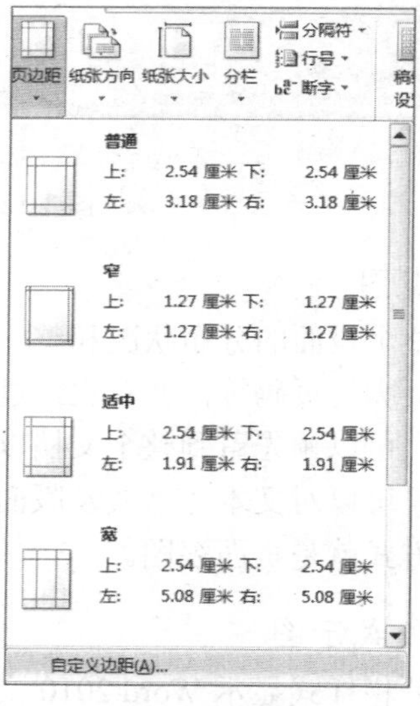

图 3-123 页边距列表

③ 单击“页面设置”组中的“纸张方向”项，选择横向。

2. 页边距的设置

页边距是指文本区与纸张边缘的距离。Word 都是在页边距以内打印文本，而页眉、页脚以及页码等都打印在页边上。装订线是为将打印的文档装订成册而在页边距内额外增加的位置。

【案例 3-50】将图 3-99 所示文档页面的上、下、左、右边距设置为 2 厘米，装订线为左侧、1.5 厘米。

操作步骤如下。

① 打开需要进行页面设置的文档，单击“页面布局”选项卡。

② 单击“页面设置”组中的“页边距”项，打开页边距列表，如图 3-123 所示。

③ 单击“自定义边距”命令，打开“页面设置”对话框，选择“页边距”选项卡。

④ 分别在“上”、“下”、“左”、“右”文本框中输入具体的数值。

⑤ 选择装订线的位置为左侧，在“装订线”文本框中输入 1.5 厘米。单击对话框右下角的“确定”按钮，如图 3-124 所示。

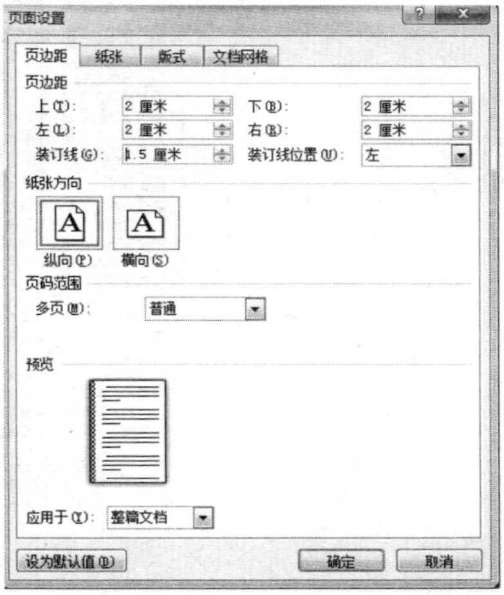

图 3-124　“页面设置”对话框

3.6.3　插入注释文字

Word 2010 的注释有批注、脚注和尾注三种，都是对文档中某些内容加的注释或解释的文字，只是添加的方式和注释文字所处的位置不同而有所区别。批注位于被注释文字的旁边，脚注位于页面的底端，尾注位于文档的结尾。

1. 批注的插入及编辑

【案例 3-51】对图 3-99 所示文档第一行中的“化石”添加内容为“存留在岩石中的古生物遗体或遗迹，最常见的是骸骨和贝壳等。”的批注。

操作步骤如下。

① 选定要添加批注的文字，单击“审阅”选项卡，单击“批注”组中的“新建批注”命令。

② 在批注窗格中编辑批注文字，如图 3-125 所示。

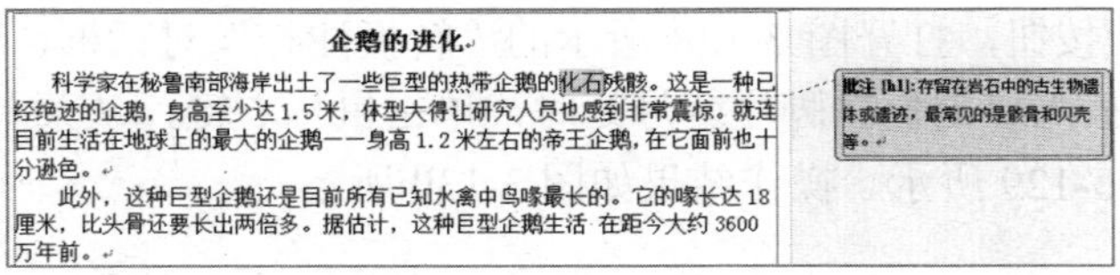

图 3-125　批注示例图

2. 插入脚注或尾注

脚注和尾注的作用相同，操作方式类似，只是文字所处的位置不同而已。

【案例 3-52】为图 3-125 所示文档中第一行“热带”一词添加脚注文字“南北回归线之间的地带，地处赤道两侧，位于南北纬 23°26′之间，占全球总面积 39.8%。”。

操作步骤如下。

① 将插入点定位到要插入脚注的位置，单击“引用”选项卡，单击“脚注”组中的“插入脚注”命令。

② 插入点自动定位到该页面的底端，输入脚注文字即可，如图 3-126 所示。

图 3-126　脚注示例图

3. 脚注与尾注的转换

脚注和尾注之间是可以相互转换的，这种转换可以在同种注释间进行，也可以在所有的脚注和尾注间进行。

【案例 3-53】将图 3-126 所示文档中的脚注转换为尾注。

操作步骤如下。

① 插入点定位在脚注编号处，单击“引用”选项卡，单击“脚注”右侧的箭头，打开“脚注和尾注”对话框，如图 3-127 所示。

② 单击“转换”按钮，打开图 3-128 所示的“转换注释”对话框，单击“确定”。若只需进行单个转换，则插入点定位在脚注编号处时，单击鼠标右键，从菜单中选择“转换至尾注”命令即可，如图 3-129 所示。操作结果如图 3-130 所示。

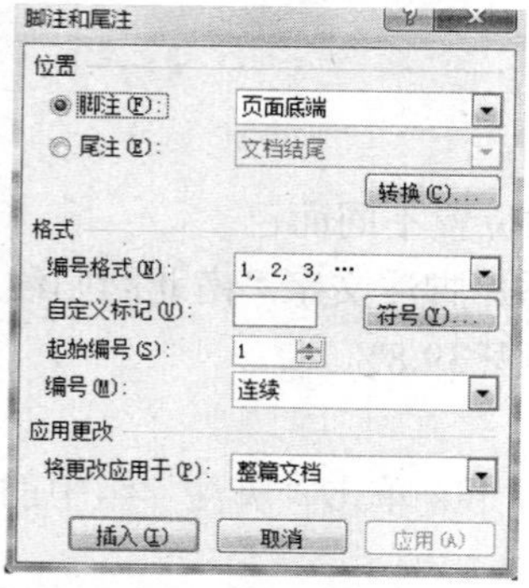

图 3-127　“脚注和尾注”对话框

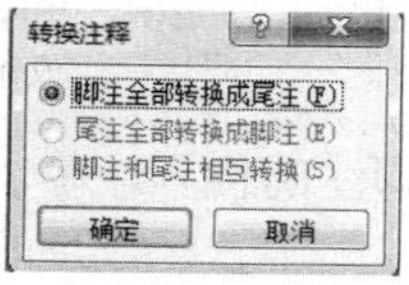

图 3-128　“转换注释”对话框

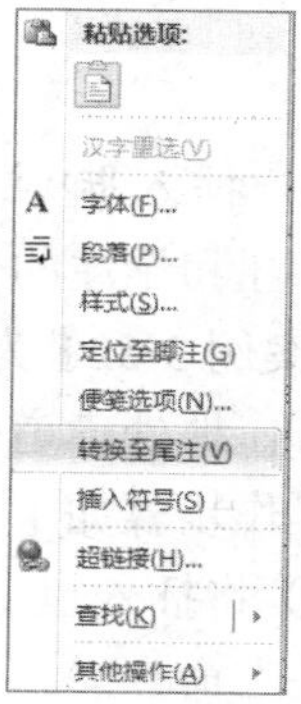

图 3-129　个别转换

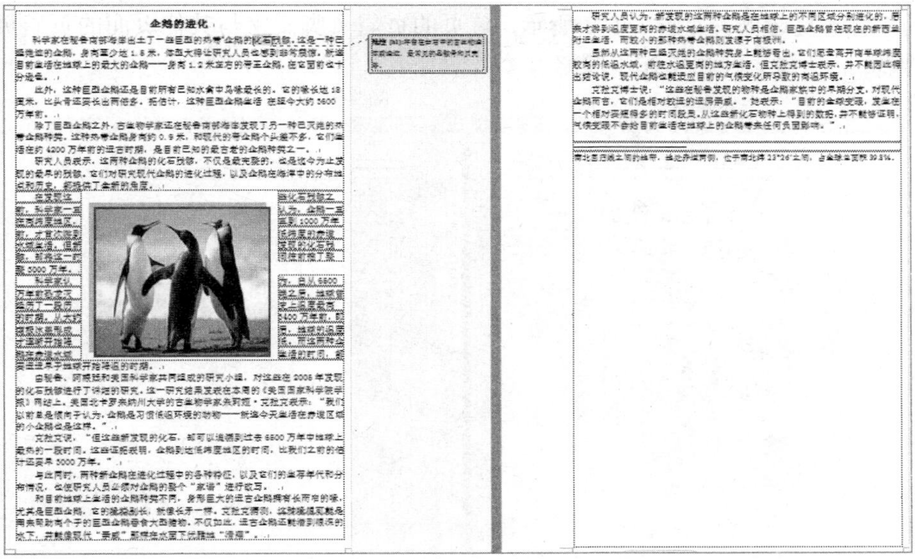

图 3-130 脚注转换成尾注后的文档示图

3.6.4 页眉页脚和页码

页眉是指显示在文档中每页顶部的文本或图形，页脚是指显示在文档中每页底部的文本或图形。复杂的页眉和页脚也可以包含图形、多行文本或域。实际应用当中，页脚区一般用来输入页码。当输入页眉和页脚后，Word 自动将其插入到每一页上，并且还自动调整文档的页边距以适应页眉和页脚。

1. 插入普通页眉和页脚

所谓普通页眉页脚是指文档所有页面具有相同的页眉和页脚文字，页码除外。

【案例 3-54】对图 3-126 所示文档做如下设置：页眉文字为“企鹅进化的研究”，页脚区的左边插入当前日期、右边插入页码。

操作步骤如下。

① 打开需要插入页眉页脚的文档，单击“插入”选项卡。

② 单击“页眉和页脚”组中的“页眉”项，打开页眉列表，选择“编辑页眉”命令。

③ 在光标所在位置输入页眉文字。单击“导航”组中的“转至页脚”项，切换到页脚区。

④ 单击“插入”组中的“日期和时间”项，打开“日期和时间”项，单击“确定”。

⑤ 按两次 Tab 键，将插入点移至页脚区的右侧，单击“页眉和页脚”组中的“页码”项，在“页码”菜单列表中选择“当前位置”，在“当前位置”列表中选择“普通数字”项，单击鼠标左键，操作结果如图 3-131 所示。

⑥ 单击“关闭页眉和页脚”项，完成页眉页脚操作。

2. 设置首页不同的页眉和页脚

所谓首页不同的页眉和页脚是指文档首页的页眉和页脚与其他页面的页眉页脚都不同，而除首页外，其他所有页面的页眉页脚都相同。当进入到页眉编辑区后，选定“选项”组中

“首页不同”前的复选框，如图 3-132 所示，首页的页眉页脚文字与其他页面的页眉页脚文字分别进行编辑。具体案例和操作步骤略。

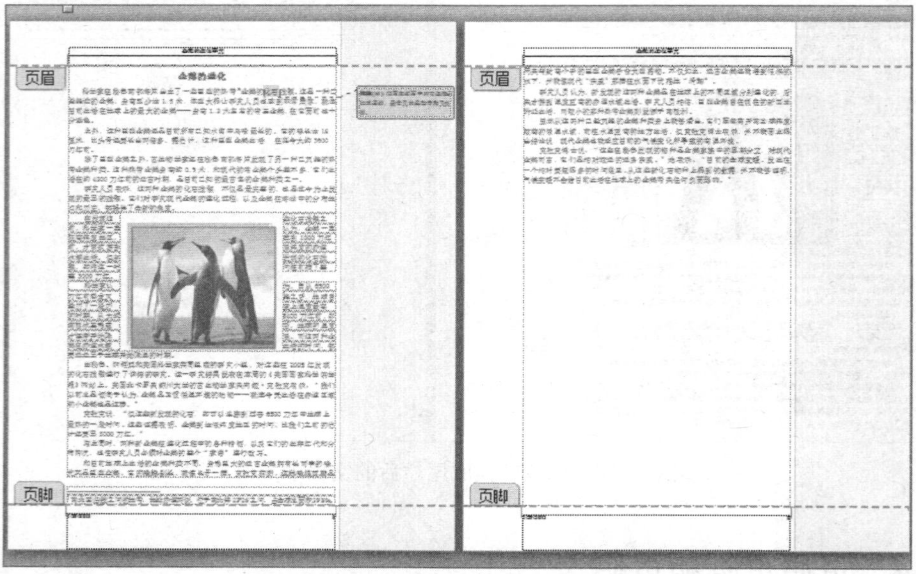

图 3-131　普通页眉页脚和页码示图

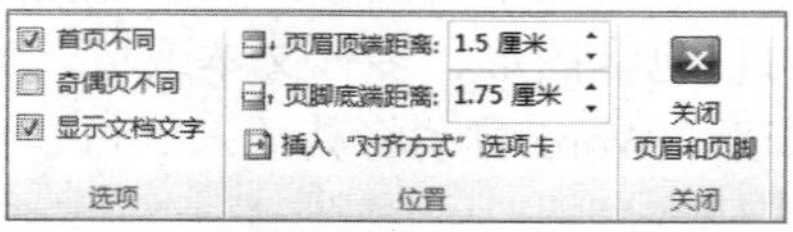

图 3-132　页眉页脚工具设计选项卡“选项”组示图

3. 设置奇偶页不同的页眉和页脚

所谓奇偶页不同的页眉和页脚是指文档中所有奇数页的页眉页脚与所有偶数页的页眉页脚不同。所有奇数页的页眉页脚相同，所有偶数页的页眉页脚也相同。单击“视图”菜单中的“页眉和页脚”命令，可对奇数页的页眉页脚文字和偶数页的页眉页脚文字分别进行编辑。具体案例和操作步骤略。

综合练习

综合练习 1

（1）打开实验素材文件夹中的 ED1 文件并进行如下设置。

① 设置字体：第一行为华文行楷；第二行标题为隶书；正文第二、三、四、五段为楷体。

② 设置字号：第一行为小四；第二行标题为一号；正文二、三、四、五段为小四。

③ 设置字型：第一行倾斜、加下划线；正文第一段加着重号；正文第二段的第一个“岩

石圈”、第三段的第一个“大气圈”、第四段的第一个“水圈”、第五段的“生物圈”加粗，加双下划线。

④ 设置对齐方式：第一行右对齐；第二行标题居中。

⑤ 设置段落缩进：全文左缩进 2.22 厘米，右缩进 3 字符。

⑥ 设置行（段落）间距：标题段前、段后各 0.5 行；正文第二、三、四、五段固定行距 18 磅。

⑦ 项目符号和编号：为正文添加项目符号“🕮”。

（2）打开实验素材文件夹中的 ED2 文件，进行如下修改。

① 表格行和列的操作：将“上午”行下方的一行（空行）删除，将“星期三”后的一列（空列）删除；将“星期四”一列移到“星期五”一列的前面；调整第一列的宽度为 2.74cm，将其余各列平均分布。将第一行的行高设置为 1.3cm，其余行高统一设置为 0.8cm。

② 合并或拆分单元格：将“上午”所在的单元格及其下方的三个单元格合并为一个单元格，将“下午”所在的单元格及其下方的两个单元格合并为一个单元格。

③ 表格格式：将表格中单元格的对齐方式设置为中部居中；将第一列的底纹设置为宝石蓝，将“星期一”、“星期三”、“星期五”三列的底纹设置为浅绿色，将“星期二”、“星期四”两列的底纹设置为黄色。

④ 表格边框：将表格的外框线设置为：三线、红色、0.75 磅；内部网格线设置为：双线、蓝色、0.75 磅。

（3）打开实验素材文件夹中的 ED3 文件，并进行如下设置。

① 页面设置：自定义纸型，宽度为 22cm，高度为 30cm；页边距为上下各 3cm，左右各 3.5cm。

② 艺术字：将标题“金星的知识”设置为艺术字，艺术字式样为第 3 行第 1 列；字体为隶书；文本填充为蓝色；形状填充为红色；环绕方式为四周型，顶端居中。

③ 分栏：将正文最后一段设置为两栏格式，预设偏左，加分隔线。

④ 边框和底纹：为正文最后一段添加方框，线型为实线；并设置底纹，颜色为黄色。

⑤ 插入图片：在第二段的右边位置插入图片，文件来自实验素材文件夹中的 xx.jpg；图片缩放为 30%；环绕方式为紧密型。

⑥ 脚注和尾注：为第二段中的“天狼星”添加粗下划线，插入尾注“天狼星：也叫犬星，即大犬座 α 星，西名 Sirius。”

⑦ 页脚和页眉：输入页眉文字“金星探秘”，左对齐，在页眉位置的右边插入页码。

综合练习 2

（1）打开实验素材文件夹中的 ED4 文件并进行如下设置。

① 插入文件：在文本的倒数第二、三段之间插入实验素材文件夹中的文件 ED5。

② 插入标题：给文本添加标题：国内企业面临的挑战。

③ 设置字体：将标题设置为隶书，正文的第一、二段设置为华文行楷，其余段落设置为华文中宋。

④ 设置字号：标题二号；正文的第一、二段小四；其余段落五号。

⑤ 设置字型：标题加粗；正文的第一、二段倾斜。

⑥ 文字效果：设置标题的文字效果为“文本填充”、渐变填充颜色为“碧海青天”。

⑦ 对齐方式：标题居中对齐。

⑧ 查找替换：将正文中所有“专利”设置为红色、加着重号

⑨ 段落缩进：设置全文首行缩进 2 字符，右缩进 1 字符。

⑩ 行（段落）间距：设置标题段前、断后各 0.5 行，第二段段后 0.5 行。

⑪ 首字下沉：对第一段设置首字下沉 2 行，字体为华文新魏，距正文 0.5cm。

⑫ 页面设置：将页面设置为：A4 纸，上、下、左、右页边距均为 3 厘米，每页 35 行，每行 35 字；

⑬ 设置艺术字：插入艺术字“国内企业专利状况”，艺术字样式为“填充-白色，渐变轮廓-强调文字颜色 1”，字体设置为楷体、30 号字，并设置文本填充色为蓝色、文本轮廓为红色、艺术字位于页面的中央。

⑭ 设置分栏：将文本的最后两段设置为等长的两栏，栏间距 3 字符，加分隔线。

⑮ 边框和底纹：为正文第三段设置玫瑰红底纹，为页面设置蓝色、双波浪、阴影边框。

⑯ 插入自选图形：在正文的第四段插入自选图形“云形标注”，并输入文字“政府、企业能做些什么？”，并设置环绕方式为“四周型”且左对齐、线条颜色为红色，填充效果为“预设、漫漫黄沙”。

⑰ 脚注和尾注：给文中的第一个“专利”添加脚注“专利是对某项技术或发明进行的法律保护。”

⑱ 页眉页脚：设置页眉为“迎接挑战”，字号为小四、加粗、左对齐；在页脚区插入“X/Y”形式的页码，右对齐。

（2）打开实验素材文件夹中的 ED6 文件并进行如下设置。

① 创建表格 1，给表格添加标题：课程表，字体：楷体、三号、加粗、玫瑰红。

② 将第三列与第四列位置对调。

③ 设置表格中第一行文字为黑体、并将“上午”和“下午”设置为黑体加粗。

④ 第一行行高为 1cm，其他行高为 0.8cm。

⑤ 将表格中的文字的对齐方式设置为中部居中。

⑥ 分别将第一列的 2－5、6－7 单元格合并，并将其中的文字方向设为竖排。

⑦ 设置表格的外边框线为红色、2 磅，内框线为蓝色、1 磅，第一行的下框线为双线。

⑧ 给整个表格设置底纹：橙色—强调文字颜色 6—淡色 60%；图案式样 10%、图案颜色为深蓝—文字 2—淡色 60%。

⑨ 将样文转换成一个 6 行 5 列的表格。在表格的右边增加两列，分别用来计算“总分”和“平均分”。

⑩ 在表格的下方增加一行，用于计算每门课的“最高分”。

第 4 章　Excel 2010 基本操作及其应用

Excel 2010 是微软公司推出的一个强大的电子表格软件，它的主要功能是数据信息的统计和分析。它是一个二维电子表格软件，能以快捷方便的方式建立报表、图表和数据库。利用 Excel 2010 平台提供的函数（公式）与丰富的功能可以对电子表格中的数据进行统计和数据分析，因此其被广泛应用于金融、经济、财会、审计和统计等领域，为用户在日常办公中从事一般的数据统计和分析提供了一个简易快速平台。在本章的学习中，读者应掌握如何快捷建立表格，运用函数和功能区进行统计和数据分析，掌握建立图表的技能以形象地说明数据趋势。

学习目标:

- 了解 Excel2010 窗口组成。
- 理解 Excel2010 的工作簿、工作表和单元格的基本概念。
- 掌握 Excel2010 的工作表的数据输入和编辑。
- 掌握 Excel2010 的工作表格式化的方法。
- 掌握利用 Excel2010 的公式和函数的数据分析、统计和应用。
- 掌握 Excel2010 排序、筛选、分类汇总和合并计算。
- 掌握 Excel2010 图表的制作和编辑。
- 掌握 Excel2010 数据透视表的制作方法。
- 掌握工作表打印页面设置和打印预览。

4.1　Excel 2010 概述

4.1.1　Excel 2010 启动与退出

Excel2010 是 Microsoft Office 2010 软件中的一个重要的组件，是一种特别适合中小型数据计算、数据分析和数据报表制作的专业工具。其特点是操作简单、函数类型丰富、数据更新及时等，因此，在财务、统计、经济分析等领域得到广泛应用。

1. Excel 2010 的启动

启动 Excel 2010 的方法一般有：

① 选择“开始”菜单“程序”子菜单“Microsoft Office”中的“Microsoft Excel 2010”命令。

② 双击 Excel 2010 的桌面快捷方式。

③ 双击一个具体的 Excel 文档。

2. Excel 2010 的退出

退出 Excel 2000 的方法一般有：

① 单击窗口右上角的关闭按钮。

② 单击“文件”菜单中的“退出”命令。

③ 双击窗口左上角的控制图标。

4.1.2 Excel 2010 基本概念

1. Excel 2010 的窗口组成

启动 Excel 2010 程序后，用户打开的工作界面实际上是由 Excel 的应用程序窗口和工作簿窗口两部分组合而成。图 4-1 所示主要包括快速访问工具栏、标题、窗口控制按钮、选项卡、功能区、名称框、编辑栏、工作区、行标、列标和滚动条等。

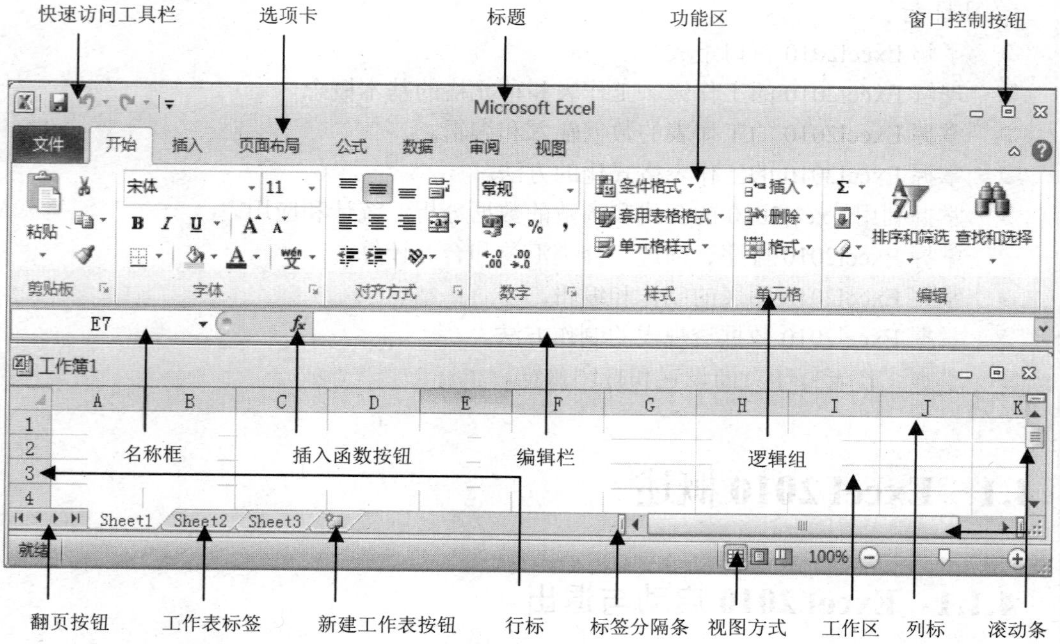

图 4-1 Excel 2010 界面

Excel 2010 窗口的部分功能描述如下。

（1）标题

标题用于标识当前窗口程序或文档窗口所属程序或文档的名字，如“工作簿 1-Microsoft Excel”（“工作簿 1”是当前工作簿的名称，“Microsoft Excel”是应用程序的名称）。如果再建立一个新的工作簿，Excel 自动将其命名为“工作簿 2”，依此类推。在其中输入了信息后，保存工作簿时，用户可以命名一个与表格内容相关的更直观的名字。

（2）选项卡

选项卡包括“文件”“开始”“插入”“页面布局”“公式”“数据”“审阅”“视图”等。用户可以根据需要单击选项卡进行切换，不同的选项卡对应不同的功能区。

（3）快速访问工具栏

快速访问工具栏位于窗口的左上角，用户也可以根据需要单击向下箭头，将其放在功能区下方。通常放置一些最常用的命令按钮，用户可单击自定义工具栏右边的按钮，根据需要删除或添加常用命令按钮。

（4）功能区

每一个选项卡都对应一个功能区，功能区命令按逻辑组的形式组织，旨在帮助用户快速找到完成某一任务所需的命令。为了使屏幕更为整洁，可以使用控制工具栏下的按钮打开/关闭功能区。

（5）窗口控制按钮

窗口控制按钮位于窗口的右上角，主要有窗口最小化、最大化和关闭窗口三个按钮。

（6）名称框

名称框用于显示（或定义）活动单元格或区域的地址（或名称），如表中的 E7。单击名称框旁边的下拉按钮可弹出一个下拉列表框，列出所有已定义的名称。

（7）编辑栏

编辑栏用于显示当前活动单元格中的数据、函数或公式，其显示的内容与当前活动单元格的内容相同。用户可以在编辑栏中输入、删除或修改单元格的内容。

（8）工作区

在编辑栏下面的大块区域就是 Excel 的工作区，在工作区窗口中，列号和行号分别标在窗口的上方和左边。列号用英文字母 A~Z、AA~AZ，BA~BZ、…XFD 命名，共 16348 列；行号用数字 1 - 1 048576 标识，共 1 048576 行。行号和列号的交叉处就是一个表格单元（简称单元格），整个工作表包括 16 348×1 048 576 个单元格。

（9）工作表标签

工作表的名称（或标题）出现在屏幕底部的工作表标签上。默认情况下，名称是 Sheet1、Sheet2、Sheet3 等，但是用户可以通过双击标签的方法，修改工作表的名称。

（10）视图方式

视图方式按钮位于状态栏右边位置，主要有普通视图、页面布局及分页预览三种。

2. Excel 2010 的基本概念

（1）工作簿

工作簿（Book）是指 Excel 环境中用来储存并处理工作数据的文件。即 Excel2010 文档就是工作簿，其扩展名为 xlsx。它是 Excel 工作区中一个或多个工作表的集合，默认包含 3 个工作表，用户可以添加和删除工作表。

（2）工作表

工作表是用于存储和处理数据的二维表。初始化时，工作簿中包含 3 个独立的工作表，分别命名为 Sheet 1、Sheet2、Sheet3，并在工作区显示。工作表 Sheet1 默认就是当前工作表。单击工作表标签可以切换当前工作表，被选中的工作表就变成了当前工作表。

（3）单元格

在工作表中，以数字标识行，以字母标识列，行和列的交叉处为一个单元格，单元格是组成工作表的最小单位，用户可以在单元格中输入各种类型的数据、函数、公式和对象等。

① 单元格地址

每个单元格都有自己的行列位置，称为单元格地址（或称坐标），单元格的地址表示方法是“列标行号”即列标在前行号在后。如 3 行 B 列的单元格名称为 B3。

② 单元格引用

通常单元格坐标有三种表示方法。

（a）相对坐标（或称相对地址）：由列标和行号组成，如 Al、B5、F6 等。

（b）绝对坐标（或称绝对地址）：由列标和行号前均加上符号“$”构成，如$A$1、$B$5、$F$6 等。

（c）混合坐标（或称混合地址）：由列标或行号中的一个前加上符号“$”构成，如 A$l、$B5 等。

（4）单元格区域

单元格区域是一个矩形块，它是由工作表中相邻的若干个单元格组成的。

引用单元格区域时可以用它的对角单元格的坐标来表示，中间用一个冒号作为分隔符，如 B2:E5，表示由 B2 到 E5 对角单元格区域的所有单元格范围的数据。

在数据统计时，有时需要引用一个工作表中的多个单元格或单元区域数据，这时对多个单元格和区域的引用，中间用“，”，（英文的逗号）分开。如要同时引用 B3、A2 单元格和 C4:F7 区域，就用 B3，A2，C4:F7 来表示，有时要按要求前后加括号()。

如果需要引用非当前工作表中的单元格，可在单元格地址前加上工作表名称和“！”，例如：Sheet2! A11，表示 Sheet 2 工作表中的 A11 单元格。Sheet1! A8 表示 Sheet1 工作表中的 A8 单元格。

4.2 Excel 2010 基本操作

4.2.1 工作簿的基本操作

工作簿的建立、打开、保存、关闭等操作与 Word 类似，不再赘述。

在 Excel 中，除了默认情况下所使用的空白模板外，还提供了诸如费用报表、会议议程、预算等大量的专业性表格模板。这些模板对数字、字体、对齐方式、边框、图案及行高与列宽做了固定格式设置，借助这些模板可以轻松设计专业性表格。

通过选择“文件”→“新建”命令，在弹出的窗口中可看到有“可用模板”和“Office.com 模板”两大类，如图 4-2 所示。

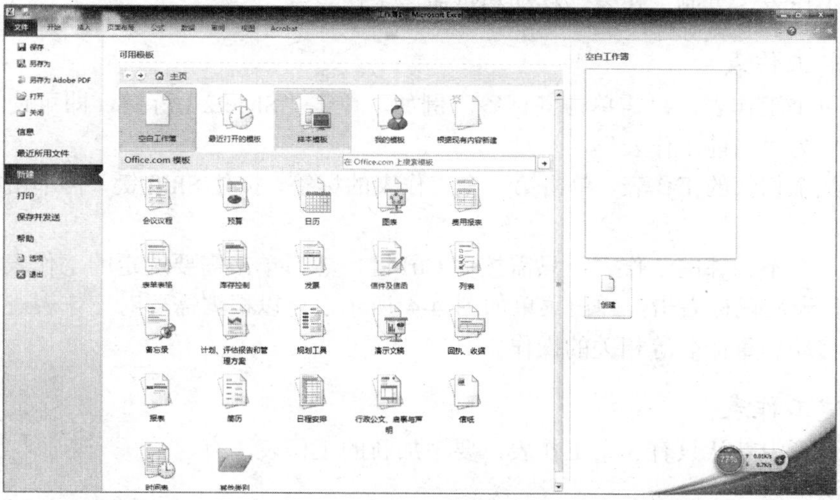

图 4-2　Excel 模板

其中“Office.com 模板”是放在微软指定服务器上的资源，如日历模板、发票模板等，如图 4-2 所示。

注意

用户必须联网才能使用这些功能。

样本模板中包含货款分期付款模板、考勤卡模板等，通过单击“可用模板”中的“样本模板”就可以看到本机上可用的样本模板，如图 4-3 所示。

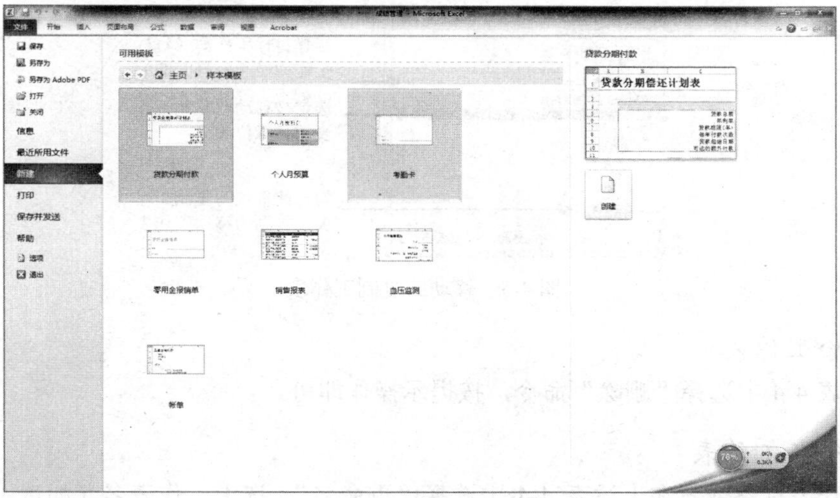

图 4-3　Excel 可用模板

4.2.2 工作表的基本操作

新建的工作簿默认有 3 个工作表。可以选择对某个工作表进行操作，还可以在工作簿中添加和删除工作表、复制工作表、移动和重命名工作表等。

1. 选定工作表

要选定单个工作表，只需单击其标签。例如，单击“Sheet2”标签，即可使其成为活动工作表（或称为“当前工作表”）。

要选定几个相邻的工作表，单击第一个工作表的标签，按住 Shift 键，再单击最后一个工作表的标签。

要选定几个不相邻的工作表，只需按住 Ctrl 键，然后单击需要选定的工作表标签。

选定工作表后鼠标右击，弹出菜单如图 4-4 所示，可以根据需要对工作表进行添加、删除、复制、移动和重命名等相关的操作。

图 4-4　工作表标签弹出菜单

2. 新建工作表

新建工作簿中默认只有 3 个工作表，要添加新的工作表，有以下两种方法。

（1）在上述表 4-4 中的菜单项中选择“插入”。

（2）单击工作表标签右侧的“插入工作表”按钮

。

3. 移动或复制工作表

移动或复制工作表有以下两种方法。

① 移动工作表最快捷的方式就是拖曳方式，即选中要移动的工作表，并将其拖曳到目标位置即可。

② 在上述表 4-4 中选择“移动或复制”命令，弹出图 4-5 所示的对话框，按图示操作即可。

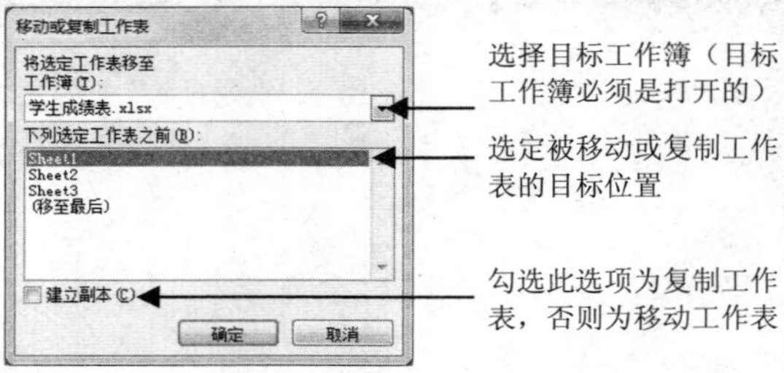

图 4-5　移动或复制工作表

4. 删除工作表

在上述表 4-4 中选择“删除”命令，按提示操作即可。

5. 重命名工作表

双击工作表标签或者在上述表 4-4 中选择“重命名”，选中工作表名（如选中 Sheet2 工作表

），然后在相应的位置上输入新的工作表名即可。

4.2.3　单元格的基本操作

1. 选定单元格或单元格区域

（1）选择活动单元格

鼠标单击相应的单元格或用方向键移动到相应的单元格。

（2）选择单元格区域

在区域起始单元格中单击鼠标左键不松开并拖动至区域最后一个单元格即可；或单击区域起始单元格，按住 Shift 键单击最后一个单元格后松开 Shift 键。

（3）选择多个不连续单元格区域

选定第一个单元格或单元格区域，按住 Ctrl 键不放，选择其他单元格或区域，直至最后一个单元格或区域选好为止，松开 Ctrl 键。

（4）选中整行或整列单元格

将鼠标置于要选的行号或列表上，当鼠标变为黑色箭头时，单击即可选定整行或整列。

（5）选择整个工作表

单击左上角行列交叉的“全选”按钮，或按下 Ctrl+A 组合键即可。

（6）取消所选区域

如果要取消某个单元格或单元格区域的选定状态，则单击工作表中选定区域之外的任意一个单元格即可。

2. 选定单元格中的文本

（1）双击文本所在的单元格，其内出现插入点，然后拖动鼠标选择需要的文本。

（2）单击选中文本所在的单元格，然后在编辑栏中再选择需要的文本。

3. 修改单元格的数据

（1）在单元格内直接修改

双击某一要修改的单元格，当鼠标指针变成竖线时，就可以修改数据了。

（2）在“编辑栏”内修改

单击选中要修改的单元格，然后在“编辑栏”内再次单击，当鼠标指针变成竖线时，就可以修改单元格中的数据了。

4. 移动和复制单元格数据

（1）移动数据

选中所需移动数据的区域，将鼠标放在该区域边缘，当鼠标指针形状变成向左的白色箭头时，按住鼠标左键不松开，拖动数据至目标区域，再松开左键即可。

（2）复制数据

在操作时，先按住 Ctrl 键，然后选中所需复制的数据区域，将鼠标放在该区域边缘，当白色箭头出现一加号时，按住左键不松开，移向目的区域，再松开左键即可。

上述操作也可以通过“剪切”+“粘贴”或“复制”+“粘贴”命令完成。但移动和复制操作会覆盖目标区域单元格的内容。

（3）以插入方式移动

以插入方式移动时，会将目标位置单元格区域的内容向下或者向右移动，然后将新的内容插入到目标位置的单元格区域。这样，就不会覆盖粘贴区域中已有数据。

【案例 4-1】交换图 4-6 中“姓名”列和“编号”列。

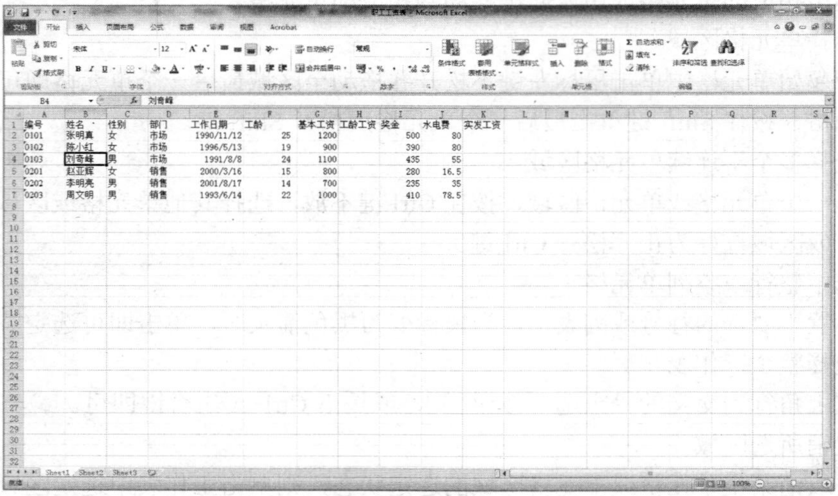

图 4-6 交换前数据

操作步骤如下。

① 单击列标 B，选定“姓名”列。

② 按 Ctrl+X 组合键，或者鼠标右击在弹出菜单中选择“剪切”项，剪切“姓名”列。

③ 单击列标 A，选定“编号”列，然后鼠标右击，在弹出菜单中选择“插入剪切的单元格”，如图 4-7 所示。操作结果如图 4-8 所示。

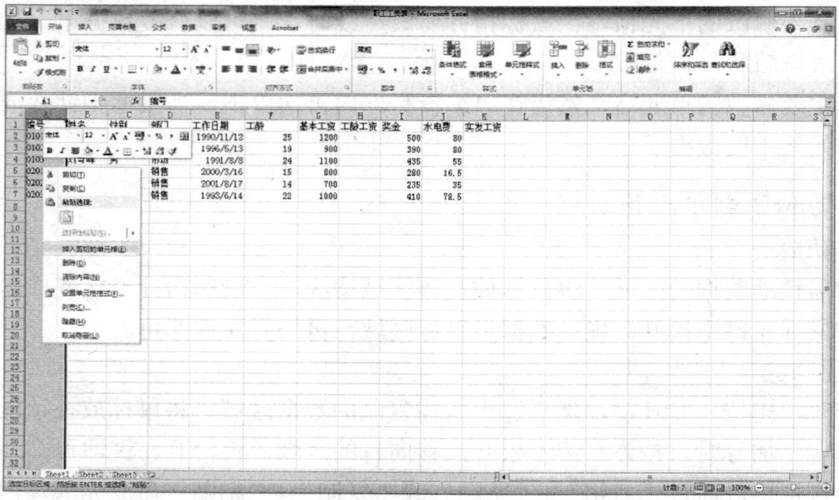

图 4-7 插入剪切的单元格

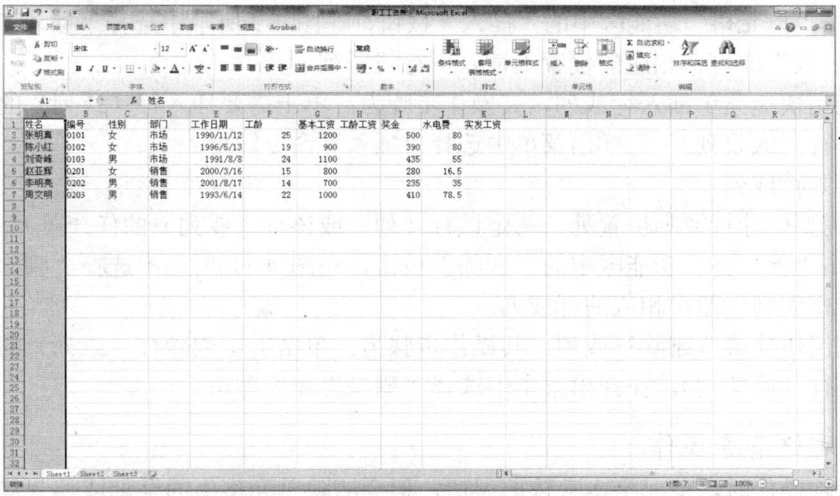

图 4-8　交换后数据

5. 单元格及行、列的插入和删除

（1）单元格或单元格区域的插入

① 选中要插入的单元格或单元格区域，在“单元格”功能区单击“插入按钮” ，弹出图 4-9 所示的菜单，选择“插入单元格”项；或者鼠标右击，在弹出快捷菜单选择“插入”项。

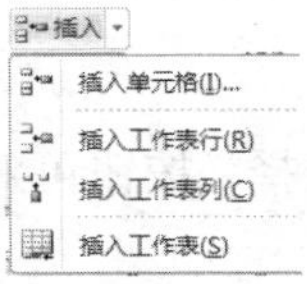

图 4-9　插入菜单

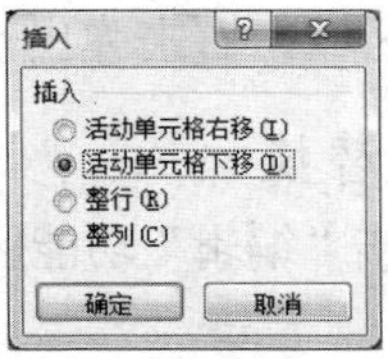

图 4-10　插入对话框

② 在图 4-10 所示对话框中选择相应的选项，然后单击“确定”按钮即可。

（2）单元格或单元格区域的删除

① 选中要删除的单元格或单元格区域，在“单元格”功能区单击“删除”按钮 ，弹出如图 4-11 所示的菜单；或者鼠标右击，在弹出快捷菜单选择“删除”选项。

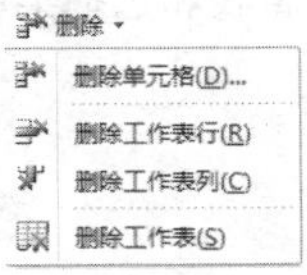

图 4-11　删除菜单

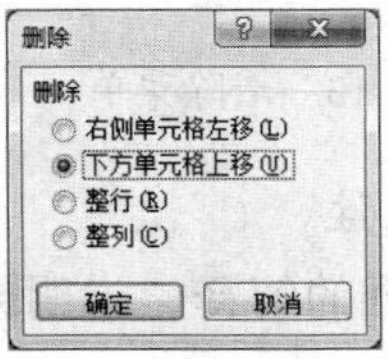

图 4-12　删除对话框

② 在如图 4-12 所示对话框中选择相应的选项，然后单击“确定”按钮即可。

（3）插入行或列

① 在需要插入行或列位置处，选定该行（列）或该行（或列）的任一单元格。

② 单击“单元格”功能区中的“插入”按钮，在图 4-9 所示中选择“插入工作表行”或“插入工作表列”即可在相应的位置上插入一行或一列。

也可利用快捷菜单插入行或列，其操作步骤为：单击需要插入行（或列）的行号（或列标）选定整行（或整列），在弹出菜单中选择“插入”命令即可。

（4）删除行或列

① 在需要删除行或列位置处，选定该行（列）或该行（或列）的任一单元格。

② 单击“单元格”功能区中的“删除”按钮，在图 4-11 所示中选择“删除工作表行”或“删除工作表列”即可相应的行或列。

也可利用快捷菜单删除行或列，其操作步骤为：单击需要删除行（或列）的行号（或列标）选定整行（或整列），在弹出菜单中选择“删除”命令即可。

6. 单元格清除操作

执行清除操作时，单元格本身依旧保留，但会清除单元格中的全部或部分信息。

操作方法：选中要清除单元格区域，单击“编辑”功能区的橡皮擦按钮，弹出图 4-13 所示的菜单，根据需要进行选择即可。

① 选择清除格式：主要是清除单元格内容的格式，变为默认格式，单元格的内容仍然保留。

② 选择清除内容：主要是清除单元格的内容，格式仍然保留。

③ 选择清除批注：可以清除单元格区域的批注。

④ 选择清除超链接：可以清除单元格的超链接设置。

⑤ 全部清除：清除以上全部。

选中要清除单元格区域，右击弹出快捷菜单，选择清除内容，也可清除单元格内容。

7. 单元格查找与替换

如图 4-14 所示，单击“编辑”功能区的“查找和选择”按钮可对工作表进行查找、替换、转到及定位等操作。

此操作方法与 Word 类似，在此不再赘述。

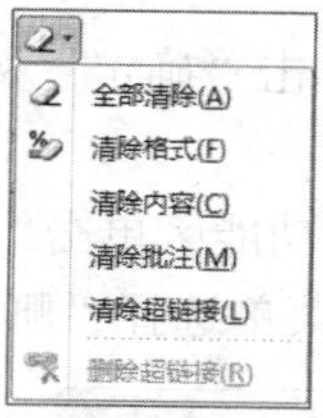

图 4-13　清除菜单

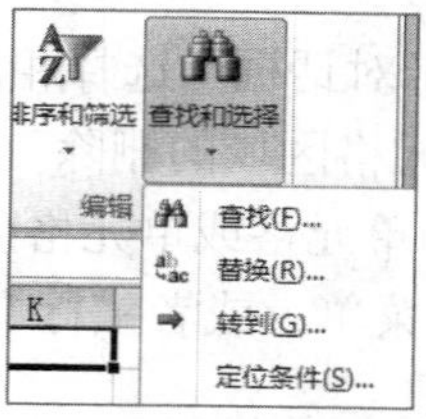

图 4-14　查找和选择菜单

8. 插入单元格批注

批注是对单元格数据的解释、说明或其他信息。

操作步骤如下。

① 右击要加批注的单元格，在出现的快捷菜单中选择“插入批注”命令。

② 在该单元格右边出现的淡黄色底纹的小方框中输入批注内容。

③ 如要编辑批注内容，则选定该单元格，单击“插入”菜单中的“编辑批注”。

④ 如要清除批注，选定含批注的单元格，选择“编辑”菜单中的“清除”命令。

4.2.4　在工作表中输入数据

在 Excel 表格中，每个单元格可以存储多种形式的数据，除了能够存储文本、数字、日期和时间、公式和函数外，还可存储声音、图形等数据。

在日常数据处理中，可以在工作表中输入两类数据。

① 常量数据：常量数据输入时可直接在单元格中键入；它可以是数字值（包括日期、时间、货币、百分比、分数和科学记数），也可是字符文本，这类数如果用户不去修改，则其数据值是不会改变的。

② 公式：公式是一个常量、单元格引用、名字、函数或操作符的序列构成，输入时总是以“=”或“+”开头，当工作表中其他值改变时，它的值有可能变化。

1. 数字录入

在 Excel 中，输入单元格中的数字按常量处理。输入数字时，自动将它沿单元格右对齐。有效数字包含 0-9、+、–、()、/、$、%、.、E、e 等字符。输入数据时可参照以下规则。

① 可以在数字中包括逗号，以分隔千分位。

② 输入负数时，在数字前加一个负号(-)，或者将数字置于括号内。例如，输入“-5”和“(5)”都可在单元格中得到-5。

③ Excel 忽略数字前面的正号(+)。

④ 输入分数（如 2/3）时，应先输入“0”及一个空格，然后输入“2/3”。如果不输入“0”，Excel 会把该数据作为日期处理，认为输入的是“2 月 3 日”。

【案例 4-2】以统计扬州地区二月份温度为例，如图 4-15 所示，输入日期、各时间点温度等数据，输入零下 5 度时，可以输入“-5”和“(5)”都可在单元格中得到-5。

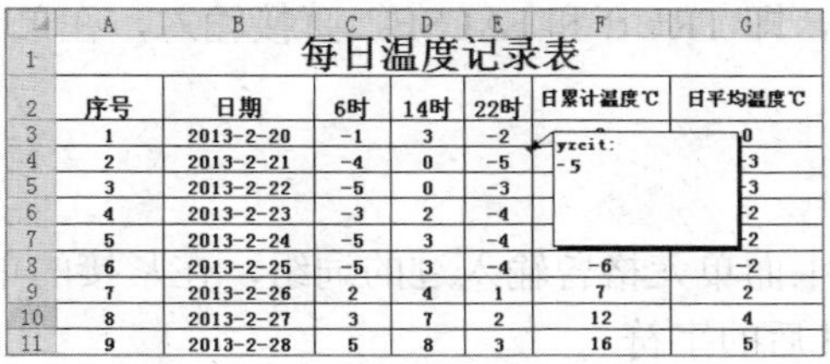

	A	B	C	D	E	F	G
1	每日温度记录表						
2	序号	日期	6时	14时	22时	日累计温度℃	日平均温度℃
3	1	2013-2-20	-1	3	-2	[illegible]	0
4	2	2013-2-21	-4	0	-5	[illegible]	-3
5	3	2013-2-22	-5	0	-3	[illegible]	-3
6	4	2013-2-23	-3	2	-4	[illegible]	-2
7	5	2013-2-24	-5	3	-4	[illegible]	-2
8	6	2013-2-25	-5	3	-4	-6	-2
9	7	2013-2-26	2	4	1	7	2
10	8	2013-2-27	3	7	2	12	4
11	9	2013-2-28	5	8	3	16	5

图 4-15　扬州地区二月份温度表

注意

当输入一个较长的数字时，在单元格中显示为科学计数法（如 2.56E＋09），意味着该单元格的格式是常规模式，不能显示整个数字，且小数部分按默认保留两位，可以改变单元格格式为数值即可显示。

2. 文本录入

Excel 2010 中的文本通常是指字符或者是任何数字和字符的组合。任何输入到单元格内的字符集，只要不被系统识别成数字、公式、日期、时间、逻辑值，则 Excel 一律将其视为文本。

在 Excel 中输入文本时，默认对齐方式是单元格内靠左对齐。

对于全部由数字组成的字符串，如邮政编码、身份证号码、电话号码等这类字符串，为了避免输入时被 Excel 认为是数值型数据，Excel 2010 和之前版本一样，提供了在这些输入项前添加“'”（英文的单引号）的方法，来区分是“数字字符串”而非“数值”数据。

【案例 4-3】如图 4-16 所示，在 A2 至 A7 区域中录入学生的学号。

操作步骤如下。

① 首先在 A2 单元格中输入英文单引号“'”，然后依次输入数字“09053201001”，系统将会把输入的数字作为文本来处理（单元格左上角的绿色三角，表示该单元格数值作为文本处理）。

注意

如果不先输入英文单引号“'”，系统将会把数字按照默认作为数值数据来处理。

② 在 A3 至 A7 依次录入相应的数据；当然因为学号是有序的，可以通过单元格填充的方法来实现数据的快速录入。

	A	B	F	G	H	I
1	学号	姓名	数学	语文	计算机	总分
2	09053201001	王红	65	78	92.5	235.5
3	09053201002	李明	80	55	80	215
4	09053201003	张华	57	86	88	231
5	09053201004	赵军	87	87	67	241
6	09053201005	吴丽	76	81	96	253
7	09053201006	孙娟	78	89	98	265

图 4-16　0901 计算机班学生成绩表

3. 日期和时间型数据的输入

日期型数据的格式：年/月/日或年-月-日，如 2006-12-4，输入时直接输入，如输入当前本机系统日期则同时按下 Ctrl+ ；组合键。

时间型数据格式：时:分:秒，如 14:22:30，默认只显示到分，如要输入当前本机时间，可按 Ctrl+Shift+ ；组合键。

日期和时间型数据在单元格中是默认右对齐。

4. 逻辑性数据的输入

逻辑性数据只有两个，即 TRUE 和 FALSE，直接输入，在单元格中默认居中对齐。

5. 快速录入数据

（1）自动填写

在同一列中，对于在上面单元格曾输入过的词组，在紧接的单元格如输入其中的第一个字时，Excel 能自动填入其后的字符。

【案例 4-4】以 0901 计算机成绩表为例，如图 4-17 所示，在 E3 单元中快速录入“计算机”。

当在 E3 单元格中输入“计”后，在“计”后 Excel 能自动填入“算机”，并以反白显示，按回车键即可；否则继续输入其他字符。

（2）选择列表填写

在表格同一列中反复输入相同的几个词组，可以在输入了这些词组以后，通过“从下拉列表中选择”命令，快速录入已经在该列输入过的数据。

【案例 4-5】以 TR 培训部员工工资表为例，如图 4-18 所示，在 E7 单元格中快速录入“IT 培训室”。

操作步骤如下。

① 在 E7 单元格鼠标右击，在弹出的快捷菜单中选择“从下拉列表中选择”项。

② 在图 4-18 所示的数据中选择需要的数据单击，即可完成录入。

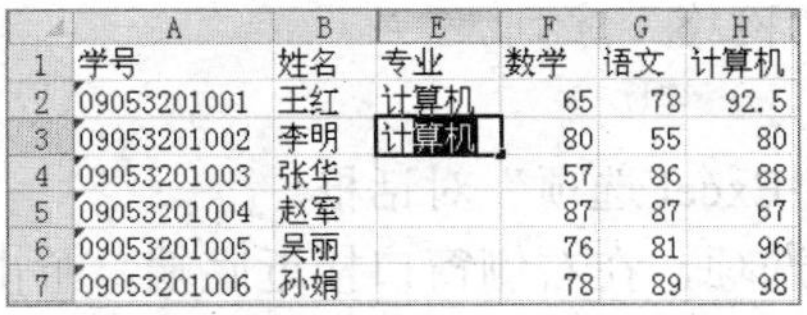

图 4-17　自动填写功能

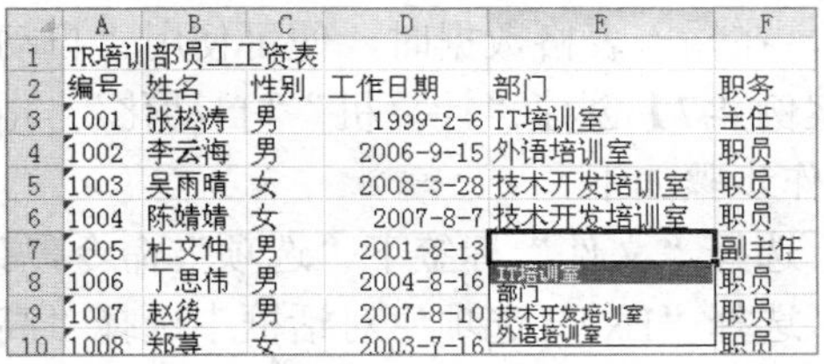

图 4-18　选择列表填写功能

（3）数据自动填充

在 Excel 中使用自动填充功能可以把单元格的内容复制到同行或同列的相邻单元格，也可以根据起始单元格的数据自动按指定步长或比例递增或递减序列。对于像学号、工号等数据可以大大减少操作。

【案例 4-6】以扬州××培训班的学员成绩表为例，使用数据填充输入学号。

操作步骤如下。

① 在 A3 单元格输入“’0901001”，单引号必须是英文状态下。

② 选中 A3 单元格，把光标移至单元格右下角时出现填充柄（此时鼠标会变成十字形状）。

③ 单击拖动到 A8 单元格，松开鼠标。那么 A3 单元格的内容自动以“1”为步长，累加填充到 A4:A8 区域。或者单击“自动填充选项”按钮，出现自动填充选项下拉菜单，选择“以序列方式填充”，如图 4-19 所示。

自动填充选项有四个，具体含义如下。

（a）复制单元格：将选中单元格内容（如 A3），复制到所选单元格区域，A4:A8 区域均与 A3 单元格内容一致，即区域值同为 0901001。

（b）以序列方式填充：将选中单元格内容（如 A3），默认自动以“1”为步长，递增填充到 A4:A8 区域，即区域值为 0901002、0901003、0901004、0901005、0901006。

图 4-19　扬州××培训班的学员成绩表

（c）仅填充格式：将选中单元格内容（如 A3）的格式，填充到所选单元格区域，即 A4:A8 区域，没有具体内容。

（d）不带格式填充：将选中单元格内容（如 A3），复制到所选单元格区域，即 A4:A8 区域，但不复制格式。

注意

① 在自动填充时，可以通过按住“Ctrl”键，实现内容复制与递增或递减的变换，一般向下及向右拖动为递增，向上和向左为递减。

② 可以自动填充的数据有：初始值（输入的第一个）是纯字符或数字、日期、星期、月份、季度等与日期时间相关的序列、初始值是字符，后面是数字、已在“自定义序列”中有的序列等。

（4）编辑自定义序列

对于需要经常使用的特殊数据序列或文本，且默认不能自动填充的，可以将其定义为一个序列，在输入表格数据时，便可使用“自动填充”功能，将数据自动输入到工作表中。

【案例 4-7】创建“计算机”“自动化”“电子”“网络”序列。

操作步骤如下。

① 选择“文件”标签下“选项”命令，弹出“Excel 选项”对话框。

② 选择“Excel 选项”对话框中选择“高级”选项，在右侧窗口接近底端，单击“编辑自定义列表”按钮，如图 4-20 所示。

③ 在“输入序列”文本框中输入“计算机”，按回车键；输入“自动化”，按回车键；然后输入“电子”，按回车键。重复操作该过程，直到输入所有的数据。

④ 单击“添加”按钮，就可以看到自定义的序列已经出现在对话框中，如图 4-21 所示。

图 4-20　编辑自定义序列图

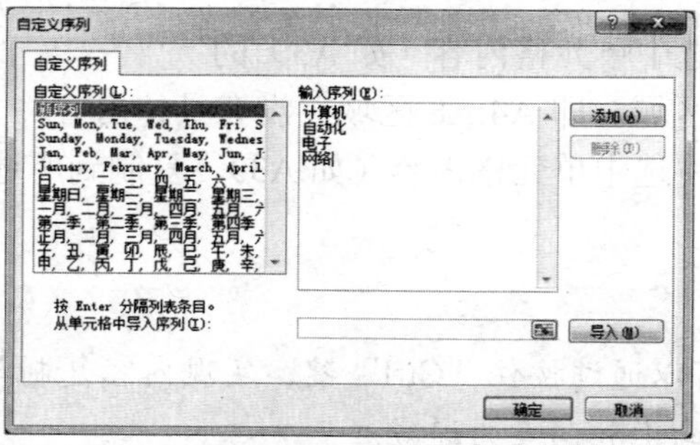

图 4-21　定义自定义序列

【案例 4-8】用上例中创建的序列“计算机”“自动化”“电子”及“网络”对数据进行填充。

操作步骤如下。

① 选中需要使用“自定义序列”填充的首个单元格，输入填充序列的第一个字符组。

② 打开自定义序列对话框，选择填充序列，如选择“计算机”单击“确定”按钮。

③ 将鼠标移至“计算机”所在单元格的有下角，拖动填充柄（此时鼠标会变成十字形状）至目标单元格释放。

（5）序列填充

一般说来，自动填充是以列（或以行）为填充对象进行有规律的填充，如学号、工号等。但对于一些特殊序列，如等比数列或工作日就难以自动填充了。这些特殊情况可更改序列设置来实现。

【案例 4-9】在 A 列中填充一个等比数列。

操作步骤如下。

① 选择初始单元格 A2，填入第一个序列号，如输入“1”。

② 单击“开始”选项卡“编辑”功能区的“填充”按钮，选择“序列”命令，弹出如图 4-22 所示的对话框。

③ 在对话框的“序列产生在”选项区域中选中“列”单选按钮，在“类型”选项区域中选中“等比序列”单选按钮。在“步长值”文本框中输入“2”，终止值填入 100，单击“确定”按钮，就能看到如图 4-23 所示的序列。

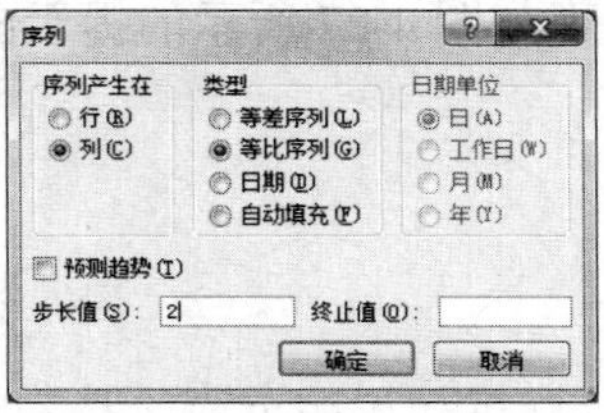

图 4-22　序列对话框

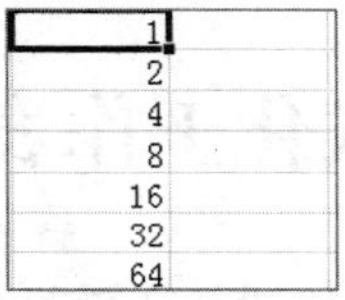

图 4-23　序列填充结果

6. 设置数据有效性

在 Excel 2010 中增加数据有效检验的功能。在用户选定的限定区域的单元格，或在单元格中输入了无效数据时，显示自定义的提示信息或出错提示信息。

数据有效性的输入提示信息和出错提示信息功能，是利用数据有效性功能的基础。

【案例 4-10】在 0901 计算机学生成绩表中，如图 4-24 所示，为成绩输入区域单元格设置数据有效性。

操作步骤如下。

① 选择单元格区域 F2：H7 单元格区域，如图 4-24 所示。

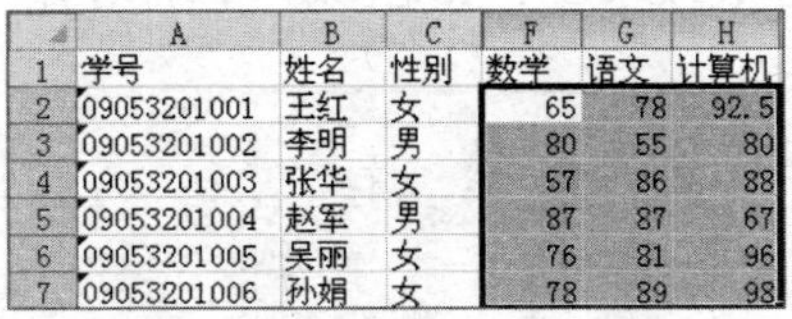

	A	B	C	F	G	H
1	学号	姓名	性别	数学	语文	计算机
2	09053201001	王红	女	65	78	92.5
3	09053201002	李明	男	80	55	80
4	09053201003	张华	女	57	86	88
5	09053201004	赵军	男	87	87	67
6	09053201005	吴丽	女	76	81	96
7	09053201006	孙娟	女	78	89	98

图 4-24　0901 计算机学生成绩表

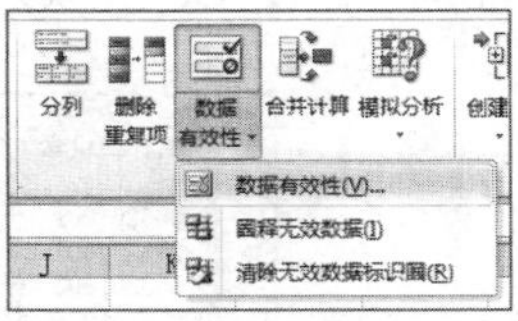

图 4-25　数据有效性按钮

② 选择“数据”选项卡，单击“数据工具”功能区的“数据有效性”按钮，如图 4-25 所示。在弹出的对话框中选择“设置”选项卡，在“有效性条件”选项区域的“允许”下拉列表框中选择“整数”选项，然后完成图 4-26 所示的设置。

③ 单击“输入信息”选项卡，在“标题”文本框中输入“成绩”，在“输入信息”文本框输入“请输入该课程成绩”。

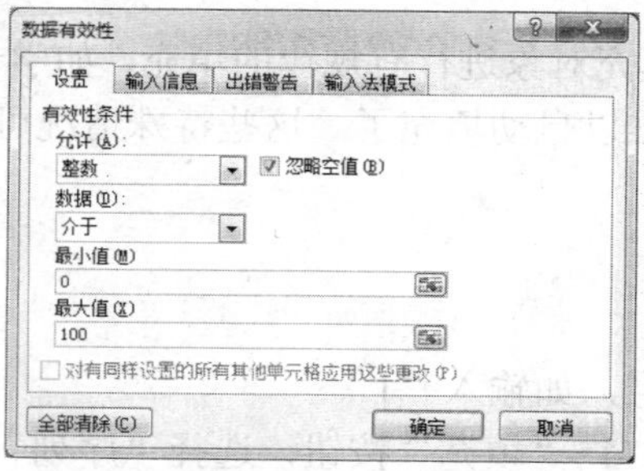

图 4-26 数据有效性设置对话框

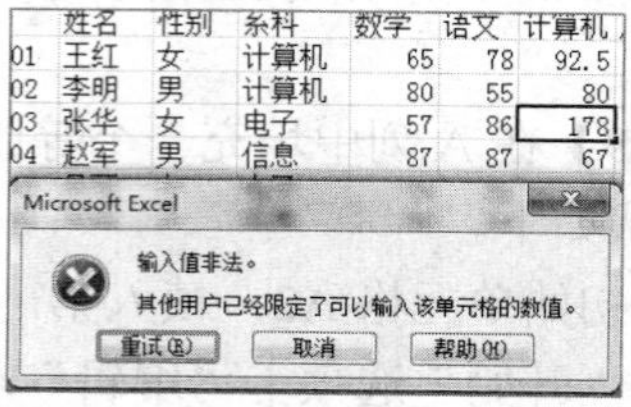

图 4-27 输入出错警告信息

④ 单击“出错警告”选项卡，在“标题”文本框中输入“错误”，在“出错信息”文本框输入“数据须在 0-100 之间”。

⑤ 单击“确定”按钮。设置完成后，当指针指向该单元格时，单元未输入数据时会提示输入数据，如果在其中输入了非法数据时，就会出现如图 4-27 所示的提示出错警告信息。

4.3 格式化工作表

Excel 工作表格式化主要针对单元格及单元格区域进行格式设置，包含了对齐方式设置、字体格式设置、数据格式设置、边框设置、底纹设置和表格自动套用格式以及单元格条件格式的设置等。

4.3.1 设置对齐方式

在 Excel 工作表中，可以像 Word 一样设置单元格的对齐方式和字体格式。单元格的对齐方式主要有水平和垂直方向的对齐，以及自动换行和合并单元格操作。

【案例 4-11】如图 4-28 所示，设置单元格的对齐方式。要求：标题单元格 A1 到 J1 合并，标题水平和垂直居中，表格的标题列水平居中。数据部分要求如下：学号（A3：A8 区域）靠左，姓名及性别（B3：C8 区域）居中，课程成绩（E3：I8 区域）靠右对齐。

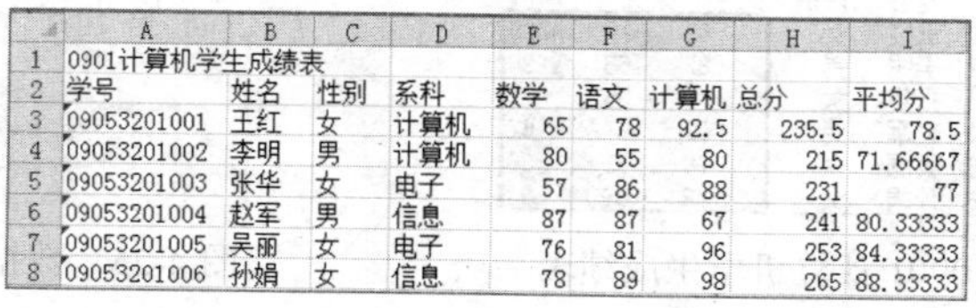

	A	B	C	D	E	F	G	H	I
1	0901计算机学生成绩表								
2	学号	姓名	性别	系科	数学	语文	计算机	总分	平均分
3	09053201001	王红	女	计算机	65	78	92.5	235.5	78.5
4	09053201002	李明	男	计算机	80	55	80	215	71.66667
5	09053201003	张华	女	电子	57	86	88	231	77
6	09053201004	赵军	男	信息	87	87	67	241	80.33333
7	09053201005	吴丽	女	电子	76	81	96	253	84.33333
8	09053201006	孙娟	女	信息	78	89	98	265	88.33333

图 4-28 设置对齐前效果

操作步骤如下。

① 设置标题单元格 A1 到 J1 合并，标题水平和垂直居中。

方法一：选中 A1：J1 单元格区域，在“开始”选项中“对齐方式”功能区单击合并及居中按钮。

方法二：选中 A1：J1 单元格区域，右击弹出快捷菜单，选择设置单元格格式，打开“设置单元格格式”对话框，如图 4-29 所示。

在“对齐”选项中，设置水平对齐方式为居中，设置垂直对齐方式为居中，并将下方合并单元格复选框中选中，如图 4-30 所示。

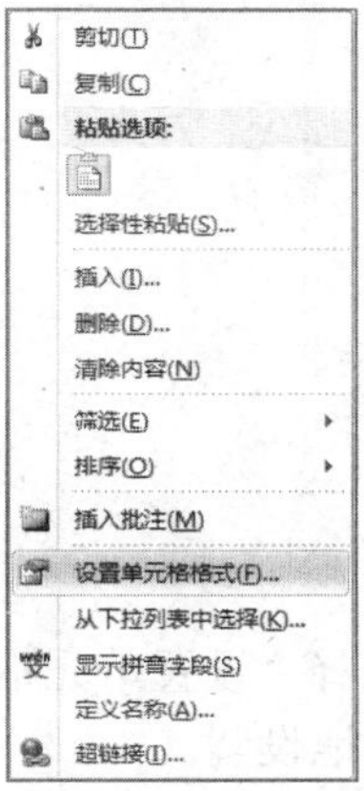

图 4-29　设置单元格格式

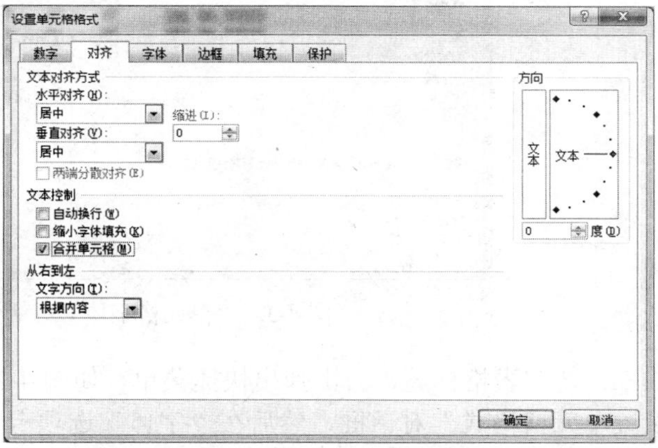

图 4-30　“设置对齐方法”选项卡

② 鼠标单击第 2 行行号，选定第 2 行，在“开始”选项中“对齐方式”功能区单击居中对齐按钮；或者在图 4-30 中，设置水平对齐为居中。

③ 选定 A3 至 A8 区域，在“开始”选项卡中“对齐方式”功能区中单击左对齐按钮；或者在图 4-30 中，设置水平对齐为靠左。

④ 选定 B3 至 C8 区域，在“开始”选项卡中“对齐方式”功能区中单击居中按钮；或者在图 4-30 中，设置水平对齐为居中。

⑤ 选定 E3 至 I8 区域，在“开始”选项卡中“对齐方式”功能区单击右对齐按钮；或者在图 4-30 中，设置水平对齐为靠右。

⑥ 设置后效果如图 4-31 所示。

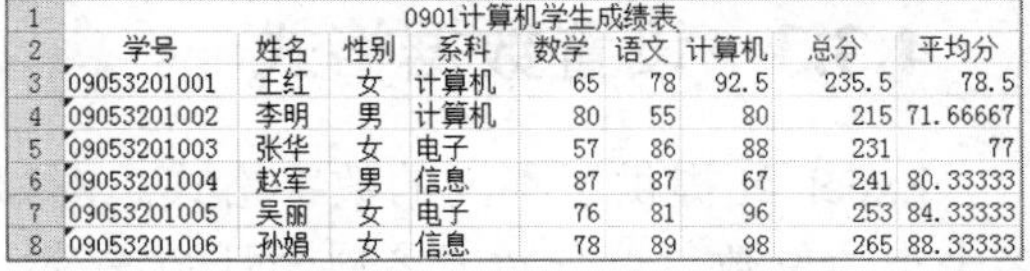

	A	B	C	D	E	F	G	H	I
1	0901计算机学生成绩表								
2	学号	姓名	性别	系科	数学	语文	计算机	总分	平均分
3	09053201001	王红	女	计算机	65	78	92.5	235.5	78.5
4	09053201002	李明	男	计算机	80	55	80	215	71.66667
5	09053201003	张华	女	电子	57	86	88	231	77
6	09053201004	赵军	男	信息	87	87	67	241	80.33333
7	09053201005	吴丽	女	电子	76	81	96	253	84.33333
8	09053201006	孙娟	女	信息	78	89	98	265	88.33333

图 4-31　设置对齐后效果图

4.3.2　设置字体格式

单元格字体格式主要包含字体、字号、颜色、加粗、倾斜及字形等。

【案例 4-12】如图 4-31 所示，对 0901 计算机班级学生成绩表进行相应的设置。要求：标题字体采用楷体，其余部分采用宋体；表格标题字号为 28，标题行为 16，其余为 12。

操作步骤如下。

① 设置表格标题字体为楷体，字号 28。

方法一：选定表格标题，在“开始”选项中“字体”功能区，选择字体为“楷体”，字号为“28”，楷体 28。

方法二：选定表格标题，单击“字体”功能区中的按钮，打开“单元格字体”对话框进行相应地设置，如图 4-32 所示。

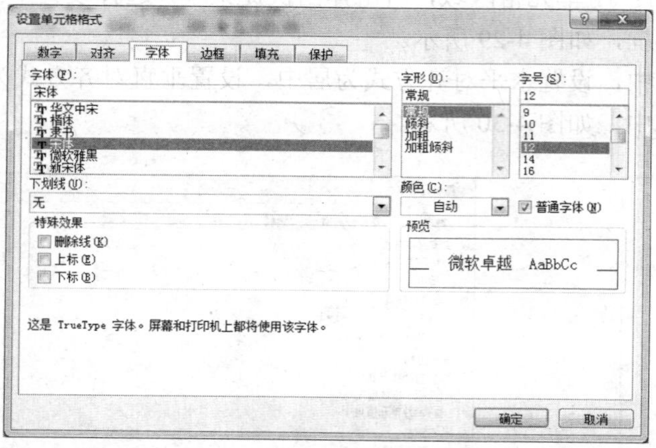

图 4-32 “单元格字体”对话框

方法三：选定表格标题，右击弹出快捷菜单，如图 4-29 所示，选择“设置单元格格式”，打开“设置单元格格式”对话框，然后在“字体”选项卡中进行相应地设置。

② 其他字体设置方法与标题设置类似。

③ 设置后效果如图 4-33 所示。

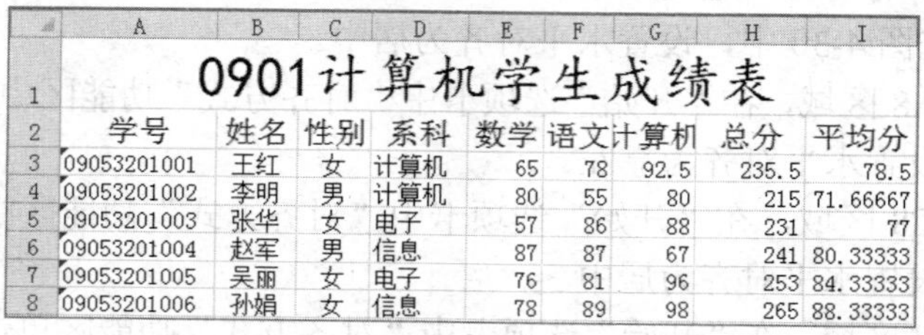

	A	B	C	D	E	F	G	H	I
1	0901计算机学生成绩表								
2	学号	姓名	性别	系科	数学	语文	计算机	总分	平均分
3	09053201001	王红	女	计算机	65	78	92.5	235.5	78.5
4	09053201002	李明	男	计算机	80	55	80	215	71.66667
5	09053201003	张华	女	电子	57	86	88	231	77
6	09053201004	赵军	男	信息	87	87	67	241	80.33333
7	09053201005	吴丽	女	电子	76	81	96	253	84.33333
8	09053201006	孙娟	女	信息	78	89	98	265	88.33333

图 4-33 设置字体后效果

4.3.3 设置数据格式

Excel 还提供了不同的数字格式。例如，可以将数字格式设置为带有货币符号的形式、多个小数位数、百分数或者科学计数法等。用户可以使用多种方法对数字格式进行格式化，但改变数字格式并不影响计算中使用的实际单元格数值。

1. 使用功能区按钮快速格式数字

“数字”功能区提供了五个快速格式化数字的按钮，分别是“货币样式”“百分比样式”“千位分隔样式”“增加小数位数”和“减少小数位数”等快速格式按钮。

在格式化时，选择需要格式化的数据单元格或区域，然后单击相应的按钮即可。

（1）使用货币样式

【案例 4-13】如图 4-34 所示，将职工工资表中实发工资列（即 K 列）设置为货币样式。

	A	B	C	D	E	F	G	H	I	J	K
1	编号	姓名	性别	部门	工作日期	工龄	基本工资	工龄工资	奖金	水电费	实发工资
2	0101	张明真	女	市场	1990/11/12	25	1200	500	500	80	2120
3	0102	陈小红	女	市场	1996/5/13	19	900	380	390	80	1590
4	0103	刘奇峰	男	市场	1991/8/8	24	1100	480	435	55	1960
5	0201	赵亚辉	女	销售	2000/3/16	15	800	300	280	16.5	1363.5
6	0202	李明亮	男	销售	2001/8/17	14	700	280	235	35	1180
7	0203	周文明	男	销售	1993/6/14	22	1000	440	410	78.5	1771.5

图 4-34　设置货币前效果

操作步骤如下。

① 鼠标单击列标 K，选定整个 K 列。

② 单击“货币样式”按钮，选择“￥中文(中国)”，如图 4-35 所示。

③ 在 K 列的所有数字前面插入货币符号(￥)，并且保留两位小数，如图 4-36 所示。

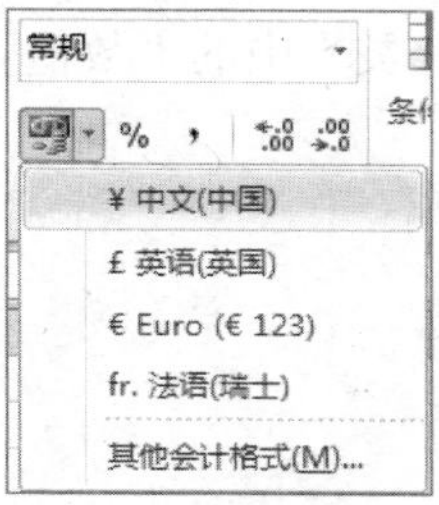

图 4-35　设置货币样式

	A	B	C	D	E	F	G	H	I	J	K
1	编号	姓名	性别	部门	工作日期	工龄	基本工资	工龄工资	奖金	水电费	实发工资
2	0101	张明真	女	市场	1990/11/12	25	1200	500	500	80	￥2,120.00
3	0102	陈小红	女	市场	1996/5/13	19	900	380	390	80	￥1,590.00
4	0103	刘奇峰	男	市场	1991/8/8	24	1100	480	435	55	￥1,960.00
5	0201	赵亚辉	女	销售	2000/3/16	15	800	300	280	16.5	￥1,363.50
6	0202	李明亮	男	销售	2001/8/17	14	700	280	235	35	￥1,180.00
7	0203	周文明	男	销售	1993/6/14	22	1000	440	410	78.5	￥1,771.50

图 4-36　设置货币后效果

注意

如果其中的数字被改为数字符号(#)，则表明当前的数字超过了列宽。只要调整单元格的列宽后，即可显示相应的数字格式。

（2）使用百分比样式

单击“百分比样式”按钮，可以把选择区域的数字乘以百分比的形式显示。例如，单击该百分比按钮可以把数字“0.89”的格式变为“89%”。

（3）使用千位分隔样式

单击“千位分隔样式”按钮，可以把选择区域中数字从小数点向左每三位整数之间用千分号分隔。例如，单击该千位分隔符按钮可以把数字“123456789.16”的格式变为“123,456,789.08”。

（4）增加小数位数

单击“增加小数位数”按钮，可以便选择区域的数字增加一位小数。例如，单击该按钮可以把数字“12345.01”的格式变为“12345.010”。

（5）减少小数位数

单击“减少小数位数”按钮，可以使选择区域的数字减少一位小数，同时对被减位四舍五入。例如，单击该按钮可以把数字“12345.08”的格式变为“12345.1”。

2. 使用“设置单元格格式”设置数字格式

【案例 4-14】如图 4-37 所示，在 0901 计算机学生成绩表中，将数值型数据即 E3 至 I8 中的数据设置为小数点后保留 1 位小数。

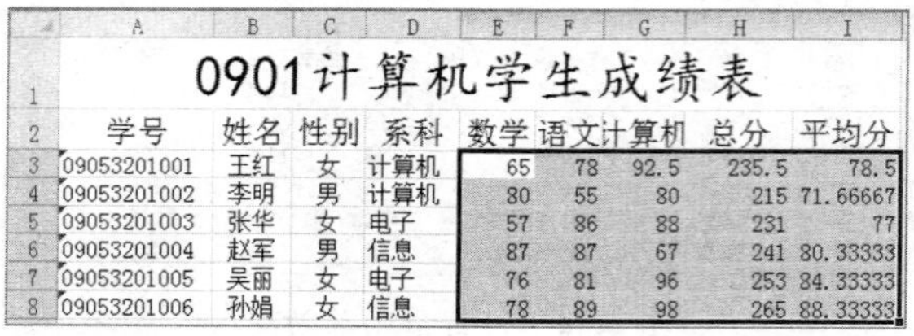

图 4-37 设置数字格式前效果

操作步骤如下。

① 如图 4-37 所示，选定 E3 至 I8 单元格式区域。

② 鼠标右击，在弹出菜单中选择“设置单元格格式”，如图 4-29 所示；或者单击“数字”功能区中 按钮，打开“设置单元格格式”对话框。

③ 在“设置单元格格式”对话框中，选择“数字”选项卡，单击“分类”中的“数值”，将小数点位设置为 1 位，如图 4-38 所示。

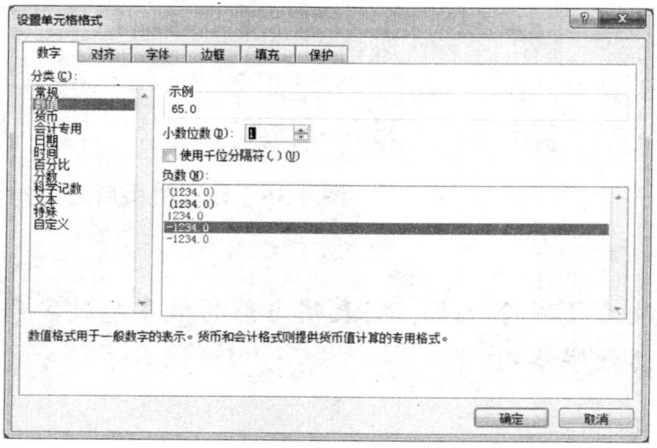

图 4-38 “设置单元格格式”对话框

Excel 中数字格式的分类所代表的不同含义见表 4-1。

表 4-1　　Excel 的数字格式

分　类	说　明
常　规	不包含特定的数字格式
数　值	可用于一般数字的表示，包括千位分隔符、小数位数，还可以指定负数的显示方式
货　币	可用于一般货币值的表示，包括使用货币符号￥、小数位数、还可以指定负数的显示方式
会计专用	与货币一样，只是小数或货币符号是对齐的
日　期	把日期和时间序列数值显示为日期值
时　间	把日期和时间序列数值显示为时间值
百 分 比	将单元格值乘以 100 并添加百分号，还可以设置小数点位置
分　数	以分数显示数值中的小数，还可以设置分母的位数
科学计数	以科学计数法显示数字，还可以设置小数点位置
文　本	在文本单元格格式中，数字作为文本处理
特　殊	用来在列表或数据中显示邮政编码、电话号码、中文大写数字、中文小写数字
自 定 义	用于创建自定义的数字格式

④ 单击“确定”按钮，结果如图 4-39 所示，将选定区域中的数字设定为小数点后保留 1 位小数。

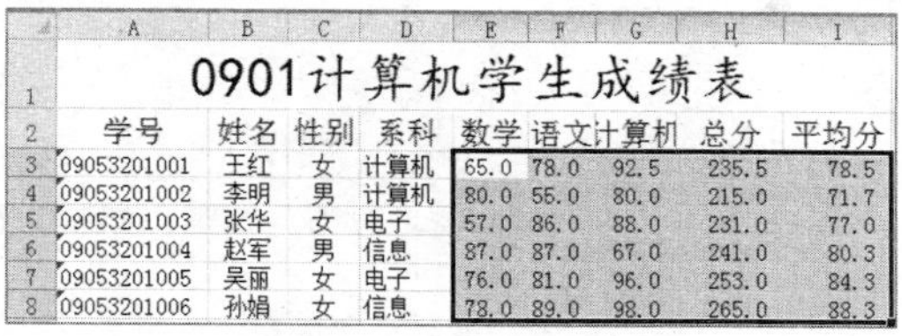

0901计算机学生成绩表								
学号	姓名	性别	系科	数学	语文	计算机	总分	平均分
09053201001	王红	女	计算机	65.0	78.0	92.5	235.5	78.5
09053201002	李明	男	计算机	80.0	55.0	80.0	215.0	71.7
09053201003	张华	女	电子	57.0	86.0	88.0	231.0	77.0
09053201004	赵军	男	信息	87.0	87.0	67.0	241.0	80.3
09053201005	吴丽	女	电子	76.0	81.0	96.0	253.0	84.3
09053201006	孙娟	女	信息	78.0	89.0	98.0	265.0	88.3

图 4-39　设置数字格式后效果

4.3.4　设置边框和底纹

在 Excel 工作表中，可以根据需要对表格设置边框和底纹，增加表格的视觉效果。

【案例 4-15】如图 4-39 中已设置好字体和对齐方式，接下来设置边框和底纹。要求：表格外边框采用橙色双实线，内框采用蓝色细实线；表格字段行采用橙色底纹，图案颜色蓝色，图案样式 25%灰色；其他区域底纹填充橄榄色。

操作步骤如下。

① 设置表格边框

(a) 选定表格数据 A2 至 I8 区域，单击“开始”选项中“字体”功能区中田▾按钮，如图 4-40 所示，选择“其他边框”菜单项。或者选定数据后，右击打开“设置单元格格式”对话框，选择“边框”选项卡。

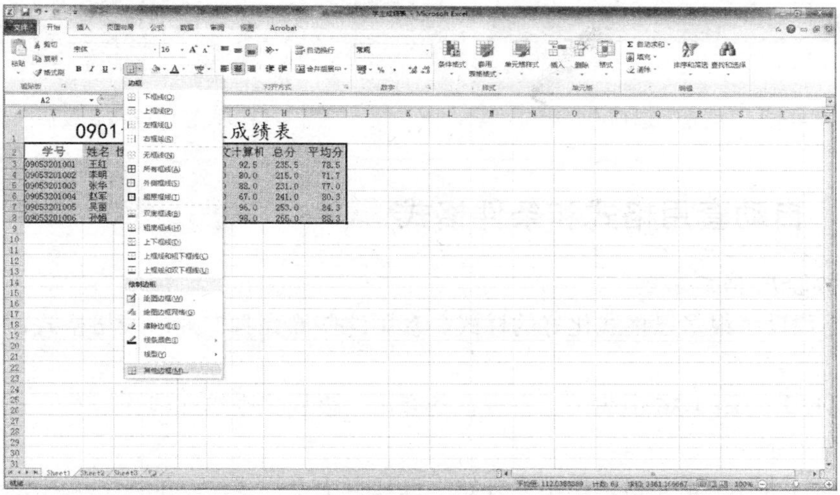

图 4-40　“边框”菜单项

(b) 如图 4-41 所示，在线条样式中选择双实线，颜色选择“橙色”，再单击右边预置栏中外边框按钮。

(c) 如图 4-42 所示，在线条样式中选择单实线，颜色选择“蓝色”，再单击右边预置栏中内边框按钮。

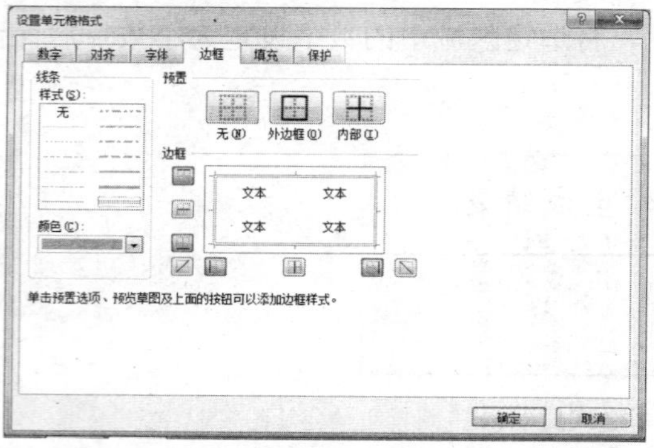

图 4-41 设置外边框

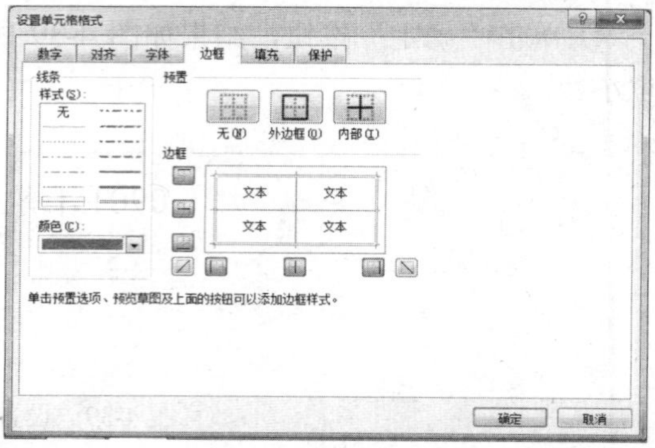

图 4-42 设置内边框

② 选择表格字段区域（A2：I2），右击打开“设置单元格格式”对话框，在“填充”选项标签中，如图 4-43 所示。在背景色中选择橙色，在图案颜色中选择蓝色，在图案样式中选择 25%灰色，单击“确定”按钮即可。

③ 设置后效果如图 4-44 所示。

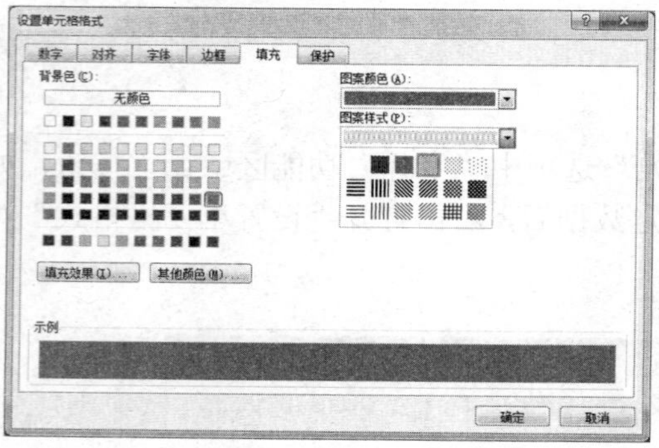

图 4-43 “填充”选项卡

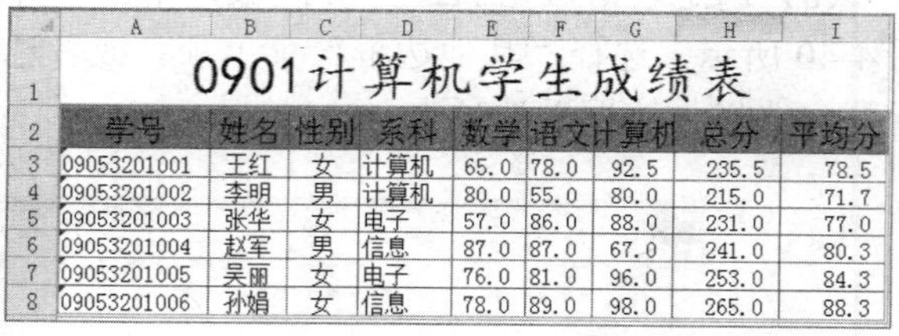

	A	B	C	D	E	F	G	H	I
1	0901计算机学生成绩表								
2	学号	姓名	性别	系科	数学	语文	计算机	总分	平均分
3	09053201001	王红	女	计算机	65.0	78.0	92.5	235.5	78.5
4	09053201002	李明	男	计算机	80.0	55.0	80.0	215.0	71.7
5	09053201003	张华	女	电子	57.0	86.0	88.0	231.0	77.0
6	09053201004	赵军	男	信息	87.0	87.0	67.0	241.0	80.3
7	09053201005	吴丽	女	电子	76.0	81.0	96.0	253.0	84.3
8	09053201006	孙娟	女	信息	78.0	89.0	98.0	265.0	88.3

图 4-44 设置边框和底纹后效果

4.3.5 自动套用格式和条件格式

1. 自动套用格式

Excel 还预设了很多已格式化好的样式，套用这些漂亮且专业的表格格式，可以快速格式化表格。

【案例 4-16】为图 4-36 中职工工资表自动套用“表样式中等深浅 2”。

操作步骤如下。

① 选定 A1 至 K7 单元格，单击“开始”选项卡中“样式”功能区中的“套用表格格式”，如图 4-45 所示。

② 按提示进行操作，结果如图 4-46 所示。

2. 条件格式

Excel 中可以根据需要，对一些满足指定条件的数据设置格式。

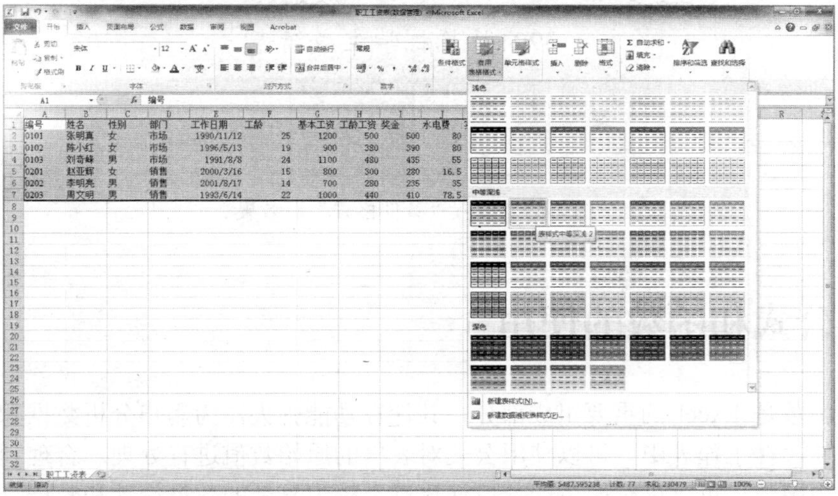

图 4-45 表格自动套用格式

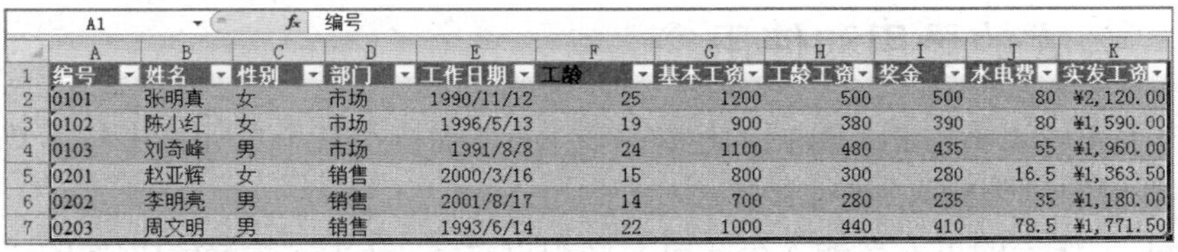

	编号	姓名	性别	部门	工作日期	工龄	基本工资	工龄工资	奖金	水电费	实发工资
2	0101	张明真	女	市场	1990/11/12	25	1200	500	500	80	¥2,120.00
3	0102	陈小红	女	市场	1996/5/13	19	900	380	390	80	¥1,590.00
4	0103	刘奇峰	男	市场	1991/8/8	24	1100	480	435	55	¥1,960.00
5	0201	赵亚辉	女	销售	2000/3/16	15	800	300	280	16.5	¥1,363.50
6	0202	李明亮	男	销售	2001/8/17	14	700	280	235	35	¥1,180.00
7	0203	周文明	男	销售	1993/6/14	22	1000	440	410	78.5	¥1,771.50

图 4-46 表格自动套用格式后效果

【案例 4-17】以 0901 计算机班级学生成绩表为例，如图 4-46 所示，对单科成绩小于 60 分的，成绩以红色字体显示。

操作步骤如下。

① 选定成绩数据即 E3:G8 区域，单击“开始”选项卡中“样式”功能区“条件格式”按钮，如图 4-47 所示，在下拉菜单中选择“突出显示单元格规则”，弹出二级菜单中选择“小于”。

② 在弹出的“小于”条件格式设置对话框，如图 4-48 所示，设置值数值小于 60，“设置为”下拉菜单选择为“红色文本”。

③ 单击“确定”按钮，结果如图 4-49 所示（注意图中 E5 和 F4 单元格的格式）。

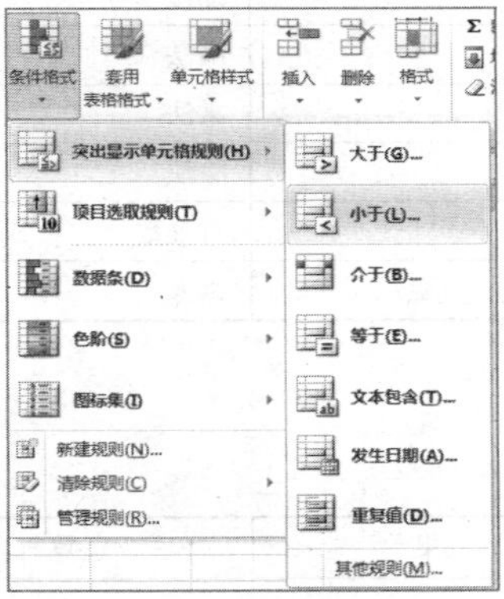

图 4-47 “条件格式”菜单

图 4-48 “小于”条件格式设置对话框

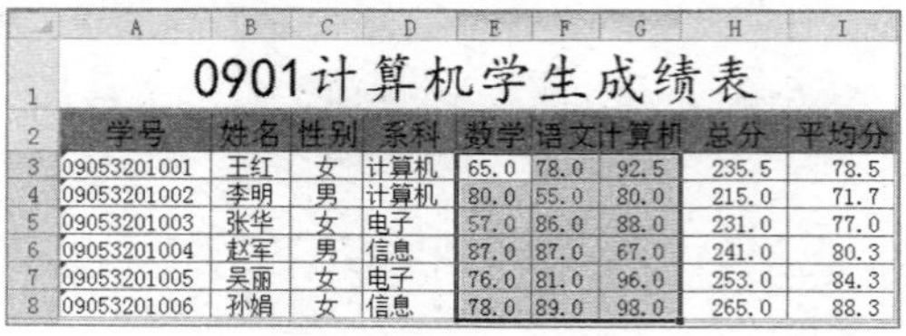

	A	B	C	D	E	F	G	H	I
1	0901计算机学生成绩表								
2	学号	姓名	性别	系科	数学	语文	计算机	总分	平均分
3	09053201001	王红	女	计算机	65.0	78.0	92.5	235.5	78.5
4	09053201002	李明	男	计算机	80.0	55.0	80.0	215.0	71.7
5	09053201003	张华	女	电子	57.0	86.0	88.0	231.0	77.0
6	09053201004	赵军	男	信息	87.0	87.0	67.0	241.0	80.3
7	09053201005	吴丽	女	电子	76.0	81.0	96.0	253.0	84.3
8	09053201006	孙娟	女	信息	78.0	89.0	98.0	265.0	88.3

图 4-49 设置“条件格式”后效果

4.4 公式和函数的使用

公式与函数是 Excel 的重要组成部分，其计算功能强大，为用户分析数据和处理数据提供了很大方便。在工作表中，可以使用公式对表格的原始数值进行处理。合理利用公式以及在公式中调用函数，可以进行简单的数值计算以及较为复杂的数据统计和数据分析等。

4.4.1 公式的录用和使用

Excel 为了完成表格中相关数据的运算（计算），支持在某个单元格中按运算要求写出数学表达式即所谓的“公式”，进行计算。

在 Excel 工作表的单元格输入公式时，必须以“=”开头，等号(=)后面的“公式”中可以包含各种运算符号、常量、变量、函数以及单元格引用等，如编辑栏中输入单元格 E2 的计算公式：“=D2* (B2-C2)”。

公式既可以引用同一工作表的单元格，也可以引用同一工作簿不同工作表中的单元格，甚至其他工作簿的工作表中的单元格。

1. 运算符及其含义

（1）算术运算符，如表 4-2 所示。

表 4-2　算术运算符

运 算 符	举　　例	结　　果	运算符含义
+	=100+5	105	加法
–	=200-50	150	减法
*	=5*6	30	乘法
/	=20/5	4	除法
%	=6%	0.06	百分数
^	=5^2	25	乘方

（2）文本连接符，如表 4-3 所示。

表 4-3　文本连接符

运 算 符	举　　例	结　　果	运算符含义
&	=“本月” & “销售”	本月销售	文字连接
	=“123” & “456”	123456	

（3）比较运算符，如表 4-4 所示。

表 4-4　　比较运算符

运 算 符	举　　例	结　　果	运算符含义
=	=100=200	FALSE	等于
<>	=100<>200	TRUE	不等于
>	=“def”>“abc”	TRUE	大于
<	=100<200	TRUE	小于
>=	=100>=200	FALSE	大于或等于
<=	=100<=200	TRUE	小于或等于

（4）引用运算符，如表 4-5 所示。

表 4-5　　引用运算符

运 算 符	举　　例	结　　果	运算符含义
：（冒号）	＝SUM(C2:E2)	计算 C2 至 E2 区域数据和	区域运算符：对两个引用之间的所有单元格进行引用
，（逗号）	＝SUM(A1:A3，D1:D3)	计算 A1 至 A3 和 D1 至 D3 两个区域数据和	联合运算符：将多个引用合并为一个引用
(空格)	＝SUM(B2:D3　C1:C4)	计算 C2 至 C3（两个区域的公共区域）区域数据和	交叉运算符：产生同时属于两个引用的单元格

2. 公式的使用

【案例 4-18】如图 4-50 所示，根据公式“工龄补助＝工龄×100”在 J3 单元格计算张松涛的工龄补助；根据公式“应发工资＝基本工资+资金+工龄补助”在 K3 单元格计算应发工资；根据公式“实发工资＝应发工资－房租－水电费”在 N3 单元格计算实发工资。

	A	B	C	D	E	F	G	H	I	J	K	L	M	N
1	TR培训部员工工资表													
2	编号	姓名	性别	工作日期	部门	职务	工龄	基本工资	奖金	工龄补助	应发工资	房租	水电费	实发工资
3	1001	张松涛	男	1999/2/6	IT培训室	主任	16	3600	3000			200	160	
4	1002	李云海	男	2006/9/15	外语培训室	职员	9	2000	1600			200	126	
5	1003	吴雨晴	女	2008/3/28	技术开发培训室	职员	7	1600	1800			200	120	
6	1004	陈婧婧	女	2007/8/7	技术开发培训室	职员	8	2000	2600			200	80	
7	1005	杜文仲	男	2001/8/13	IT培训室	副主任	14	3000	2400			200	70	
8	1006	丁思伟	男	2004/8/16	技术开发培训室	职员	11	3000	2200			200	150	
9	1007	赵後	男	2007/8/10	IT培训室	职员	8	2000	1800			200	180	
10	1008	郑莫	女	2003/7/16	IT培训室	职员	12	3000	2000			200	170	
11	1009	叶清荷	女	2003/5/22	外语培训室	主任	12	3200	3400			200	60	
12	1010	杨宁	男	2008/2/1	外语培训室	职员	7	1600	2000			200	60	
13	1011	肖健	男	2005/7/18	外语培训室	副主任	10	3000	3000			200	130	
14	1012	周丽媛	女	2006/7/16	外语培训室	职员	9	2000	2000			200	133	
15	1013	董磊	男	1998/8/20	技术开发培训室	副主任	17	4000	3000			200	160	
16	1014	卓志远	男	1996/8/2	技术开发培训室	主任	19	4600	3800			200	150	
17	1015	杜媛媛	女	2006/8/9	外语培训室	职员	9	2000	2000			200	60	
18	1016	汪洋	男	2007/7/26	IT培训室	职员	8	2000	2000			200	140	
19	1017	林晓峰	男	2005/8/2	外语培训室	职员	10	2600	2400			200	80	
20	1018	江南燕	女	2005/9/1	IT培训室	职员	10	2600	2000			200	120	

图 4-50　TR 培训部员工工资表

操作步骤如下。

① 选定单元格 J3，输入“＝G3*100”，按回车键或者编辑栏中的 ✔ 按钮，结果如图 4-51 所示。

注意

G3 采用的是单元格地址的相对引用（G3），如果采用绝对引用（$G$3）或者直接输入数值（16），此处也可以得到相同的结果（1600），但是后两者在公式的复制中将会导致错误的结果。

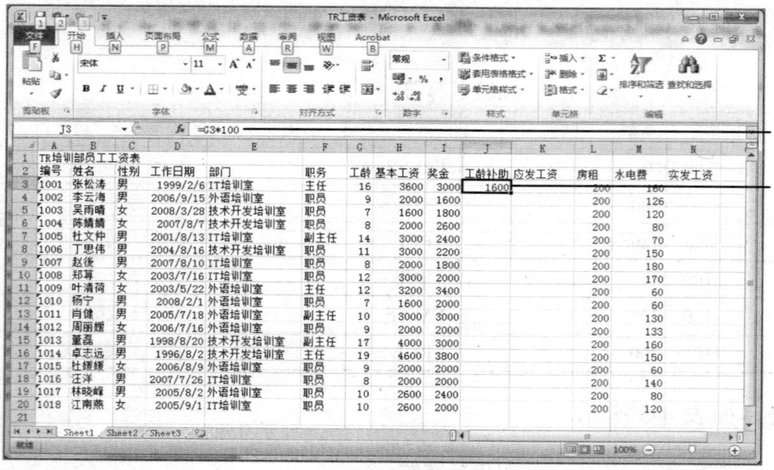

图 4-51　计算工龄补助后效果

② 选定单元格 K3，输入公式“＝H3+I3+J3”，按回车键或者✔按钮。

注意

此处也可以采用函数来完成操作，即在 K3 单元格中输入“＝SUM（H3：J3）”。

③ 选定单元格 N3，输入公式“＝K3－L3－M3”，按回车键或者✔按钮，结果如图 4-52 所示。

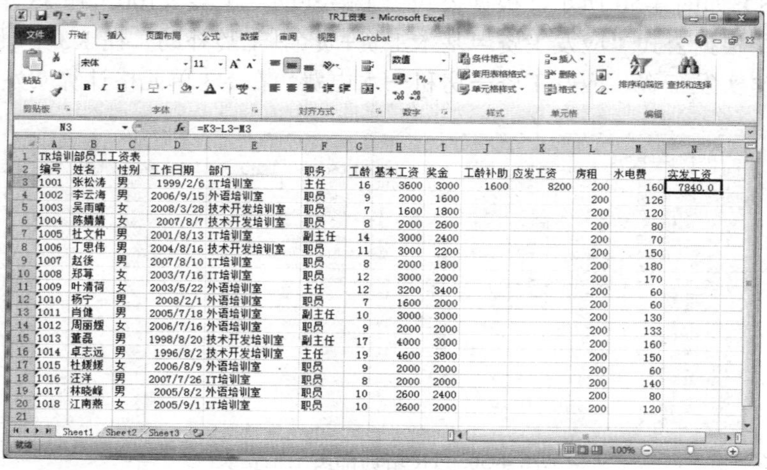

图 4-52　公式计算后效果

3. 公式的编辑

在 Excel 2010 编辑公式时，被该公式所引用的所有单元格及单元格区域的引用都被框上彩色边框，如图 4-53 所示。

【案例 4-19】修改图 4-52 中 N3 单元格中可能存在的公式上的错误。

操作步骤如下。

① 选定 N3 单元格，进入编辑状态。

方法一：双击单元格 N3，进入编辑状态。

方法二：选定单元格 N3，按 F2 功能键进入编辑状态。

方法三：选定单元格 N3，单击编辑栏进入编辑状态。

图 4-53　编辑公式

② 如图 4-53 所示，在编辑状态中修改公式。

③ 编辑完毕后，按回车键确定或单击编辑栏中的✓按钮确定；如果要取消编辑，按 Esc 键或单击编辑栏中的×按钮退出编辑状态。

4. 公式的复制和填充

【案例 4-20】通过复制或者填充公式的方法，完成图 4-52 中所有人员的工龄补助、应发工资和实发工资的录入。

操作步骤如下。

① 完成工龄补助字段的录入。

方法一：选定要复制公式的单元格 J3，按 Ctrl+C 组合键，再选中要复制公式的单元格区域 J4：J20，按 Ctrl+V 组合键。如图 4-54 所示。

> **注意**
>
> 图 4-54 中 J3 的公式为“＝G3*100”，J4 单元格中公式显示为“＝G4*100”，下面的单元格依次类推。这是因为从工作簿的一个位置复制公式到另一个位置时，如果原来的位置采用的是相对引用的话，则 Excel 将会自动调整公式中相对于工作表中新位置的单元格引用。

方法二：选定要填充的单元格 J3，在单元格 1600 右下角的填充柄上鼠标左键按住不放，向下填充至 J20，结果如图 4-55 所示。

> **注意**
>
> 填充公式和复制时一样，如果如果原来的位置采用的是相对引用的话，则 Excel 将会自动调整公式中相对于工作表中新位置的单元格引用。

② 依次完成 K3 至 K20、N3 至 N20 的复制或填充工作，结果如图 4-56 所示。

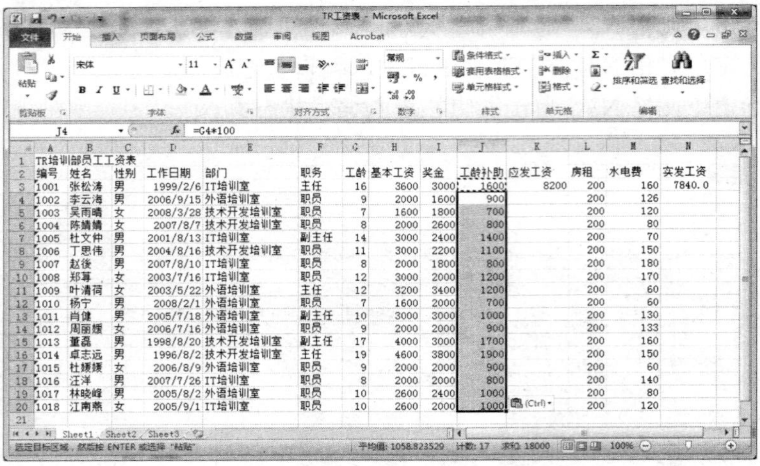

图 4-54　复制公式

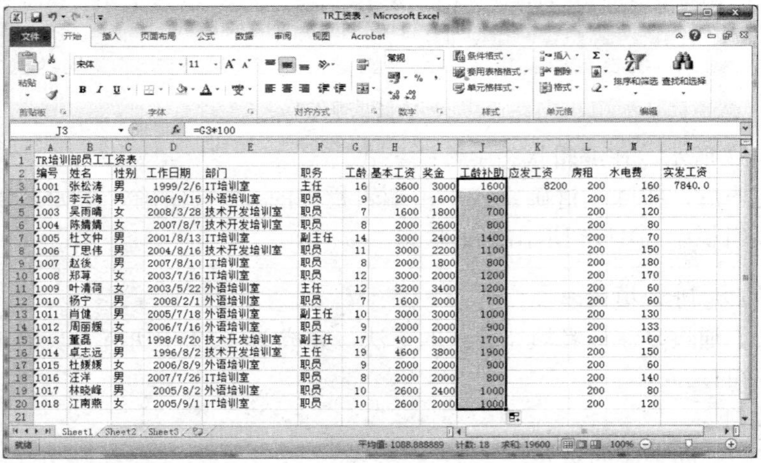

图 4-55　填充公式

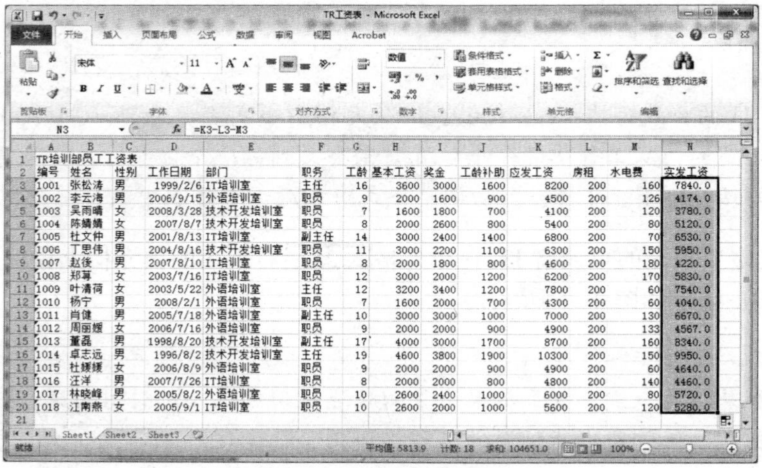

图 4-56　完成后的数据

4.4.2　函数的录入和使用

所谓函数，是指 Excel 预定义的内置公式。使用函数可以使计算速度更快，计算更方便。Excel 2010 库中提供了包括数学与三角函数、统计函数、数据库函数、财务函数、日期与时间函数等 12 类共 400 多个函数。

函数由函数名和函数的参数组成，格式如下。

函数名(参数 1，参数 2，…)

函数的参数可以是具体的数值、字符、逻辑值，也可以是表达式、单元格地址、单元格区域、区域名字等组成。函数本身也可以作为参数，如果一个函数没有参数，必须加上括号。

1. 常用函数及其功能

表 4-6 介绍了常用函数的功能。

表 4-6　常用函数功能介绍

函 数 名	功　能
SUM (number,number2….)	计算参数中数值(number,number2….)的总和
AVERAGE(number,number2,..)	计算参数中数值(number,number2,..)的平均值
MAX(numberl，number2,..)	求参数中数值(numberl，number2,..)的最大值
MIN(number l，number2,…)	求参数中数值(number l，number2,…)的最小值
COUNT(value1,value2,..)	统计指定区域(value1,value2,..)中有数值数据的单元格个数
COUNTIF(range,criteria)	计算指定区域(range)内满足条件(criteria)的单元格的数目
IF(logical_test,valuel_if_true, valuel_if_false)	条件判断，如果条件成立，则取第一个值(即 value_if_true)，否则取第二个值(value_if_false)
RANK(Number,ref,Order)	查找数值（number）在一组数（ref）中的排名，其中：order 值为非零时升序，否则降序

2. 函数的使用

运用 Excel 提供的函数了几个常用的函数：SUM 求和函数、AVERAGE 平均值函数、MAX 最大值函数和 MIN 最小值函数等。几个函数的使用方法相同，以 SUM 函数为例讲解。

【案例 4-21】使用 SUM 函数计算图 4-51 中 K 列应发工资的计算。

方法一：

① 单击编辑栏上的 fx 按钮，或者单击“公式”选项卡中的 fx 插入函数 按钮，打开插入函数对话框，如图 4-57 所示。

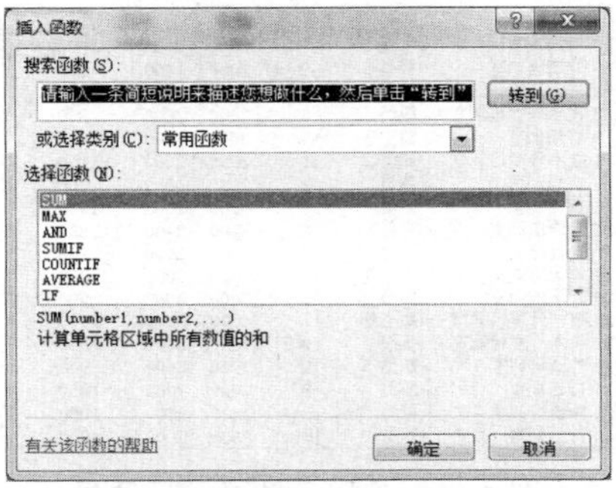

图 4-57　插入函数对话框

② 选择 SUM 函数，打开函数参数对话框，如图 4-58 所示。

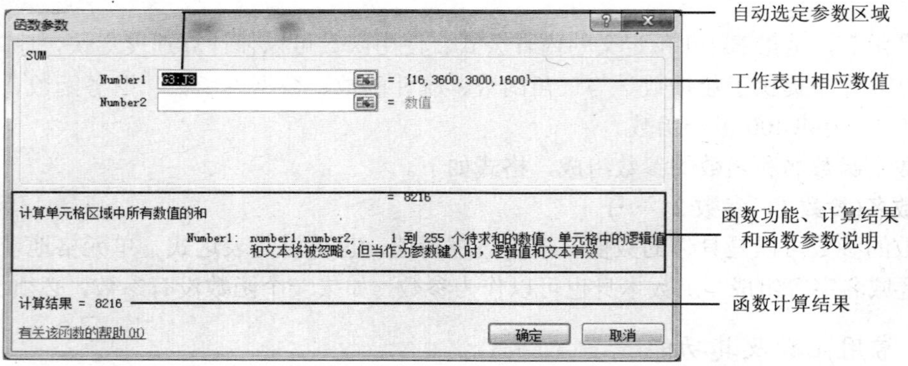

图 4-58　函数参数对话框

③ 很显然，参数 Number1 中自动设定的区域“G3:J3”不符合要求，需要重新选择。在工作表中选中“H3:J3”或者在 Number1 编辑框中输入“H3:J3”，如图 4-59 所示。

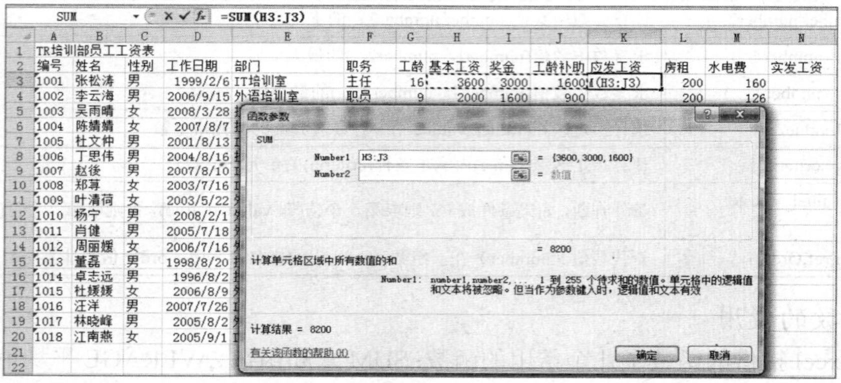

图 4-59　修改函数参数

④ 输入完成后，按“确定”按钮即可完成函数的录入，如图 4-60 所示（注意 K3 单元格和编辑栏中显示内容的不同）。

K3 =SUM(H3:J3)

	A	B	C	D	E	F	G	H	I	J	K	L	M	N
1	TR培训部员工工资表													
2	编号	姓名	性别	工作日期	部门	职务	工龄	基本工资	奖金	工龄补助	应发工资	房租	水电费	实发工资
3	1001	张松涛	男	1999/2/6	IT培训室	主任	16	3600	3000	1600	8200	200	160	
4	1002	李云海	男	2006/9/15	外语培训室	职员	9	2000	1600	900		200	126	
5	1003	吴雨晴	女	2008/3/28	技术开发培训室	职员	7	1600	1800	700		200	120	
6	1004	陈婧婧	女	2007/8/7	技术开发培训室	职员	8	2000	2600	800		200	80	
7	1005	杜文仲	男	2001/8/13	IT培训室	副主任	14	3000	2400	1400		200	70	
8	1006	丁思伟	男	2004/8/16	技术开发培训室	职员	11	3000	2200	1100		200	150	
9	1007	赵後	男	2007/8/10	IT培训室	职员	8	2000	1800	800		200	180	
10	1008	郑荨	女	2003/7/16	IT培训室	职员	12	3000	2000	1200		200	170	
11	1009	叶清荷	女	2003/5/22	外语培训室	主任	12	3200	3400	1200		200	60	
12	1010	杨宁	男	2008/2/1	外语培训室	职员	7	1600	2000	700		200	60	
13	1011	肖健	男	2005/7/18	外语培训室	副主任	10	3000	3000	1000		200	130	
14	1012	周丽媛	女	2006/7/16	外语培训室	职员	9	2000	2000	900		200	133	
15	1013	董磊	男	1998/8/20	技术开发培训室	副主任	17	4000	3000	1700		200	160	
16	1014	卓志远	男	1996/8/2	技术开发培训室	主任	19	4600	3800	1900		200	150	
17	1015	杜媛媛	女	2006/8/9	外语培训室	职员	9	2000	2000	900		200	60	
18	1016	汪洋	男	2007/7/26	IT培训室	职员	8	2000	2000	800		200	140	
19	1017	林晓峰	男	2005/8/2	外语培训室	职员	10	2600	2400	1000		200	80	
20	1018	江南燕	女	2005/9/1	IT培训室	职员	10	2600	2000	1000		200	120	

图 4-60　使用函数录入后结果

⑤ 利用 K3 单元格，复制或者填充完成 K 列数据的录入。

方法二：

① 单击“开始”选项卡“编辑”功能区中“自动求和”按钮 Σ 自动求和 ▾ ，在弹出菜单中选择“求和”，如图 4-61 所示。

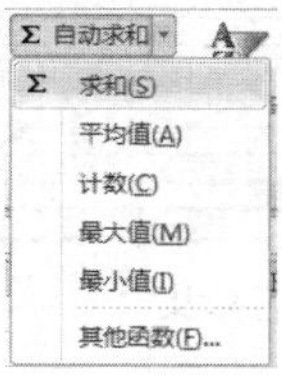

图 4-61　自动求和菜单项

SUM　=SUM(H3:J3)

	A	B	C	D	E	F	G	H	I	J	K	L	M	N
1	TR培训部员工工资表													
2	编号	姓名	性别	工作日期	部门	职务	工龄	基本工资	奖金	工龄补助	应发工资	房租	水电费	实发工资
3	1001	张松涛	男	1999/2/6	IT培训室	主任	16	3600	3000	1600	=SUM(H3:J3)		160	
4	1002	李云海	男	2006/9/15	外语培训室	职员	9	2000	1600	900	SUM(number1, [number2], ...)		6	
5	1003	吴雨晴	女	2008/3/28	技术开发培训室	职员	7	1600	1800	700		200	120	
6	1004	陈婧婧	女	2007/8/7	技术开发培训室	职员	8	2000	2600	800		200	80	
7	1005	杜文仲	男	2001/8/13	IT培训室	副主任	14	3000	2400	1400		200	70	
8	1006	丁思伟	男	2004/8/16	技术开发培训室	职员	11	3000	2200	1100		200	150	
9	1007	赵後	男	2007/8/10	IT培训室	职员	8	2000	1800	800		200	180	
10	1008	郑莺	女	2003/7/16	IT培训室	职员	12	3000	2000	1200		200	170	
11	1009	叶清荷	女	2003/5/22	外语培训室	主任	12	3200	3400	1200		200	60	
12	1010	杨宁	男	2008/2/1	外语培训室	职员	7	1600	2000	700		200	60	
13	1011	肖健	男	2005/7/18	外语培训室	副主任	10	3000	3000	1000		200	130	
14	1012	周丽媛	女	2006/7/16	外语培训室	职员	9	2000	2000	900		200	133	
15	1013	董磊	男	1998/8/20	技术开发培训室	副主任	17	4000	3000	1700		200	160	
16	1014	卓志远	男	1996/8/2	技术开发培训室	主任	19	4600	3800	1900		200	150	
17	1015	杜媛媛	女	2006/8/9	外语培训室	职员	9	2000	2000	900		200	60	
18	1016	汪洋	男	2007/7/26	IT培训室	职员	8	2000	2000	800		200	140	
19	1017	林晓峰	男	2005/8/2	外语培训室	职员	10	2600	2400	1000		200	80	
20	1018	江南燕	女	2005/9/1	IT培训室	职员	10	2600	2000	1000		200	120	

图 4-62　选定自动求和区域

② 如图 4-62，选定自动求和区域“H3:J3”后，按回车键或编辑栏中的 ✔ 按钮，完成函数的录入。结果如图 4-60 所示。

③ 利用 K3 单元格，复制或者填充完成 K 列数据的录入。

3. 利用函数实现数据的统计和分析

【案例 4-22】如图 4-63 所示，使用统计函数 COUNT 求出班级总人数，将结果存放到 C19 单元格；利用条件统计函数 COUNTIF，求出各课程的及格率和所有课程的总合格率，将结果分别存放到 C20 至 G20 区域。其中：合格率＝及格人数/总人数。

C19　fx

	A	B	C	D	E	F	G
1	学员成绩表						
2	学号	姓名	概率与统计	信息技术基础	数据库应用	总分	平均分
3	0901001	王红	80	72	85	237	79.00
4	0901002	张玮	77	80	80	237	79.00
5	0901003	吴丽丽	60	67	70	197	65.67
6	0901004	范莹莹	63	66	81	210	70.00
7	0901005	赵云云	86	81	90	257	85.67
8	0901006	李雯雯	80	77	83	240	80.00
9	0901007	朱晓琳	70	79	88	237	79.00
10	0901008	华彩霞	71	82	79	232	77.33
11	0901009	王峰	81	73	85	239	79.67
12	0901010	林建中	86	90	87	263	87.67
13	0901011	李宗义	85	80	79	244	81.33
14	0901012	马永强	50	51	65	166	55.33
15	0901013	魏军	70	81	81	232	77.33
16	0901014	黎伟	60	53	69	182	60.67
17	0901015	陈星明	85	89	90	264	88.00
18	0901016	郭能达	91	86	90	267	89.00
19	总人数						
20	及格率						

图 4-63　统计前效果

操作步骤如下。

① 利用 COUNT 函数在 C19 单元格统计班级人数。

(a)选定 C19 单元格，单击编辑栏中 fx 按钮，在如图 4-57 插入函数对话框中选择 COUNT 函数，并单击“确定”按钮。

(b) 如图 4-64 所示，函数的 Value1 参数系统自动选定的结果“C3:C18”符合要求，在此可以不用修改，直接单击“确定”按钮。

（c）统计结果如图 4-65 所示，单元格 C19 显示结果为“16”，而编辑栏中显示内容为“=COUNT(C3:C18)”。

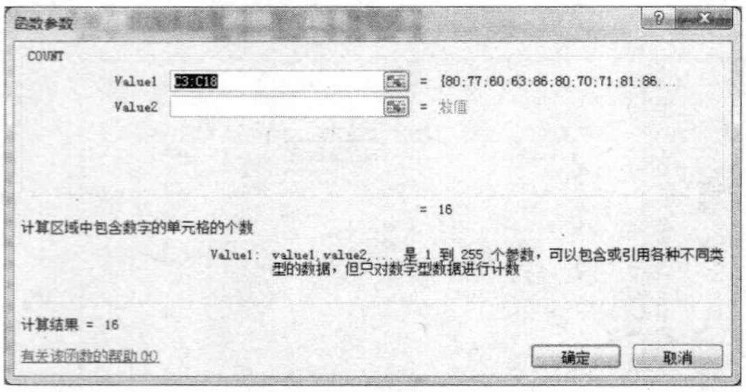

图 4-64　函数参数对话框

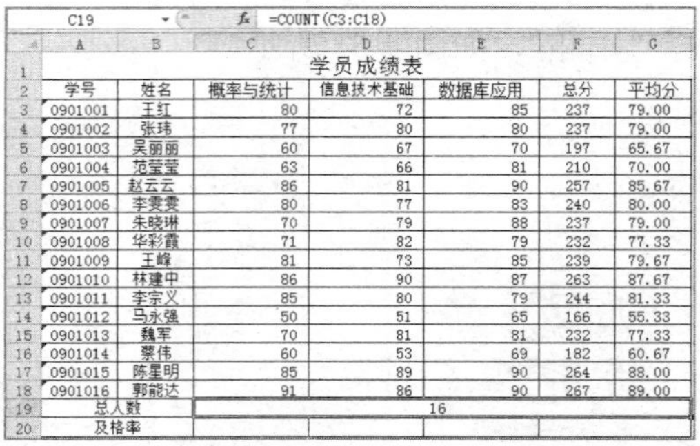

C19　=COUNT(C3:C18)

	A	B	C	D	E	F	G
1	学员成绩表						
2	学号	姓名	概率与统计	信息技术基础	数据库应用	总分	平均分
3	0901001	王红	80	72	85	237	79.00
4	0901002	张玮	77	80	80	237	79.00
5	0901003	吴丽丽	60	67	70	197	65.67
6	0901004	范莹莹	63	66	81	210	70.00
7	0901005	赵云云	86	81	90	257	85.67
8	0901006	李雯雯	80	77	83	240	80.00
9	0901007	朱晓琳	70	79	88	237	79.00
10	0901008	华彩霞	71	82	79	232	77.33
11	0901009	王峰	81	73	85	239	79.67
12	0901010	林建中	86	90	87	263	87.67
13	0901011	李宗义	85	80	79	244	81.33
14	0901012	马永强	50	51	65	166	55.33
15	0901013	魏军	70	81	81	232	77.33
16	0901014	蔡伟	60	53	69	182	60.67
17	0901015	陈星明	85	89	90	264	88.00
18	0901016	郭能达	91	86	90	267	89.00
19	总人数		16				
20	及格率						

图 4-65　统计人数后效果

② 在 C20 单元格计算“概率与统计”课程的及格率。

（a）选定 C20 单元格，单击编辑栏中 *fx* 按钮，在插入函数对话框中选择 COUNTIF 函数，并单击“确定”按钮。

如果在常用函数中找不到 COUNTIF 函数，可以在搜索函数编辑框中输入“COUNTIF”，并按右侧的“转到”按钮，如图 4-66 所示，系统将会搜索到 COUNTIF 函数并选定，此时单击“确定”按钮即可。

（b）在打开的函数参数对话框中，注意两个参数不同的含义，如图 4-67 所示。

Range 参数：要计算机其中非空单元格数据的区域。

Criteria：统计的条件依据。

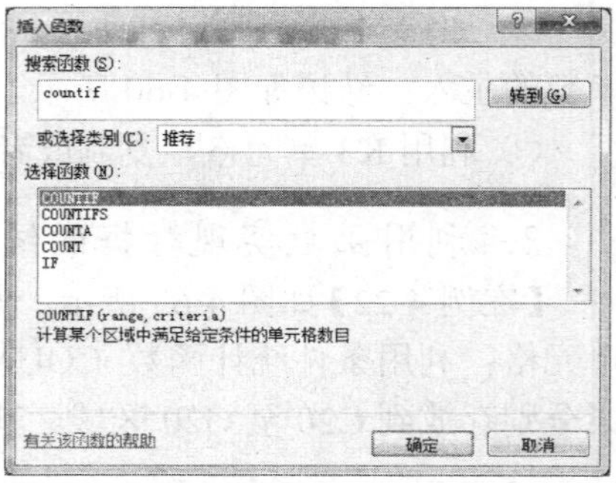

图 4-66　使用搜索函数

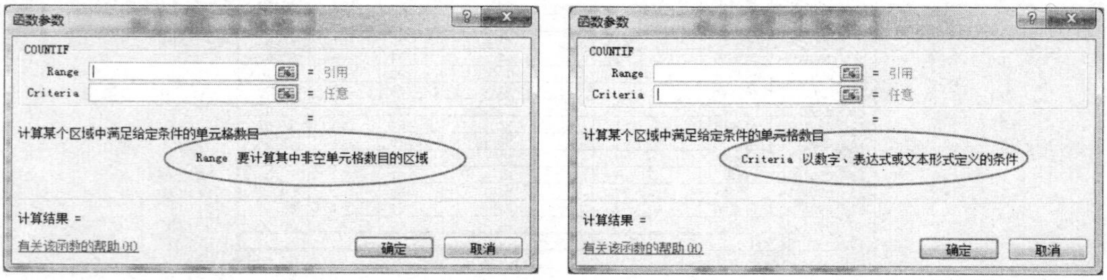

图 4-67　两个参数提示信息的不同

（c）在 Range 参数的编辑栏中输入“C3:C18”（或者在工作表中选定 C3:C18 区域），在 Criteria 参数的编辑栏中输入“>=60”，如图 4-68 所示。

（d）单击“确定”按钮，结果如图 4-69 所示，很显然目前所得结果只是概率与统计课程的及格人数，还需要将该结果除以刚才统计的总人数才能得到课程的及格率。

（e）选定 C20 单元格，然后单击编辑栏，进入单元格的编辑状态，在 C20 的内容“=COUNTIF(C3:C18,">=60")”后加上“/$C$19”，得到课程及格率为“0.94”，如图 4-70 所示。

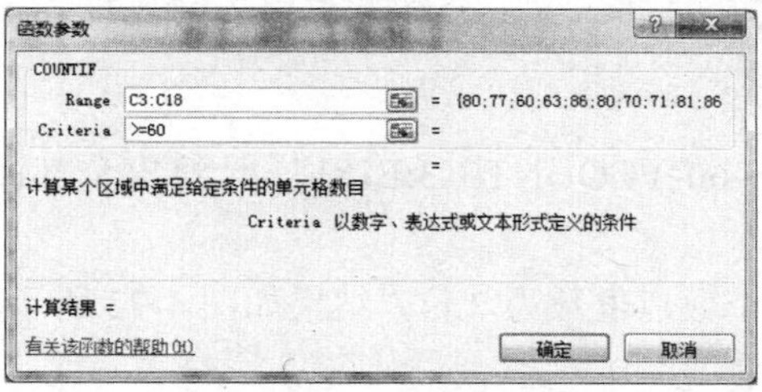

图 4-68　输入函数的参数

C20　=COUNTIF(C3:C18,">=60")

	A	B	C	D	E	F	G
1	学员成绩表						
2	学号	姓名	概率与统计	信息技术基础	数据库应用	总分	平均分
3	0901001	王红	80	72	85	237	79.00
4	0901002	张玮	77	80	80	237	79.00
5	0901003	吴丽丽	60	67	70	197	65.67
6	0901004	范莹莹	63	66	81	210	70.00
7	0901005	赵云云	86	81	90	257	85.67
8	0901006	李雯雯	80	77	83	240	80.00
9	0901007	朱晓琳	70	79	88	237	79.00
10	0901008	华彩霞	71	82	79	232	77.33
11	0901009	王峰	81	73	85	239	79.67
12	0901010	林建中	86	90	87	263	87.67
13	0901011	李宗义	85	80	79	244	81.33
14	0901012	马永强	50	51	65	166	55.33
15	0901013	魏军	70	81	81	232	77.33
16	0901014	蔡伟	60	53	69	182	60.67
17	0901015	陈星明	85	89	90	264	88.00
18	0901016	郭能达	91	86	90	267	89.00
19	总人数			16			
20	及格率		15.00				

图 4-69　利用 COUNTIF 函数统计及格人数

C20　=COUNTIF(C3:C18,">=60")/$C$19

	A	B	C	D	E	F	G
1	学员成绩表						
2	学号	姓名	概率与统计	信息技术基础	数据库应用	总分	平均分
3	0901001	王红	80	72	85	237	79.00
4	0901002	张玮	77	80	80	237	79.00
5	0901003	吴丽丽	60	67	70	197	65.67
6	0901004	范莹莹	63	66	81	210	70.00
7	0901005	赵云云	86	81	90	257	85.67
8	0901006	李雯雯	80	77	83	240	80.00
9	0901007	朱晓琳	70	79	88	237	79.00
10	0901008	华彩霞	71	82	79	232	77.33
11	0901009	王峰	81	73	85	239	79.67
12	0901010	林建中	86	90	87	263	87.67
13	0901011	李宗义	85	80	79	244	81.33
14	0901012	马永强	50	51	65	166	55.33
15	0901013	魏军	70	81	81	232	77.33
16	0901014	蔡伟	60	53	69	182	60.67
17	0901015	陈星明	85	89	90	264	88.00
18	0901016	郭能达	91	86	90	267	89.00
19	总人数			16			
20	及格率		0.94				

图 4-70　计算课程及格率

注意

在此处单元格引用时，和之前所使用的“列标+行号”的相对地址引用不同，此处使用的的“$C$19”，也就是采用了绝对地址引用。所谓绝对地址引用，是指采用单元格绝对地址，无论把公式复制到什么位置，总是引用起始单元格内的“固定”地址。

③ 采用公式复制或者填充的方式完成 D20、E20 的数据录入，如图 4-71 所示。

E20　=COUNTIF(E3:E18,">=60")/$C$19

	A	B	C	D	E	F	G
1	学员成绩表						
2	学号	姓名	概率与统计	信息技术基础	数据库应用	总分	平均分
3	0901001	王红	80	72	85	237	79.00
4	0901002	张玮	77	80	80	237	79.00
5	0901003	吴丽丽	60	67	70	197	65.67
6	0901004	范莹莹	63	66	81	210	70.00
7	0901005	赵云云	86	81	90	257	85.67
8	0901006	李雯雯	80	77	83	240	80.00
9	0901007	朱晓琳	70	79	88	237	79.00
10	0901008	华彩霞	71	82	79	232	77.33
11	0901009	王峰	81	73	85	239	79.67
12	0901010	林建中	86	90	87	263	87.67
13	0901011	李宗义	85	80	79	244	81.33
14	0901012	马永强	50	51	65	166	55.33
15	0901013	魏军	70	81	81	232	77.33
16	0901014	蔡伟	60	53	69	182	60.67
17	0901015	陈星明	85	89	90	264	88.00
18	0901016	郭能达	91	86	90	267	89.00
19	总人数			16			
20	及格率		0.94	0.88	1.00		

图 4-71　课程及格率的复制

注意

表中 D20、E20 单元格中公式分别是“=COUNTIF(D3:D18,">=60")/$C$19”和“=COUNTIF(E3:E18,">=60")/$C$19”，也就是说分子是相对引用，所以在公式复制的过程中会随着行列的变化而产生相应的变化；分母是绝对引用，在公式复制的过程中，始终采用固定的地址，不会随着行列的变化而产生变化。

④ 在单元格 F20 处输入“=COUNTIF(C3:E18,">=60")/COUNT(C3:E18)”，计算出全部课程的及格率。

⑤ 设置 C20 至 F20 区域数据格式为“百分比”，小数点位数为 2 位，结果如图 4-72 所示。

F20 =COUNTIF(C3:E18,">=60")/COUNT(C3:E18)

	A	B	C	D	E	F	G
1	学员成绩表						
2	学号	姓名	概率与统计	信息技术基础	数据库应用	总分	平均分
3	0901001	王红	80	72	85	237	79.00
4	0901002	张玮	77	80	80	237	79.00
5	0901003	吴丽丽	60	67	70	197	65.67
6	0901004	范莹莹	63	66	81	210	70.00
7	0901005	赵云云	86	81	90	257	85.67
8	0901006	李雯雯	80	77	83	240	80.00
9	0901007	朱晓琳	70	79	88	237	79.00
10	0901008	华彩霞	71	82	79	232	77.33
11	0901009	王峰	81	73	85	239	79.67
12	0901010	林建中	86	90	87	263	87.67
13	0901011	李宗义	85	80	79	244	81.33
14	0901012	马永强	50	51	65	166	55.33
15	0901013	魏军	70	81	81	232	77.33
16	0901014	蔡伟	60	53	69	182	60.67
17	0901015	陈星明	85	89	90	264	88.00
18	0901016	郭能达	91	86	90	267	89.00
19	总人数		16				
20	及格率		93.75%	87.50%	100.00%	93.75%	

图 4-72 所有课程及格率的计算

【案例 4-23】如图 4-72 所示，在 H2 单元格输入“良好以上”，使用 IF 函数，如果该生平均分大于 80，则在 H 列相应的单元格显示为“是”，否则不显示任何内容。

操作步骤如下。

① 选中 H2 单元格，输入“良好以上”，然后选中 H3 单元格，单击编辑栏中 *fx* 按钮，在插入函数对话框中选择“IF”函数。

② 单击“确定”按钮，如图 4-73 所示。

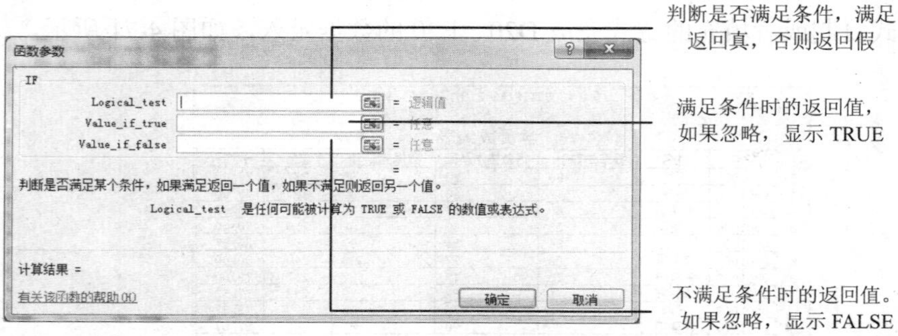

图 4-73 IF 函数的参数说明

③ 在“logical_test”栏输入“G3>=80”，在“value_if_true”栏值输入“是”（直接输入“是”，系统将会自动加上英文双引号），“value_if_false”栏值输入“”（英文双引号，如果不填写，则不满足条件时将会显示 FALSE，而不是空白），如图 4-74 所示，单击“确定”按钮。

④ 将 H3 单元格的值复制或者填充到 H4 至 H19 区域，结果如图 4-75 所示。

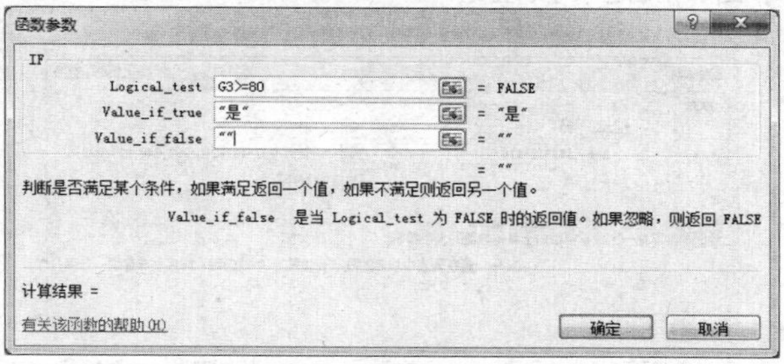

图 4-74　IF 函数的参数

H3　=IF(G3>=80,"是","")

	A	B	C	D	E	F	G	H
1	学员成绩表							
2	学号	姓名	概率与统计	信息技术基础	数据库应用	总分	平均分	良好以上
3	0901001	王红	80	72	85	237	79.00	
4	0901002	张玮	77	80	80	237	79.00	
5	0901003	吴丽丽	60	67	70	197	65.67	
6	0901004	范莹莹	63	66	81	210	70.00	
7	0901005	赵云云	86	81	90	257	85.67	是
8	0901006	李雯雯	80	77	83	240	80.00	是
9	0901007	朱晓琳	70	79	88	237	79.00	
10	0901008	华彩霞	71	82	79	232	77.33	
11	0901009	王峰	81	73	85	239	79.67	
12	0901010	林建中	86	90	87	263	87.67	是
13	0901011	李宗义	85	80	79	244	81.33	是
14	0901012	马永强	50	51	65	166	55.33	
15	0901013	魏军	70	81	81	232	77.33	
16	0901014	蔡伟	60	53	69	182	60.67	
17	0901015	陈星明	85	89	90	264	88.00	是
18	0901016	郭能达	91	86	90	267	89.00	是
19	总人数			16				
20	及格率		93.75%	87.50%	100.00%	93.75%		

图 4-75　IF 函数统计后结果

【案例 4-24】如图 4-75 所示，在 I2 单元格输入“排名”，使用 I RANK 函数返回学生总分的排名。

操作步骤如下。

① 选中 I2 单元格，输入“排名”，然后选中 I3 单元格，单击编辑栏中 *fx* 按钮，在插入函数对话框中选择“RANK”函数。

如果在常用函数中找不到 RANK 函数，可以在搜索函数编辑框中输入“RANK”，并按右侧的“转到”按钮，系统将会搜索到 RANK 函数并选定。

② 单击“确定”按钮，如图 4-76 所示。

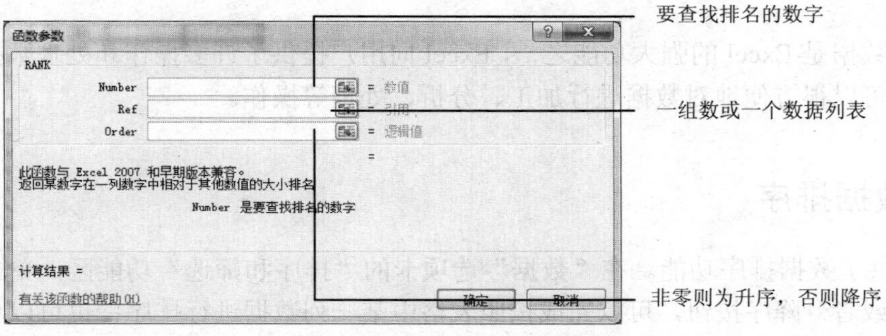

图 4-76　RANK 函数的参数说明

③ 在 Number 中输入“F3”，在 Ref 中输入“$F$3:$F$18”，在 Order 中输入“0”或者不输，如图 4-77 所示，单击“确定”按钮。

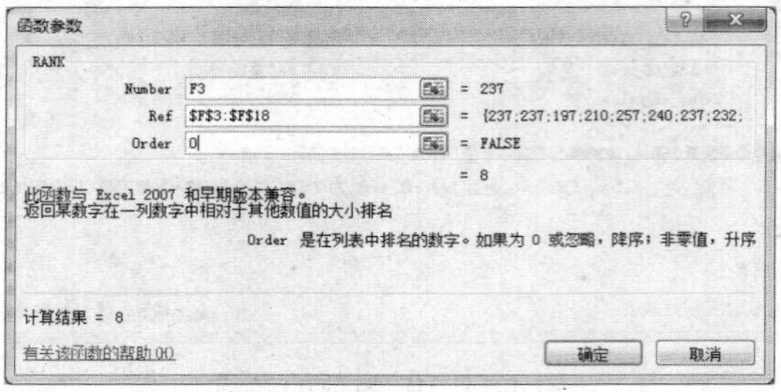

图 4-77　RANK 函数的参数

注意

“Ref”栏必须要用绝对地址“$F$3:$F$18”，而不能采用相对引用“F3:F18”，因为不论哪一个数据排名的数据范围都是一样的，否则单元格引用会出错。

④ 将 I3 单元格的值复制或者填充到 I4 至 I19 区域，结果如图 4-78 所示。

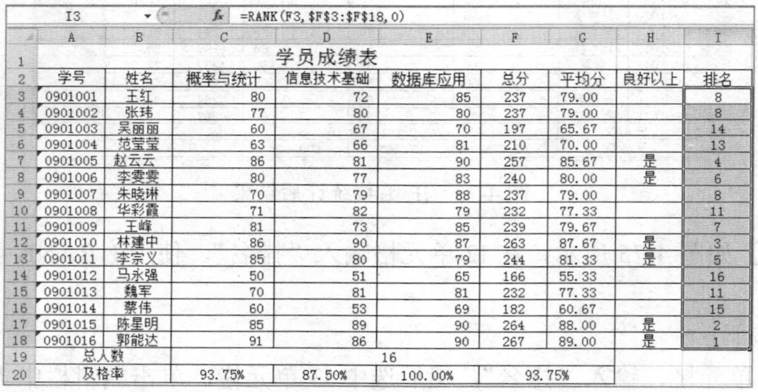

	A	B	C	D	E	F	G	H	I
1	学员成绩表								
2	学号	姓名	概率与统计	信息技术基础	数据库应用	总分	平均分	良好以上	排名
3	0901001	王红	80	72	85	237	79.00		8
4	0901002	张玮	77	80	80	237	79.00		8
5	0901003	吴丽丽	60	67	70	197	65.67		14
6	0901004	范莹莹	63	66	81	210	70.00		13
7	0901005	赵云云	86	81	90	257	85.67	是	4
8	0901006	李雯雯	80	77	83	240	80.00	是	6
9	0901007	朱晓琳	70	79	88	237	79.00		8
10	0901008	华彩霞	71	82	79	232	77.33		11
11	0901009	王峰	81	73	85	239	79.67		7
12	0901010	林建中	86	90	87	263	87.67	是	3
13	0901011	李宗义	85	80	79	244	81.33	是	5
14	0901012	马永强	50	51	65	166	55.33		16
15	0901013	魏军	70	81	81	232	77.33		11
16	0901014	蔡伟	60	53	69	182	60.67		15
17	0901015	陈星明	85	89	90	264	88.00	是	2
18	0901016	郭能达	91	86	90	267	89.00	是	1
19	总人数		16						
20	及格率		93.75%	87.50%	100.00%	93.75%			

图 4-78　RANK 函数排名后结果

4.5　数据管理

分析和处理数据是 Excel 的强大功能之一，Excel 向用户提供了许多操作和处理数据的有效工具，使用户可以很方便地对数据进行加工、分析、处理等操作。

4.5.1　数据排序

Excel 中提供了数据排序功能。在“数据”选项卡的“排序和筛选”功能区，单击快速排序 A↓Z 升序按钮或者 Z↓A 降序按钮，可以完成按照表格中某一列数据进行排序；也可以单击排序按钮，打开排序对话框，对多列数据进行排序。

1. 单列快速排序

【案例 4-25】以扬州××培训班的学员成绩表为例，如图 4-79 所示，对数据区域 A3：G18 按学员成绩按总分由高到低排序。

操作步骤如下。

① 新建工作表，并将新工作表重命名为“快速排序”，将图 4-79 中整个数据表的内容复制过来。

② 选中 F3 至 F18 区域中任一单元格，单击降序排序按钮，表中的数据将以总分降序排列，结果如图 4-80 所示。

	A	B	C	D	E	F	G
1	学员成绩表						
2	学号	姓名	概率与统计	信息技术基础	数据库应用	总分	平均分
3	0901001	王红	80	72	85	237	79.00
4	0901002	张玮	77	80	80	237	79.00
5	0901003	吴丽丽	60	67	70	197	65.67
6	0901004	范莹莹	63	66	81	210	70.00
7	0901005	赵云云	86	81	90	257	85.67
8	0901006	李雯雯	80	77	83	240	80.00
9	0901007	朱晓琳	70	79	88	237	79.00
10	0901008	华彩霞	71	82	79	232	77.33
11	0901009	王峰	81	73	85	239	79.67
12	0901010	林建中	86	90	87	263	87.67
13	0901011	李宗义	85	80	79	244	81.33
14	0901012	马永强	50	51	65	166	55.33
15	0901013	魏军	70	81	81	232	77.33
16	0901014	蔡伟	60	53	69	182	60.67
17	0901015	陈星明	85	89	90	264	88.00
18	0901016	郭能达	91	86	90	267	89.00

图 4-79　排序前数据

	A	B	C	D	E	F	G
1	学员成绩表						
2	学号	姓名	概率与统计	信息技术基础	数据库应用	总分	平均分
3	0901016	郭能达	91	86	90	267	89.00
4	0901015	陈星明	85	89	90	264	88.00
5	0901010	林建中	86	90	87	263	87.67
6	0901005	赵云云	86	81	90	257	85.67
7	0901011	李宗义	85	80	79	244	81.33
8	0901006	李雯雯	80	77	83	240	80.00
9	0901009	王峰	81	73	85	239	79.67
10	0901001	王红	80	72	85	237	79.00
11	0901002	张玮	77	80	80	237	79.00
12	0901007	朱晓琳	70	79	88	237	79.00
13	0901008	华彩霞	71	82	79	232	77.33
14	0901013	魏军	70	81	81	232	77.33
15	0901004	范莹莹	63	66	81	210	70.00
16	0901003	吴丽丽	60	67	70	197	65.67
17	0901014	蔡伟	60	53	69	182	60.67
18	0901012	马永强	50	51	65	166	55.33

图 4-80　排序后数据

2. 多列排序

【案例 4-26】如图 4-79 所示，把学员成绩按总分由高到低排序，如果总分相同，按“概率与统计”课程成绩由低到高排序。

操作步骤如下。

① 新建工作表，并将新工作表重命名为“多列排序”，将图 4-79 中数据表的全部内容复制过来。

② 选定表格数据区域 A3：G18，或者选定区域中任一单元格，然后在“数据”选项卡的“排序和筛选”功能区单击排序按钮，打开“排序”对话框，如图 4-81 所示。

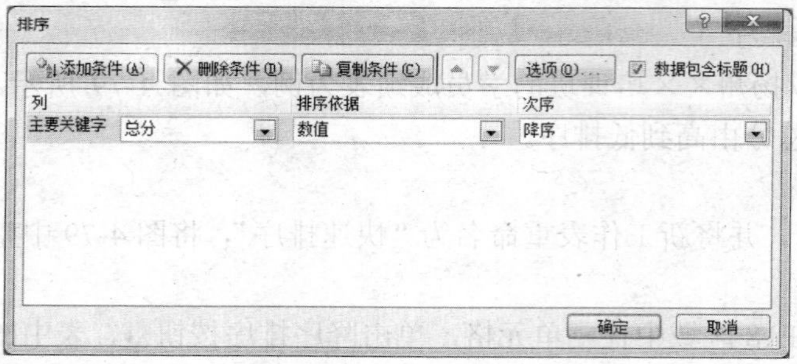

图 4-81　排序对话框

③ 单击“主关键字”下拉列表，选择主关键字为“总分”，排序依据为数值，次序为“降序”。

④ 单击“添加条件”按钮，然后单击“次关键字”下拉列表，选择次关键字为“概率与统计”，排序依据为数值，次序为“升序”。

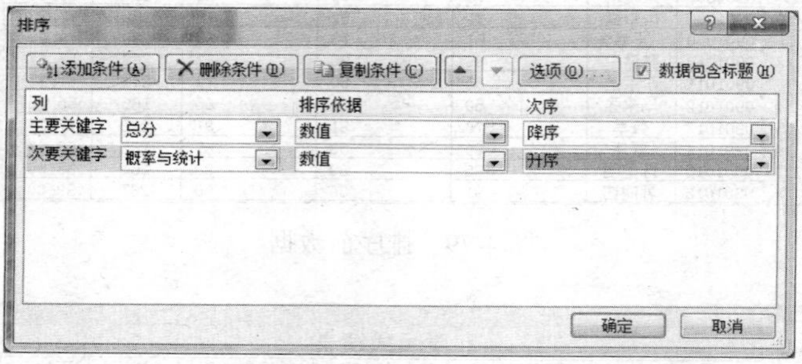

图 4-82　设定排序关键字

⑤ 单击“确定”按钮，即可完成排序，效果如图 4-83 所示。

对比图 4-80 和图 4-83 可以看出，图 4-80 中 10、11、12 行总分相同的情况下，是以学号的顺序由小到大排列的，而图 4-80 是以概率与统计课程成绩由小到大排列的。13、14 行的数据也是如此。

	A	B	C	D	E	F	G
1	学员成绩表						
2	学号	姓名	概率与统计	信息技术基础	数据库应用	总分	平均分
3	0901016	郭能达	91	86	90	267	89.00
4	0901015	陈星明	85	89	90	264	88.00
5	0901010	林建中	86	90	87	263	87.67
6	0901005	赵云云	86	81	90	257	85.67
7	0901011	李宗义	85	80	79	244	81.33
8	0901006	李雯雯	80	77	83	240	80.00
9	0901009	王峰	81	73	85	239	79.67
10	0901007	朱晓琳	70	79	88	237	79.00
11	0901002	张玮	77	80	80	237	79.00
12	0901001	王红	80	72	85	237	79.00
13	0901013	魏军	70	81	81	232	77.33
14	0901008	华彩霞	71	82	79	232	77.33
15	0901004	范莹莹	63	66	81	210	70.00
16	0901003	吴丽丽	60	67	70	197	65.67
17	0901014	蔡伟	60	53	69	182	60.67
18	0901012	马永强	50	51	65	166	55.33

图 4-83　多列排列后数据

4.5.2　自动筛选和高级筛选

在 Excel 数据清单中，通过数据“筛选”可只显示满足指定条件的数据记录，暂时隐藏不符合条件的记录，以缩小查找范围，加快操作速度。

Excel 中提供了“自动筛选”和“高级筛选”命令来筛选数据。

1. 自动筛选

【案例 4-27】如图 4-79 所示，筛选出数据库应用成绩大于等于 80 分的学生。

操作步骤如下。

① 新建工作表，并将新工作表重命名为“自动筛选”，将图 4-79 中整个数据表的内容复制过来。

② 选定 A2：G18 区域中任一单元格，在“数据”选项卡的“排序和筛选”功能区中的自动筛选按钮。此时，在第 2 行的每个列标题的右边都出现了下拉箭头。

③ 单击“数据库应用”右侧的下拉箭头，在菜单项目中单击“数字筛选”，在弹出的二级菜单中，选择“大于或等于”，如图 4-84 所示。

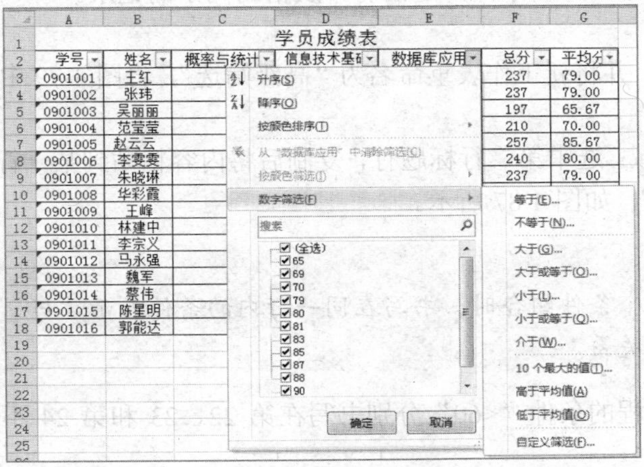

图 4-84　选择自动筛选方式

④ 在如图 4-85 的“自定义字段筛选方式”对话框中，在编辑框中输入“80”，单击“确定”按钮。

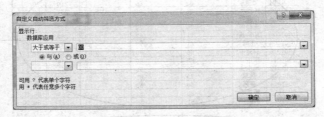

图 4-85　自定义自动筛选方式

⑤ 结果如图 4-86 所示，注意此时 E2 单元格“数据库应用”右侧的下拉箭头已经变成了漏斗状，表示已经对该项进行了自动筛选。

注意

使用“自动筛选”功能时，如果筛选条件涉及到多个字段，如概率与统计、信息技术基础和数据库应用的成绩都大于等于 80。此处，共有三个条件：①概率与统计大于等于 80。②信息技术基础大于等于 80。③数据库应用大于等于 80，并且三者之间为“与”的关系。我们只需要对三门课程依次进行自动筛选就可以完成所需的任务。

	A	B	C	D	E	F	G
1	学员成绩表						
2	学号	姓名	概率与统计	信息技术基础	数据库应用	总分	平均分
3	0901001	王红	80	72	85	237	79.00
4	0901002	张玮	77	80	80	237	79.00
6	0901004	范莹莹	63	66	81	210	70.00
7	0901005	赵云云	86	81	90	257	85.67
8	0901006	李雯雯	80	77	83	240	80.00
9	0901007	朱晓琳	70	79	88	237	79.00
11	0901009	王峰	81	73	85	239	79.67
12	0901010	林建中	86	90	87	263	87.67
15	0901013	魏军	70	81	81	232	77.33
17	0901015	陈星明	85	89	90	264	88.00
18	0901016	郭能达	91	86	90	267	89.00

图 4-86　自动筛选后结果

2. 高级筛选

【案例 4-28】如图 4-79 所示，筛选出有不及格的同学的记录。

操作步骤如下。

① 新建工作表，并将新工作表重命名为“高级筛选”，将图 4-79 中整个数据表的内容复制过来。

② 设定条件区域：选中第二行标题行，复制后将内容粘贴到某一行，然后在对应的标题下方输入条件“<60”，如图 4-87 所示。

注意

类似于本例中多个条件组合时，书写在同一行内的条件表示“与”的关系，在不同行内的条件表示“或”的关系。

本例中，三门课程的条件“<60”分别书写在第 22、23 和第 24 不同行中，表示三者之间为“或”的关系。

	A	B	C	D	E	F	G
1	学员成绩表						
2	学号	姓名	概率与统计	信息技术基础	数据库应用	总分	平均分
3	0901001	王红	80	72	85	237	79.00
4	0901002	张玮	77	80	80	237	79.00
5	0901003	吴丽丽	60	67	70	197	65.67
6	0901004	范莹莹	63	66	81	210	70.00
7	0901005	赵云云	86	81	90	257	85.67
8	0901006	李雯雯	80	77	83	240	80.00
9	0901007	朱晓琳	70	79	88	237	79.00
10	0901008	华彩霞	71	82	79	232	77.33
11	0901009	王峰	81	73	85	239	79.67
12	0901010	林建中	86	90	87	263	87.67
13	0901011	李宗义	85	80	79	244	81.33
14	0901012	马永强	50	51	65	166	55.33
15	0901013	魏军	70	81	81	232	77.33
16	0901014	蔡伟	60	53	69	182	60.67
17	0901015	陈星明	85	89	90	264	88.00
18	0901016	郭能达	91	86	90	267	89.00
19							
20							
21	学号	姓名	概率与统计	信息技术基础	数据库应用	总分	平均分
22			<60				
23				<60			
24					<60		

数据区

条件区

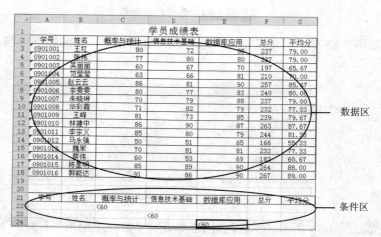

图 4-87　设定高级筛选条件

③ 单击“数据”选项卡的“排序和筛选”功能区中的高级筛选按钮 高级，在如图 4-88 所示高级筛选对话框中，列表区域选择“A2:G18”，条件区域选择“A21:G24”。

④ 单击“确定”按钮，结果如图 4-89 所示。很显然，已经把所有不及格的数据记录筛选出来了。

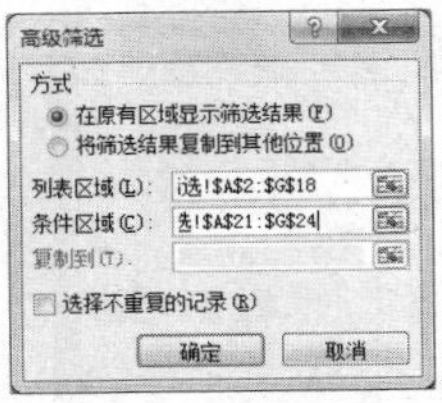

图 4-88　高级筛选对话框

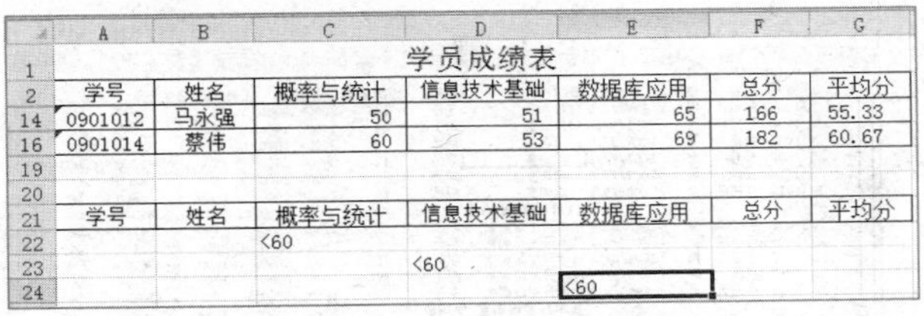

图 4-89　高级筛选后结果

4.5.3　数据分类汇总

常将表格数据整理分析，得出一些小计、合计等汇总信息，作为对工作表的总结和概括。Excel 提供了对数据清单进行分类汇总的方法，不需要创建公式，就能按照用户指定的要求进行汇总，并且自动进行分级显示。

【案例 4-29】如图 4-56 职工工资表，对职工工资表按部门作为分类字段，对数据表中基本工资、奖金、工龄补助、应发工资、房租、水电费、实发工资进行分类汇总，汇总方式为求平均值。

操作步骤如下。

① 新建工作表，并将新工作表重命名为“分类汇总”，复制如图 4-56 职工工资表。

② 将职工工资表数据按关键字段部门排序：选定 E2 至 E20 区域内任一单元格，单击“数据”选项卡的“排序和筛选”功能区的升序按钮。

注意

在进行汇总之前必须按照分类关键字段进行排序，因为分类汇总的原则是将邻近关键字相同的数据进行汇总，如果不按照关键字段排序，得到的汇总数据将毫无意义。

③ 选定数据区内的任一单元格，在“数据”选项中“分级显示”功能区域单击分类汇总按钮，弹出分类汇总对话框，如图 4-90 所示。

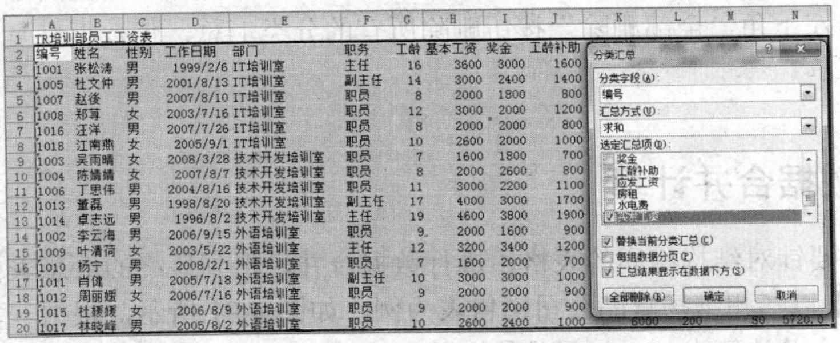

图 4-90　分类汇总对话框

④ 在分类汇总对话框中，选择“分类字段”为“部门”，“汇总方式”为“平均值”，在“选定汇总项”中勾选需要进行汇总的数据项，单击“确定”按钮，如图 4-91 所示。

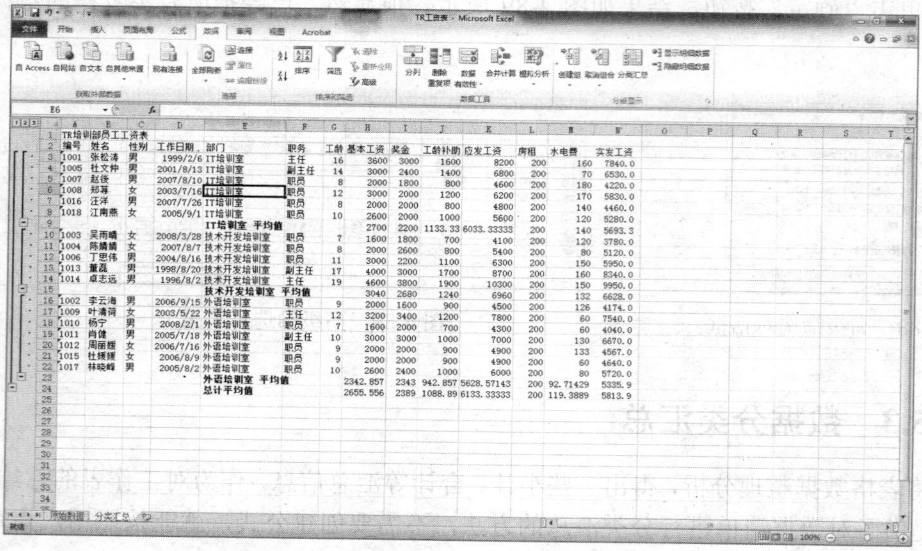

图 4-91　分类汇总效果图

在图 4-91 中，用户可以通过单击左边分级显示按钮 1 2 3，分级按总数、部门、员工显示职工工资情况。系统默认显示为三级，也就是图 4-91 的结果，一级和二级的显示效果分别如图 4-92 和图 4-93 所示。

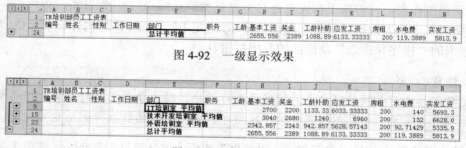

	A	B	C	D	E	F	G	H	I	J	K	L	M	N
1	TR培训部员工工资表													
2	编号	姓名	性别	工作日期	部门	职务	工龄	基本工资	奖金	工龄补助	应发工资	房租	水电费	实发工资
24					总计平均值			2655.556	2389	1088.89	6133.33333	200	119.3889	5813.9

图 4-92　一级显示效果

	A	B	C	D	E	F	G	H	I	J	K	L	M	N
1	TR培训部员工工资表													
2	编号	姓名	性别	工作日期	部门	职务	工龄	基本工资	奖金	工龄补助	应发工资	房租	水电费	实发工资
9					IT培训室 平均值			2700	2200	1133.33	6033.33333	200	140	5693.3
15					技术开发培训室 平均值			3040	2680	1240	6960	200	132	6628.0
23					外语培训室 平均值			2342.857	2343	942.857	5628.57143	200	92.71429	5335.9
24					总计平均值			2655.556	2389	1088.89	6133.33333	200	119.3889	5813.9

图 4-93　二级显示效果

在进行分类汇总后，如果想删除掉所有的分类数据，可以在图 4-90 所示的分类汇总对话框中，选择单击左下角“全部删除”按钮删除所有的分类汇总，使数据恢复到未汇总的原始状态。

4.5.4 数据合并计算

合并计算主要针对结构相同的表格，进行数据合并，得到最终的汇总表格。

【案例 4-30】以扬州维扬食品公司销售表为例，如图 4-91 所示，根据一、二月份各项食品的销售情况，合并计算出一、二月份的汇总表。

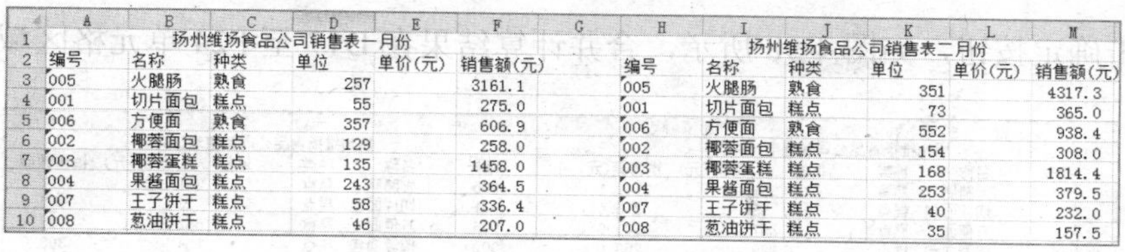

	A	B	C	D	E	F	G	H	I	J	K	L	M
1				扬州维扬食品公司销售表一月份						扬州维扬食品公司销售表二月份			
2	编号	名称	种类	单位	单价(元)	销售额(元)		编号	名称	种类	单位	单价(元)	销售额(元)
3	005	火腿肠	熟食	257		3161.1		005	火腿肠	熟食	351		4317.3
4	001	切片面包	糕点	55		275.0		001	切片面包	糕点	73		365.0
5	006	方便面	熟食	357		606.9		006	方便面	熟食	552		938.4
6	002	椰蓉面包	糕点	129		258.0		002	椰蓉面包	糕点	154		308.0
7	003	椰蓉蛋糕	糕点	135		1458.0		003	椰蓉蛋糕	糕点	168		1814.4
8	004	果酱面包	糕点	243		364.5		004	果酱面包	糕点	253		379.5
9	007	王子饼干	糕点	58		336.4		007	王子饼干	糕点	40		232.0
10	008	葱油饼干	糕点	46		207.0		008	葱油饼干	糕点	35		157.5

图 4-94　合并计算原始数据

操作步骤如下。

① 在一、二月份销售表格下方建立同样结构的表格一个，如图 4-95 所示。

注意

合并计算时参与合并计算的多个表格结构要一致。

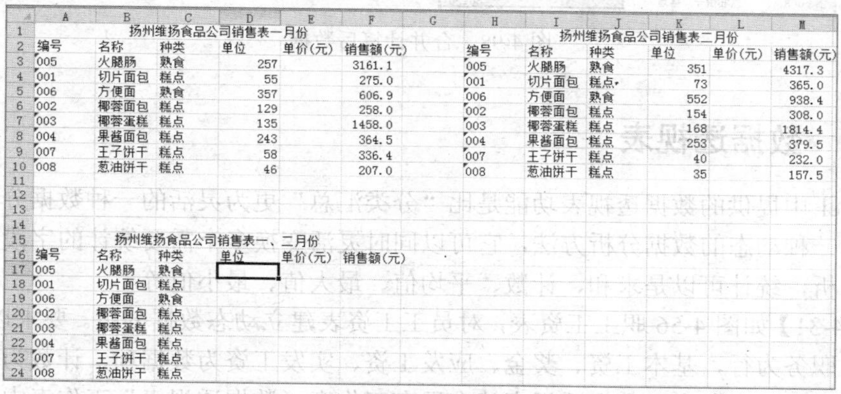

	A	B	C	D	E	F	G	H	I	J	K	L	M
1				扬州维扬食品公司销售表一月份						扬州维扬食品公司销售表二月份			
2	编号	名称	种类	单位	单价(元)	销售额(元)		编号	名称	种类	单位	单价(元)	销售额(元)
3	005	火腿肠	熟食	257		3161.1		005	火腿肠	熟食	351		4317.3
4	001	切片面包	糕点	55		275.0		001	切片面包	糕点	73		365.0
5	006	方便面	熟食	357		606.9		006	方便面	熟食	552		938.4
6	002	椰蓉面包	糕点	129		258.0		002	椰蓉面包	糕点	154		308.0
7	003	椰蓉蛋糕	糕点	135		1458.0		003	椰蓉蛋糕	糕点	168		1814.4
8	004	果酱面包	糕点	243		364.5		004	果酱面包	糕点	253		379.5
9	007	王子饼干	糕点	58		336.4		007	王子饼干	糕点	40		232.0
10	008	葱油饼干	糕点	46		207.0		008	葱油饼干	糕点	35		157.5
11													
12													
13													
14													
15			扬州维扬食品公司销售表一、二月份										
16	编号	名称	种类	单位	单价(元)	销售额(元)							
17	005	火腿肠	熟食										
18	001	切片面包	糕点										
19	006	方便面	熟食										
20	002	椰蓉面包	糕点										
21	003	椰蓉蛋糕	糕点										
22	004	果酱面包	糕点										
23	007	王子饼干	糕点										
24	008	葱油饼干	糕点										

图 4-95　建立同样结构的新表格

② 选中图中 D15 单元格，在“数据”标签中，“数据工具”功能区，合并计算功能按钮 ，弹出合并计算对话框，如图 4-96 所示。

③ 在函数下拉列表，选择“求和”；在引用位置部分，首先选择一月份数据区域 D3:F10，选定后单击添加按钮，然后选择二月份数据区域 K3:M10，选定后单击添加按钮，如图 4-97 所示。

注意

合并计算不仅可以实现对多个数据区域的数据求和，还可以对多个数据区域求平均值、计数、最大、最小、方差等操作。

图 4-96　合并计算对话框

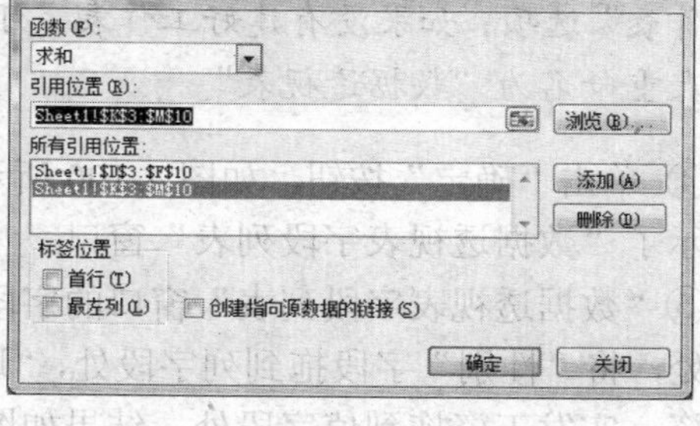

图 4-97　合并计算对话框

④ 单击确定按钮，如图 4-98 所示，合并计算结果在 D17 至 F24 单元格区域。

	A	B	C	D	E	F	G	H	I	J	K	L	M
1	扬州维扬食品公司销售表一月份							扬州维扬食品公司销售表二月份					
2	编号	名称	种类	单位	单价(元)	销售额(元)		编号	名称	种类	单位	单价(元)	销售额(元)
3	005	火腿肠	熟食	257		3161.1		005	火腿肠	熟食	351		4317.3
4	001	切片面包	糕点	55		275.0		001	切片面包	糕点	73		365.0
5	006	方便面	熟食	357		606.9		006	方便面	熟食	552		938.4
6	002	椰蓉面包	糕点	129		258.0		002	椰蓉面包	糕点	154		308.0
7	003	椰蓉蛋糕	糕点	135		1458.0		003	椰蓉蛋糕	糕点	168		1814.4
8	004	果酱面包	糕点	243		364.5		004	果酱面包	糕点	253		379.5
9	007	王子饼干	糕点	58		336.4		007	王子饼干	糕点	40		232.0
10	008	葱油饼干	糕点	46		207.0		008	葱油饼干	糕点	35		157.5
11													
12													
13													
14													
15	扬州维扬食品公司销售表一、二月份												
16	编号	名称	种类	单位	单价(元)	销售额(元)							
17	005	火腿肠	熟食	608		7478.4							
18	001	切片面包	糕点	128		640.0							
19	006	方便面	熟食	909		1545.3							
20	002	椰蓉面包	糕点	283		566.0							
21	003	椰蓉蛋糕	糕点	303		3272.4							
22	004	果酱面包	糕点	496		744.0							
23	007	王子饼干	糕点	98		568.4							
24	008	葱油饼干	糕点	81		364.5							

图 4-98　合并计算后数据

4.5.5 数据透视表

在 Excel 中提供的数据透视表功能是比“分类汇总”更为灵活的一种数据分析方法。数据透视表示一种动态的数据分析方法，它可以同时灵活变换多个需要统计的字段对一组数值进行统计分析，统计可以是求和、计数、平均值、最大值、最小值等。

【案例 4-31】如图 4-56 职工工资表，对员工工资表建立动态数据分析。要求以部门为页，性别为列，职务为行，基本工资、奖金、应发工资、实发工资为数据项，计数为求平均值，数据标签显示在行字段中，数据透视表放在现有工作表“数据透视表”工作表中。

操作步骤如下。

① 新建工作表，并将新工作表重命名为“数据透视表”。

② 选定工资表的任一单元格，在“插入”选项卡的“表格”功能区中单击数据透视表按钮，在弹出菜单项中选择“数据透视表”项。

③ 在“创建数据透视表”对话框中，在“请选择要分析数据”部分选择“选择一个表或区域”，并选择工资表中的 A2:N20 区域；在“选择放置透视表的位置”部分选择“现有工作表”选项，并选中“数据透视表”工作表的 A1 单元格，如图 4-99 所示。

注意

因为已经建好了“数据透视表”工作表，所以在“选择放置透视表的位置”部分选择“现有工作表”选项；如果没有建好工作表，可以在此选择“新工件表”，并在随后的操作中将新工作表重命名为“数据透视表”。

④ 单击“确定”按钮，如图 4-100 所示，工作表上方显示了“数据透视表”选项卡，右侧显示了“数据透视表字段列表”窗口。

⑤“数据透视表字段列表”窗口的字段列表界面中，将字段“部门”字段拖到“报表筛选”处，将“性别”字段拖到列字段处，“职务”字段拖到行字段处，将基本工资、奖金、应发工资、实发工资拖到值字段处。结果如图 4-101 所示。

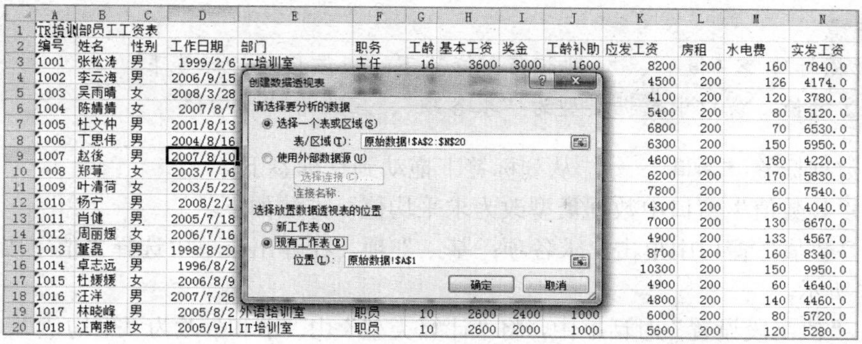

图 4-99　“创建数据透视表”对话框

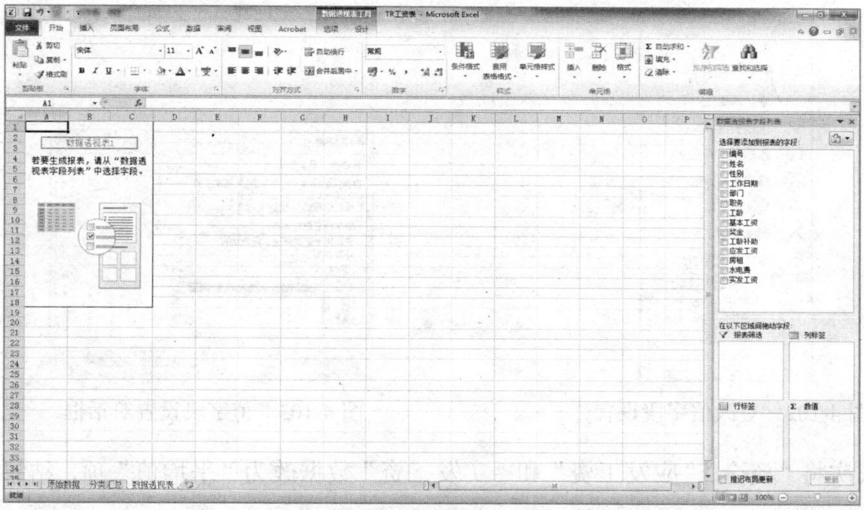

图 4-100　创建前的数据透视表

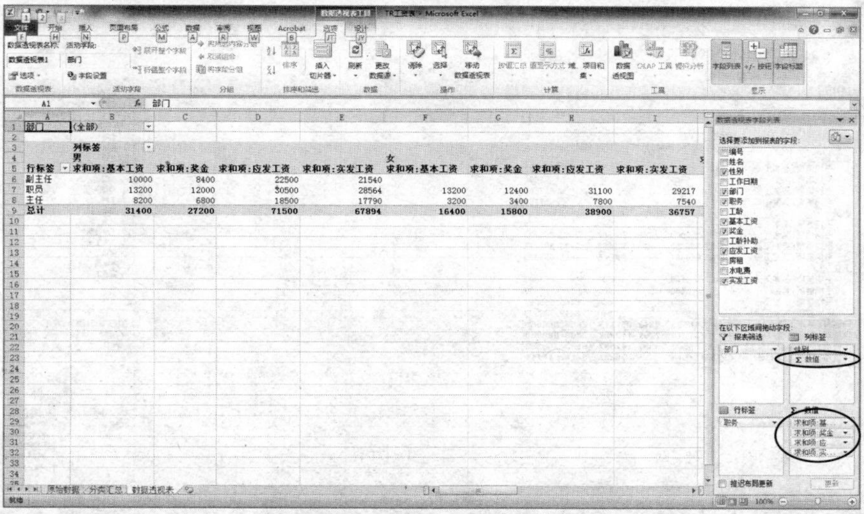

图 4-101　数据透视表初步完成

注意

（1）数据标签 Σ 数值 ▼ 目前在列标签下，应该移到行标签下。

（2）“Σ数值”窗口中数据类型为“求各项”，应改为“平均值”。

⑥ 将数据标签 Σ 数值 ▼ 从列标签下拖动到行标签下。

⑦ 将“Σ数值”窗口中数据类型改为求平均值，方法如下。

（a）“Σ数值”窗口中单击“求各项：基...”项，在弹出菜单中选择“值字段设置”项，如图 4-102 所示。

（b）在“值字段设置”对话框中，将“计算类型”由“求和”改为“平均值”，如图 4-103 所示，单击“确定”按钮，将“基本工资”数据改为“平均值项”。

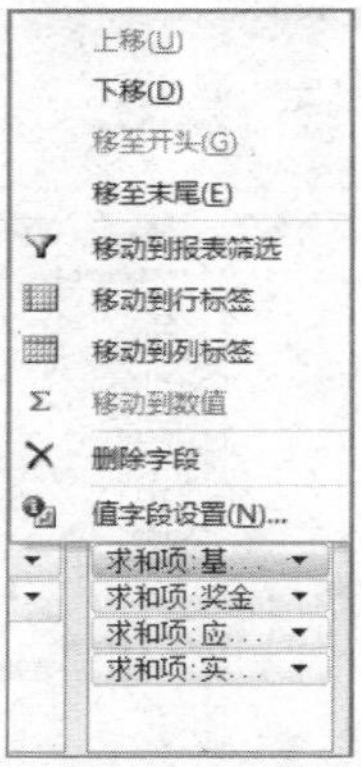

图 4-102　更改值字段设置

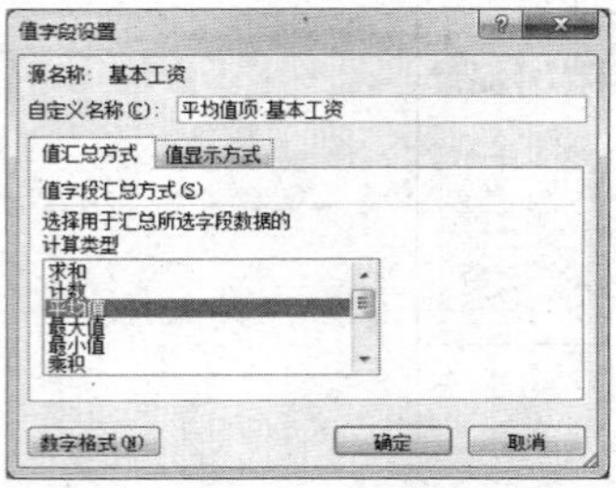

图 4-103　值字段设置对话框

（c）依次将“资金”“应发工资”和“实发工资”数据改为“平均值”项，结果如图 4-104 所示。

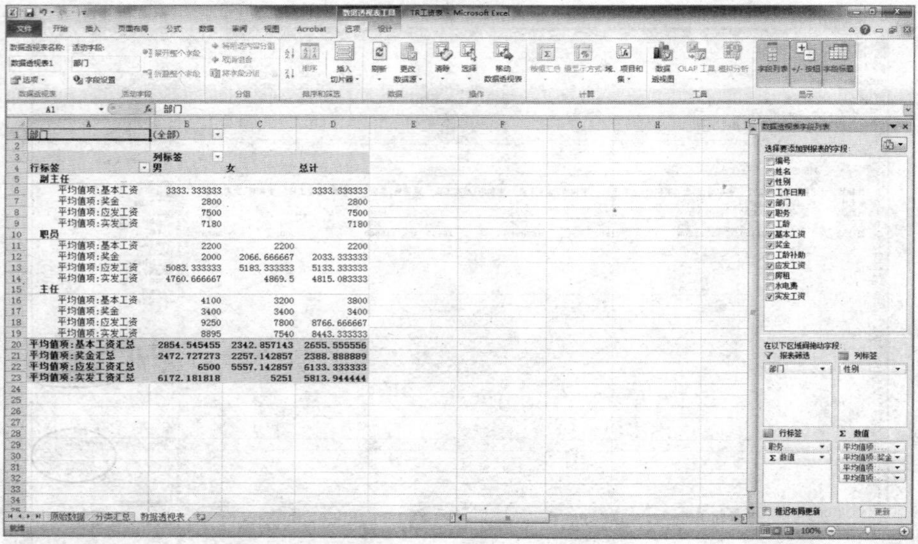

图 4-104　完成后的数据透视表

数据透视表完成后，用户可以单击“部门”字段右边的下拉箭头，从下拉列表中选择需要查看的部门，即可显示该部门的相关情况；还可以通过单击“列标签”和“行标签”右侧的下拉箭头选择想要显示的“性别”和“职务”。

4.6　Excel 2010 图表制作

Excel 图表是对 Excel 工作表统计分析结果的进一步形象化说明，可以增加数据统计分析的直观感。建立图表的目的是希望借助阅读图表分析数据，直观地展示数据间的对比关系、趋势，增强 Excel 工作表信息的直观阅读力度，加深对工作表的统计分析结果的理解和掌握。对于同一工作表，用不同的图表类型，可以有不同的分析结果。

4.6.1　创建图表

【案例 4-32】如图 4-105 所示，使用部门、基本工资、资金、工龄补助、应发工资、实发工资等数据项建立三维簇状柱形图。

操作步骤如下。

① 选定创建图表所需数据区域（即 A2 至 E5 区域和 H2 至 H5 区域），在“插入”标签选项卡的“图表”功能区中，单击“柱形图”按钮。

② 在下拉菜单中选择“三维簇状柱形图”，如图 4-106 所示。

	A	B	C	D	E	F	G	H
1	TR培训部部门平均工资表							
2	部门	基本工资	奖金	工龄补助	应发工资	房租	水电费	实发工资
3	IT培训室	2700.0	2200.0	1133.3	6033.3	200.0	140.0	5693.3
4	技术开发培训室	3040.0	2680.0	1240.0	6960.0	200.0	132.0	6628.0
5	外语培训室	2342.9	2342.9	942.9	5628.6	200.0	92.7	5335.9

图 4-105　图表制作原始数据

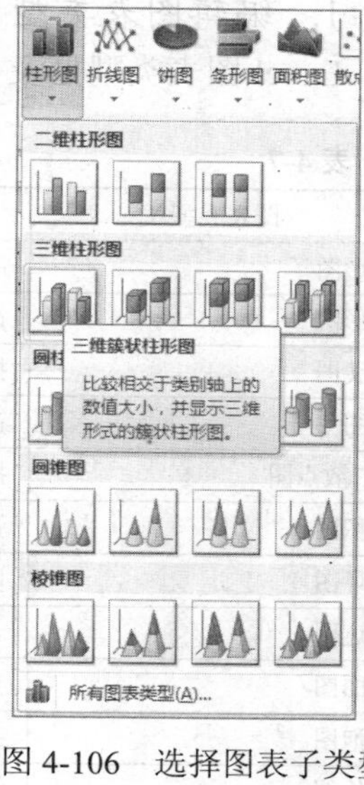

图 4-106　选择图表子类型

③ 在表中创建如图 4-107 所示图表。

注意

Excel 有两种类型的图表：一种是创建嵌入式图表；另一种是图表工作表。

“嵌入式图表”是嵌入到工作表的一个图形对象。当它要与工作表数据一起显示或者打印时，可以使之嵌入到工作表中。很显然，本例是一种嵌入式图表。

“图表工作表”是指工作簿中具有名称的独立工作表。当它要独立于工作表数据查看或编辑大而复杂的图表，或希望节省工作表的屏幕空间时，可以使用“图表工作表”。

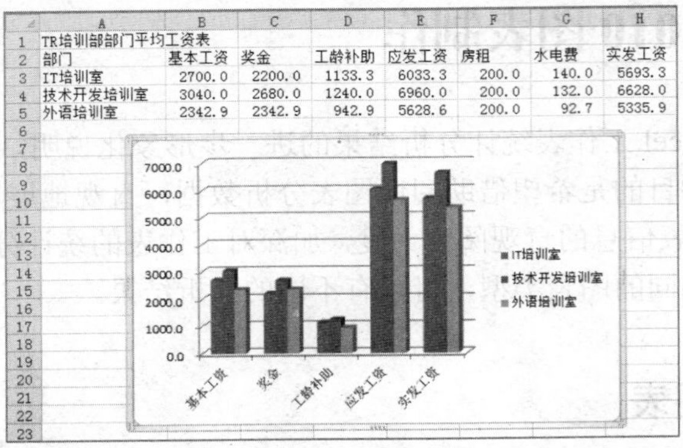

图 4-107　新建嵌入式图表

4.6.2　图表编辑

图表创建后，经常需要对它进行编辑修改，比如编辑图表类型、重新选择数据、修改图表布局与样式等。

1. 编辑图表类型

Excel 图表类型见表 4-7 所示。

表 4-7　图表的类型和用途

图表类型	用途说明
柱形图	用于比较一段时间中多个数据项目的大小
条形图	在水平方向上比较不同类别的数据
折线图	按类别显示一段时间内数据的变化趋势
饼图	在单组中描述部分与整体的关系
XY 散点图	描述两种相关数据的关系
面积图	强调一段时间内数值的相对重要性
圆环图	以一个或多个数据类别来对比部分与整体的关系，在中间有一个更灵活的饼状图
雷达图	表明数据或数据频率相对于中心点的变化
曲面图	当第三个变量变化时，跟踪另外两个变量的变化，曲面因为三维图
气泡图	突出显示值的聚合，类似于散点图
股价图	综合了柱形图和折线图，专门设计用来跟踪股票价格

【案例 4-33】如图 4-107 所示，更改图表类型为“簇状凌锥图”。

操作步骤如下。

① 单击选定图表，打开“图表工具栏” ，在“设计”选项卡中的“类型”功能

区，单击“图表类型”按钮，打开如图 4-108 所示图表类型对话框。

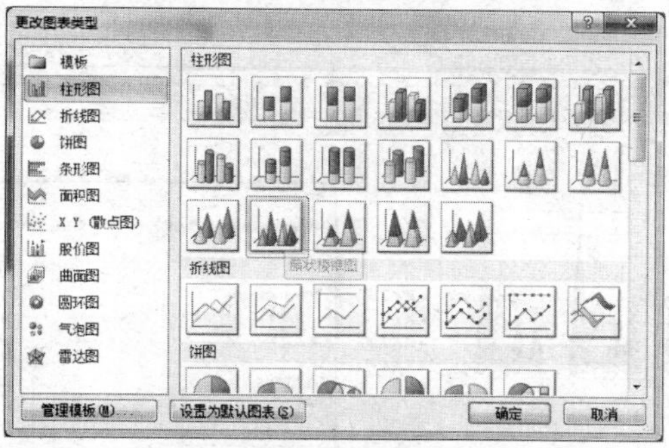

图 4-108　更改图表类型对话框

② 选择图表类型为“柱形图”下的“簇状棱锥图”，结果如图 4-109 所示。

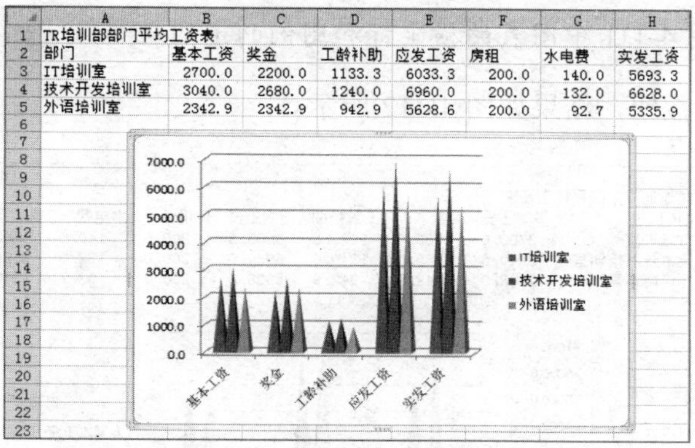

图 4-109　簇状棱锥图效果图

2. 编辑数据源和数据系列

【案例 4-34】如图 4-109 所示，删除表中“工龄补助”数据项，并将表中数据系列切换为行。

操作步骤如下。

① 选定图表，打开“图表工具栏”，在“设计”选项卡中“数据”功能区，选择数据按钮，显示图 4-110 所示选择数据源对话框。

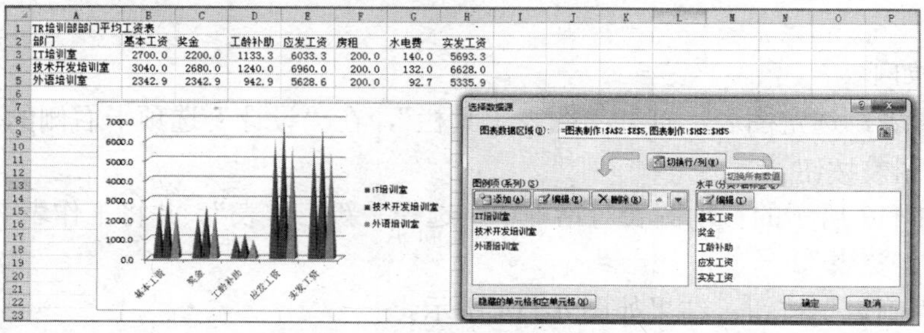

图 4-110　选择数据源对话框

② 根据需要重新选择图表数据区域，并单击“切换行/列”按钮，将图表系列由列切换为行，如图 4-111 所示。

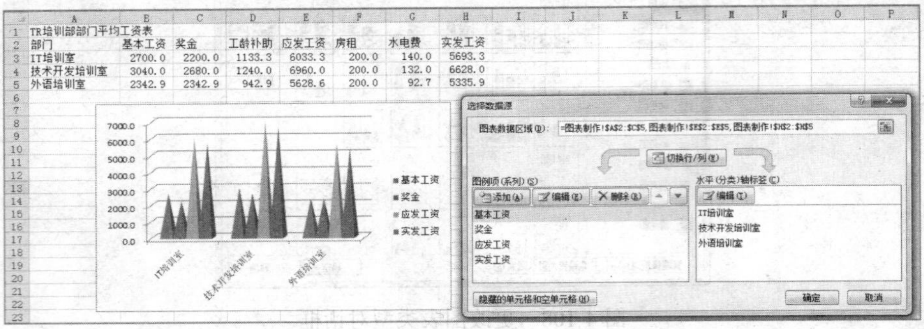

图 4-111　修改数据源和切换行列

> **注意**
> 对比图 4-110 和图 4-111 中图表的横坐标和图例的不同。

③ 单击“确定”按钮，结果如图 4-112 所示。

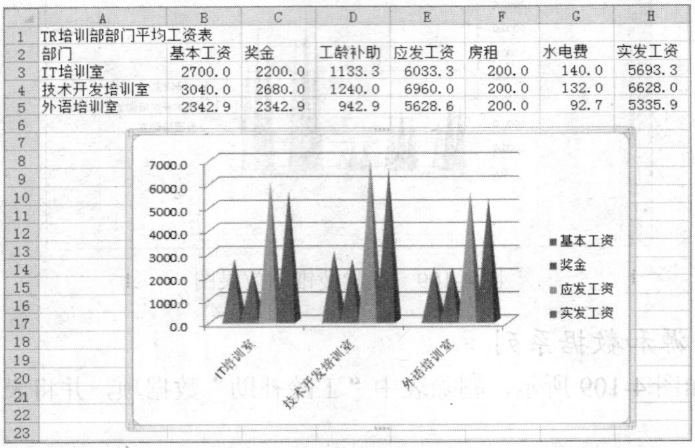

图 4-112　编辑源数据和数据系列后结果

3. 移动图表位置

【案例 4-35】将图 4-112 中嵌入式图表改为图表工作表，工作表名为“TR 培训部部门平均工资表”。

操作步骤如下。

① 选定图表，选定图表，打开“图表工具栏”，在“设计”选项卡右侧的“位置”功能区，单击移动图表按钮移动图表。

② 在图 4-113 所示的移动图表对话框中，选择“新工作表”，并将工作表名改为“TR 培训部部门平均工资表”。

③ 单击“确定”按钮，结果如图 4-114 所示。

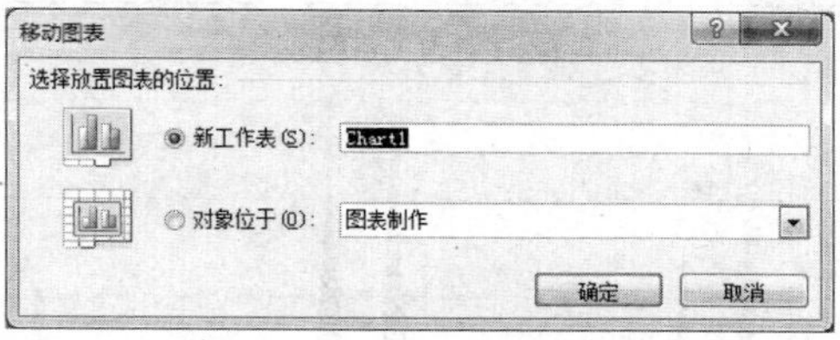

图 4-113　移动图表对话框

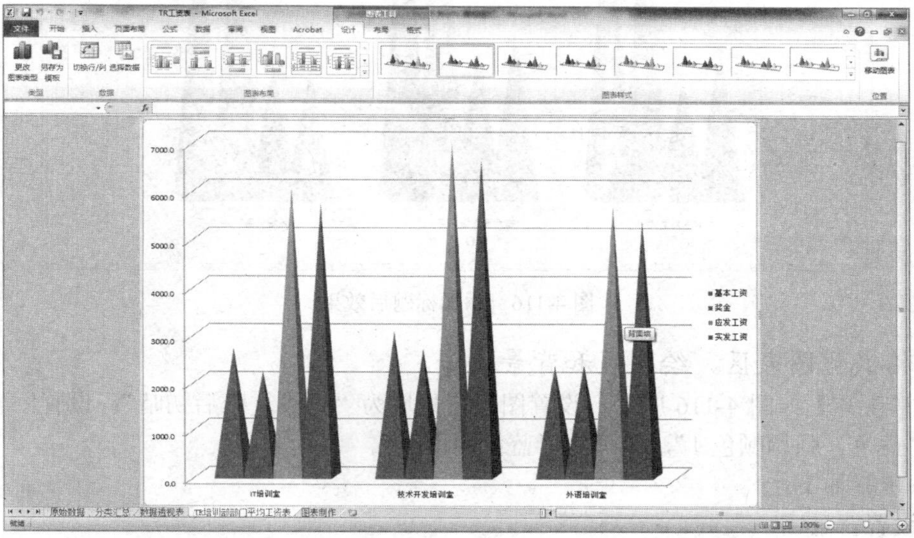

图 4-114　图表工作表

4.6.3　图表格式化

1. 添加图表标题

【案例 4-36】如图 4-114 所示，设置图表标题为“部门平均工资图表”，横轴为“部门”，纵轴为“金额”。

操作步骤如下。

① 选定图表，打开“图表工具栏”，在“布局”选项卡“标签”功能区，单击“图表标题”按钮，选择“图表上方”选项，如图 4-115 所示。

② 在图表标题栏中输入“部门平均工资图表”。

③ 在“布局”选项卡“标签”功能区，单击“坐标轴标题”按钮，选择“主要横坐标轴标题”中的“坐标轴下方标题”，在横坐标轴输入“部门”。

④ 单击“坐标轴标题”按钮，选择“主要纵坐标轴标题”中的“竖排标题”，在纵坐标轴输入“金额”。

⑤ 添加标题后结果如图 4-116 所示。

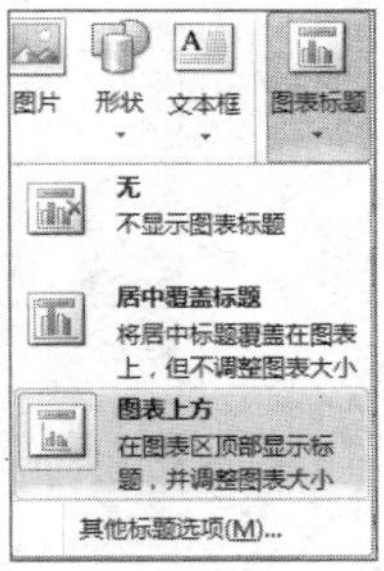

图 4-115　图表标题选项

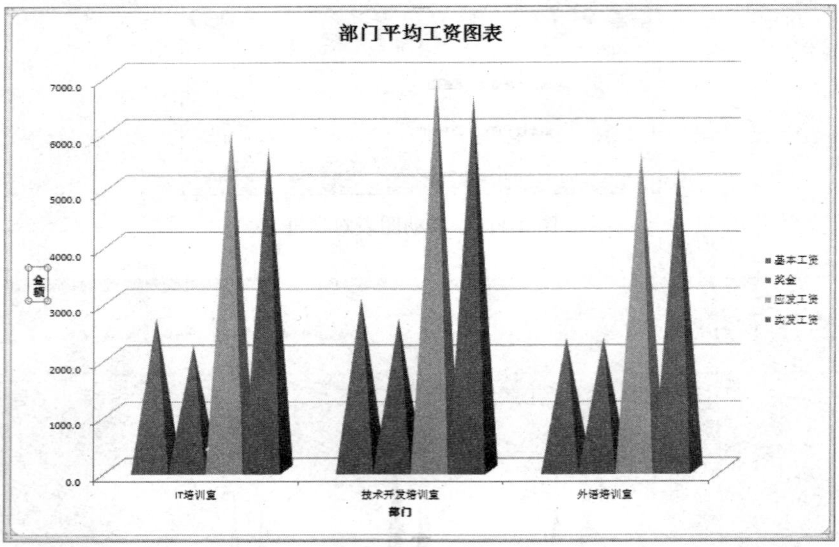

图 4-116　添加标题后效果

2. 格式化图表区、绘图区和背景墙等

【案例 4-37】如图 4-116 所示，设置图表背景墙为“预设，雨后初晴”；设置图表区边框颜色为“蓝色，强调颜色 1”，纹理为“蓝色面巾纸”。

操作步骤如下。

① 设置背景墙

（a）单击并选定图表中的背景墙，或者打开“图表工具栏”，在“格式”选项卡“当前所选内容”功能区，从下拉箭头中选择“背景墙”，如图 4-117 所示。

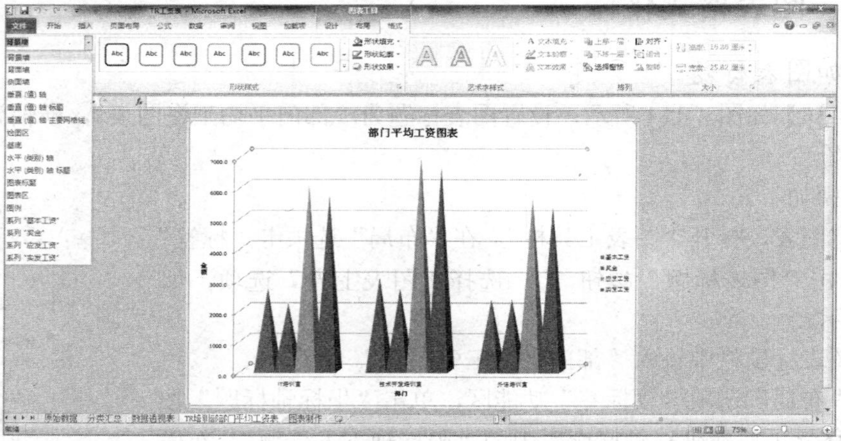

图 4-117　选择背景墙

（b）选择“格式”选项卡“形状样式”功能区的“形状填充”按钮 形状填充，然后选择“渐变”中的“其他渐变”，如图 4-118 所示。

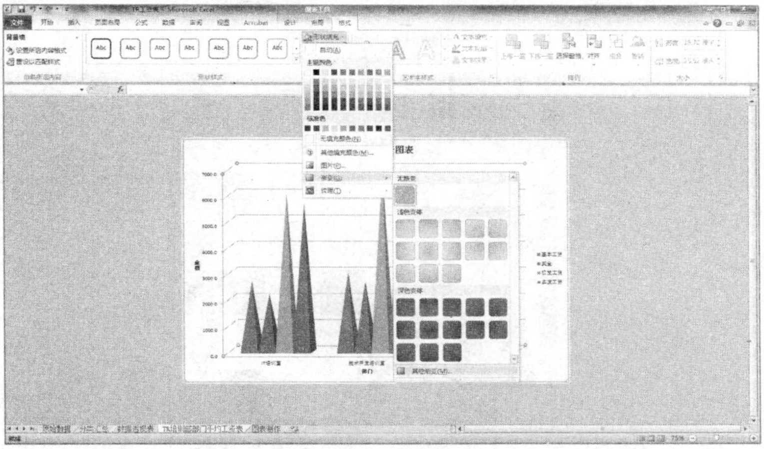

图 4-118　形状填充选项

（c）在弹出的“设置背景墙格式”对话框，将填充项改为“渐变填充”，点开“预设颜色”按钮，从中选择预设的渐变颜色“雨后初晴”，如图 4-119 所示。

（d）选定“雨后初晴”，单击“关闭”按钮，效果如图 4-120 所示。

② 设置图表区

（a）选定图表区，打开“图表工具栏”，在“格式”选项卡“形状样式”功能区中，单击按钮中第一行第二列的按钮，设置图表区边框颜色为“蓝色，强调颜色 1”。

（b）单击“形状填充”按钮，然后选择“纹理”中的“蓝色面巾纸”，如图 4-121 所示。

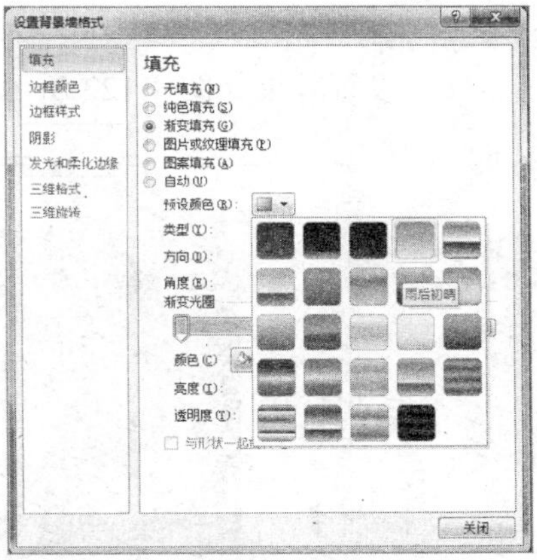

图 4-119　设置背景墙对话框

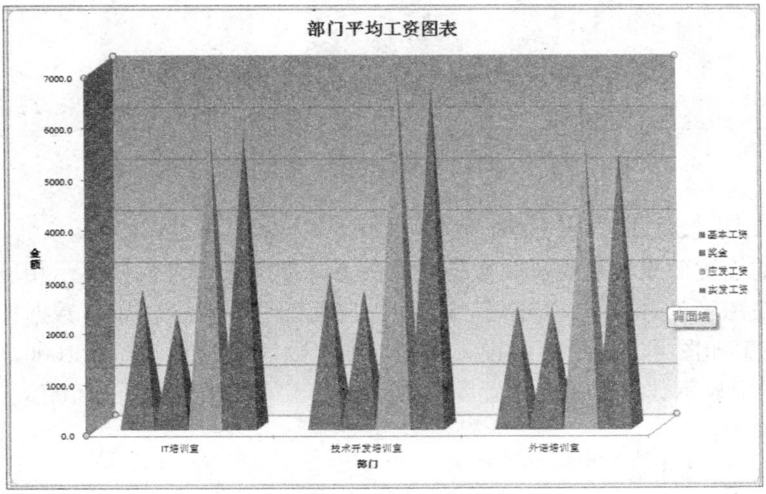

图 4-120　雨后初晴效果图

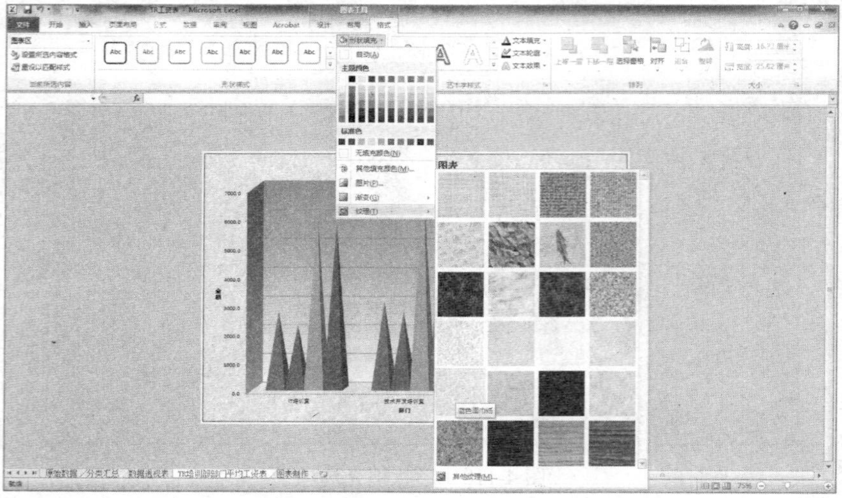

图 4-121　填充纹理选项

（c）设置效果如图 4-122 所示。

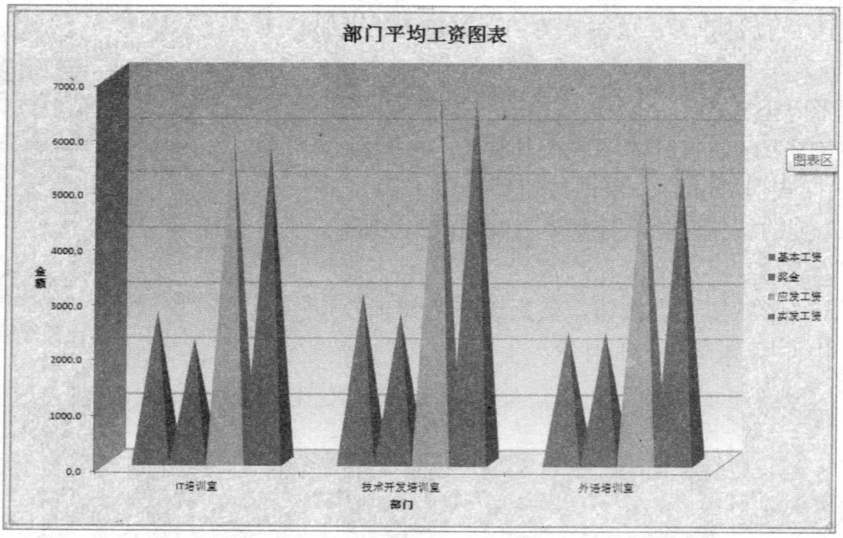

图 4-122　图表区设置效果图

3．格式化图表标签和坐标轴

为了图表的设置效果，直观反映数据对比关系，在图表中可直接显示相应数据，利用图表标签实现。在图表工具栏下，“布局”选项中，“标签”功能区，单击数据标签按钮。

【案例 4-38】如图 4-122 所示，设置纵坐标轴即数据轴的最小值为 1000，主要刻度单位为 500；在图表中显示数据标签；设置图例中“应发工资”项的颜色为蓝色。

操作步骤如下。

① 设置坐标轴格式

（a）选定图表，打开图表工具栏，单击“布局”选项卡“坐标轴”功能区的“坐标轴”

按钮，在弹出菜单中选择“主要纵坐标轴”中的“其他主要纵坐标轴选项”，如图 4-123 所示。

（b）在“设置坐标轴格式”对话框中的“坐标轴选项”中，设置“最小值”为“固定”“1000”，设置“主要刻度单位”为“固定”“500”，如图 4-124 所示。

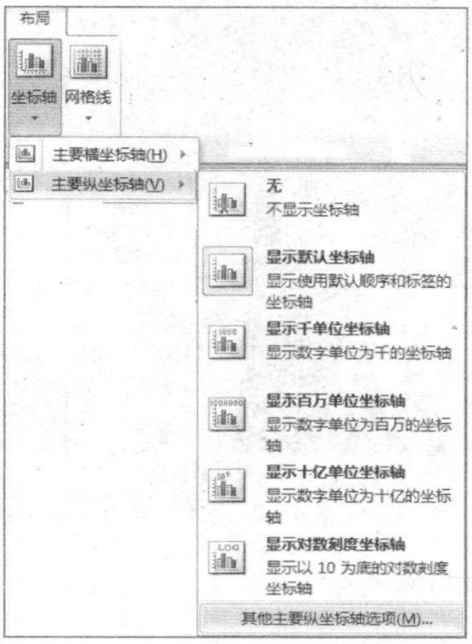

图 4-123　主要纵坐标轴选项

图 4-124　设置坐标轴格式对话框

（c）单击“关闭”按钮，如图 4-125 所示，注意观察设置后的纵坐标轴的格式。

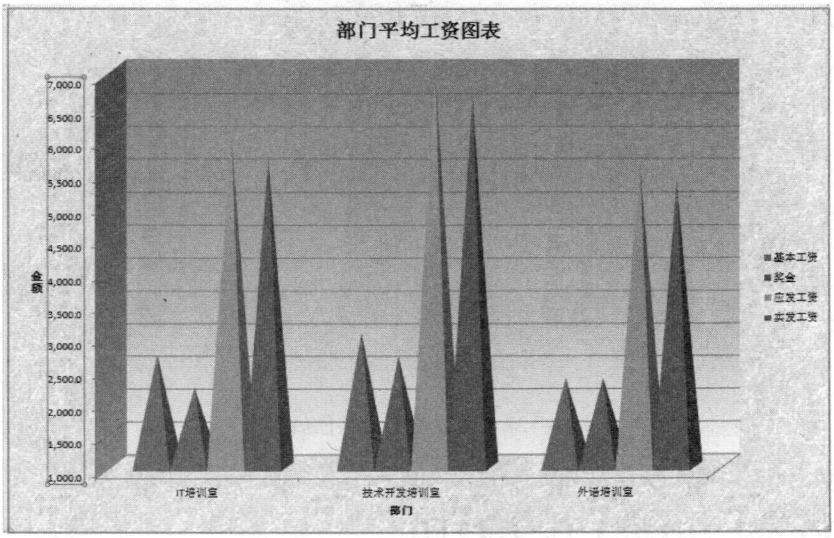

图 4-125　设置纵坐标轴后效果

② 选定图表，打开图表工具栏，单击“布局”选项卡“标签”功能区的“数据标签”按钮，在下拉菜单中选择“显示”选项，结果如图 4-126 所示。

③ 选定图例，然后选定“实发工资”图例项；打开图表工具栏，单击“格式”选项卡“形状样式”功能区的形状填充按钮，在填充颜色中选择“标准色”蓝色，完成图例项

颜色的设置，结果如图 4-127 所示，注意图中“应发工资”图例项颜色与上图的不同。

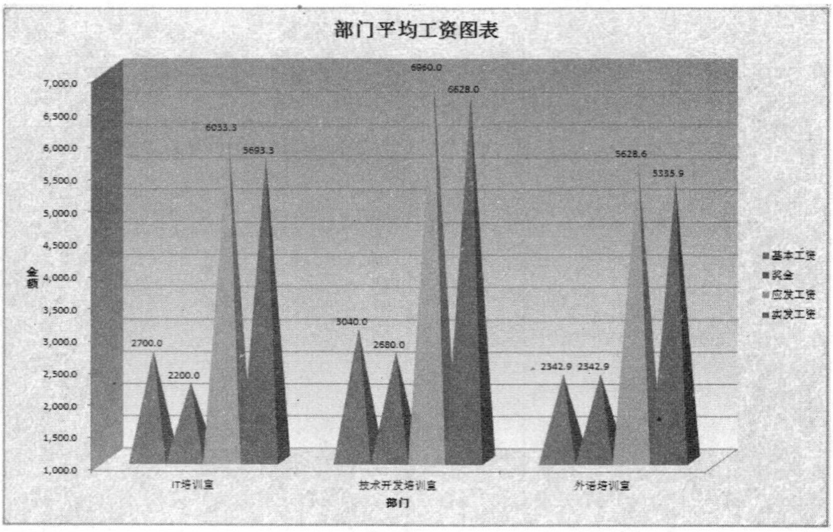

图 4-126 设置显示数据标签后效果

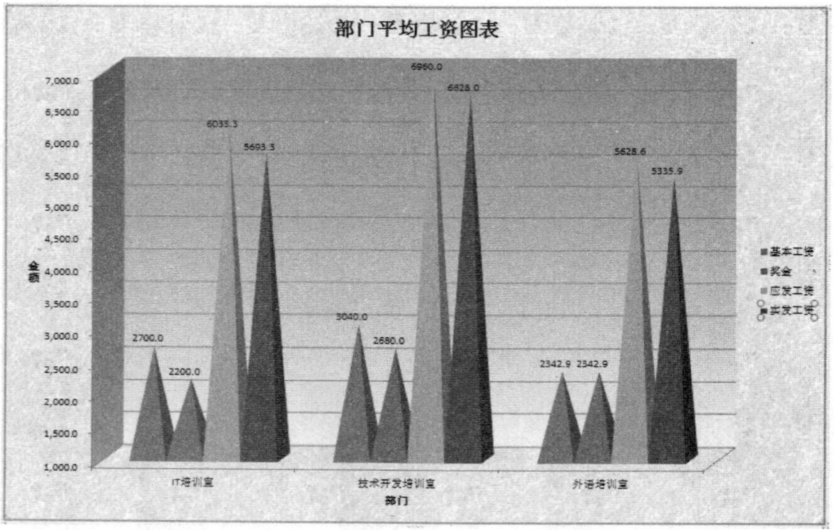

图 4-127 设置图例项颜色后效果

4.7 Excel 2010 工作表打印

Excel 工作表打印是对工作表做好数据录入、格式设置、统计分析与图表编辑之后，将工作表输出到纸上。为了得到较好的输出效果，需要对工作表进行一些完善，诸如页面设置、页眉页脚设置、打印标题设置等。

4.7.1　打印页面设置

【案例 4-39】以图 4-79 为学员成绩表为例，设置纸张大小为“A4”，方向为“纵向”；上下页边距为 2.5 厘米，左右页边距 2 厘米，水平方向居中对齐；设置页眉“TR 培训班 09 级学员成绩表”，页脚为“第几页 共几页”，页眉页脚均为居中对齐。

操作步骤如下。

① 单击“页面布局”选项卡右下角 按钮，打开“页面设置”对话框，如图 4-128 所示。

② 设置纸张大小为“A4”（默认），方向为“纵向”（默认）。

③ 在“页面设置”对话框中，选择“页边距”选项，分别输入上下页边距为“2.5”、左右页边距为“2”；勾选“居中方式”的“水平”，设置水平方向居中对齐，如图 4-129 所示。

④ 在“页面设置”对话框中，选择“页眉/页脚”选项，单击“自定义页眉”按钮，打开的页眉对话框。如图 4-130 所示，在中间的输入框中输入相应的内容。

⑤ 点开页脚下拉框，选择“第 1 页，共？页”选项，如图 4-131 所示，单击“确定”按钮，完成页眉和页脚的设置。

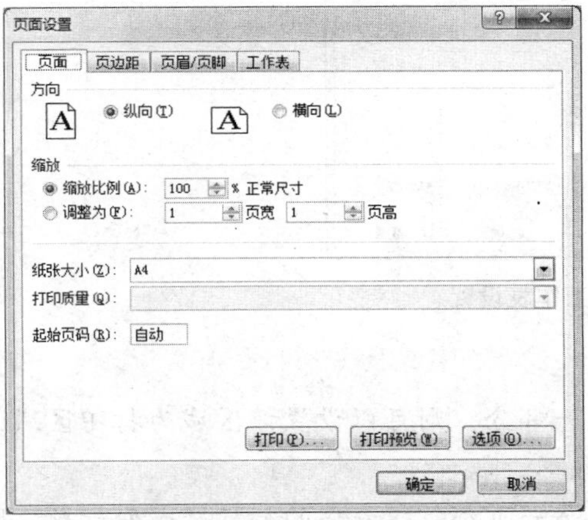

图 4-128　打印页面设置对话框

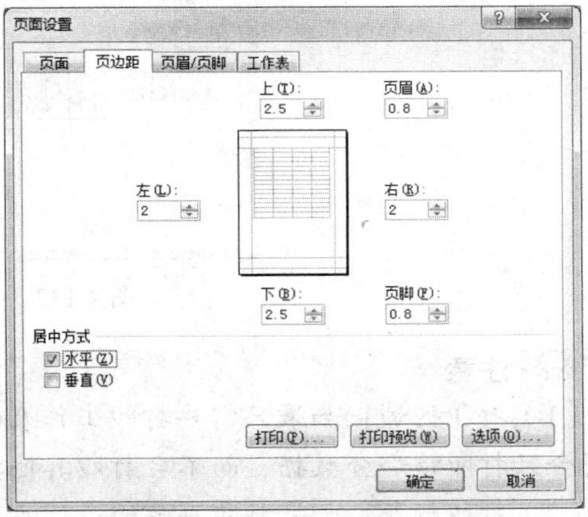

图 4-129　设置打印页边距

图 4-130　页眉对话框

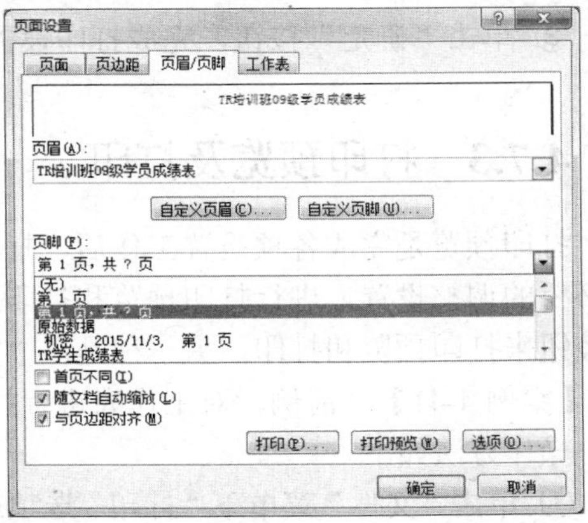

图 4-131　设置页脚

4.7.2 工作表打印设置

【案例 4-40】续前例，设置工作表的打印标题为成绩表标题和列标题（即表中第 1、2 行），设置打印数据区域为所有女生记录（即表中第 3 至 10 行）。

操作步骤如下。

① 单击“页面布局”选项中“页面设置”功能区的打印标题按钮，打开“页面设置”对话框的“工作表”选项卡。

② 在“工作表”标签中，选择“打印标题”的“顶端标题行”为第 1、2 行，选择“打印区域”为 A3 至 G10 区域。如图 4-132 所示。

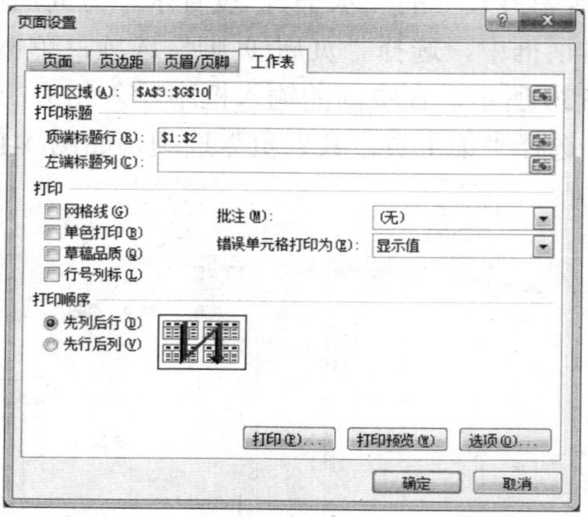

图 4-132 打印工作表设置

注意

（1）打印区域：如果只需要打印工作表的某一部分，则可以设置该区域为打印区域，系统将会只打印该部分数据，而不会打印其他数据。

（2）打印标题：如果打印页数较多，希望在每一页都打印表格的行标题或列标题，则可以设置需要的行标题或列标题为该区域的“顶端标题行”或“左端标题列”。

③ 单击“确定”按钮，完成打印设置。

4.7.3 打印预览及打印

打印预览是完成各项设置工作后，打印输出前，查看打印效果，并可以根据预览效果进行必要的调整设置。进行打印预览和打印，一般有两种方法，一种是通过页面设置对话框中的按钮来打印预览和打印，另一种是在“文件”菜单下选择“打印”选项。

【案例 4-41】续前例，对工作表进行打印预览和打印。

操作方法如下。

① 单击“文件”菜单下“打印”选项或在图 4-132 中单击“打印预览”按钮，如图 4-133 所示，右侧为打印预览效果。

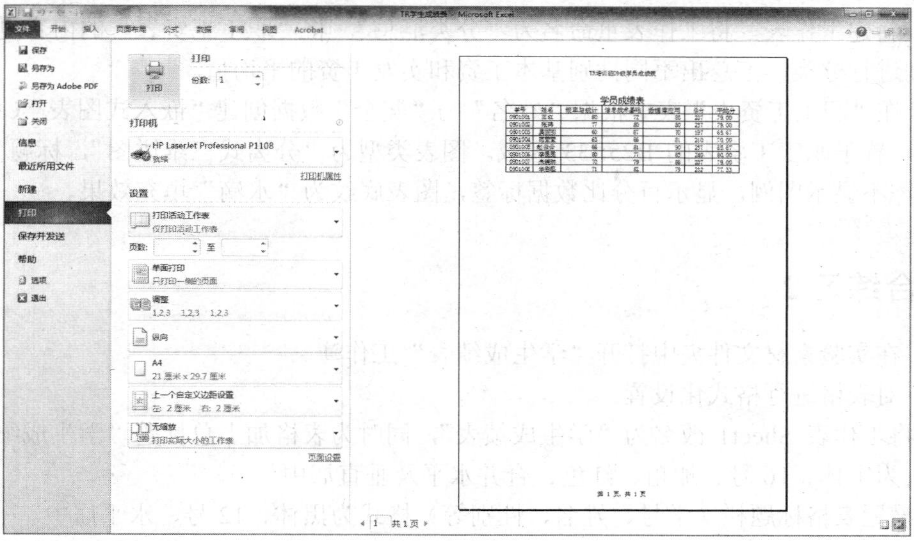

图 4-133　打印预览效果

② 单击左上角打印按钮，即可进行文件的打印。

综合练习

综合练习 1

（1）在实验素材文件夹中打开“职工工资表”工作簿。

（2）对表格进行格式化设置。

① 将工作表 Sheet1 改名为“职工工资表”，同时为表格加上总标题“职工工资表”，设置其格式为宋体、14 号、加粗、跨列居中。

② 设置表格标题栏（编号、姓名、性别等）格式为黑体、12 号、居中。

③ 表格中其余数据的格式为宋体、11 号。

④ 为表格加上双线外边框和单线内边框，线型为实线。

⑤ 将表格的标题行和编号列设置为白色字体和绿色背景，表格其他部分的背景设置为黄色。

（3）计算工龄工资，工龄工资的计算公式为“工龄工资=工龄*20”。

（4）用公式计算每个职工的实发工资，计算公式为“实发工资=基本工资+工龄工资+奖金-水电费”，结果保留 2 位小数。

（5）在 L3 到 L8 区域使用 if 函数输入“是”或“否”（女职工为“是”，男职工为“否”）。

（6）新建工作表，将工作表重命名为“排序”。将“职工工资表”的内容复制过来，根据工龄将表中的数据升序排列，工龄相同的再按照实发工资降序排列。

（7）新建工作表，将工作表重命名为“筛选”。将“职工工资表”的内容复制过来，筛选出工龄超过 15 年的女职工记录。

（8）新建工作表，将工作表重命名为“分类汇总”。将“职工工资表”的内容复制过来，按照性别进行分类，汇总出不同性别基本工资和实发工资的平均值。

（9）在“职工工资表”表中根据“姓名”与“奖金”数据创建“嵌入式图表”（系列产生在行上），置于职工工资表的 B25:I33 区域。图表类型为“分离式三维饼图”，标题为“奖金分配图”，不显示图例，显示百分比数据标签，图表底纹为“水滴”填充效果。

综合练习 2

（1）在实验素材文件夹中打开“学生成绩表”工作簿。

（2）对表格进行格式化设置。

① 将工作表 Sheet1 改名为“学生成绩表”，同时为表格加上总标题“学生成绩表”，设置其格式为宋体、16 号、加粗、红色、合并水平及垂直居中。

② 设置表格标题栏（学号、姓名、性别等）格式为黑体、12 号、水平居中。

③ 表格中其余数据的格式为宋体、10 号，数据部分（即成绩）小于 60 用红色字体表示。

④ 为表格加上红色双线外边框和蓝色单线内边框，线型为实线。

（3）计算出总分、平均分，保留小数点后 1 位小数。

（4）将 sheets2 改名为“排序表”，复制“学生成绩表”的内容。根据总分将表中的数据降序排列，总分相同的再按照学号升序排列。

（5）将 sheets3 改名为“筛选表”，复制“学生成绩表”的内容。筛选出有课程不及格的记录。

（6）新建工作表“排名表”，复制“学生成绩表”的内容。在 J2 单元格输入“排名”，利用 RANK 函数在 J3：J8 区域中按总分由高到低的顺序输入各人的排名。

（7）新建工作表“分类汇总表”，复制“学生成绩表”的内容。按照性别进行分类，汇总出男、女生的各科成绩的平均分。

（8）新建工作表，表名为“数据透视表”。以“数据透视表”方式，计算出各“系科”的各科成绩的平均分，并将结果置于行标签下。要求行以“系科”分类，列以“性别”分类。

（9）在“学生成绩表”中根据“姓名”与各科成绩数据创建图表工作表“学生成绩分析图表”（系列产生在行上），图表类型为“三维簇状柱形图”，标题为“成绩比较图”，图例在左边显示，数值轴上最小值为 50，主要刻度单位为 10，数值 Z 轴的标题是“分数”，分类 X 轴的标题为“姓名”，图表区的图案为填充效果“雨后初晴”。

第 5 章 PowerPoint 2010 基本操作及其应用

PowerPoint 和 Word、Excel 等应用软件一样，都是 Microsoft 公司推出的 Office 系列产品之一。它是一款主要用于创建演示文稿和演示的工具，简称 PPT，也称为幻灯片制作演示软件。人们可以用它来制作、编辑和播放一张或一系列的幻灯片。利用它可以制作出集文字、图形、图像、声音、动画等多媒体元素于一体的演示文稿，把所要表达的内容图文并茂的呈现在多个画面中，然后通过计算机、投影仪显示出来。

同以前的版本相比，PowerPoint 2010 新增了视频和图片编辑功能并增强了一些其他功能。此版本提供了许多与同事一起轻松处理演示文稿的新方式。此外，切换效果和动画运行比以往版本更为平滑和丰富。许多新增 SmartArt 图形版式（包括一些基于照片的版式）可能会给用户带来惊喜。

本章以制作一个有关大学生创业知识的演示文稿为例，以案例的方式详细介绍 PowerPoint 2010 的常用知识、基本操作方法、幻灯片的格式设置、主题方案设计、动画设计、超链接和演示文稿的放映等内容。

学习目标:

- 了解 PowerPoint 2010 的窗口组成、基本概念。
- 掌握 PowerPoint 2010 的基本操作方法。
- 熟练掌握 PowerPoint 2010 演示文稿对象的添加与处理。
- 熟练掌握 PowerPoint 2010 幻灯片的格式设置、主题方案设计。
- 熟练掌握 PowerPoint 2010 演示文稿的动画设计、超链接技术。
- 熟练掌握 PowerPoint 2010 演示文稿的放映设置。

5.1 PowerPoint 2010 概述

5.1.1 PowerPoint 2010 启动与退出

1. PowerPoint 2010 的启动

启动 PowerPoint 2010 的方法和 Word、Excel 启动的方式大体相似，可以通过以下方法启动。

① 选择“开始”菜单“程序”子菜单“Microsoft Office”中的“Microsoft PowerPoint 2010”命令。

② 双击 PowerPoint 2010 的桌面快捷方式图标。

③ 双击一个具体的 PowerPoint 文档。

2. PowerPoint 2010 的退出

退出 PowerPoint 2010 应用程序，可以通过下列方法实现。

① 单击窗口右上角的关闭按钮。

② 单击“文件”菜单中的“退出”命令。

③ 双击窗口左上角的控制图标。

5.1.2 PowerPoint 2010 工作界面

打开 PowerPoint 2010 后，将出现图 5-1 所示的操作界面。PowerPoint 2010 的窗口主要有快速访问工具栏、菜单栏、工具栏、大纲和幻灯片选项、工作区、状态栏、视图切换按钮等。

图 5-1 PowerPoint 2010 用户界面

PowerPoint 2010 窗口的部分功能描述如下。

1. 标题栏

如图 5-1 所示，标题栏显示应用程序名“Microsoft PowerPoint”以及当前打开的演示文稿文件名。最小化按钮、最大化按钮/还原按钮、关闭按钮可以实现对 PowerPoint 窗口的最小化、最大化/还原、关闭窗口操作。

2. 菜单栏

菜单栏和其下拉选项卡中的工具栏提供了 PowerPoint 的所有功能，能帮助用户快速找到实现某任务所需的命令。

3. 工具栏

PowerPoint 2010 将一些常用的相关命令以按钮的形式集中起来形成工具栏，用户可以将自己常用的命令添加到快速访问工具栏中，甚至创建一个新的菜单项。

4. 工作区

演示文稿窗口位于 PowerPoint 工作区之内，刚打开处于最大化状态。用户可以在工作区中对演示文稿的幻灯片进行各项编辑。

5. 视图切换按钮

在工作区的右下角有四个视图切换按钮，单击按钮可以实现在不同的工作视图之间切换。四个视图切换按钮分别为：普通视图按钮、幻灯片浏览视图按钮、幻灯片阅读视图按钮、幻灯片放映按钮。默认情况下，打开的是普通视图方式。

6. 状态栏

状态栏位于应用程序窗口的最下面，显示与当前演示文稿有关的一些信息。

5.1.3 PowerPoint 2010 基本概念

1. 演示文稿

一个 PowerPoint 文档就称为一个演示文稿，主要由多张幻灯片组成。PowerPoint 2003 或更早版本的文件扩展名为.ppt，而 PowerPoint 2010 文件扩展名为.pptx。

2. 幻灯片

演示文稿中的每一页就叫幻灯片，每张幻灯片都是演示文稿中既相互独立又相互联系的内容，可以插入图画，动画，备注和讲义等丰富的内容。利用它可以生动直观地表达内容，图表和文字都能够清晰、快速地呈现出来。

3. 母版

幻灯片母版用于设置幻灯片的样式，可供用户设定各种标题文字、背景、属性等，只需更改一项内容就可更改所有使用该母版的幻灯片。在 PowerPoint 2010 中有 3 种母版：幻灯片母版、讲义母版、备注母版。母版在一般编辑状态不可以修改，只有在编辑母版状态下才可以修改。

4. 模板

PowerPoint 2010 模板的扩展名为.potx，可以包含一张幻灯片或一组幻灯片的设计内容，其中所包含的结构和工具组成了完整的文件样式和页面布局等元素。例如，Word 模板能够生成单个文档，而 FrontPage 模板可以运用于整个网站。用户可以创建自己定义的模板然后存储，也可以获取多种不同类型的 PowerPoint 2010 内置免费模板，还可以在 Office.com 和其他合作伙伴网站上获取可以应用于演示文稿的免费模板。应用模板可以快速生成统一风格的演示文稿。

5. 视图方式

PowerPoint 2010 提供了 6 种视图方式，它们分别是大纲视图、幻灯片视图、普通视图、幻灯片浏览视图、阅读视图和幻灯片放映。

5.2 演示文稿的基本操作

5.2.1 创建演示文稿

启动 PowerPoint 2010 后就自动创建了一个空白演示文稿，这时文档的默认名为“演示文稿 1”。创建空白演示文稿后，用户可以在其幻灯片中自由使用颜色、版式和一些特殊画面效果。

在 PowerPoint 2010 中，单击“文件”选项卡，然后选择“新建”命令。在可用的模板和主题上单击“空白演示文稿”图标，如图 5-2 所示，然后单击“创建”图标，创建新的演示文稿，这时新建的文档默认命名为“演示文稿 2”。

图 5-2　新建空白演示文稿

1. 运用“模板”创建演示文稿

【案例 5-1】运用系统中的“培训”模板创建演示文稿。

模板是系统已经设计好的一些幻灯片的样式，其中提供了预定的颜色搭配、背景图案、文本格式等内容，但不包含演示文稿的具体设计内容。除了软件提供的样本模板，微软公司还在线提供了大量的演示文稿模板供用户下载使用。

操作步骤如下。

① 打开 PowerPoint 2010，选择“文件”选项卡下的“新建”命令。

② 单击“可用模板和主题”下“样本模板”图标，打开系统模板，如图 5-3 所示。

③ 选择“培训”模板，单击面板右侧的“创建”按钮。

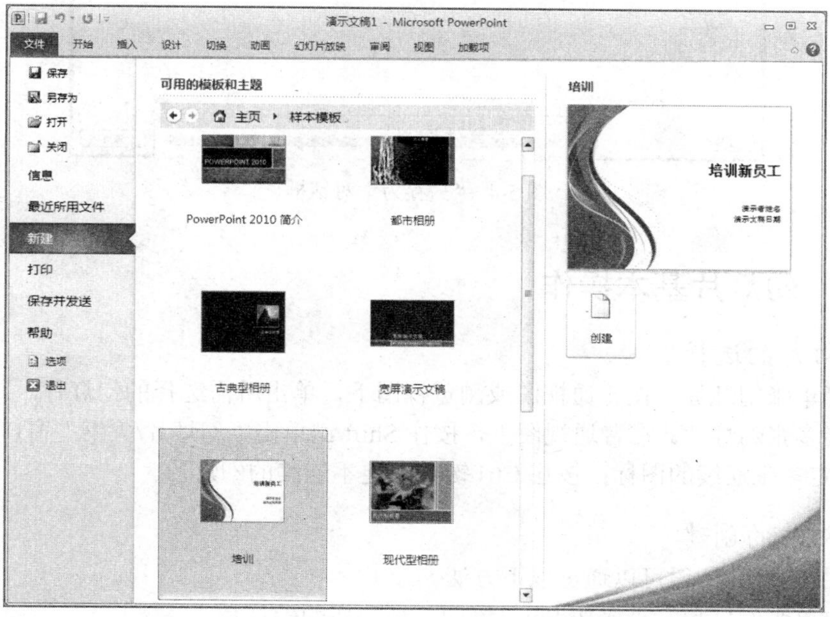

图 5-3 “样本模板”对话框

2. 演示文稿的保存

单击“文件”选项卡选择“保存”命令，可以对创建的演示文稿进行保存。如果新建的演示文稿是第一次存盘，系统会弹出“另存为”对话框。默认的“保存类型”为“*.pptx”。对于需要在以前 PowerPoint 版本中打开的文件，在保存时可以在“保存类型”下拉列表中选择“PowerPoint97-2003 演示文稿”，如图 5-4 所示。

如果用户需要对演示文稿进行备份或把已经修改过的演示文稿以另一个文件名保存，可以选择“文件”选项卡下的“另存为”命令，系统会弹出“另存为”对话框。用户只需在对话框中改变“文件名”或“保存位置”，就可以保存一个新的文件而不覆盖原文件。

注意

在 PowerPoint 2010 中，可以将演示文稿保存为多种类型，常用的类型有如下几种。

① 演示文稿类型（.pptx）：演示文稿保存的默认文件类型。

② 放映类型（.ppsx）：这类文件双击就可以直接放映演示文稿。

③ 大纲类型（.rtf）：这类文件既可在 Word 中，又可以在 PowerPoint 中打开并编辑。双击该类文件即可在 Word 中打开。

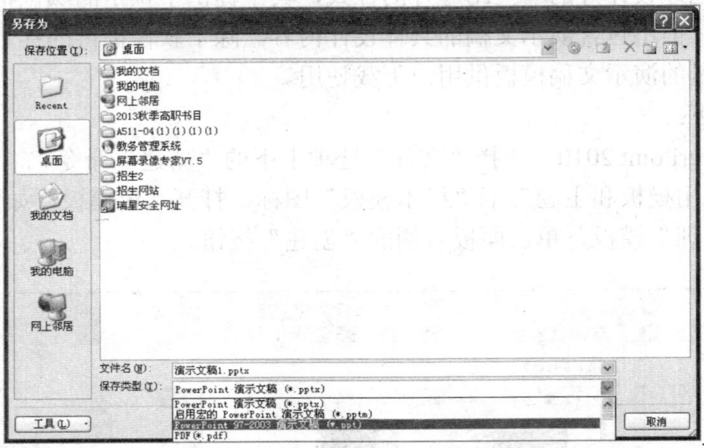

图 5-4 “另存为”对话框

5.2.2 幻灯片基本操作

1. 幻灯片的选择

① 选择单张幻灯片。在普通视图或浏览视图下，单击所需选择的幻灯片。

② 选择多张幻灯片。在普通视图下，按住 Shift 键单击“幻灯片/大纲”窗口中的幻灯片图标可以选定多张连续的图标；按住 Ctrl 键则选定不连续的幻灯片。

2. 幻灯片的创建

创建新的幻灯片一般可以通过以下方法。

① 选定单张幻灯片，直接按 Enter 键即可插入新的幻灯片。

② 单击“开始”选项卡“幻灯片”工具栏的“新建幻灯片”按钮。

3. 幻灯片的移动/复制

幻灯片的移动/复制可以通过以下方法。

① 选定“幻灯片/大纲”窗口中需要移动/复制的幻灯片图标，直接拖到指定位置完成移动，如果按住 Ctrl 键并拖动则可以复制。

② 选定需要移动/复制的幻灯片，单击“开始”选项卡中“剪贴板”中的“剪切”按钮 /“复制”按钮 ，选定目标位置处的幻灯片，在“剪贴板”中单击“粘贴”按钮 ，将在选定的幻灯片后粘贴移动/复制的幻灯片。

4. 幻灯片的删除

① 选定需要删除的幻灯片。

② 单击“开始”选项卡“幻灯片”工具栏中的“删除”按钮；或者右击所选幻灯片，在弹出的快捷菜单中单击“删除幻灯片”命令；或者直接按 Delete 键。

5.2.3 PowerPoint 2010 视图方式

PowerPoint 2010 可以在 4 种不同的视图中显示演示文稿，单击 PowerPoint 窗口右下角的视图按钮，或单击“视图”选项卡打开“演示文稿视图”面板，如图 5-5 所示，可以在不同的视图之间进行切换，默认为普通视图。

1. 普通视图

该视图中包含 3 种窗口：幻灯片/大纲窗口、幻灯片窗口和备注窗口。

图 5-5 “演示文稿视图”面板

（1）幻灯片/大纲窗口

单击“幻灯片/大纲”窗口中的“幻灯片”选项卡，显示演示文稿中的幻灯片缩略图；单击“大纲”选项卡，则只显示演示文稿中的文本而不显示任何图形，方便用户快速的输入、编辑和重新组织文本。

（2）幻灯片窗口

此窗口为演示文稿编辑区域，主要显示每张幻灯片的外观。在幻灯片窗口中可以添加文本、图形、声音以及视频剪辑等多种元素。单击状态栏右侧的缩放按钮，可调整幻灯片的显示比例。

（3）备注窗口

备注窗口用来输入有关幻灯片的备注信息。

2. 幻灯片浏览视图

该视图主要用于同时显示演示文稿中所有幻灯片的缩略图，如图 5-6 所示。双击其中的一张幻灯片可切换回普通视图。在此视图下，用户可以方便地进行幻灯片的添加、删除、复制和移动操作，但不可以对幻灯片的内容进行修改。

图 5-6 幻灯片浏览视图

3. 幻灯片备注页视图

备注是用户对幻灯片的解释和补充说明，在普通视图下的备注窗口中可以直接输入备注内容。但是，如果有大量备注内容需要输入，运用幻灯片备注页视图则更为方便，如图 5-7 所示。

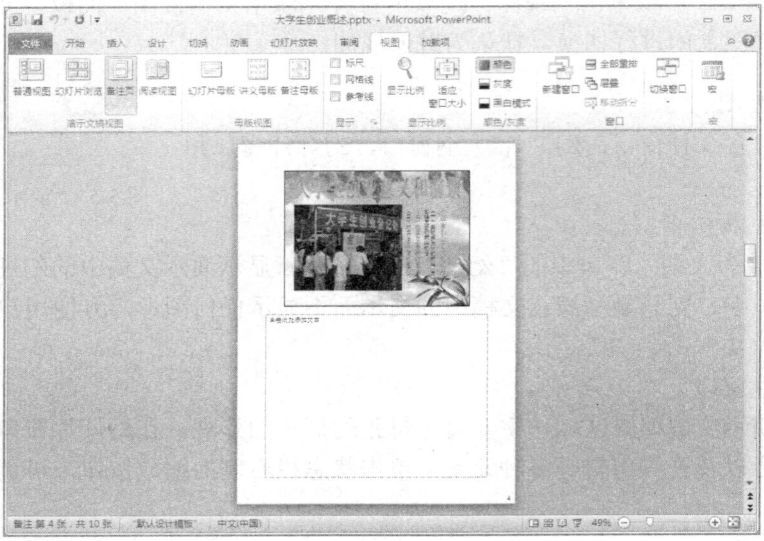

图 5-7　幻灯片备注页视图

4. 幻灯片阅读视图

该视图用于观看演示文稿的实际放映效果和排练演示文稿，如图 5-8 所示。在这种方式下，演示文稿以全屏方式运行，并显示幻灯片的动画和切换效果。使用鼠标单击，可以切换幻灯片；使用键盘的方向键可以向前或向后反映幻灯片；按 Esc 键可以退出幻灯片阅读视图。

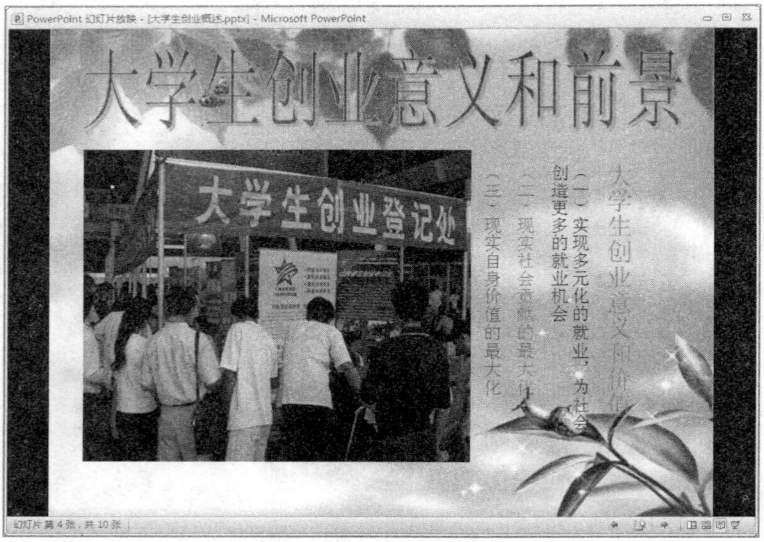

图 5-8　幻灯片阅读视图

5.3　编辑演示文稿

在创建了演示文稿后用户要做的工作就是向幻灯片中添加内容，用户可以在幻灯片中输入文本、插入图片等对象，并可以对添加的内容进行格式的设置。在编辑幻灯片时，添加编辑文本、图片、多媒体元素的常用方式一般都是在幻灯片视图或普通视图下。

5.3.1　编辑幻灯片中的文本

1. 在幻灯片中输入文本

【案例 5-2】将“大学生创业意义和价值”这段文字输入幻灯片，设置“大学生创业意义和价值”为黑体、红色、48 号、红色下划线。

（1）添加文本内容

在幻灯片中创建文本对象的方法通常有两种。

① 在文本占位符中输入文本。占位符是指一种带有虚线或阴影线边缘的框，绝大部分幻灯片版式中都有这种框。在这些框内可以放置标题及正文，或者是图表、表格和图片等对象。在占位符中输入文本，可以单击占位符中的任意位置，此时虚线边框将高亮度呈现，在占位符上显示的“单击此处添加标题”文本也消失了，同时在占位符内出现一个闪烁的插入点，此时可以在此输入文本，如图 5-9 所示。

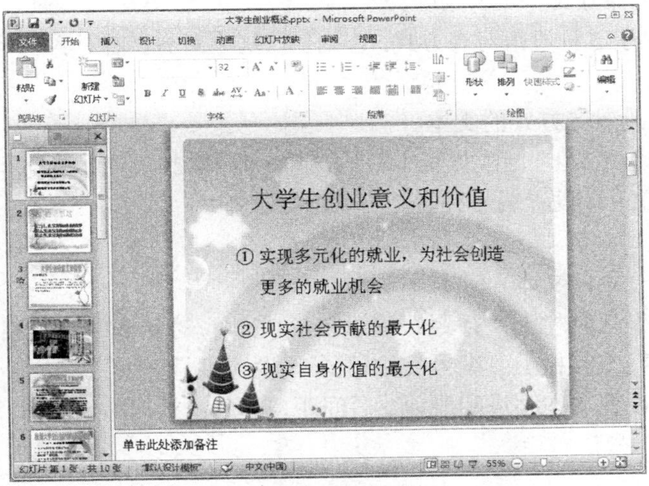

图 5-9　运用版式输入文本

② 利用文本框输入文本。如果在幻灯片中的其他位置输入文本时，必须在文本框中输入。具体方法是：单击“插入”选项卡中的“文本框”命令，或者单击“开始”选项卡中的“形状”按钮，然后选用下拉列表中的“横排文本框”或“垂直文本框”按钮，在要插入文本的位置用鼠标左键单击。

（2）设置字体格式

PowerPoint 提供了很强大的文本效果处理功能，用户可以对幻灯片中的字体进行各种格式的设置。

操作步骤如下。

① 选中要设置格式的字体。

②“开始”菜单下的“字体”设置工具栏变为可编辑状态，如图 5-10 所示。

③ 在工具栏中设置字体为“黑体”，字号为“28”，颜色为“红色”。

④ 单击“字体”工具栏右下角的箭头，打开显示“字体”对话框，如图 5-11 所示。

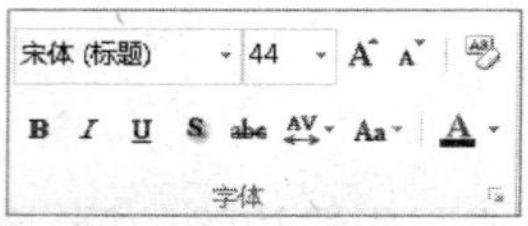

图 5-10 “字体”工具栏

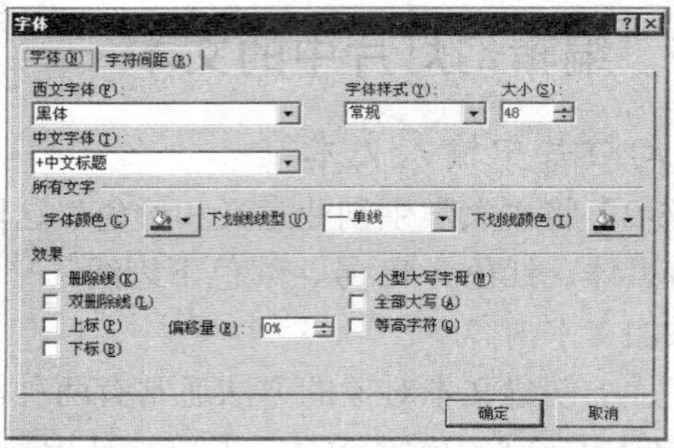

图 5-11 “字体”对话框

2. 幻灯片中文本的排版

【案例 5-3】将“实现多元化的就业，为社会创造更多的就业机会……”这段文字设置为左对齐、1.5 倍行距、编号列表。

（1）设置字体对齐方式

PowerPoint 提供了 5 种段落对齐方式：左对齐、居中对齐、右对齐、两端对齐、分散对齐。

操作步骤如下。

① 选择需要更改对齐方式的文本。

② 单击“段落”工具栏上的“左对齐”按钮，图 5-12 所示为“段落”设置工具栏。

（2）调整文本行距，设置编号列表。

操作步骤如下。

① 选择要调整行距的文本。

② 单击“段落”工具栏上“行距”按钮，在下拉对话框中设置相应的行距。

③ 单击“段落”工具栏上“编号”按钮，设置编号列表。

④ 如需进一步设置文本缩进和段前、后间距，则单击扩展按钮打开“段落”对话框，如图 5-13 所示。

图 5-12 “段落”工具栏

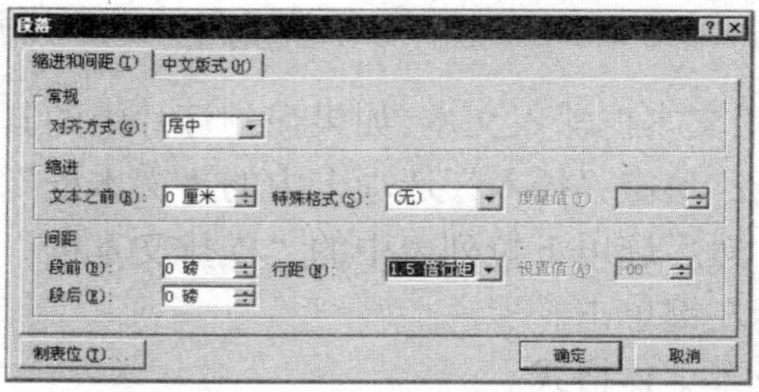

图 5-13 “段落”对话框

5.3.2　编辑幻灯片中的其他对象

对象是 PowerPoint 幻灯片的重要组成元素，在幻灯片中用户不但可以运用文本来描述具体内容，也可以利用艺术字、图片、表格、图形等进行更加形象地说明。

1. 在幻灯片中插入艺术字

① 在“插入”选项卡中，单击“插入艺术字”按钮，展开“艺术字”选项区，在其中选择某种样式后单击，此时则在幻灯片编辑区域出现“请在此处放置您的文字”艺术字编辑框，如图 5-14 所示。

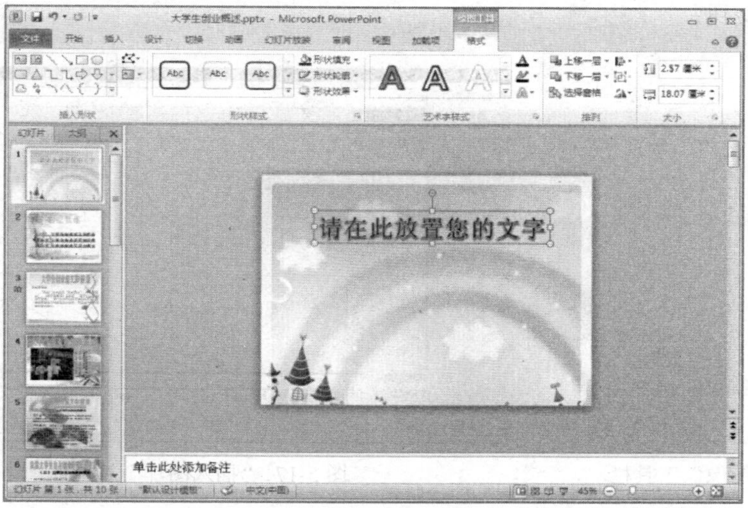

图 5-14　艺术字编辑框

② 更改编辑框内的文本内容，选择艺术字后可在“绘图工具/格式”选项卡中进一步编辑艺术字的样式。

③ 艺术字上单击鼠标右键，可以选择设置艺术字的形状格式，如图 5-15 所示。

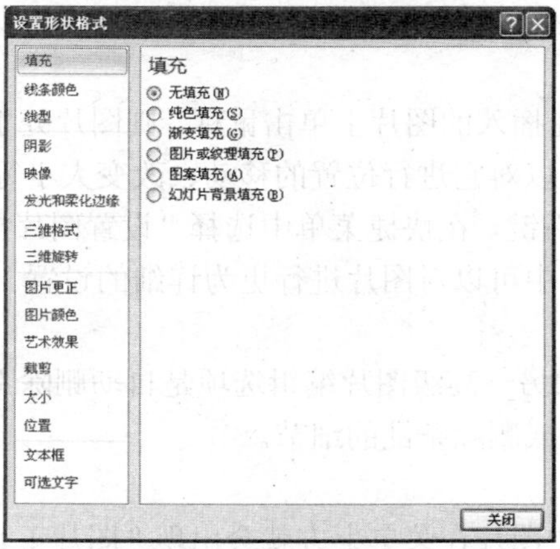

图 5-15　艺术字形状格式设置

2. 在幻灯片中插入图像/剪贴画

在幻灯片中使用图片，为避免由于单调的文字和枯燥乏味的数据使观众在观看演示文稿时产生的厌烦心理，将图片与文字进行有机的结合可以达到图文并茂的效果。

（1）插入图片

操作步骤如下。

① 选择要插入图片的幻灯片为当前幻灯片。

② 打开“插入”菜单下的“图像”工具栏，用户可以选择插入图片还是剪贴画，如图 5-16 所示。

③ 单击“图片”命令，可以在出现“打开”对话框中选择图片，如图 5-17 所示，然后单击“插入”按钮。

图 5-16 “图像”工具栏

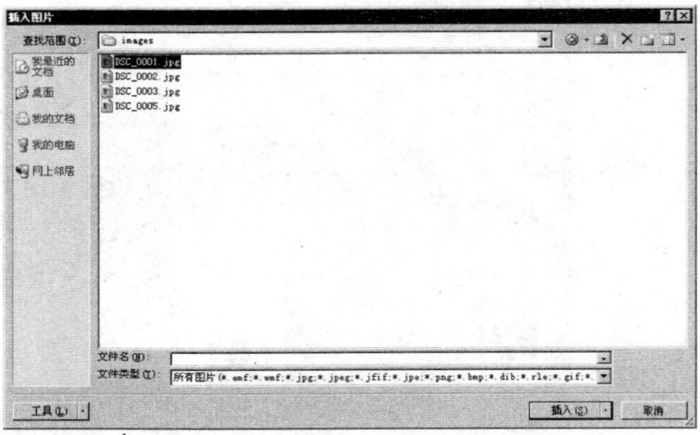

图 5-17 “插入图片”对话框

④ 如果选择“剪贴画”命令，可以在出现的“插入剪贴画”对话框中选择图片，如下图 5-18 所示，然后将它插入到幻灯片中。

（2）设置图片格式

通过 PowerPoint 2010，用户可以对图片应用不同的艺术效果，使其看起来更像素描、绘图或油画。新增的效果包括铅笔素描、线条图、粉笔素描、水彩海绵、马赛克气泡、玻璃、水泥、蜡笔平滑、塑封、发光边缘、影印和画图笔划。

操作步骤如下。

① 选中插入的图片。在插入的图片上单击鼠标，则图片处于编辑状态，在图片的四周出现八个空心小句柄，用户可以对它进行位置的移动、改变大小等操作。

② 在图片上单击鼠标右键，在快捷菜单中选择“设置图片格式”命令，则弹出“设置图片格式”对话框，在对话框中可以对图片进行更为详细的设置。

（3）快速取消图片背景

PowerPoint 2010 包含的另一高级图片编辑选项是自动删除不需要的图片部分（如背景），以强调或突出显示图片主题或删除杂乱的细节。

操作步骤如下。

① 插入一幅图片，选中图片在菜单上方就会出现“图片工具”选项卡，选择删除背景选项，如图 5-20 所示。

图 5-18 “插入剪贴画”对话框

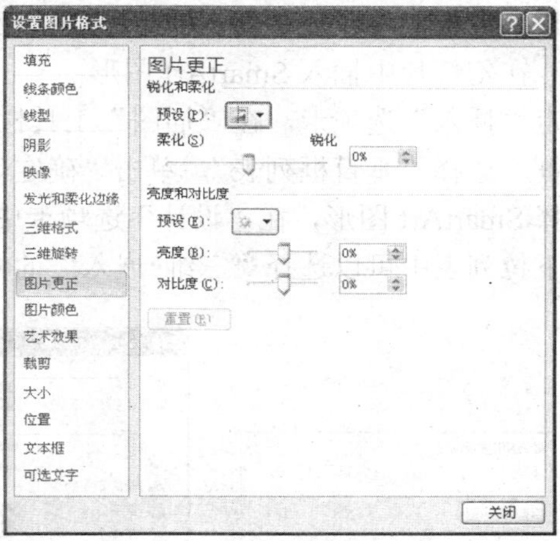

图 5-19 “设置图片格式”对话框

图 5-20 “图片工具格式”工具栏

② 在“背景消除”选项卡中选择需要保留的图像区域，如图 5-21 所示。单击“保留更改”按钮完成设置。

图 5-21 图像区域设置

③ 图片背景消除前后的效果如图 5-22 所示。

图 5-22 图片背景消除前后效果

3. 在幻灯片中插入图形/SmartArt 图形

（1）在幻灯片中插入图形

选定“插入”选项卡，在“插图”工具栏中单击“形状”按钮，展开“形状”选项框，在打开的图形形状选项区中选择需要的某种样式后单击，此时鼠标将变成十字形状。将鼠标移至幻灯片中相应位置后单击，即可添加相应的图形。图 5-23 所示为图形形状选项区。

（2）在幻灯片中插入 SmartArt 图形

选定“插入”选项卡，在“插图”工具栏中单击“SmartArt”按钮，则弹出图 5-24 所示的对话框。选择“垂直框列表”，单击“确定”按钮。

选择 SmartArt 图形，在“设计”选项卡中“SmartArt 样式”组中单击“其他”按钮，从弹出的下拉列表中可以选择“三维 嵌入”的样式。

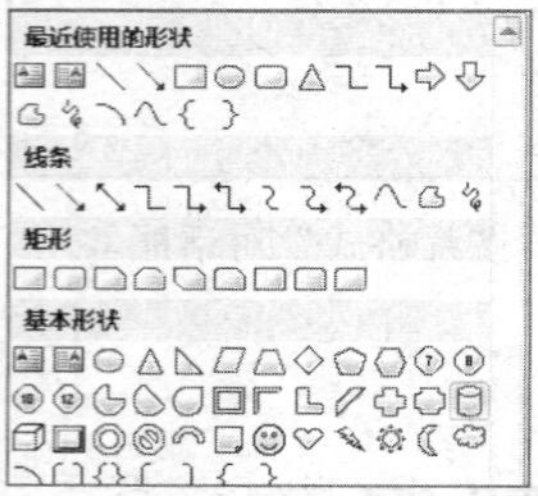

图 5-23　图形形状选项区

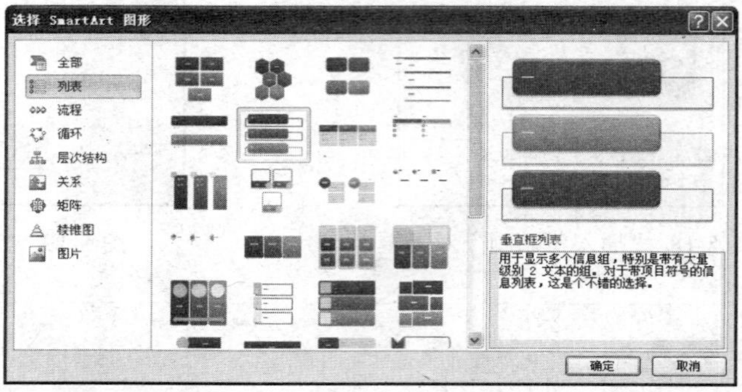

图 5-24　“选择 SmartArt 图形”对话框

4. 在幻灯片中插入声音/视频

（1）在幻灯片插入声音

在幻灯片上插入音频将显示一个表示音频文件的图标，具体操作可以通过“媒体”选项卡中的“音频”按钮添加完成，如图 5-25 所示。

在“插入音频”任务窗格中执行下拉列表的任一个操作都可以完成声音的添加。

操作步骤如下。

① 单击“文件中的音频”，找到包含该音频的文件夹，然后双击要添加的文件。

② 单击“剪贴画音频”，在剪贴画窗格中查找声音类型的文件，选择所需声音，即可在幻灯片中插入剪辑管理器中的声音。

③ 单击“录制音频”，也可以自己录制音频将其添加到幻灯片中。

④ 选定音频文件的图标，单击“音频工具”选项卡中的“播放”按钮，即可进一步设置有关声音播放的属性，如图 5-26 所示。

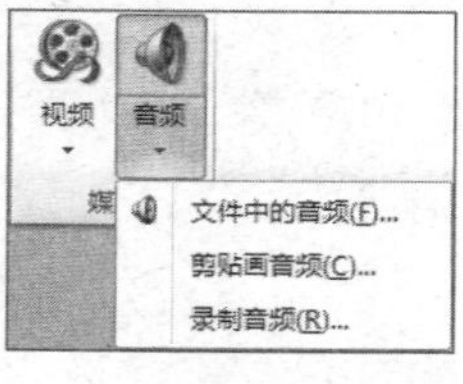

图 5-25　添加音频文件图示

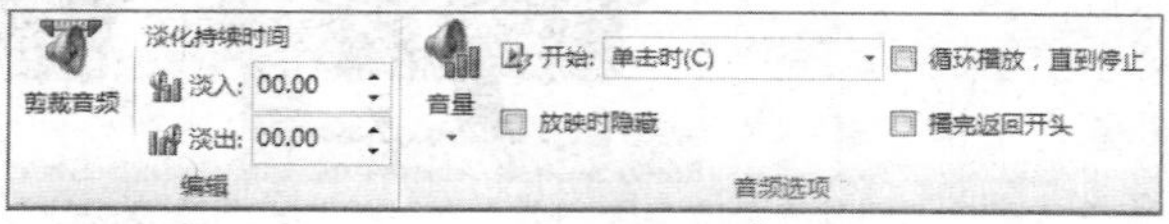

图 5-26　音频播放属性设置

（2）在幻灯片中插入视频

PowerPoint 2010 可以把计算机中的文件，在互联网、剪辑管理器中获取的视频资源添加到幻灯片。将视频插入演示文稿中时，这些视频即已成为演示文稿文件的一部分，在移动演示文稿时不会再出现视频文件丢失的情况，如图 5-27 所示。

用户可以修剪视频，并在视频中添加同步的重叠文本、标牌框架、书签和淡化效果。此外，正如对图片执行的操作一样，用户也可以对视频应用边框、阴影、反射、辉光、柔化边缘、三维旋转、棱台和其他设计器效果。当重新播放视频时，也会重新播放所用效果。

图 5-27 幻灯片中插入视频

5. 在幻灯片中插入 Flash 动画

① 单击“文件”选项卡，单击“选项”按钮，弹出图 5-28 所示的对话框。

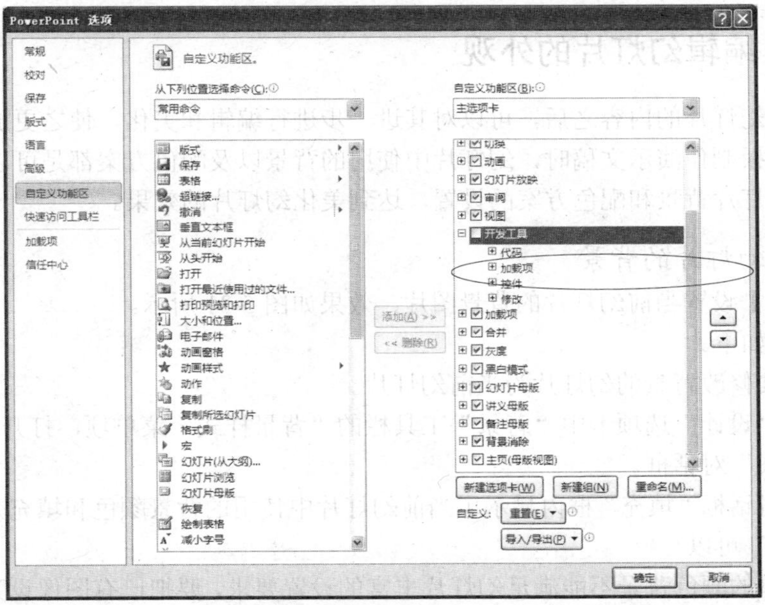

图 5-28 “PowerPoint 选项”对话框

② 在图 5-28 的“自定义功能区”选项中勾选“开发工具”复选框，单击“确定”按钮。

③ 单击“开发工具”选项卡中“控件”组的“其他控件”按钮，弹出图 5-29 所示的控件列表对话框。

④ 在控件列表中单击 Shockwave Flash Object，单击“确定”按钮。

⑤ 在幻灯片上拖动鼠标绘制控件，拖动控件边框可以调整大小。

⑥ 选定上图控件右击鼠标，在弹出的下拉菜单中选择“属性“命令，打开图 5-30 所示的对话框。

⑦ 单击“按字母序”选项卡中 Movie 属性，在其右侧的单元格中输入要播放的 Flash 文件的完整路径（指的是该文件相对于演示文稿的相对路径）。

⑧ 关闭“属性”对话框，在幻灯片放映时会自动播放该动画。

图 5-29 选择 Shockwave Flash Object 控件

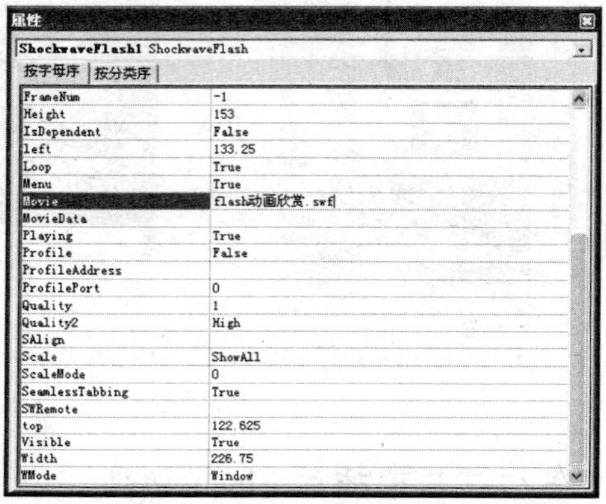

图 5-30 Flash 属性对话框

5.3.3 编辑幻灯片的外观

当编辑完幻灯片的内容之后，可以对其进一步进行编辑和美化，使之更加漂亮美观。当我们在使用模板制作演示文稿时，幻灯片中使用的背景以及配色方案都是可以修改的。我们可以通过对幻灯片背景和配色方案的设置，达到美化幻灯片的效果。

1. 设置幻灯片的背景

【案例 5-4】设置当前幻灯片的背景图片，效果如图 5-31 所示。

操作步骤如下。

① 选择要修改背景的幻灯片为当前幻灯片。

② 单击“设计”选项卡中“背景”工具栏的“背景样式”菜单项，打开图 5-32 所示的“设置背景格式”对话框。

③ 在该对话框“填充”框内显示了当前幻灯片中使用的背景颜色和填充效果。选择“图片或纹理填充”可以。

④ 若简单的颜色背景不能满足幻灯片丰富的设置要求，要把已有图像设为背景，则需单击“设置背景格式”对话框的“文件”按钮 文件(F)... ，打开“插入图片”的对话框，如图 5-33 所示。

图 5-31　设置“幻灯片”背景

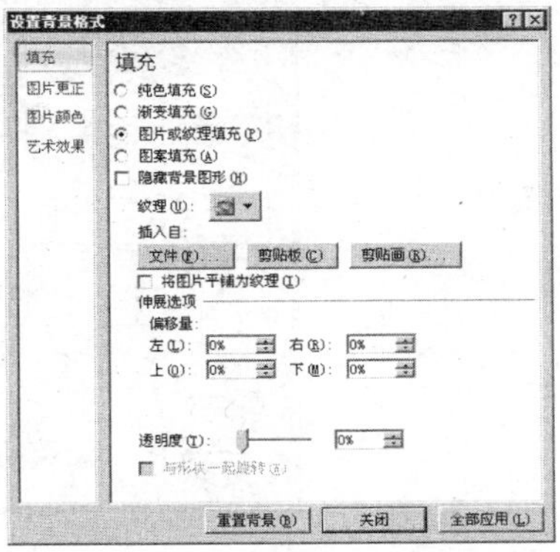

图 5-32　“设置背景格式”对话框

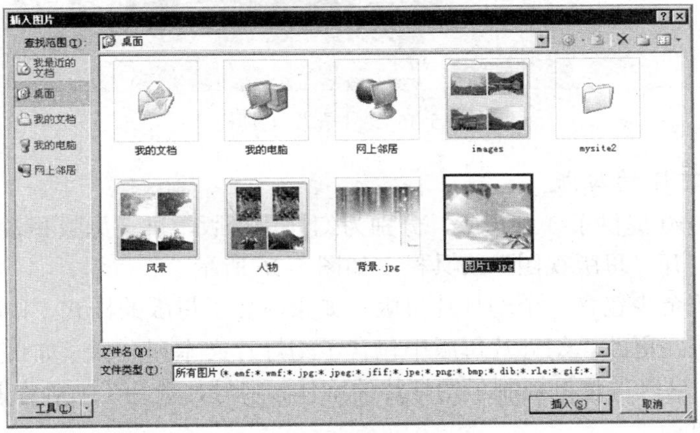

图 5-33　“插入图片”对话框

2. 设置幻灯片的版式

幻灯片版式是指各种对象（如标题、文本、表格、图表、图片等）在幻灯片上排列分布的各种布局格式。演示文稿中的每张幻灯片都是基于某种版式创建的，即 PowerPoint 2010 预先设计的幻灯片版式。用户在“开始”选项卡下单击“版式”按钮打开下拉列表，就可以设置幻灯片的版式，如图 5-34 所示。

3. 设置幻灯片的主题方案

PowerPoint 2010 提供了多个标准的预建主题。查找具有所需外观的标准主题，接着通过更改颜色、字体或者线条与填充效果来修改它，然后可以将它保存为自定义主题。

操作步骤如下。

① 选择要改变主题方案的幻灯片为当前幻灯片。

② 单击“设计”菜单下的“主题”工具栏，选择适合的主题右击鼠标打开快捷菜单，如图 5-35 所示。

③ 在菜单中选择“应用于选定幻灯片”选项。

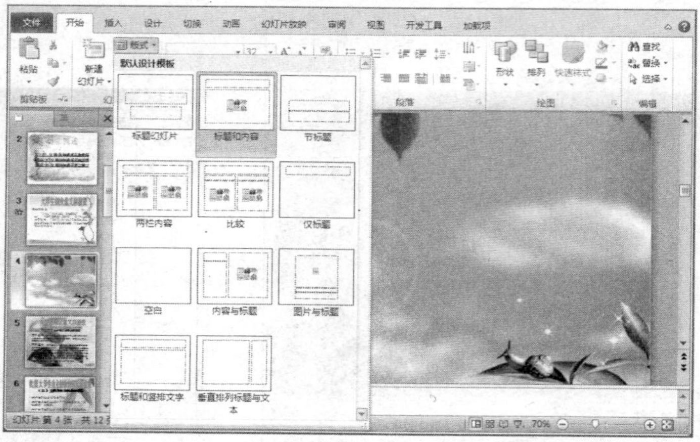

图 5-34　幻灯片版式设置

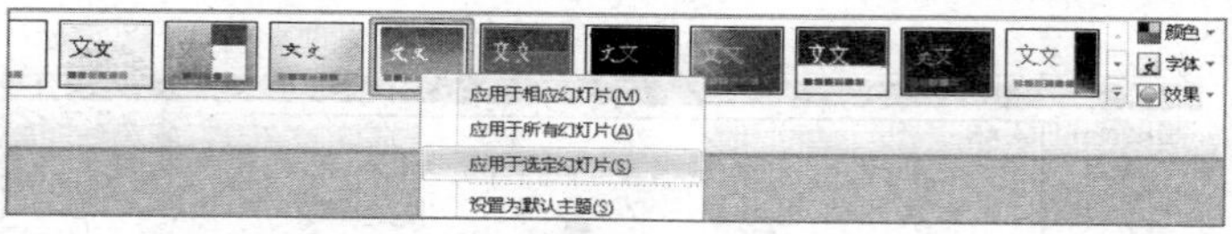

图 5-35　“主题”工具栏

4. 设置幻灯片的母版

PowerPoint 2010 提供了 3 种母版，分别为幻灯片母版、讲义母版和备注母版。单击“视图”选项卡即可打开“母版视图”工具栏，如图 5-36 所示。

每个演示文稿至少包含一个幻灯片母版，如果改变了母版的样式，则演示文稿中的每张幻灯片的样式将统一更改。幻灯片母版中包含了幻灯片文本和页脚（如日期、时间和幻灯片编号）等占位符，这些占位符控制了幻灯片的字体、字号、颜色（包括背景色）、阴影和项目符号样式等版式要素。

设置幻灯片母版步骤如下。

① 执行“视图→母版视图→幻灯片母版”命令，进入“幻灯片母版视图”状态，如图 5-37 所示。

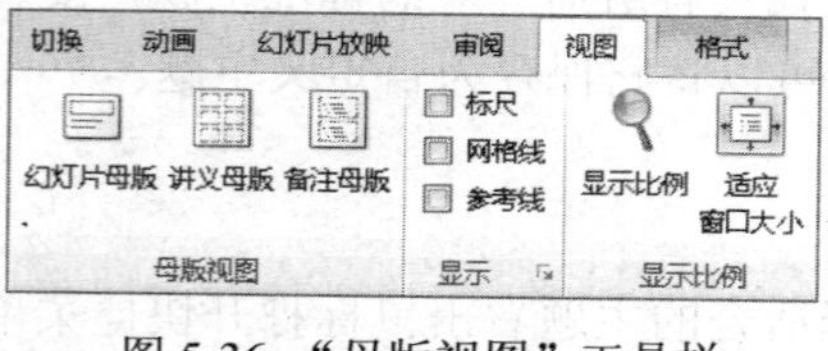

图 5-36　“母版视图”工具栏

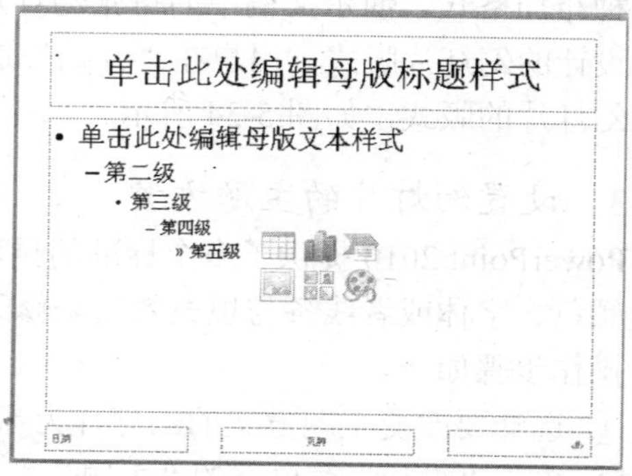

图 5-37　幻灯片母版

② 右击“单击此处编辑母版标题样式”字符，在弹出的快捷菜单中，选“字体”。

③ 选项，打开“字体”对话框。设置好相应的选项后“确定”返回，如图 5-38 所示。

④ 右击“单击此处编辑母版文本样式”及下面的“第二级、第三级……”字符，按照上述第②步的操作设置好相关格式。

⑤ 单击“插入→页眉和页脚”命令，打开“页眉和页脚”对话框，设置相应的时间、页脚和编号，如图 5-39 所示。单击“全部应用”按钮即可完成对日期区、页脚区、数字区进行格式化设置。

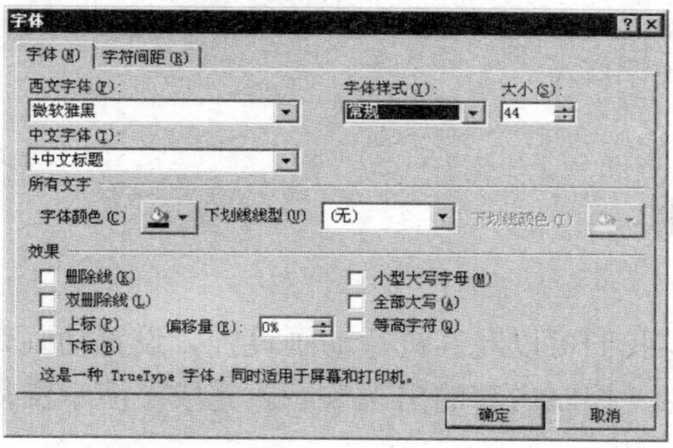

图 5-38　标题字体样式设置

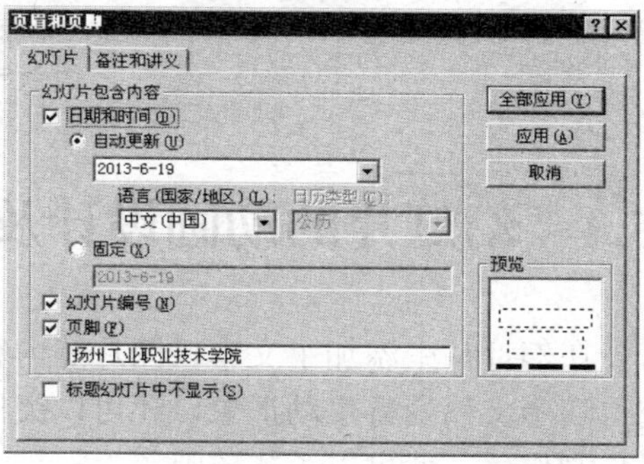

图 5-39　“页眉和页脚”对话框

⑥ 执行“插入→图片→来自文件”命令，打开“插入图片”对话框，定位到已准备好的图片所在文件夹中，选中该图片将其插入到母版中，并移动到合适的位置上，如图 5-40 所示。

图 5-40　母版中插入图片

⑦ 全部修改完成后，单击“幻灯片母版视图”工具条上的“重命名版式”按钮，打开“重命名版式”对话框，输入一个名称（如“演示母版”）后，单击“重命名”按钮返回，如图 5-41 所示。

⑧ 单击“幻灯片母版”工具条上的“关闭模板视图”按钮退出，“幻灯片母版”制作完成。

图 5-41　重命名版式

5.4　幻灯片的动画设计及放映

当在幻灯片中添加了文本、图片等内容时，我们可以对其进行动画设置。设置动画效果后使得演示文稿变得生动形象，还可以突出重点，控制内容的出现顺序。完成了演示文稿的编辑与制作后，就可以正式放映了。

5.4.1　幻灯片的动画设计

动画效果是指在幻灯片放映过程中，幻灯片中各种对象按照一定次序方式进行动态效果的演示。

PowerPoint 2010 中提供了四种不同类型的动画效果。

① 进入效果：可以使幻灯片中的对象以各种不同的效果出现在演示界面中。

② 强调效果：这些效果包括使对象放大或缩小、更改颜色、旋转等。

③ 退出效果：可以设置对象飞出幻灯片、从演示界面中消失的各种效果。

④ 动作路径：可以指定对象沿规定路径进行上下移动、左右移动或者其他图案移动。

1. 设置幻灯片对象的动画效果

【案例 5-5】在演示文稿的幻灯片中设置各个对象的动画效果。

打开演示文稿，在普通视图方式下，选择需设置动画的幻灯片进行设置。

操作步骤如下。

① 选定需设置动画的文本或图像，单击“动画”选项卡，打开动画工具栏，如图 5-42 所示。

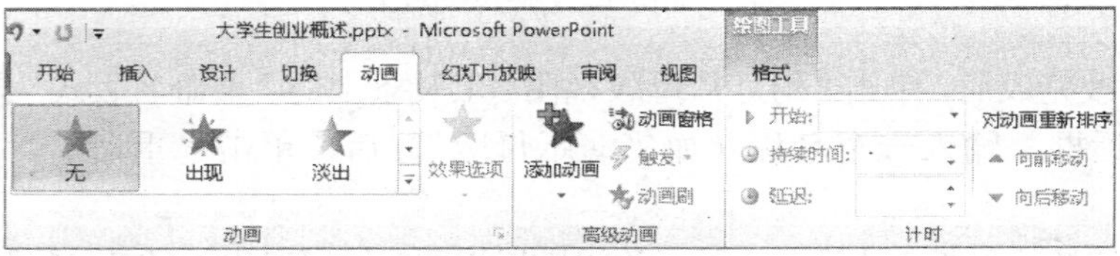

图 5-42　动画工具栏

② 在“动画”工具栏上选择所需的动画效果，则该预设的动画效果即可以运用到所选的对象上。本例中，选择幻灯片标题后设置为“飞入”效果，再单击“效果选项”按钮即可设置为“自左侧”的文字飞入方向。此时该动画自动标号为“1”。

③ 在“动画”工具栏中可单击下拉按钮进一步选择“更多进入效果”“更多强调效果”“更多退出效果”或“其他动作路径”等按钮来设置更为丰富的动画效果，如图 5-43 所示。

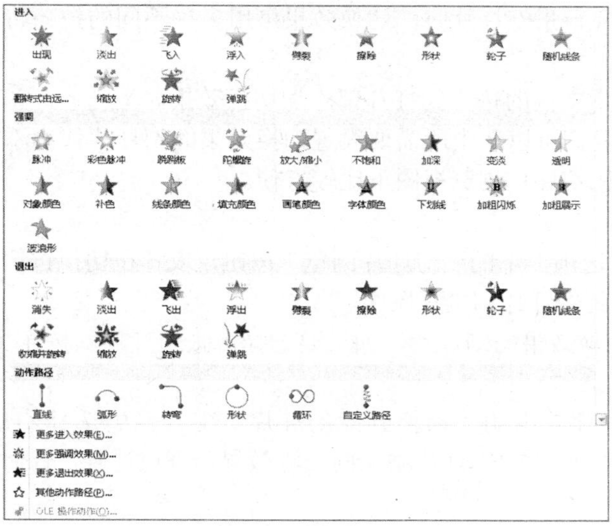

图 5-43　动画及其效果

④ 选择图像应用“陀螺旋”动画效果，则动画标号为“2”。同时为文本制作“弹跳”动画，动画标号为“3”。

⑤ 单击“动画窗格” 动画窗格 按钮，各个动画效果将按照其添加顺序依次显示在“动画”任务窗格中，在该窗口中可以查看和设置动画演示的顺序和播放的时长，如图 5-44 所示。

⑥ 单击“动画窗格”下所设动画效果的下拉菜单，即可进一步设置相关属性，如图 5-45 所示。

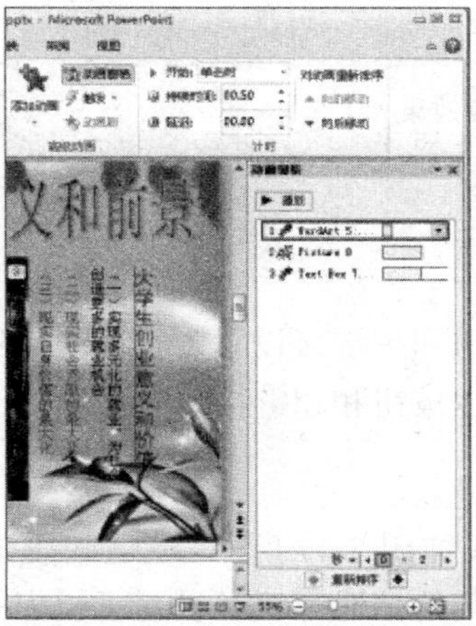

图 5-44　动画任务窗口

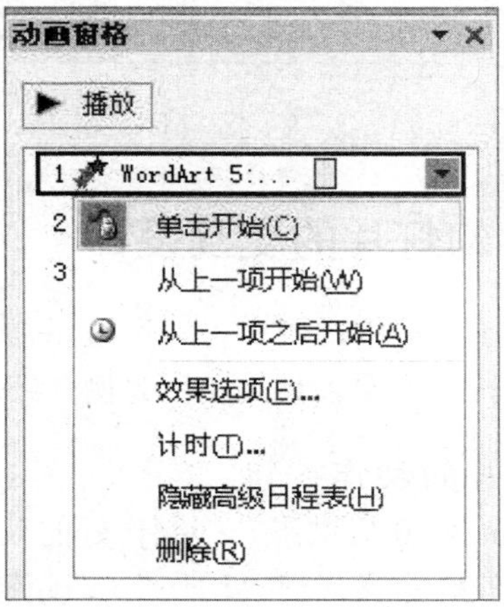

图 5-45　动画设置下拉菜单

（a）“单击开始”：动画效果由单击鼠标触发产生。

（b）“从上一项开始”：动画效果开始播放的时间与列表中上一个效果的时间相同。

（c）“从上一项之后开始”：动画效果的开始在列表中上一个效果播放完成之后产生。

2. 设置幻灯片的切换效果

幻灯片的切换效果是加在连续的幻灯片播放之间的特殊效果。在幻灯片放映的过程中，由一张幻灯片换到另外一张幻灯片时，切换效果可用多种不同的技巧将下一张幻灯片显示到屏幕上。

【案例 5-6】为演示文稿的每张幻灯片都添加切换效果。

在普通视图下，我们可以选中所需要设置切换效果的幻灯片依次添加。如果要对多张幻灯片设置切换效果，在幻灯片浏览视图下比较方便。

操作步骤如下。

① 选择“视图”选项卡下的“幻灯片浏览”按钮，或者在切换按钮处单击“幻灯片浏览视图”按钮，切换到幻灯片浏览视图中。

② 选择要添加切换效果的幻灯片，如果要选择多张幻灯片，按住 Ctrl 键依次单击相应的幻灯片。

③ 在“切换”选项卡中的“切换到此幻灯片”工具栏中选择幻灯片的切换效果，如图 5-46 所示。如果要给所选的幻灯片添加同一种效果，则可选择“计时”工具栏中的“全部应用”按钮。

④ 单击幻灯片下方的“幻灯片切换”按钮，对幻灯片的切换效果进行预览。

图 5-46 设置切换效果

5.4.2 幻灯片的交互设计

在制作演示文稿中，用户可以通过添加动作按钮和超链接设置，实现一张幻灯片到另一张幻灯片的跳转。下面以具体实例为例介绍如果创建按钮和超链接。

1. 幻灯片的动作按钮

PowerPoint 2010 提供了一些制作好的动作按钮，如图 5-47 所示。在这些按钮中，除了“自定义”按钮上没有定义任何“动作”（即超链接），其他按钮都已经设置了相应的动作，这些动作用户都可以重新进行定义。

【案例 5-7】创建动作按钮，要求单击该按钮，实现幻灯片跳转到下一张幻灯片。

操作步骤如下。

① 选中要添加动作按钮的幻灯片作为当前的幻灯片。

② 单击“插入”选项卡中的“形状”命令，在下拉列表中选择需要的动作按钮。

③ 在幻灯片中单击鼠标绘制出动作按钮，用户选中按钮打开“绘图工具”选项卡即可进一步改变其形状样式等属性。

④ 添加按钮后，系统会自动弹出图 5-48 所示“动作设置”对话框，在该对话框中可以设置按钮的使用方式。选择“超级链接到”单选按钮，可在下面列表框中设置一种链接对象：

（a）超链接到该演示文稿中的其他幻灯片或其他演示文稿等对象。

（b）选择“运行程序”单选按钮，通过单击“浏览”来设置想启动的目标程序。

（c）如果 PowerPoint 中创建了宏，可以选择要运行的宏。

图 5-47　动作按钮

图 5-48 “动作设置”对话框

⑤ 设置结束后，单击“确定”按钮。

2. 幻灯片的超链接

在 PowerPoint 2010 中，超链接主要是指在演示文稿内实现幻灯片之间的跳转，或者也可以是从一张幻灯片跳转到其他演示文稿、Word 文档、Web 网页、电子邮件地址等。

操作步骤如下。

① 选中要添加超链接的文本框或图片等对象。

② 单击“插入”选项卡的“超链接”命令，打开“插入超级链接”对话框，如图 5-49 所示。

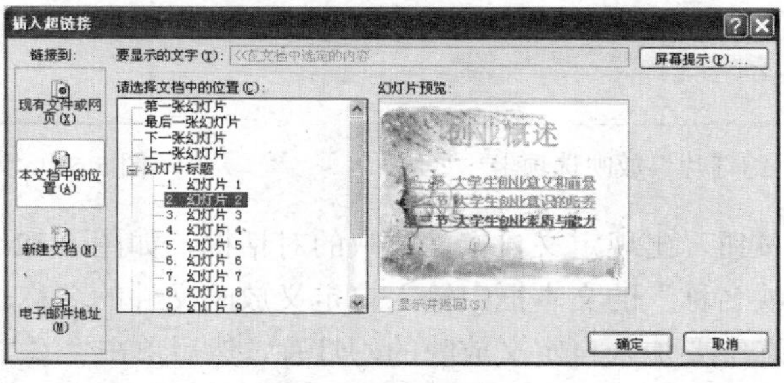

图 5-49 “插入超链接”对话框

（a）选择“本文档中的位置”可以添加跳转到其他幻灯片的链接。

（b）选择“原有文件或网页”可以添加跳转到其他文件或 Web 网页等对象的链接。

（e）选择“新建文档”可以添加跳转到新编辑的文件的链接。

（d）选择“电子邮件地址”可以设置邮箱地址。

③ 单击“确定”按钮完成超链接的设置。

注意

如果需要去掉链接文字的下划线，我们可以选用下面的技巧。

向 PPT 文档中插入一个文本框，在文本框输入文字后，选中整个文本框，设置文本框的超链接。这样在播放幻灯片时就看不到链接文字的下划线了。

5.4.3 幻灯片的放映控制

完成了演示文稿的编辑与制作后，就可以正式放映了。在放映幻灯片之前，应该对演示文稿的各幻灯片内容、放映顺序等作一次全面的检查。

1. 幻灯片的放映

制作完成演示文稿后要进行幻灯片放映，只需单击“幻灯片放映”视图按钮。或者在“幻灯片放映”选项卡中单击“开始放映幻灯片”工具栏内的按钮，可以选择“从头开始”“从当前幻灯片开始”等播放方式，也可以选择“自定义幻灯片放映”，如图 5-50 所示。

自定义放映方式是指在放映演示文稿时，用户还可以根据自己的需要创建一个或多个自定义放映方案。可选择演示文稿中多个单独的幻灯片组成一个自定义放映方案，并且可以设定方案中各幻灯片的放映顺序。选择自定义放映方案时，PowerPoint 将会按事先设置好的幻灯片放映顺序放映自定义方案中的幻灯片。

设置自定义放映方式的具体操作步骤如下。

① 选择“自定义幻灯片放映”菜单下的“自定义放映”命令，出现自定义放映的窗口，如图 5-51 所示。如果以前没有建立自定义放映，窗口中是空白的，只有“新建”和“关闭”两个按钮可用。

图 5-50 “幻灯片”放映选项卡

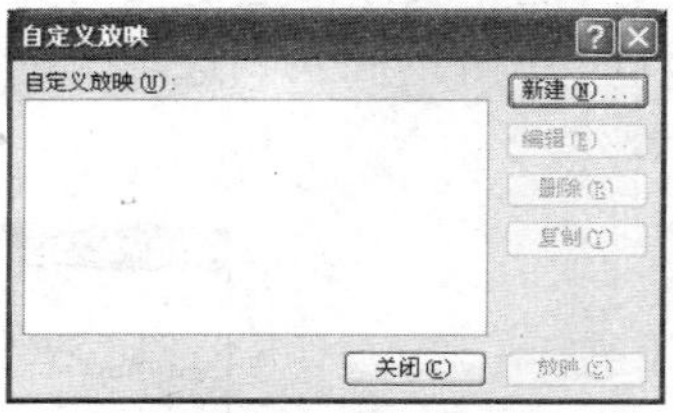

图 5-51 “自定义”放映对话框

② 单击“新建”按钮，出现定义自定义放映的对话框，如图 5-52 所示。

③ 在“幻灯片放映名称”的文本框中输入自定义放映文件的名称。

④ 在左侧列表中选中要加入自定义放映的幻灯片，然后单击“添加“按钮，选中的幻灯片则会出现在右侧列表中。

⑤ 如果在添加幻灯片时顺序出现了错误，可以在右侧的列表中选中要移动幻灯片，然后再单击上、下箭头改变它的位置。

⑥ 如果添加了多余的幻灯片，可在右侧的列表中选择要删除的幻灯片，然后单击“删除”按钮。

⑦ 设定好幻灯片的放映顺序后，单击“确定”按钮，弹出图 5-53 所示的窗口，关闭该窗口后，“自定义幻灯片放映”菜单下则出现了刚刚建立的自定义放映的名称。

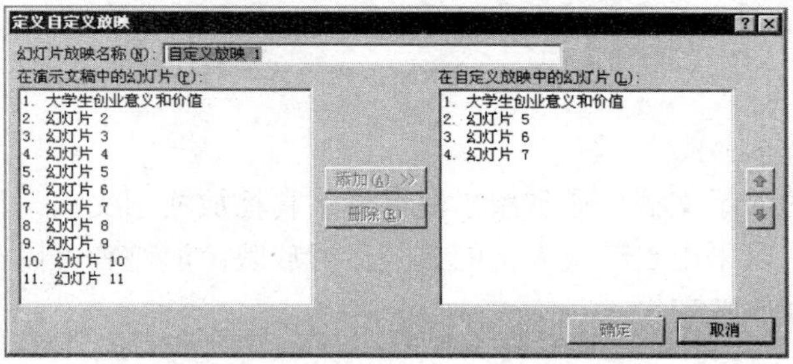

图 5-52 “定义自定义放映”对话框

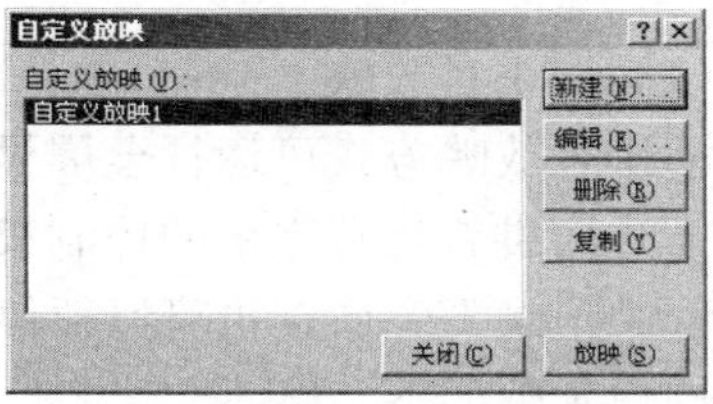

图 5-53 添加了自定义幻灯片 1

2. 设置幻灯片的放映时间

当制作完演示文稿后，可以用 PowerPoint 2010 中的“排练计时”功能来排练每张幻灯片的切换时间，而在放映的过程中如果没有“排练计时”那么幻灯片需要手动切换。

（1）使用“排练计时”设置放映时间

① 单击“幻灯片放映”选项卡“设置”工具栏中的“排练计时”按钮，开始放映幻灯片，并弹出图 5-54 所示的对话框，开始计时当前幻灯片放映的时间。

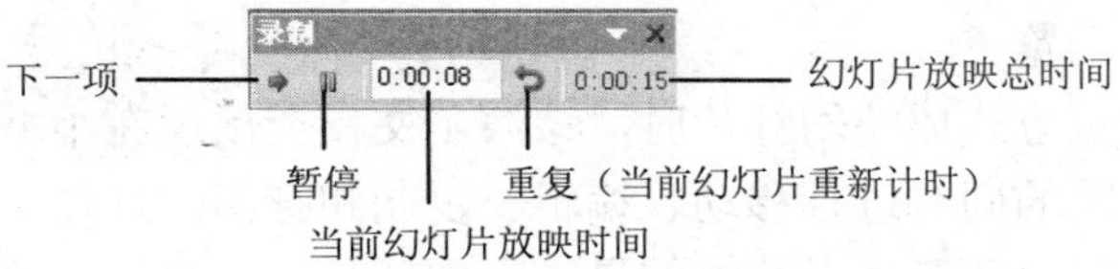

图 5-54 “录制”对话框

② 如果需要放映下一张幻灯片，则单击“下一项”按钮。

③ 幻灯片放映结束或中途关闭“录制”对话框，则会弹出如图 5-55 所示对话框。单击“是”或“否”按钮选择是否保留排练时间。

（2）使用“录制幻灯片演示”设置放映时间

“录制幻灯片演示”是 PowerPoint 2010 版本才有的新功能，主要在“排练计时”功能上有了进一步扩展。单击“录制幻灯片演示”按钮打开下拉列表，用户可以设置录制的起始位置，还可以清除幻灯片中已有的“计时”和“旁白”。

3. 设置幻灯片的放映方式

放映幻灯片是制作演示文稿的最终目的，针对不同的应用往往要设置不同的放映方式。我们可以通过选择“幻灯片放映”选项卡中的“设置放映片放映”命令打开“设置放映方式”的对话框，如图 5-56 所示。

图 5-55　确认排练时间对话框

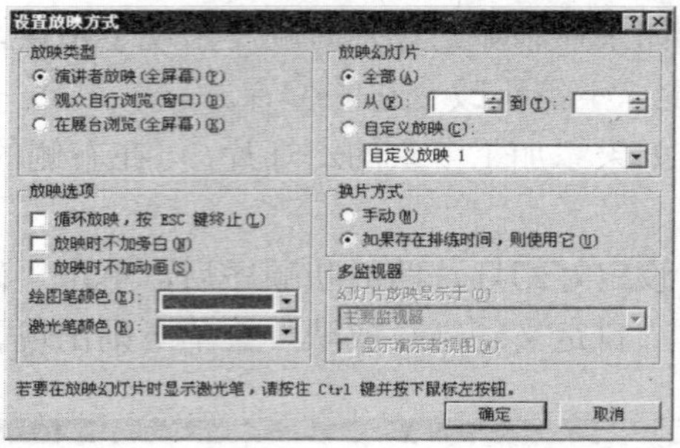

图 5-56 “设置放映方式”对话框

（1）演讲者放映

演讲者放映方式可运行全屏显示的演示文稿，通常用于演讲者亲自播放演示文稿。使用这种方式演讲者将有完全的控制权，可以采用自动或人工的方式运行放映；演讲者可以在放映过程中记录下旁白，也可以暂停观看放映效果。

操作步骤如下。

① 选择“幻灯片放映”选项卡中的“设置放映方式”命令打开该对话框。

② 在对话框中“放映类型”区域选择“演讲者放映”单选按钮。

③ 在“放映选项”区还可以设置是否循环放映或手动放映，放映是否加旁白，放映时是否加动画，如果使用绘图笔还可以设置绘图笔和激光笔的颜色。

④ 在“放映幻灯片”区域选择放映幻灯片的范围，若有自定义放映还可以选择自定义放映的名称。

⑤ 在“换片方式”区域选择幻灯片的换片方式。

⑥ 设置完成后单击“确定”按钮，回到 PowerPoint 主界面。

（2）观众自行浏览

以观众自行浏览方式放映幻灯片时，该演示文稿会出现在小型窗口内，并提供相应的操作命令，可以在放映的同时进行移动、编辑、复制和打印幻灯片。

观众自行浏览放映和演讲者放映的最大区别就是观众自行浏览放映不是全屏显示的，在放映时在屏幕上会出现菜单栏、工具栏、状态栏，如图 5-57 所示。

图 5-57　观众自行浏览放映

该放映方式的具体设置步骤与演示者放映方式相似，这里就不再进行叙述。

（3）在展台浏览

展台浏览放映方式可以自动运行演示文稿，当在展览会场或会议中无人管理幻灯片的播放时可以使用该放映方式。运行时大多数的菜单和命令都不可用，并且在每次放映结束后又会重新开始。

“在展台浏览”的屏幕与“演讲者放映”的屏幕完全相同，在此放映方式中鼠标变得几乎毫无用处。该放映方式中如果设置的是手动换页方式放映，那么将无法执行换页操作。如果设置了“排练计时”的话，它就会严格按照“排练计时”设置的时间进行放映。

综合练习

利用搜索引擎，在网上查询有关“大学生创业”的内容，要求将查询到的内容制作成一个演示文稿，具体要求如下。

（1）幻灯片内容为大学生创业的相关信息，共五个页面。第一页采用“标题幻灯片”版式，后面四页采用“标题和内容”版式。第一页的标题内容为“大学生创业”，正文要求包含四个小标题，分别为第二页到第五页的标题，为每个小标题设计链接，要求能够链接到对应的幻灯片。

（2）第一页的标题采用的动画方式为“缩放”效果，后四页标题采用为由右侧“飞入”效果。

（3）要求所有幻灯片应用“波形”主题（第 1 行第 5 列）。

（4）每页幻灯片放映时均采用溶解切换效果。

（5）用幻灯片母板为第二页到第五页在合适的位置上添加四个动作按钮“到尾页”“下一页”“上一页”“到首页”等，并链接到相应位置

（6）在第一张幻灯片合适的位置插入学校的校徽图片，并设置链接指向学校主页 http://www.ypi.edu.cn。

（7）将文件以“班级_学号_姓名.pptx”为文件名保存。

第 6 章 网络基础与 Internet 的应用

当今时代，网络已经应用到了各行各业，它给人们的生活带到了很多便利，已成为人们生活中不可或缺的一部分。人们通过网络与他人交流、查阅信息、实现资源共享等，网络对人们的学习、工作和生活以及对社会的影响越来越大。

本章将围绕信息的浏览检索、电子邮件收发和网盘的使用为主线介绍网络的基础知识和应用知识。

学习目标:

- 了解计算机网络的概念和网络的体系结构。
- 理解网络的分类和计算机局域网、城域网与广域网的特点。
- 理解 Internet 基础及其基本概念。
- 掌握 Internet 的接入方式。
- 掌握因特网的简单应用：浏览器 IE 的使用，电子邮件的收发和网盘的使用等。

6.1 计算机网络概述

6.1.1 计算机网络的定义与功能

1. 计算机网络的定义

计算机网络是利用通信设备和网络软件，把地理位置分散而功能独立的多台计算机（及其他智能设备）以相互共享资源和进行信息传递为目的连接起来的一个系统。可见一个计算机网络必须具备以下 3 个要素。

① 至少有两台具有独立操作系统的计算机，且相互间有共享的资源部分。

② 两台（或多台）计算机之间要有通信手段将其互连，如双绞线、电话线、同轴电缆或光纤等有线通信，也可以使用微波、卫星等无线媒体把它们连接起来。

③ 协议，由于不同厂家生产的不同类型的计算机，其操作系统、信息表示方法等都存在

差异，它们的通信就需要遵循共同的规则和约定，就如同讲不同的语言的人类进行对话需要一种标准语言才能沟通一样。在计算机网络中需要共同遵守的规则、规定或标准被称为网络协议，由它解释、协调和管理计算机之间的通信和相互间的操作。

2. 计算机网络的功能

（1）数据通信

数据通信是计算机网络的基本功能之一，用以实现计算机与终端或计算机与计算机之间传送各种信息，地理位置分散的生产单位或业务部门可通过计算机网络连接起来进行集中的控制和管理。

（2）共享资源

用户可以共享网络中各种硬件和软件资源，使网络中各地区的资源互通有无、分工协作，从而提高系统资源的利用率。利用计算机网络可以共享主机设备，可以共享外部设备，共享软件、数据等信息资源。

（3）实现分布式的信息处理

在计算机网络中可在获得数据和进行数据处理的位置分别设置计算机，对于较大型的综合性问题通过一定的算法，把数据处理的功能交给不同的计算机，达到均衡使用网络资源，实现分布处理的目的。此外，利用网络技术，能将多台微型计算机连成具有高性能的计算机网络系统，处理和解决复杂的问题，费用却比大、中型机降低了许多。

（4）提高计算机系统的可靠性和可用性

网络中的计算机可以互为备份，一旦其中一台计算机出现故障，其任务则可以由网络中其他计算机取代。当网络中某些计算机负荷过重时，网络可将新任务分配给负荷较轻的计算机完成，提高每一台计算机的利用率。

6.1.2　计算机网络的分类

1. 按网络覆盖范围分类

按照联网的计算机之间的距离和网络覆盖面的不同，可分为局域网、城域网和广域网。

（1）局域网（Local Area Network，LAN）

局域网通常是为了一个单位、企业或一个相对独立的范围内大量存在的微机能够相互通信，共享某些外部设备、共享数据信息和应用程序而建立的。局域网在计算机数量配置上没有太多的限制，少的可以只有两台，多的可达上千台。网络所涉及的地理距离上一般来说可以是几米至十几公里。

典型的局域网络由一台或多台服务器和若干个工作站组成，使用专门的通信线路，信息传输速率很高。现代局域网络一般使用一台高性能的微机作为服务器，工作站可以使用中低档次的微机。一方面工作站可作为单机使用，另一方面可通过工作站向网络系统请示服务和访问资源。

（2）城域网（Metropolitan Area Network，MAN）

城域网一般来说是将一个城市范围内的计算机互联，这种网络的连接距离可以在 10～100 公里。城域网与局域网相比扩展的距离更长，连接的计算机数量更多，在地理范围上可以说是局域网的延伸。在一个大型城市或都市地区，一个城域网通常连接着多个局域网。如一个城域网可以连接政府机构的局域网、医院的局域网、电信的局域网、公司企业的局域网等等。

由于光纤连接的引入，使城域网中高速的局域网互联成为可能。

（3）广域网（Wide Area Network，WAN）

广域网也称为远程网，在地理上可以跨越很大的距离，联网的计算机之间的距离可从几百公里到几千公里，跨省、跨国甚至跨洲，网络之间也可通过特定方式进行互连。

目前，大多数局域网在应用中不是孤立的，除了与本部门的大型机系统互相通信，还可以与广域网连接，网络互连形成了更大规模的互联网。可使不同网络上的用户能相互通信和交换信息，实现了局域资源共享与广域资源共享相结合。

世界上第一个广域网就是 ARPA 网，它利用电话交换网把分布在美国各地不同型号的计算机和网络互连起来。ARPA 网的建成和运行成功，为接下来许多国家和地区组建远程大型网络提供了经验，最终产生了 Internet。

Internet 是现今世界上最大的广域网。

2. 按照网络拓扑结构分类

计算机网络的物理连接形式叫做网络的物理拓扑结构。连接在网络上的计算机、大容量的外存、高速打印机等设备均可看作是网络上的一个节点。计算机网络中常用拓扑结构有星型、总线型、环型等。

（1）星型

星形结构的主要特点是集中式控制，每一个用户设备都连接到中央交换控制机上，中央交换控制机的主要任务是交换和控制。控制机汇集各工作站送来的信息，使得用户终端和公用网互联非常方便。但架设线路的投资大，同时为保证中央交换机的可靠运行，需要增加中央交换机备份。星形结构示意图如图 6-1 所示。

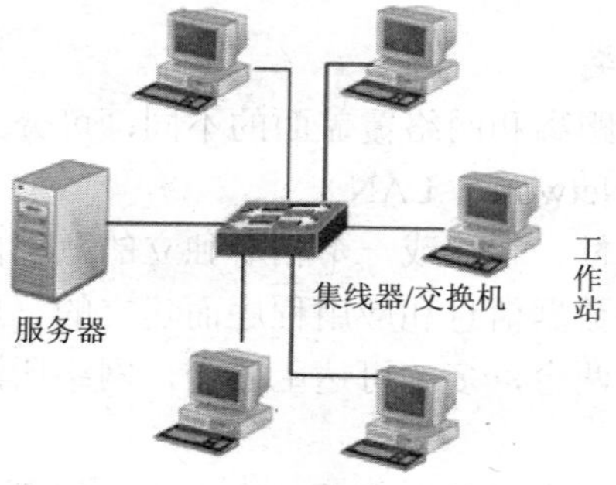

图 6-1　星型

（2）总线型

总线型结构是局域网络中常用的一种结构。在这种结构中，所有的用户设备都连接在一条公共传输的主干电缆——总线上。总线结构属于分散型控制结构，没有中央处理控制器。各工作站利用总线传送信息，采用争用方式——CSMA/CD 方式，当一个工作站要占用总线发送信息（报文）时，先检测总线是否空闲，如果总线正在被占用就等待，待总线空闲再送出报文。接收工作站始终监听总线上的报文是否属于给本站的，如果是则进行处理。总线型结构示意图如图 6-2 所示。

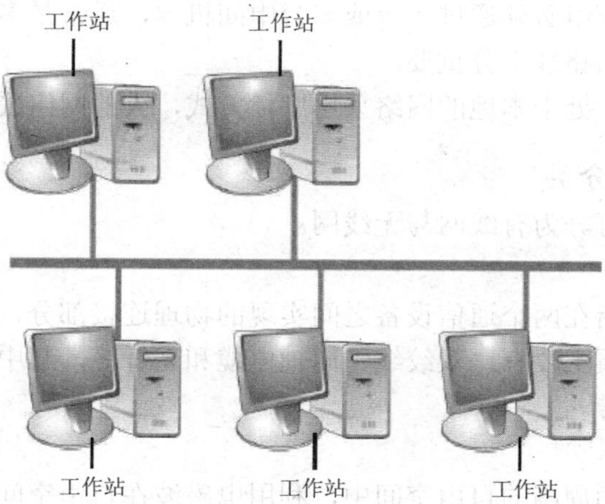

图 6-2　总线型

（3）环形

从物理上看，将总线结构的总线两端点联接在一起，就成了环形结构的局域网。这种结构的主要特点是信息在通信链路上是单向传输的。信息报文从一个工作站发出后，在环上按一定方向一个结点接一个结点沿环路运行。环形结构示意图如图 6-3 所示，这种访问方式没有竞争现象，所以在负载较重时仍然能传送信息，缺点是网络上的响应时间会随着环上结点的增加而变慢，且当环上某一结点有故障时，整个网络都会受到影响。为克服这一缺陷，有些环形局域网采用双环结构。

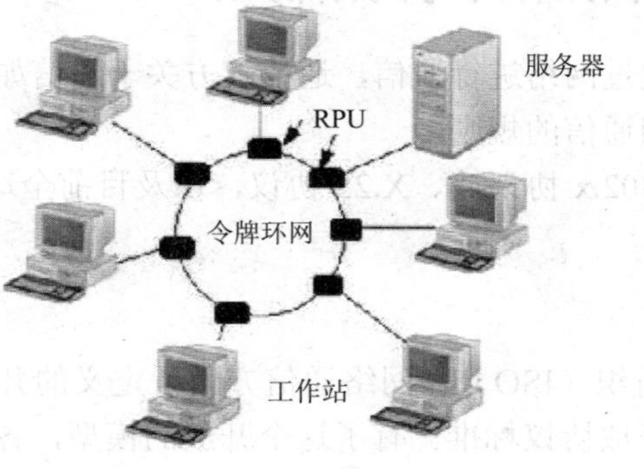

图 6-3　环型

3. 按传输技术分类

按传输技术划分有广播式网络和点到点网络两种。

广播式网络仅有一条通信信道，由网络上的所有机器共享。向某台主机发送信息就如在公共场所喊人："老王，有你的信！"。在场的人都会听到，而只有老王本人会答应，其余的人仍旧做自己的事情。发往指定地点的信息（报文）将按一定的原则分成组或包（packet），分组中的地址字段指明本分组该由哪台主机接收，如同生活中的人称“老王”。一旦收到分组，各机器都要检查地址字段，如果是发给它的，即处理该分组，否则就丢弃。

与之相反，点到点网络由一对对机器之间的多条连接构成。为了使信息能从源头到达目的地，这种网络上的分组必须通过一台或多台中间机器，通常是多条路径，长度一般都不一样。因此，选择合理的路径十分重要。

一般来说，小的、处于本地的网络采用广播方式，大的网络采用点到点方式。

4. 按传输介质分类

按传输介质划分可分为有线网与无线网。

（1）有线网

有线传输介质是指在两个通信设备之间实现的物理连接部分，它能将信号从一方传输到另一方。有线传输介质主要有：双绞线、同轴电缆和光纤等，其中双绞线和同轴电缆传输电信号，光纤传输光信号。

（2）无线网

无线传输指在我们周围的自由空间中，利用电磁波在自由空间的传播实现无线通信。在自由空间传输的电磁波根据频谱可将其分为无线电波、微波、红外线、激光等，信息被加载在电磁波上进行传输。

随着笔记本电脑、平板电脑和智能手机等便携式计算机的日益普及和发展，人们经常要在路途中接听电话，发送传真和电子邮件，阅读网上信息以及登录到远程机器等。然而在汽车或飞机上是不可能通过有线介质与网络相连接的，这时候就需要用到无线网了。

从网络的发展趋势看，网络的传输介质由有线技术向无线技术发展，网络上传输的信息向多媒体方向发展，网络系统由局域网向广域网发展。

6.1.3 网络的体系结构与网络协议

为了使两台计算机通过网络进行通信，通信双方关于通信如何进行达成一致的约定，即规定了计算机在网上互相通信的规则。

常见的协议有 IEEE802.x 协议簇、X.25 协议，以及目前全球最大的网络 Internet 所采用的 TCP/IP 协议等。

1. OSI 参考模型

OSI 是国际化标准组织（ISO）在网络通信方面所定义的开放系统互连参考模型，1978 年 ISO 定义了这样一个开放协议标准。有了这个开放的模型，各网络设备厂商就可以遵照共同的标准来开发网络产品，实现彼此兼容。

OSI 只是一个参考模型，做了一些原则性的说明，而不是一个具体的网络协议。尽管一些具体的网络产品或协议都能在 OSI 模型中找到对应关系，但并不完全相同。

整个 OSI 参考模型共分 7 层，从下往上分别是：物理层、数据链路层、网络层、传输层、会话层、表示层和应用层，如图 6-4 所示。当接收数据时，数据是自下而上传输；当发送数据时，数据是自上而下传输。

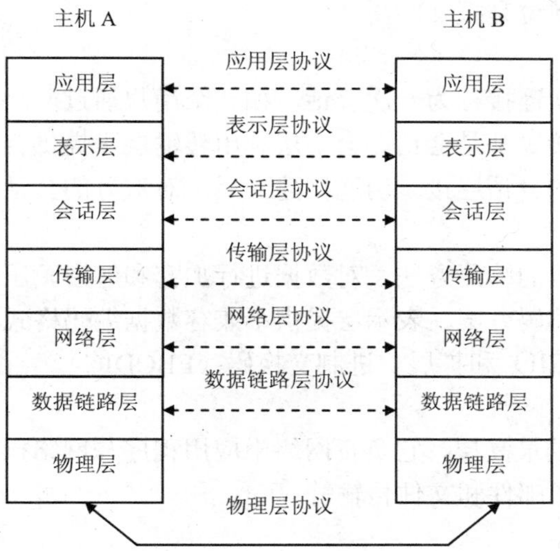

图 6-4　OSI 七层参考模型

（1）物理层

物理层是整个 OSI 参考模型的最低层，其任务是负责线路的连接，并把需要传送的信息转变为可以在实际线路上运动的物理信号，如电脉冲。物理层协议主要规定了计算机或终端和通信设备之间的接口标准，包含接口的机械、电气、功能和规程四个方面的特性。电缆、物理端口和附属设备，如双绞线、同轴电缆、接线设备（如网卡等）、串口、并口、调制解调器等在网络中都是工作在这个层次的。

物理层传送的基本单位是比特。典型的物理层协议如 RS-232 系列等。

（2）数据链路层

数据链路层的功能是实现无差错的传输服务。

物理层仅提供了传输能力，但信号不可避免地会出现畸变和受到干扰，造成传输错误。数据链路层就负责在连接的两台计算机之间正确地传输信息。该层利用一种机制保证信息不丢失、不重复。例如，加上信息校验码，接收方对于收到的信息予以答复，发送方经过一段时间未接到答复则重发等。

数据链路层传送的基本单位是帧。其常见的协议有两类，一类是面向字符的传输控制协议，如 BSC（二进制同步通信协议）；另一类是面向比特的传输控制协议，如 HDLC（高级数据链路控制协议）。

（3）网络层

网络层属于 OSI 中的中间层次，具体负责传输的路径，包括选择最佳路径，避开拥挤的路，即常说的路由选择。

网络层传送的基本单位是组（或包），X.25 就是网络层的协议。

（4）传输层

传输层解决的是数据在网络之间的传输质量问题，用于提高网络层服务质量，如消除通信过程中产生的错误，提供可靠的端到端的数据传输。常说的网络服务质量 QoS 就是这一层的主要服务。

传输层传送的基本单位是报文。

（5）会话层

用户或进程间的一次连接称为一次会话，如一个用户通过网络登录到一台主机，或一个正在用于传输文件的连接等都是会话。会话层利用传输层来提供会话服务，负责提供建立、维护和拆除两个进程间的会话连接。当连接建立后，对双方的会话活动进行管理。

（6）表示层

表示层负责管理数据的编码方法，对数据进行加密和解密、压缩和恢复。并不是每个计算机都使用相同的数据编码方案，表示层提供不兼容数据编码格式之间的转换，如转换美国标准信息交换代码（ASCII）和扩展二进制交换码（EBCDIC）。

（7）应用层

这是 OSI 参考模型的最高层，它负责网络中应用程序与网络操作系统之间的联系，为用户提供各种服务，如电子邮件和文件传输等。

2. TCP/IP 参考模型

Internet 网使用 TCP/IP（Transmission Control Protocol/Internet Protocol）网络体系结构，TCP/IP 协议的名字来自两个协议，TCP（传输控制协议）和 IP（网际协议）。Internet 是采用基于开放系统的网络参考模型 TCP/IP 模型，TCP/IP 与 OSI 参考模型不同，它只有 4 层：应用层、传输层、网络互联层和网络接口层，如图 6-5 所示。

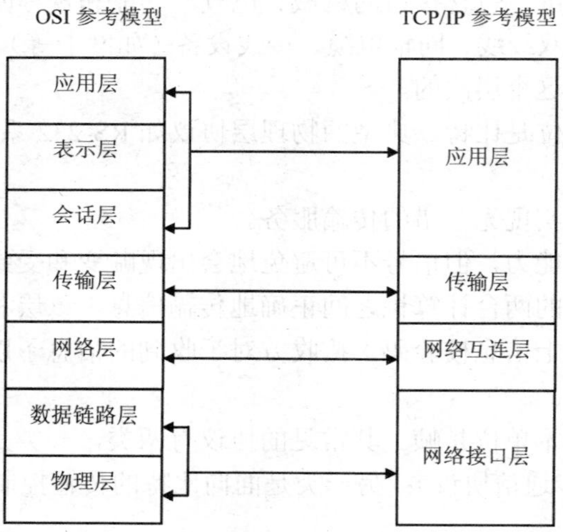

图 6-5　OSI 参考模型和 TCP/IP 参考模型比较

TCP/IP 实际上是一个协议集，它还有一些配套的高层协议，如文件传输协议 FTP、简单邮件传送协议 SMTP 等。在连接 Internet 之前，计算机中必须先装入 TCP/IP 协议。

（1）网络接口层

该层在 TCP/IP 参考模型中没有具体定义，作用是传输经网络互联层处理过的信息，并提供主机与实际网络的接口，而具体的接口关系则可以由实际网络的类型所决定。这些网络可以是广域网、局域网或点对点连接等。这样也正体现了 TCP/IP 的灵活性与网络的物理特性无关。

（2）网络互联层

该层定义了 IP 协议的报文格式和传送过程，作用是把 IP 报文从源端送到目的端，协议采用非连接传输方式，不保证 IP 报文顺序到达。主要负责解决路由选择，跨网络传送等问题。

（3）传输层

该层定义了 TCP 协议，TCP 建立在 IP 之上（这正是 TCP/IP 的由来），提供了 IP 数据包的传输确认、丢失数据包的重新请求，将收到的数据包按照它们的发送次序重新装配的机制。TCP 协议是面向连接的协议，类似于打电话，在开始传输数据之前，必须先建立明确的连接，保证源终端发送的字节流毫无差错地顺序到达目的终端。

该层还定义了另一个传输协议，用户数据报协议（UDP），但它是一种无连接协议。两台计算机之间的传输类似于传递邮件：数据包从一台计算机发送到另一台计算机之前，两者之间不需要建立连接。UDP 中的数据包是一种自带寻址信息的、独立地从数据源走到终点的数据包。UDP 不保证数据的可靠传输，也不提供重新排列次序或重新请求功能，所以说它是不可靠的。虽然 UDP 的不可靠性限制了它的应用场合，但它比 TCP 具有更好的传输效率。

（4）应用层

应用层是 TCP/IP 系统的终端用户接口，是专门为用户提供应用服务的。在传输文件的过程中，用户和远程计算机交换的一部分是能看到的。常见的应用层协议有 HTTP、FTP、Telnet、SMTP、Gopher 等。

6.2 认识和接入 Internet

因特网（Internet）是人类历史发展中的一个伟大的里程碑，它是未来信息高速公路的雏形，人类正由此进入一个前所未有的信息化社会。人们用各种名称来称呼 Internet，如国际互联网络、因特网、交互网络、网际网等。它正在向全世界各大洲延伸和扩散，不断增添吸收新的网络成员，已经成为世界上覆盖面最广、规模最大、信息资源最丰富的计算机信息网络。

计算机只有接入 Internet 网络，才能真正实现资源共享、文件传输等功能。

6.2.1 Internet 提供的服务

Internet 之所以获得成功，是因为它能提供用户需要的各种服务，主要功能如下。

1. 收发电子邮件（Email 服务）

电子邮件是因特网提供的基本服务之一，也是因特网上应用最为广泛的一种服务。很多人认为这是和外面世界联系的基本方式，比电话和传统的邮件方便、快捷。

2. 信息浏览

信息浏览是因特网的另外一项基本服务。90 年代中期，Internet 网在发达国家的学术界、政府和工业研究人员之间已非常流行。CERN（瑞士的一个高能物理中心）的物理学家发明的万维网（world wide web，www）改变了世界。正是这个融汇了文本、图像和声音的信息浏览器，使得大量的非学术界用户登上了 Internet 的舞台。

3. 文件传输（FTP）服务

文件传输可以在因特网上为用户传输各种类型的文件。普通的FTP服务器可以向注册用户提供文件传输服务，而匿名FTP服务器可以向任何因特网用户提供文件传输服务。

4. 共享远程的资源（远程登录 Telnet）

用户在自己的机器上运行 Telnet 程序，可以连接到另一台计算机上，作为远程用户运行该机上的程序，使用它的信息资源。

除了上面的这些服务外，因特网还可以提供电子公告板（BBS）、新闻组（USENET）、聊天室（IRC）、网络电话、电子商务、网上购物等多种服务。

6.2.2 Internet 的基本概念

1. WWW

WWW（Word Wide Web），简称 Web，通常译成万维网，也叫做 3W，是一种超文本（Hypertext）方式的查询工具。这种浏览器方式基于 HTTP（Hypertext Tranguage Protocol）协议，采用标准的 HTML（Hypertext Markup Language）语言编写。

世界上第一个网站成立于 1994 年，经过十几年的发展，WWW 已经走进了现代生活的各个方面。现在，人们可以通过 WWW 进行信息浏览、购物、订飞机票、查询旅游资源等，或者通过 WWW 进行休闲娱乐，如打游戏、看电影等。可以说 WWW 是一个包罗万象的平台。

WWW 是通过互联网获取信息的一种应用，我们所浏览的网站就是 WWW 的具体表现形式，但其本身并不就是互联网，只是互联网的组成部分之一。

2. 超文本与超链接

超文本中不仅包含文本信息，而且包括图形、声音、图像和视频等多媒体信息。最重要的是其中还包含指向其他网页的链接，即超链接。

超链接是在 Internet 页面间移动的主要手段，该技术的优点在于不需要知道目标的 Internet 地址，只需单击超链接就可以到达所要的网页。超链接的目标可以在 Web 上的任何地方。

在网页中，除了正常显示的文字外，还有许多以下划线方式显示的文字，这些就是超链接。

将鼠标指针移过 Web 页上的项目，可以识别出该项目是否为超链接。如果指针变成手形，则表明它是超链接。通常情况下，超链接是蓝色带下划线的文字，这表示没有访问过的超链接；对于访问过的超链接，则以紫色带下划线的文字表示。

3. HTTP

HTTP，即超文本传输协议，是 HyperText Transfer Protocol 的缩写。浏览网页时在浏览器地址栏中输入的 URL 前面都是以“http://”开始的。如果在输入地址时不输入协议名称，则 IE 自动为用户加上该协议名称。

HTTP 定义了信息如何被格式化、如何被传输，以及在各种命令下服务器和浏览器所采取的响应。

4. URL

URL 是 Uniform Resource Locator 的缩写，即统一资源定位系统，也就是我们通常所说的网址。URL 是在 Internet 的 WWW 服务程序上用于指定信息位置的表示方法，它指定了如 HTTP 或 FTP 等 Internet 协议，是唯一能够识别 Internet 上具体的计算机、目录或文件位置的命名约定。

URL 的格式为："协议://IP 地址或域名/路径/文件名"。其中"协议://IP 地址或域名/"部分是不可缺少的，"路径/文件名"部分有时可以省略。例如，新浪网站的网址，也就是 URL 为"http://www.sina.com.cn/"。

5. HTML

HTML 是 Hypertext Markup Language 的缩写，即超文本标记语言。它是用于创建可从一个平台移植到另一平台的超文本文档的一种简单标记语言，经常用来创建 Web 页面。HTML 文件是带有格式标识符和超文本链接的内嵌代码的 ASCII 文本文件。

HTML 是制作网页的基础，早期的网页都是直接用 HTML 代码编写的，不过现在有很多智能化的网页制作软件（如 FrontPage、DreamWeaver 等）通常不需要人工去写代码，而是由这些软件自动生成。

6.2.3 网址与域名

1. IP 地址

为了将信息从一个地方传输到另外一个地方，需要明确目的地。因此，就像每一电话有一个唯一的电话号码一样，各个网站的主机都有一个唯一的地址，称为 IP 地址。

IP 地址分网络号和主机号两部分。前者用来指明主机所从属的物理网络的编号，后者是主机在物理网络中的编号。

根据 TCP/IP 协议标准，IP 地址由 32 个二进制位（4 个字节）表示。每 8 个二进制位为一个字节段，共分为四个字节段。一般用十进制数表示，每个字节段间用圆点分隔。

IP 地址又分为三个基本类：A 类、B 类、C 类。每类都有不同长度的网络号和主机号，另有两类分别作为组播地址和备用，如图 6-6 所示。

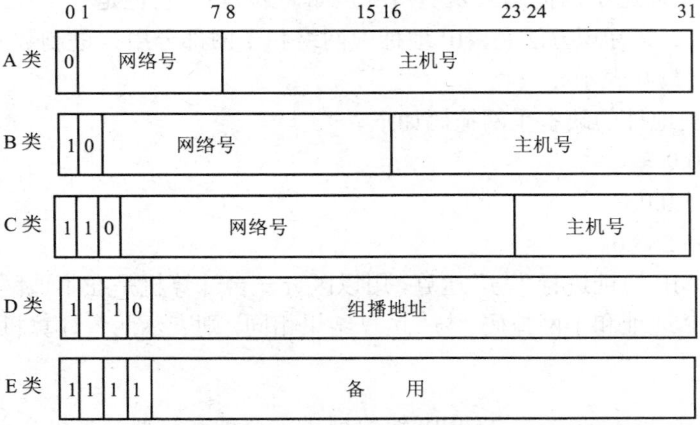

图 6-6　IP 地址的分类及格式

A 类地址最高字节代表网络号，后三个字节代表主机号，适用于主机数多达 1600 万台的大型网络。其特征为：二进制数的第 1 位为 0，首字节数值范围为 1～127。

B 类地址前两个字节代表网络号，后两个字节代表主机号，一般用于中等规模（≤65534 台主机）的地区网管中心。其特征为：二进制数的前 2 位为 10，首字节数值范围为 128～191。

C 类地址前 3 个字节代表网络号，最后一个字节代表主机号，一般用于规模较小（≤254 台主机）的局域网。其特征为：二进制数的前 3 位为 110，首字节数值范围为 192～223。

例如，26.10.3.5 是一个 A 类地址，172.20.1.1 是一个 B 类地址，202.119.2.3 是一 C 类地址。

网络地址和主机地址的使用都必须遵循一定的规则，具体规则如下。

网络地址：

① 网络地址必须唯一。

② 网络地址不能以十进制数 127 开头，它保留给内部诊断返回函数。

③ 网络地址部分第一个字节不能为 255，它用作广播地址。

④ 网络地址部分第一个字节不能为 0，它表示为本地主机，不能传送。

主机（网络中的计算机）地址：

① 主机地址部分必须唯一。

② 主机地址部分的所有二进制位不能全为 1，它用作广播地址。

③ 主机地址部分的所有二进制位不能全为 0。

以上介绍的是 IP 协议第 4 版（IP v4）中对于 IP 地址的规定。新的第 6 版 IP 协议（IP v6）已经把 IP 地址的长度扩展到 128 位，以便容纳更多的主机接入因特网。

2. 子网与子网掩码

同一个网络上的所有主机都必须有相同的网络号。而 IP 地址的 32 个二进制位所表示的网络数是有限的，因为每一网络均需要唯一的网络标识。随着局域网数目的增加和机器数的增加，经常会碰到网络数不够的问题。解决的办法是采用子网寻址技术，将网络内部分成多个部分，但对外仍像一个单独网络一样。这样，IP 地址就划分为“网络—子网—主机”三部分。

在组建计算机网络时，通过子网技术将单个大网划分为多个网络，并由路由器等网络互联设备连接，可以减轻网络拥挤，提高网络性能。

在 TCP/IP 中是通过子网掩码来表明本网是如何划分的。它也是一个 32 位二进制地址数，用圆点分隔成四段。其标识方法是：IP 地址中网络和子网部分用二进制数 1 表示，IP 地址中主机部分用二进制数 0 表示。

A、B、C 三类地址的缺省子网掩码如下。

A 类：255.0.0.0

B 类：255.255.0.0

C 类：255.255.255.0

将子网掩码和 IP 地址进行“与”运算，用以区分一台计算机是在本地网络还是远程网络，如果两台计算机 IP 地址和子网掩码“与”运算结果相同，则表示两台计算机处于同一网络内。

3. 域名

由于数字地址标识不便记忆，TCP/IP 协议引进了一种字符型的主机命名制，这就是域名。比如：218.30.13.36 和 202.108.33.60 两个 IP 地址分别对应的是新浪北京电信 IDC 服务器 IP

和新浪北京网通服务器 IP，它们对应的是同一域名，也就是新浪网的域名 www.sina.com.cn。很显然，与 IP 地址相比，域名更直观和便于人们记忆和书写。

IP 地址与域名之间存在着对应关系，在 Internet 实际运行时域名地址由专用的域名服务器 DNS（Domain Name Service）转换为 IP 地址。

为了便于大家进一步了解域名的实质，有必要在这里谈谈域名的体系结构。从 www.sina.com.cn 这个域名来看，它是由几个不同的部分组成的，这几个部分彼此之间具有层次关系。其中最后的".cn"是域名的第一层，".com"是第二层，".sina"是真正的域名，处在第三层，当然还可以有第四层，如：mail.sina.com.cn 表示新浪网的电子邮件服务器，其中 mail 为服务器名。至此我们可以看出域名从后到前的层次结构类似于一个倒立的树型结构，其中第一层的".cn"叫做地理顶级域名。

目前互联网上的域名体系总共有三类顶级域名。

① 地理顶级域名，共有 243 个国家和地区的代码。例如，".cn"代表中国，".jp"代表日本，".uk"代表英国等，如表 6-1 所示。

表 6-1　　地理顶级域名

国家或地区	域　　名
中国	cn
香港	hk
台湾	tw
澳门	mo
日本	jp
英国	uk
澳大利亚	au

② 类别顶级域名，如".com"（公司），".net"（网络机构），".org"（组织机构）等。相对于地理顶级域名来说，这些顶级域名都是根据不同的类别来区分的，所以称之为类别顶级域名，如表 6-2 所示。

表 6-2　　类别顶级域名

域名代码	类　　别
com	商业机构（大多数公司）
edu	教育机构（如大学和学院）
net	Internet 网络经营和管理
org	非盈利性组织机构
gov	政府机关
mil	军事系统（军队用户和他们的承包商）
int	国际机构

③ 随着互联网的不断发展，新的顶级域名也根据实际需要不断被扩充到现有的域名体系中来。新增加的顶级域名是".biz"（商业），".coop"（合作公司），".info"（信息行业），".aero"（航空业），".pro"（专业人士），".museum"（博物馆行业），".name"（个人）。

在这些顶级域名下，还可以再根据需要定义次一级的域名，如在我国的顶级域名".cn"

下又设立了“.com”“.net”“.org”“.gov”“.edu”以及我国各个行政区域的字母如.bj 代表北京，“.sh”代表上海，“.js”代表江苏等。

域名的结构体系参见图 6-7。

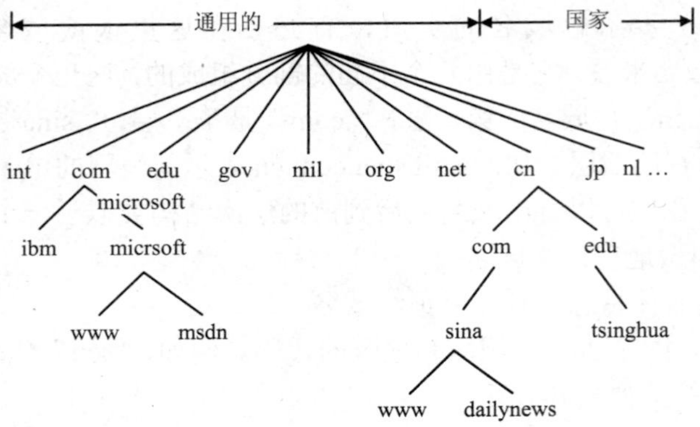

图 6-7　域名结构体系

6.2.4　Internet 的接入方式

1. 常见的 Internet 接入方式

如上所述，因特网是大量的局域网、广域网、路由器以及将它们连接在一起的通信线路和设施构成的。终端计算机用户常用的 Internet 接入方式有以下几种。

（1）宽带上网

近年来宽带上网方式在国内发展非常迅猛，接入方式也多种多样，总结起来用户使用最多的有以下三种：ADSL、Cable Modem、LAN。

① ADSL：又叫非对称数字用户环路技术，是利用现有的电话线资源，在一对双绞线上提供上行 640Kbps、下行 8Mbps 的宽带。它是目前中国电信力推的一种宽带接入方式，可利用电话的双绞线入户，免去了重新布线的问题，优点是采用星型结构，保密性好，安全系数高，可提供较高的接入速率。由于 ADSL 采用的是专线的连接方式，ADSL 调制解调器与网络总是处于连接的状态，这样就免去了拨号上网的步骤，当然也就不会遇到占线的情况了。而且 ADSL 可以同时进行数据和电话的通信。

② Cable Modem：是广电系统普遍采用的一种宽带接入方式，由于原来铺设的有线电视网光缆天然就是一个高速宽带网，所以仅对入户线路进行改造，就可以提供理论上上行 8M、下行 30M 的接入速率，目前美国 50%以上的宽带用户就采用 Cable Modem 方式接入。它的缺点是采用共享结构，随着用户的增多，个人的接入速率会有所下降，安全保密性也欠佳。

③ LAN：沿袭了公司的局域网建设模式，把一栋大楼或一个小区的住户看作成一个公司用户，用户的计算机需安装网卡并通过双绞线接入到楼内的交换机，再通过专线与城域网或互联网相连。其优点是建设成本低，用户理论上入户速率可达 10M。但缺点是需要重新布线，而且交换机和用户网卡距离之间不能超过 100 米，否则信号衰减很厉害，还需要加中继放大设备。同时，由于同一幢楼的用户使用同一交换机，也存在安全问题。

（2）无线上网

无线上网方式是近年来新兴起的一种互联网接入方式，由于其摆脱有线的束缚，使人们可在任何地点以任何方式移动上网，因此受到越来越多人的青睐，大有赶超有线上网之势头。目前国内应用比较成熟的无线上网技术主要有 CDMA、WCDMA、GPRS、无线局域网（Wireless Local Area Network，WLAN）等。

WLAN 就是将无线技术应用到 LAN 当中。与有线 LAN 相比，WLAN 网络配置灵活、适应性较强、安装维护方便，而且在某些情况下经济性较好。它主要用于以下场合。

① 在移动工作环境下、面向移动计算机用户，访问网络的信息资源，实现移动办公。

② 临时组网，如灾后复苏、短时商用系统及大型会议。

③ 有线 LAN 的无线延伸，亦可作为 LAN 的无线互连。

目前，WLAN 与无线 ATM（WATM）、本地多点分布业务（LMDS）、多点多信道分布业务（MMDS）一起，构成很有发展前景的宽带无线接入技术。

除了以上几种接入方式外，还有适合企业与团体的专线接入方式。在专线内部，个人通过局域网接入 Internet 等。

2. 接入 Internet 网络的硬件设备

（1）网卡

网卡又称网络接口卡、网络适配器。网卡安装在计算机、服务器的总线扩展槽或 USB 接口中，通过网络线（如双绞线、同轴电缆或光纤）或无线信号与网络交换数据、共享资源。如图 6-8（a）、（b）所示分别是有线网卡和无线网卡。

（a）有线网卡　　（b）无线网卡

图 6-8　网卡

宽带上网必备的设备是网卡（即网络适配器）。当然，只有网卡是不够的，像 ADSL 上网方式，必须有 ADSL Modem 等相关设备才行。

（2）调制解调器

调制解调器（Modem），是计算机与电话线之间进行信号转换的装置，由调制器和解调器两部分组成。调制器是把计算机的数字信号（如文件等）调制成可在电话线上传输的声音信号的装置；在接收端，解调器再把声音信号转换成计算机能接收的数字信号。通过调制解调器和电话线就可以实现计算机之间的数据通信。

目前，基于窄带上网的传统 Modem 已经被淘汰，取而代之的是基于宽代上网的 ADSL Modem 和 CABLE Modem。如图 6-9（a）、（b）所示分别是 ADSL Modem 和 CABLE Modem。

（3）宽带路由器和无线路由器

路由器（Router）是连接因特网中各局域网、广域网的设备，它会根据信道的情况自动选择和设定路由，以最佳路径、按前后顺序发送信号的设备。路由器是互联网络的枢纽和“交通警察”。

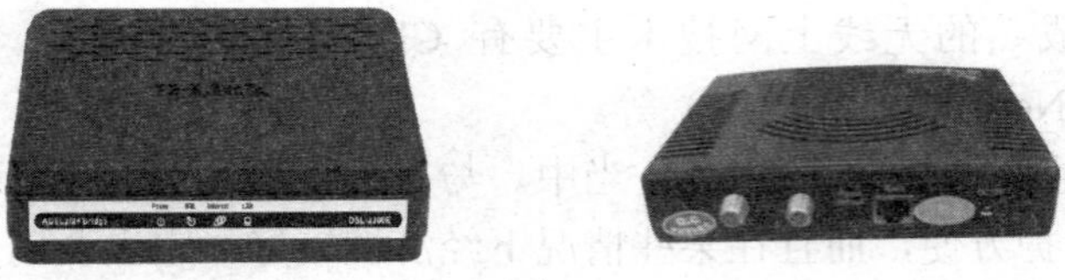

（a）ADSL Modem6-9　　（b）CABLE Modem

图 6-9　调制解调器

① 宽带路由器。宽带路由器是近几年来新兴的一种网络产品，它伴随着宽带的普及应运而生。宽带路由器在一个紧凑的箱子中集成了路由器、防火墙、带宽控制和管理等功能，具备快速转发能力，灵活的网络管理和丰富的网络状态等特点。如图 6-10（a）所示。

多数宽带路由器采用高度集成设计，集成 10/100Mbps 宽带以太网 WAN 接口、并内置多口 10/100Mbps 自适应交换机，方便多台机器连接内部网络与 Internet，可以广泛应用于家庭、学校、办公室、网吧、小区接入、政府、企业等场合。

② 无线路由器。无线路由器外观如图 6-10（b）所示，它既具备宽带路由器的有线功能，也能够把信号转化为无线信号，使多台电脑或智能设备通过无线连接到网络中。

对于普通用户而言，只需要一个无线路由器、一个支持无线的终端（笔记本电脑、平板电脑、智能手机或者一个装有无线网卡的台式机），就可以进行无线上网了。

（a）宽带路由器　　（b）无线路由器

图 6-10　路由器

3. Internet 的接入：

（1）使用 ADSL Modem 接入 Internet

【案例】某家庭刚刚申请了电信公司的 ADSL 上网服务，请帮他解决上网的问题。

操作步骤如下

使用 ADSL 上网，需要配置一块网卡、一个 ADSL 调制解调器、一个滤波器、一根双绞线（即网线）和一根电话线。

① 在计算机安装与配置网卡。目前，几乎所有电脑的主板中都已经集成了网卡，所以一般不需要再单独安装网网卡。在接入 Internet 之前，我们只需要确认网卡和网卡的驱动程序安装正确即可。

② 连接 ADSL 调制解调器等。在报装 ADSL 时，电信局会附送 ADSL 调制解调器和滤波器（即分离器）或者分线器。图 6-11 所示为 ADSL 接入示意图。

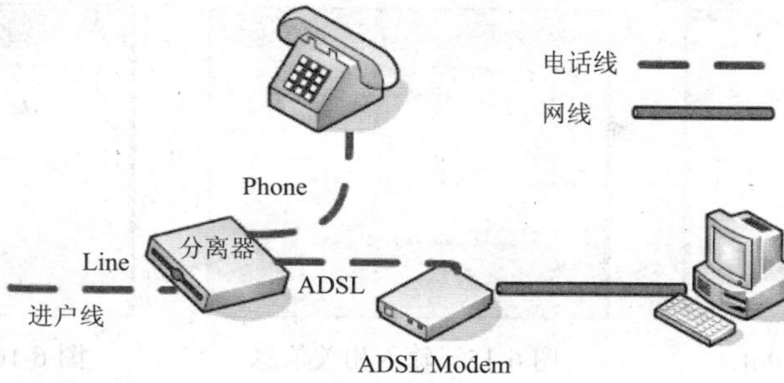

图 6-11　ADSL 接入示意图

操作步骤如下。

（a）将来自电信的电话线接入滤波器的输入端 LINE。

（b）用电话线将滤波器的两输出端之一的 PHONE 连接到电话机上，另一个输出端 Modem 连接 ADSL 调制解调器。

（c）将来自滤波器 Modem 接口的电话线接到 ADSL 调制解调器的 ADSL 接口。

（d）使用网线连接 ADSL 调制解调器的 10BaseT 插孔和计算机的网卡接口。

线路连接完毕后，接通 ADSL 调制解调器的电源。

③ 在 Windows7 系统中建立 ADSL 虚拟拨号连接。硬件连接完成后，需要在 Windows7 系统中建立一个 ADSL 虚拟拨号连接，以方便用户上网。

操作步骤如下。

（a）打开“控制面板”窗口，如图 6-12 所示。单击“网络和共享中心”图标。

（b）打开“网络和共享中心”中的“更改网络设置”下的“设置新的连接或网络”选项，如图 6-13 所示。选择选项“连接到 Internet”，单击“下一步”按钮。

图 6-12　“控制面板”中的“网络和共享中心”

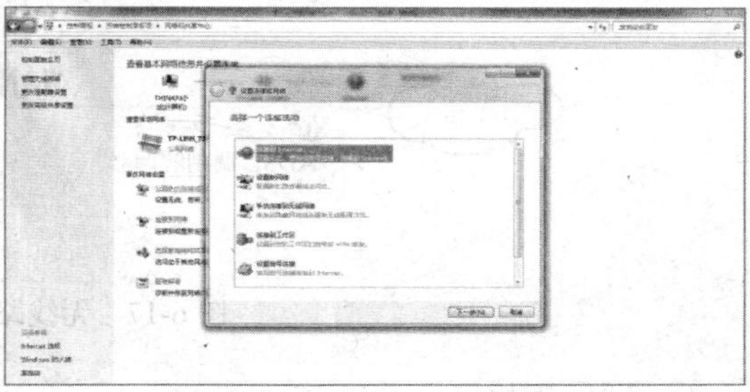

图 6-13　设置新的连接或网络

（c）在“连接到 Internet”窗口中选择“宽带（PPPoE）（R）”选项，如图 6-14 所示。

（d）在“键入您的 Internet 服务提供商（ISP）提供的信息”栏下，在“用户名”、“密码”的相应位置输入由电信公司所提供的用户名和密码，如图 6-15 所示。

（e）设置完成后，单击“连接”按钮，如图 6-16 所示。如果一切正常的话，这时候就可以连接到 Internet 上了。

图 6-14　宽带（PPPoE）

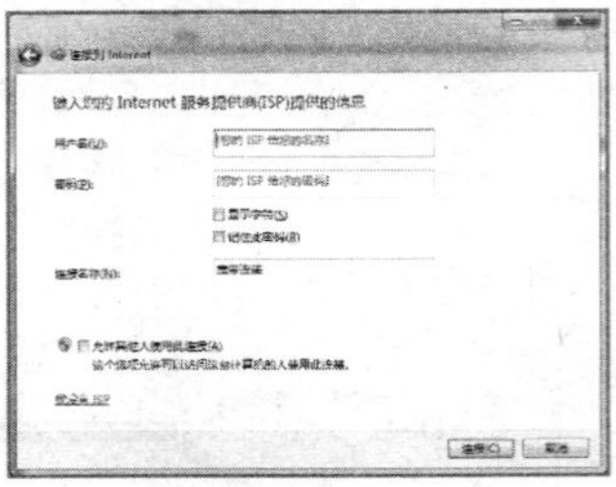

图 6-15　输入相关信息

图 6-16　连接 Internet

（2）使用宽带路由器接入

【案例 6-1】家庭中拥有台式机、笔记本、平板电脑和智能手机，请帮助解决共同上网的问题。

操作步骤如下。

为了实现家庭中的多台计算机或者智能终端可以同时上网，我们需要将它们连接起来组成一个小的局域网，以实现共享一条宽带接入。目前最常见的共享带宽上网所用的设备是宽带路由器和无线路由器，连接电路如图 6-17 所示。

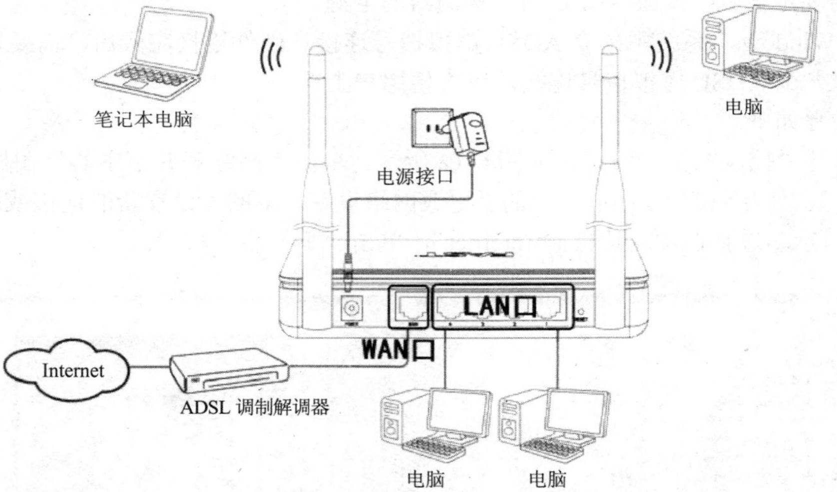

图 6-17　无线路由器连接示意图

① 硬件连接。

（a）用网线将 ADSL 调制解调器的 10BaseT 插孔和宽带或无线路由器的 WAN 口连接起来；

（b）将需要上网的计算机通过网线连接到路由器的 LAN 口。

注意

无线上网的智能终端这时候还不能连接到路由器，它需要进行在路由器中进行相应的设置。

连接完毕后，接通 ADSL 调制解调器和路由器的电源。

② 计算机 IP 地址的配置。

（a）打开“控制面板”窗口，单击打开“网络和共享中心”，在“查看活动网络”栏下选择“本地连接”，单击打开，如图 6-18 所示。

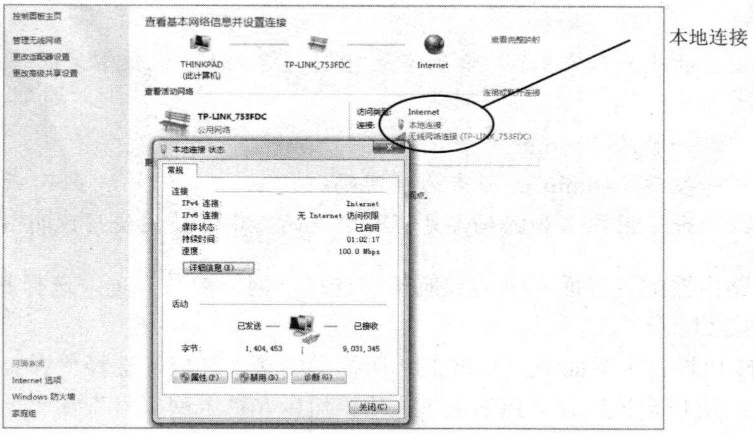

图 6-18　打开“本地连接”

（b）在“在本地连接 状态”窗口中单击“属性”按钮，打开“本地连接 属性”窗口，如图 6-19 所示。

（c）选择“Internet 协议版本 4（TCP/IPv4）”多选框，单击“属性”按钮，打开“Internet 协议版本 4（TCP/IPv4）属性”窗口。如图 6-20 所示，选择单选框“使用下面的 IP 地址”。

根据路由器提供的说明书在相应的位置上填写 IP 地址、子网掩码、默认网关和 DNS 服务器地址。单击“确定”按钮完成 IP 地址的设置。

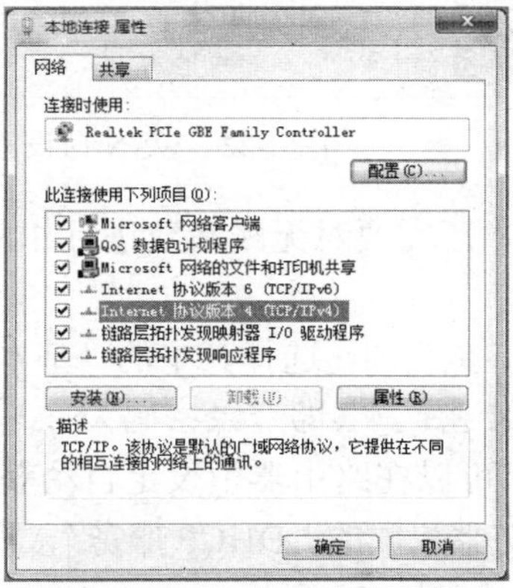

图 6-19　本地连接属性

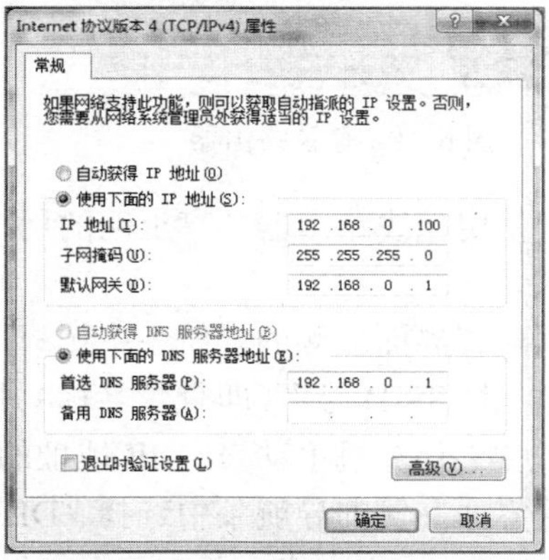

图 6-20　手动设置 IP 地址

注意

IP 地址的设置比较麻烦，系统提供了一种比较方便的解决方法，那就是在路由器中开启 DHCP 服务（具体方法见“路由器的配置”部分）。在开启 DHCP 服务的情况下，只要在图 6-20 中“Internet 协议版本 4（TCP/IPv4）属性”窗口中分别选中“自动获得 IP 地址”和“自动获得 DNS 服务器地址”就可以了。

③ 路由器的配置。

（a）在浏览器的地址栏输入“http://192.168.0.1”，按照路由器说明书的提示输入用户名和密码，如图 6-21 所示，进入路由器的配置界面。

> 💡 注意
>
> - 路由器的生产厂家不同，默认登录 IP 地址不相同，比较常见的是“http://192.168.0.1”和“http://192.168.1.1”；
> - 用户名一般是“admin”；
> - 密码一般是“admin”，或者为空密码。
>
> 以上登录地址、用户名和密码详见厂家配送的路由器使用使用说明书。

（b）在路由器配置界面左侧的导航条中选择“网络参数”项，选择其中的“WAN 口设置”，如图 6-22 所示。

在 WAN 口设置主界面下，根据 ISP 所提供的接入环境，选择“WAN 口连接类型”，如 ADSL 接入的用户应该选择“PPPoE”选项。然后在“上网帐号”和“上网口令”分别输入由 ISP 处提供的上网帐号和密码。

输入完成后单击“保存”按钮，完成上网参数的配置。

图 6-21　登录路由器

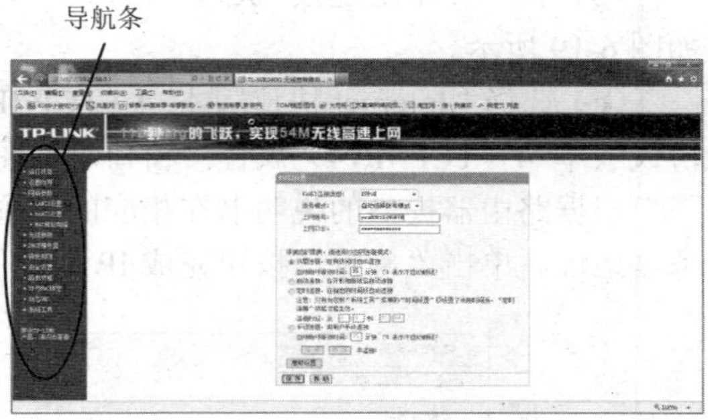

图 6-22　WAN 口设置

（c）对于使用无线路由器共享上网的用户来说，还需要对无线参数进行相应的设置才能实现无线接入。

在路由器配置界面左侧的导航条中选择“无线参数”项，选择其中的“基本设置”，如图 6-23 所示。输入“SSID 号”（即登录名称）和“PSK 密码”（即登录密码）。

（d）为了省去计算机手动设定 IP 地址的麻烦，可以在路由器中设定自动获取 IP 地址。在路由器配置界面左侧的导航条中选择“DHCP 服务器”项的“DHCP 服务”，将 DHCP 服务器设定为“启动”，设定完成后单击“保存”按钮。如图 6-24 所示。

图 6-23　无线参数设置

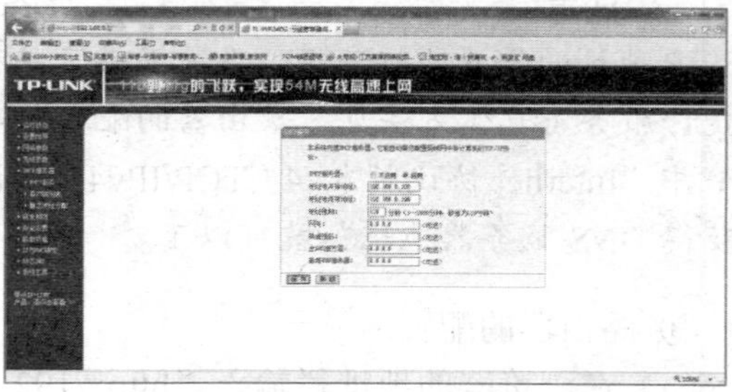

图 6-24　设置 DHCP 服务

（e）通过上述设置，计算机和其他的智能终端就可以通过有线或者无线的方式实现共享上网了。

6.3　信息的浏览

Internet 网络上浏览和查询信息，通常是通过浏览器来进行的。

目前网络上流行的浏览器有很多种，比如微软公司开发的 Internet Explorer（IE）、谷歌公司开发的 Google Chrome 和 Mozilla 公司开发的 Firefox（火狐浏览器）等。国内也开发了一些基于 IE 内核的浏览器，如 360 安全浏览器、腾讯 TT 浏览器、世界之窗浏览器以及手机版的 UC 浏览器等。不管使用何种浏览器，都要考虑浏览器能否提供良好的上网环境、使用是否方便以及运行环境是否安全等。

本节以 Internet Explorer 浏览器为例介绍。

Internet Explorer 浏览器简称 IE，是 Windows 自带的浏览器，是目前使用最广泛的浏览器。即使现在国内用户量很大的几种浏览器如 360 安全浏览器、腾讯 TT 浏览器、世界之窗浏览器，也都是基于 IE 浏览器的内核。IE 浏览器具有操作友好的用户界面、运行速度较快、较高的用户安全性和一些有特色的人性化功能等特点。

6.3.1　认识 IE 的操作窗口

【案例 6-2】认识 IE 8.0 的主界面

启动 IE 的方法很多，比较常见的是单击桌面或任务栏上的 IE 图标，界面如图 6-25 所示。

图 6-25　IE8.0 主界面

IE 界面的部分功能描述如下。

① 工具栏：常用工具栏及其功能如表 6-3 所示。

表 6-3　IE 8.0 常用工具栏按钮及其功能

按　钮	名　称	功　能
	“后退”“前进”按钮	后退：返回到上一个 Web 页面 前进：进入到执行“后退”操作前的页面
	“停止”按钮	停止当前 IE 正在进行的操作
	“刷新”按钮	重新加载页面 URL 地址中的内容
	“主页”按钮	进入 IE 主页面
	“搜索”按钮	连接到 IE 的搜索站点
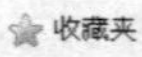	“收藏夹”按钮	打开用户收藏页面的窗格
	“收藏夹栏”按钮	单击按钮将当前页面添加到“收藏夹栏”

② 命令栏：显示 IE 中常用的一些命令，实现了大部分“菜单栏”的功能。由“主页”“打印”等四个命令图标和“页面”“安全”“工具”三个菜单项以及“帮助”等组成。

③ 地址栏：显示当前页的标准化 URL 地址。要访问其他站点，如新浪网首页，只要在地址栏输入“http://www.sina.com.cn”后按 Enter 键，新浪网的主页就会出现在浏览器的窗口内。

④ 搜索栏：在搜索栏中输入内容后，输入 ENTER 键或者单击后面的按钮，就可以打开默认的搜索引擎（如百度或 bing 等），搜索包含相应内容的网页。

⑤ 工作区：在 msn 中文网主页上看到“资讯”“娱乐”“体育”等超级链接分类项，工作区中部是近期的超级链接项，也称为超链接，其中包含了名字文本和网页地址。

把鼠标移动到其中一个项目上，鼠标指针变为手形，单击该项名称即可链接到该网页浏览其中内容。在一个页面上可以含有世界任何地方的网页的超级链接。

⑥ 状态栏：显示当前操作的状态信息。

6.3.2 IE 的优化操作

【案例 6-3】整理 IE 工具栏，显示“菜单栏”。

IE 菜单栏可以提供“文件”“编辑”“查看”“收藏”“工具”“帮助”六个菜单项，可以方便用户快速地实现对 WWW 文档的保存、复制、设置属性等多种功能。在 IE8 以上的版本上默认是不显示的。

操作步骤如下。

在“工具栏”的空白处鼠标右击，如图 6-26 所示，可以看到“菜单栏”这一项没有打“√”。在“菜单栏”上单击，如图 6-27 所示，对比图 6-25 可以看到，在 IE 窗口中传统的“菜单栏”已经显示出来了。

【案例 6-4】将最常浏览的网站设置为 IE 主页。

设置 IE 主页是指在启动 IE 浏览器时默认显示的网页。该网页可以是空白页，也可以自定义设置，比如把最常浏览的网站设置为主页，以方便打开和使用。

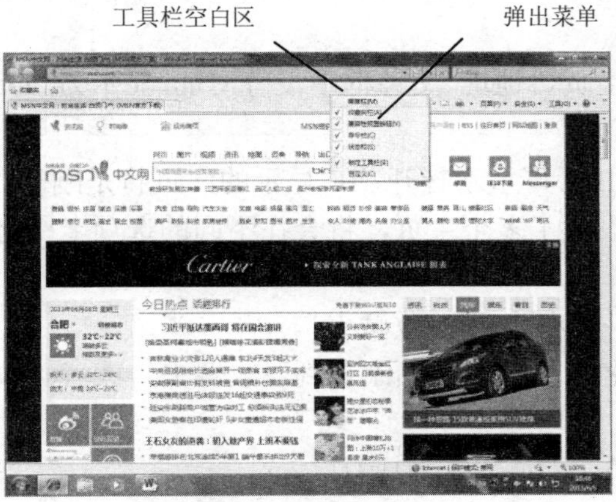

图 6-26　弹出菜单

图 6-27　显示“菜单栏”

操作步骤如下。

用户可以把经常光顾的页面设为每次浏览器启动时自动连接的网址（即主页）。单击“工具”菜单项（或者“命令栏”的“工具”按钮）的“Internet 选项”，如图 6-28 所示，打开“Internet 选项”对话框，选中“常规”选项卡。在主页分类选项中的“地址”文本框中输入选定的网址，如图 6-29 所示，单击“确定”按钮就可以将输入的网址设为主页。

注意

如果想设置多个主页，可以在“地址”文本框输入一个网址后按 ENTER，在下一行输入新的网址，以此类推。

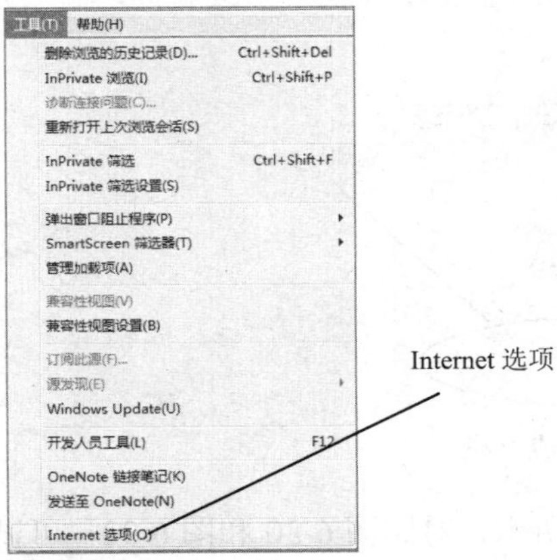

图 6-28　打开“Internet 选项”

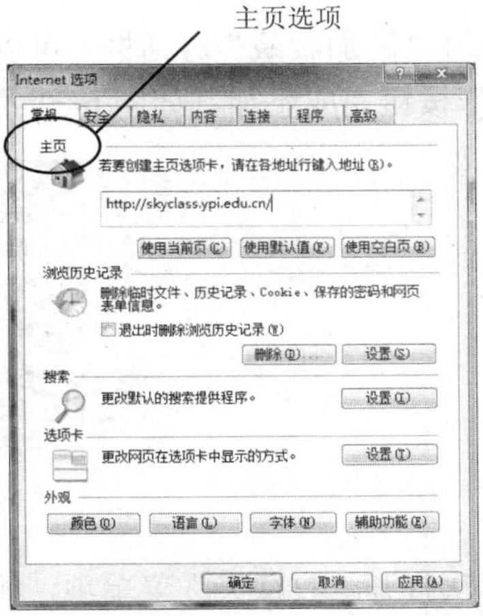

图 6-29　“Internet 选项”对话框

主页分类选项中几个按钮功能如下：

- “使用当前页”按钮：把当前浏览的网页设置为主页，“地址”文本框中网址将自动设置为当前正在浏览的页面地址。

● “使用默认页”按钮：例如把微软公司的网址设置为主页，“地址”文本框中网址自动设置为微软公司的网址。

● “使用空白页”按钮：把空白页设置为主页，“地址”文件框中没有网址，显示为“about:blank”。

设置完成后，单击主页按钮或者关闭 IE 后再重新打开，IE 显示的网页将是刚才“地址”文本框中设置的网址所指向的页面（如果设置了多个主页，将会在不同的选项卡中打开不同的页面）。

【案例 6-5】将常用网站添加到“收藏夹栏”和添加到“收藏夹”。

用户感兴趣的站点，不必费心记住它的域名，只要将网站添加到“收藏夹”或者“收藏夹栏”就可以方便地访问该网站了。

（1）将“新浪新闻”网站添加到“收藏夹”。

操作步骤如下。

① 运行 IE，在地址栏中输入“新浪新闻”的网址：“news.sina.com.cn”，打开“新浪新闻”网站。

② 单击“收藏夹”菜单项，选择“添加到收藏夹”项，如图 6-30 所示。

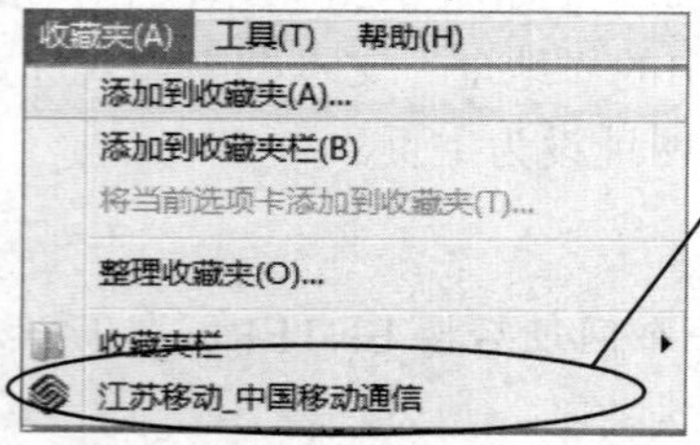

图 6-30 “收藏夹”菜单项

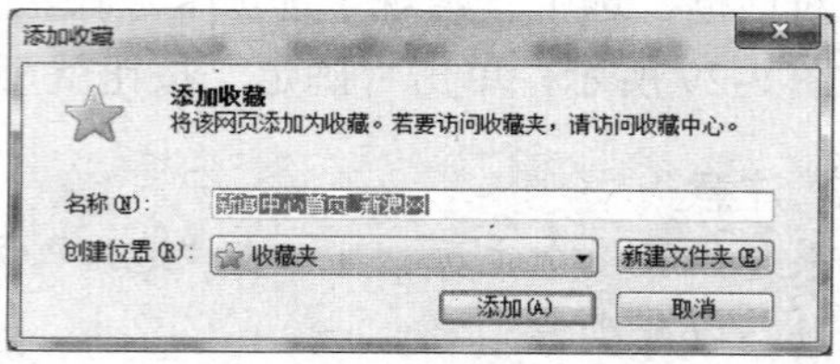

图 6-31 “添加收藏”对话框

③ 打开“添加收藏”对话框，可以根据自己的需要修改或不修改名称，输入完毕后，单击“添加”按钮完成添加，如图 6-31 所示。

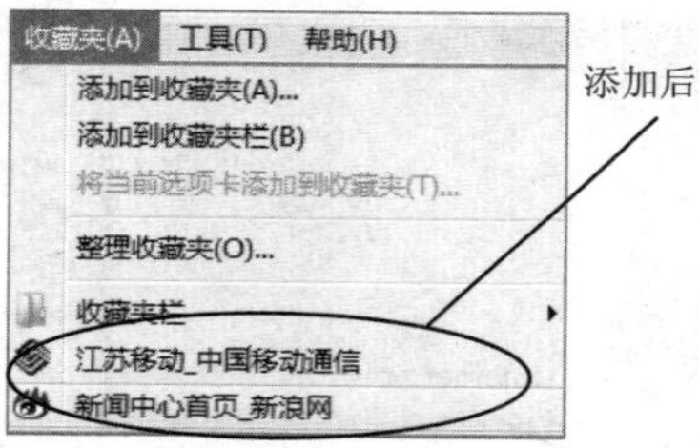

图 6-32 完成收藏

④ 再次打开“收藏夹”菜单项，如图 6-32 所示，对比图 6-30 和图 6-32，可以看到已经将“新浪新闻”添加到“收藏夹”了。下次需要打开“新浪新闻”的时候只需点开“收藏夹”，选择“新闻中心首页_新浪网”项（添加到“收藏夹”时的名称）就可以了。

（2）将“新浪新闻”网站添加到“收藏夹栏”。

操作步骤如下。

① 运行 IE，打开“新浪新闻”网站，如图 6-33 所示。

② 单击工具栏上的“收藏夹栏”按钮，就可以将“新浪新闻”放入“收藏夹栏”中了，如图 6-34 所示。对比图 6-33 和图 6-34 可以看到“收藏夹栏”已经成功添加了“新浪新闻”。

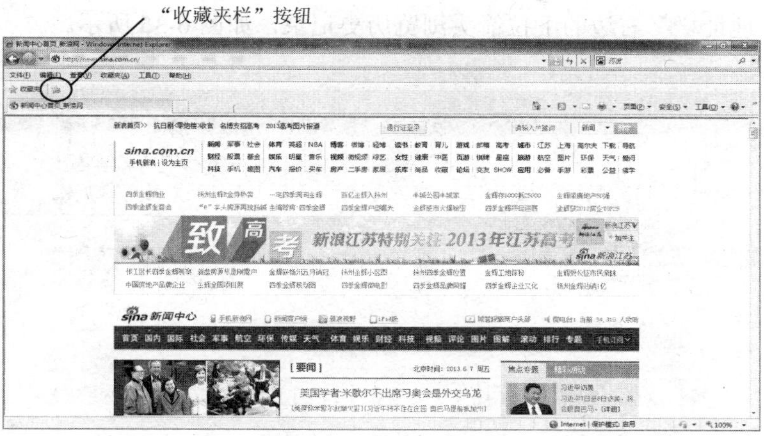

图 6-33　添加到“收藏夹栏”前

图 6-34　添加到“收藏夹栏”后

③ 下次需要运行“新浪新闻”的时候只需要单击“收藏夹栏”中的“新闻中心首页_新浪网”按钮（添加到“收藏夹栏”时的名称）就可以了。

注意

对比添加“收藏夹”和“收藏夹栏”，显然使用“收藏夹栏”更加方便快捷。实际上，“收藏夹栏”是“收藏夹”的一个工具栏。

6.3.3 浏览信息

【案例 6-6】运行 IE8 浏览信息

操作步骤如下。

① 启动 IE 浏览器时会默认显示所设置的主页。

② 在 IE 的“地址栏”中输入网页的网址。

③ 在“收藏夹”和“收藏夹栏”中打开需要的网页。

④ 利用“地址栏”右边的下拉箭头浏览历史记录，如图 6-35 所示。

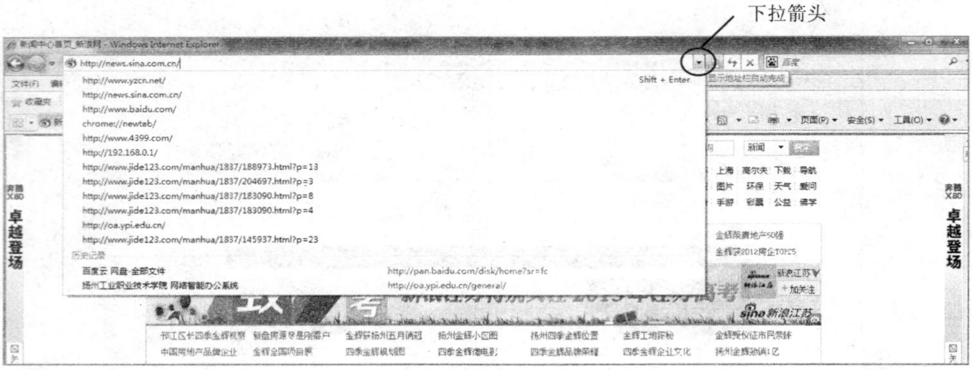

图 6-35　浏览历史记录

⑤ 利用网页中的超级链接打开新的网页。如图 6-36 和图 6-37 所示。

图 6-36　网页中的超链接

图 6-37　利用超链接打开网页

6.4　电子邮件的收发

电子邮件，英文叫 E-mail，是 Internet 上最为广泛的一种服务之一，具有以下几个特点。

① 发送速度快，向国外发信，只需要若干秒或几分钟。

② 信息多样化，电子邮件发送的信件内容除普通文字内容外，还可以是软件、数据，甚至是录音、动画、电视等各类多媒体信息。

③ 收发方便高效可靠，与电话通信或邮政信件发送不同，发件人可以在任意时间、任意地点通过发送服务器（SMTP）发送 E-mail，收件人通过当地的接收邮件服务器（POP3）收取邮件。也就是说，收件人不管在任何时候打开计算机登录到 Internet，检查自己的收件箱，接收服务器就会把邮件送到收件箱。如果电子邮件因地址不对或其他原因无法递交，服务器会退回发信人。

目前，常用的收发电子邮件方式有两种。一是使用 Web 方式，二是使用收发电子邮件的软件，如 Outlook Express、FoxMail 等。这两者的操作方式很相似，下面以使用 WEB 方式收发电子邮件为例进行讲解。

6.4.1　电子邮箱的申请

收发电子邮件必须有自己的通信地址，即个人电子邮箱。要得到电子邮箱可以向网络管理部门申请，也可以在 Internet 上申请免费邮箱。163、新浪、搜狐、Hotmail 等网站都提供免费电子邮件服务。

【案例 6-7】在 163 网易网站上申请免费邮箱。

操作步骤如下。

① 首先连接 Internet，在地址栏中输入网易邮箱网址：mail.163.com。

② 进入 163 网易邮箱主页，如图 6-38 所示。

图 6-38　163 网易邮箱主页

网页中相关控件说明如下。

（a）“邮箱账号登录/手机帐号登录”选项卡：根据自身的需要或者已有邮箱的情况，选择邮箱账号登录或者手机账号登录。

（b）“登录”按钮：在已有网易邮箱的情况下，在帐号名和密码的相应位置输入自己的帐号名和密码，单击按钮就可以登录自己的邮箱。

（c）“注册”按钮：如果没有网易邮箱，可以单击此按钮申请注册一个新的网易邮箱。

（d）“十天内免登录”复选框：选中该选项可以让本机用户十天内保持邮箱在线，也就是说，用户在不需要用户名和密码的情况下就可以登录邮箱。该选项应慎重选择，尤其是公用的计算机更不应选中。

（e）“SSL 安全登录”复选框：当选择“SSL 安全登录”后登录网站，用户名和密码会首先加密，然后通过 SSL 连接在 Internet 上传送，没有人能够读取或访问到您利用该连接传送的数据。为了保证个人隐私，建议选中该选项。

③ 在单击“注册”按钮后，显示如图 6-39 所示页面，在相应的位置输入用户名、密码、确认密码和验证码后，单击“立即注册”按钮。

④ 如果你的相关信息输入正确的话，就会显示图 6-40 所示页面，表示邮箱已经注册成功。按照提示逐步完成操作，如图 6-41、图 6-42 所示。

⑤ 电子邮箱申请成功以后，你就有了一个电子邮件地址，如：jsj_ypi@163.com，这个地址分两部分，“@”符号前面的“jsj_ypi”是用户名，后面的“163.com”是所在服务器的域名。

图 6-39　输入相关信息

图 6-40　邮箱注册成功（一）

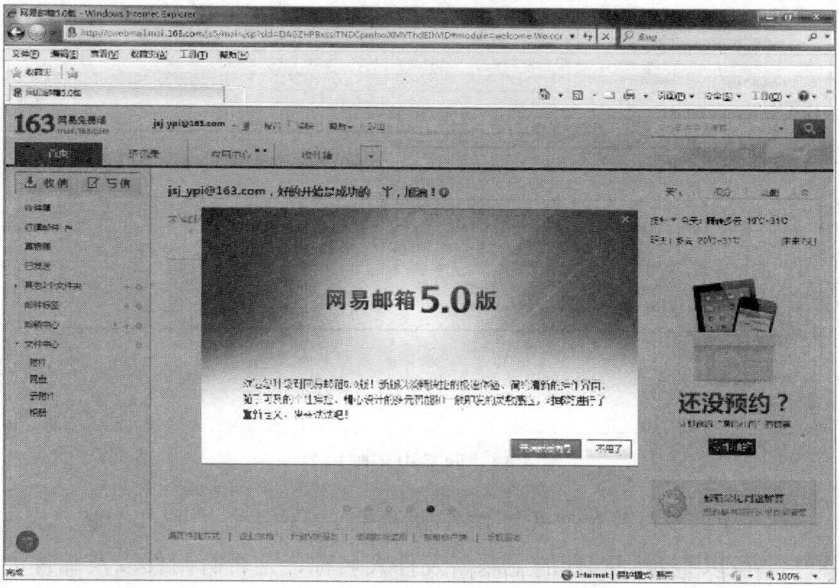

图 6-41　邮箱注册成功（二）

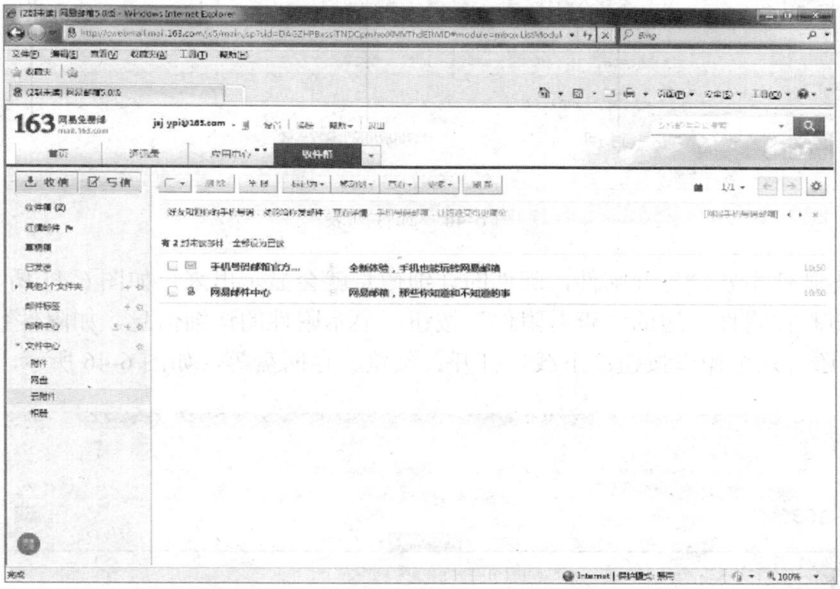

图 6-42　新邮箱页面

6.4.2　电子邮件的接收

【案例 6-8】到网易邮箱中接收邮件，并进行相关处理。

操作步骤如下。

① 登录网易邮箱，进入“收件箱”，如图 6-43 所示。

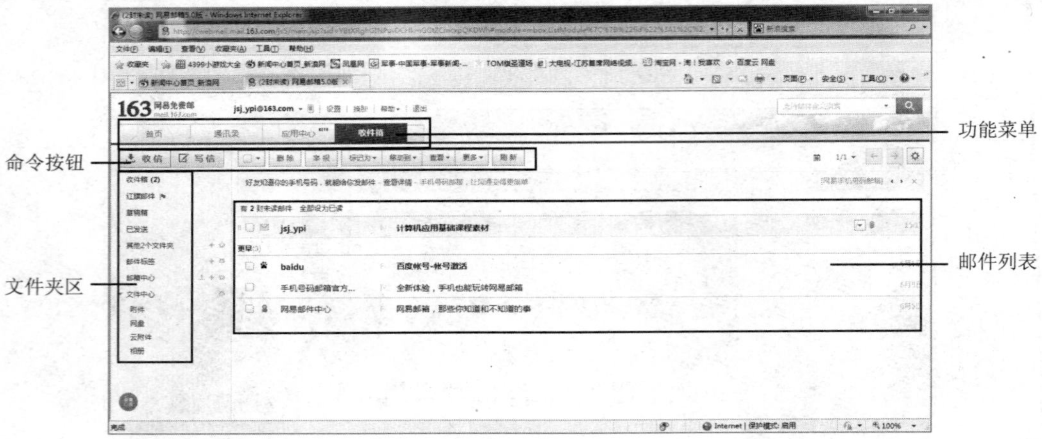

图 6-43　网易电子邮箱界面

② 在主页面“文件夹区”的“收件箱”旁边可以看到未读的邮件个数，如图 6-44 所示。在邮件列表区中，可以查看到邮件的主题、发件人名称、是否有附件以及邮件大小、发送日期等信息。

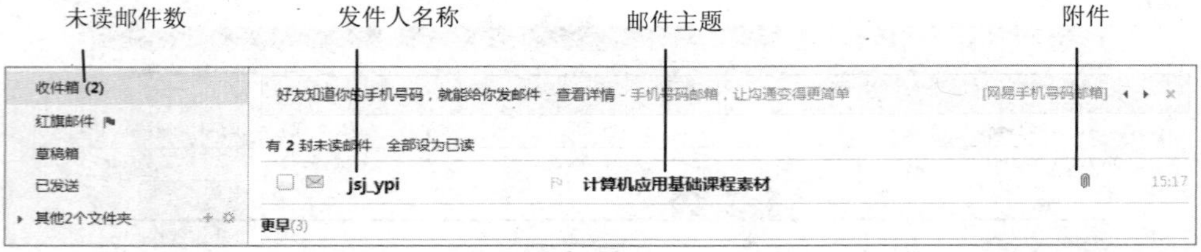

图 6-44　邮件列表

③ 单击邮件主题，打开邮件，邮件的详细信息就会显示出来，如图 6-45 所示。

④ 单击邮件附件右边的“查看附件”按钮，显示附件的详细信息，如附件数量、名称、大小等，且还有几个操作按钮：下载、打开、预览、存网盘等，如图 6-46 所示。

图 6-45　邮件详细信息

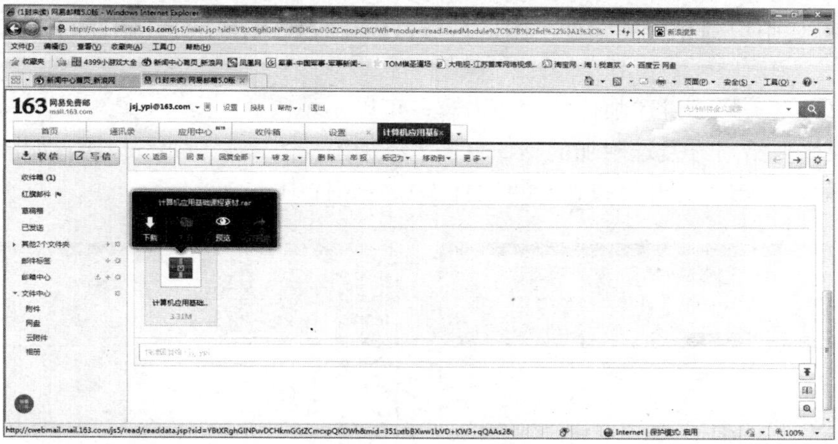

图 6-46　查看邮件附件

⑤ 单击“下载”按钮，出现图 6-47 所示“文件下载”对话框，选择“保存”按钮。

⑥ 在“另存为”对话框中（见图 6-48），选择文件保存的位置和文件名，单击“保存”按钮就可以把附件保存到指定的位置。

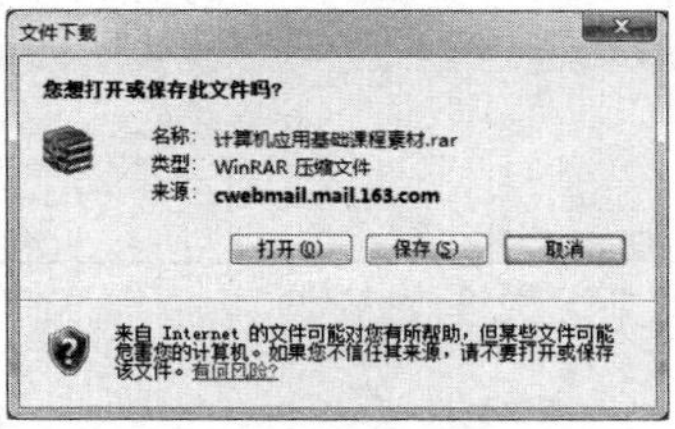

图 6-47　“文件下载”对话框

图 6-48　“另存为”对话框

6.4.3　电子邮件的发送

【案例 6-9】用自己的网易邮箱给好友发送邮件，告知其教材编写情况，并把文件作为附件发给他。

操作步骤如下。

① 登录网易邮箱，单击“写邮件”按钮。如图 6-49 所示，在“收件人”“主题”和“内容”等位置输入相应的内容。

其中：

(a)“收件人”一栏：输入收信人的邮箱地址，发给多人时中间用分号分隔；

(b)“主题”一栏：让收信人在看到信件通知时就了解到信件的中心内容，可以不填写。

但建议在主题栏中填写相应的邮件主题，这样可以让收件人在不打开邮件的情况下知道邮件的大致内容。

（c）“内容”一栏：讲述邮件的主要内容，可以不填写。

② 如果需要给对方发送附加的话，单击“添加附件（最大 2G）”按钮，如图 6-50 所示。选择完附件后，单击“打开”按钮，将附件添加到邮件中。

图 6-49　写邮件

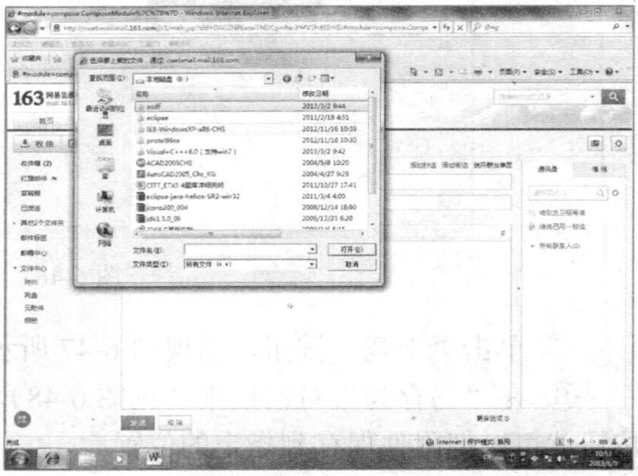

图 6-50　添加邮件附件

③ 邮件信息输入完毕后，单击“发送”按钮发送邮件。如果用户还没有输入“ 收/发件人名称”（收邮件时的“发件人名称”），则会显示图 6-51 界面，要求输入显示名称。

④ 邮件发送成功后，系统默认在“已发送邮件”文件夹中保存一份邮件，如图 6-52 所示。

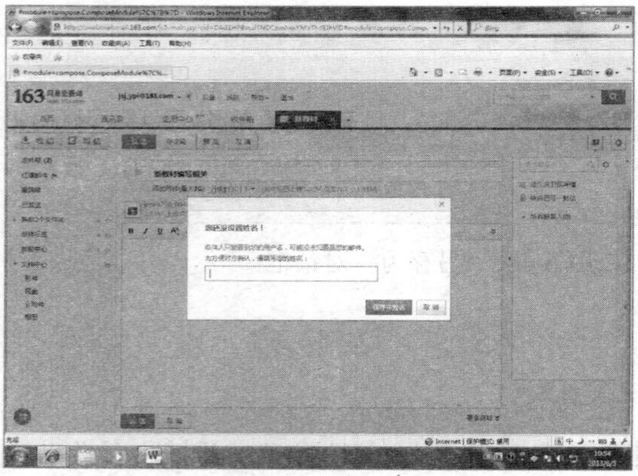

图 6-51　输入发件人显示名称

图 6-52　已发送邮件

6.4.4　电子邮箱的管理

电子邮箱在开始使用后，收到的邮件会日益增多，对已经阅读过的邮件需要作相应的处理。常用的处理包括分类管理邮件和管理通讯录等。

1．分类管理邮件

【案例 6-10】新建一个邮件文件夹，将所有有关的邮件全部保存在文件夹以方便查找。

登录网易邮箱，打开“收件箱”，发现这段时间收到的邮件较多，如图 6-53 所示。为了便于管理各种不同类别的邮件，可以考虑新建邮件文件夹，然后将不同类别的邮件分门归类，便于查找。

操作步骤如下。

① 单击“文件夹区”的“其他 2 个文件夹”右边的“ + ”按钮（“ + ”按钮的功能是“新建文件夹”，“ ⚙ ”按钮的主要功能是“管理文件夹”），如图 6-54 所示。在弹出的“新建文件夹”对话框中，输入文件夹名称，单击“确定”按钮。

图 6-53　收件箱

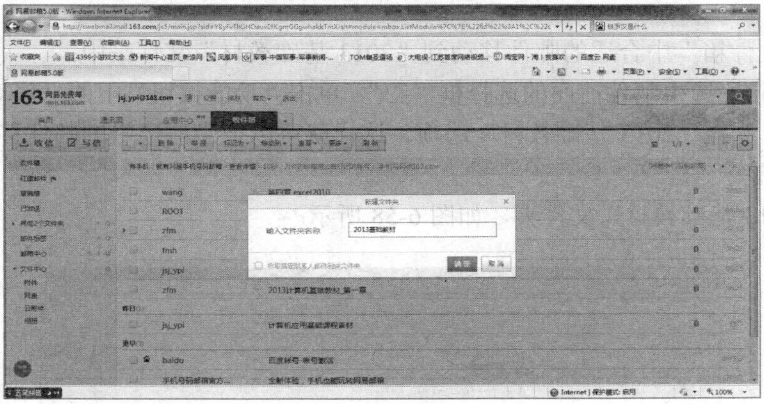

图 6-54　新建文件夹

② 这时可以发现原来的“其他 2 个文件夹”已经变成了“其他 3 个文件夹”，单击展开，在下文出现新的文件夹“2013 基础教材”，如图 6-55 所示。单击文件夹“2013 基础教材”，文件夹邮件为空，如图 6-56 所示。

图 6-55　其他 3 个文件夹

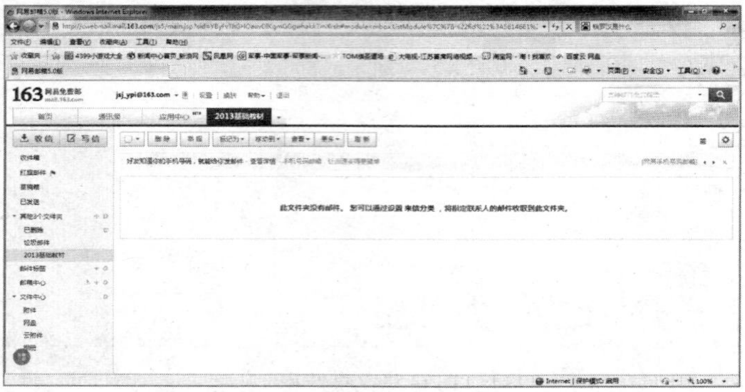

图 6-56　“2013 基础教材”文件夹

③ 将“收件箱”中合适的邮件移动到“2013 基础教材”文件夹中：

打开收件箱，选中邮件前面的选择框“□”，单击“功能按钮”中的“移动到”按钮，如图 6-57 所示，选择“2013 基础教材”选项。这样就可以把当前选中的邮件移动到“2013 基础教材”文件夹中

打开“2013 基础教材”文件夹，如图 6-58 所示。

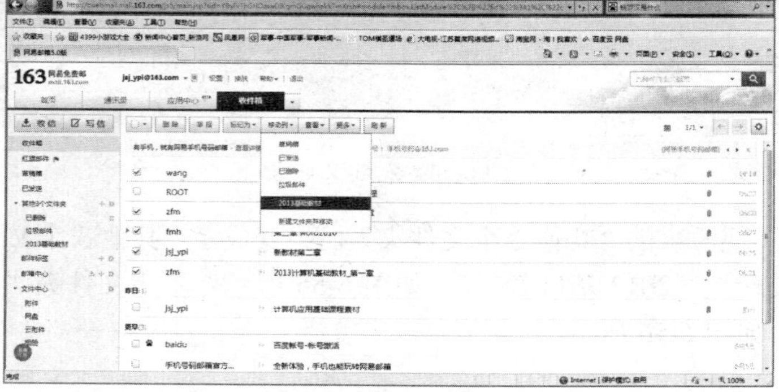

图 6-57　移动邮件

图 6-58　移动后文件夹中的邮件

2. 管理通讯录

【案例 6-11】将好友的信息添加到邮箱的通讯录中，以方便管理和调用。

操作步骤如下。

① 单击“标签按钮”中的“通讯录”按钮，页面将切换到通讯录管理界面，如图 6-59 所示。

② 单击“新建联系人”按钮，在“新建联系人”对话框中输入相应的信息，如图 6-60 所示。

图 6-59　通讯录管理界面

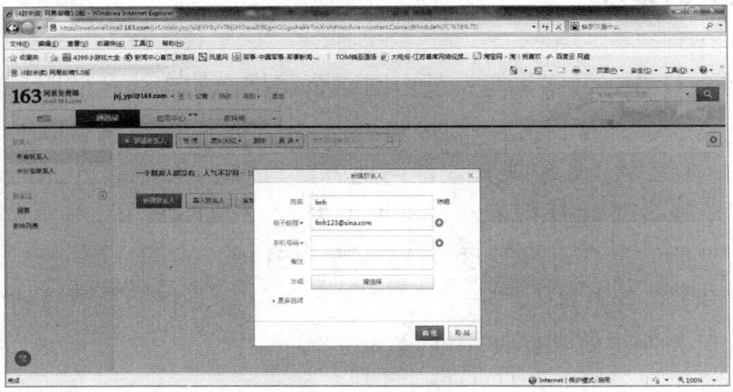

图 6-60　“新建联系人”对话框

③ 新建好的联系人将会显示在图 6-61 所示的“通讯录”的页面中。

④ 如果希望给联系人的某人或某些人写邮件的话，只需选中联系人前面的选择框“□”，然后单击页面上方的“写信”按钮，如图 6-62 所示。

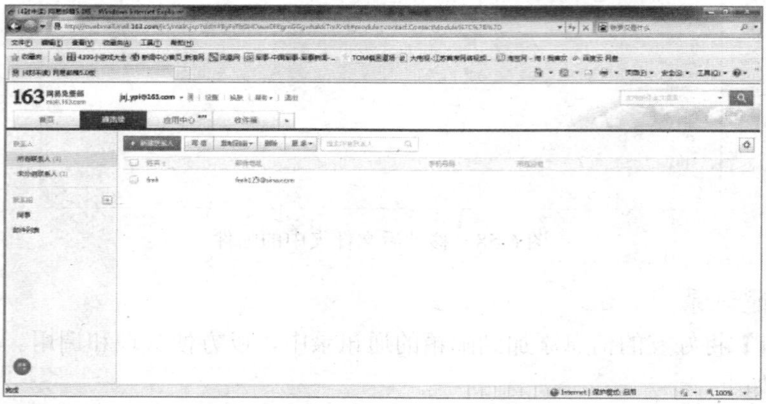

图 6-61　新建好的联系人

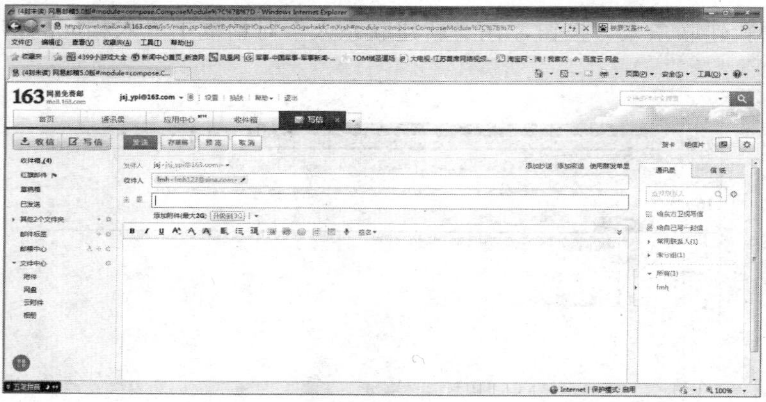

图 6-62　给新建联系人写邮件

6.5　网盘的使用

网盘又称为网络 U 盘、网络硬盘，是由网络公司推出的在线存储服务，它向用户提供文件的存储、访问、备份、共享等文件管理等功能。用户可以把网盘看成一个放在网络上的硬盘或 U 盘，不管是在家中、单位或其他任何地方，只要能连接到 Internet，就可以管理、编辑网盘里的文件。它不需要随身携带，更不怕丢失。

目前，我国常见的网盘有百度云盘、115 网盘、51 咕咕网盘、联想网盘、新浪微盘、360 云盘、网易网盘、QQ 随身盘等。

下面以百度云盘为例讲解如何使用网盘。

6.5.1　注册和登录百度云盘

百度云盘是百度 2012 年正式推出的一项免费云存储服务，用户首次注册即可获得 5GB 的空间。用户可以将轻松将自己的文件上传到网盘上，并可以跨终端随时随地查看和分享。百度云盘还具有离线下载、文件智能分类浏览、视频在线播放、免费自动无限扩容等功能。

1. 注册和登录百度云盘

【案例 6-12】注册一个百度云盘，方便地实现和好友共享大文件的目的。

操作步骤如下。

① 运行 IE，打开百度云盘的首页：pan.baidu.com，如图 6-63 所示。

如果用户已有百度账号，可以直接登录百度云盘；否则单击下方的“立即注册百度账号”按钮注册百度账号。

图 6-63　登录百度云盘页面

② 百度账号的注册有邮箱注册和手机号注册两种。以邮箱注册为例，在图 6-64 页面中输入相应的邮箱、密码和验证码，单击“注册”按钮。

③ 给登记的邮箱中发送验证邮件，如图 6-65 所示。

图 6-64　注册邮箱

图 6-65　发送验证邮件

④ 登录注册的邮箱，进入“收件箱”找到验证信息邮件，如图 6-66 所示，打开邮件。

⑤ 如图 6-67 所示，单击打开邮件内容中的用于验证信息的超链接，完成验证。

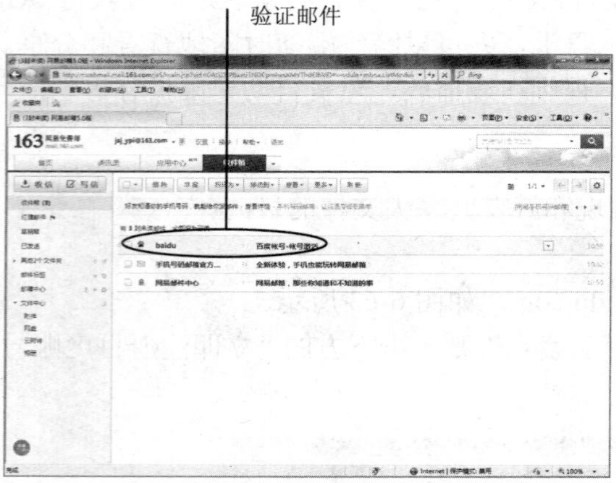

图 6-66　邮箱的验证邮件

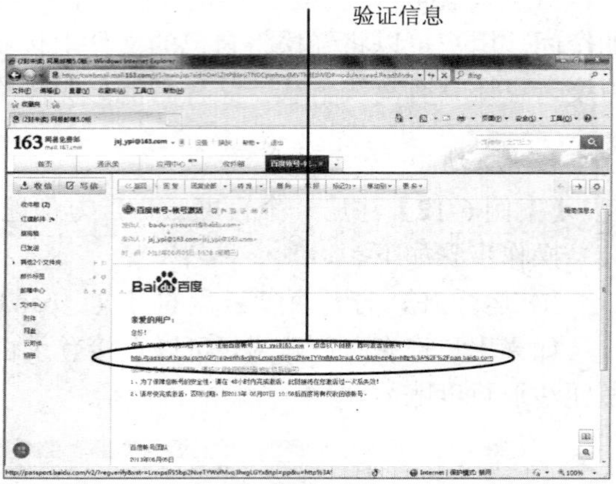

图 6-67　打开验证邮件

2. 登录百度云盘

【案例 6-13】登录百度云盘，认识百度云盘的界面。

① 打开百度云盘的首页，在相应的位置输入百度账号和密码，单击“登录”按钮。

注意

选择框“记住我的登录状态”可以使我们免于下次登录云盘时重新输入的麻烦，但同时也会带来很大的安全隐患，在公共机房中建议不要选中。

② 百度云盘的主页面，如图 6-68 所示。

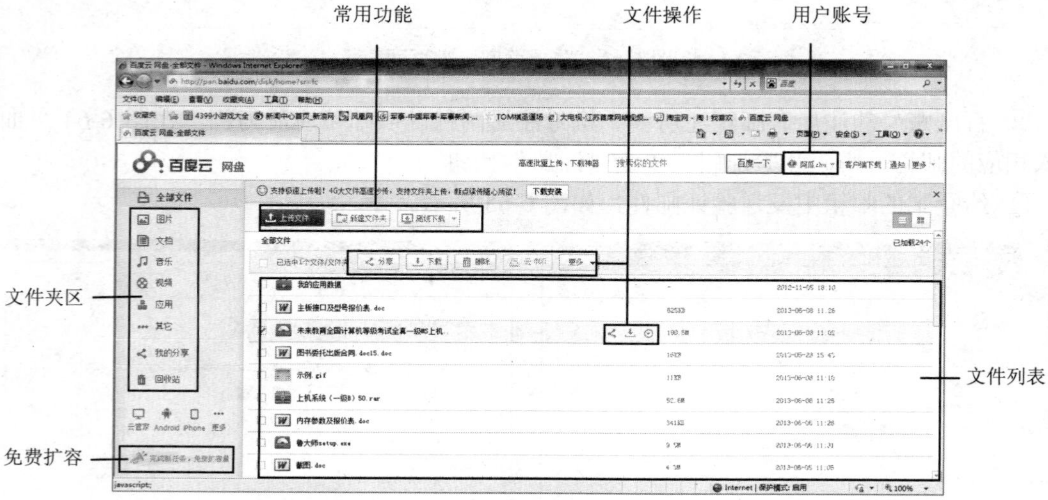

图 6-68　百度云盘首页

百度云主页面部分功能描述如下。

（a）文件夹区：提供了文件智能分类浏览的功能，可以方便用户查找云盘中不同类型的文件。例如，希望查看云盘中所有的图片文件，只要在“图片”按钮上单击就可以在右侧的文件列表中显示出所有的图片文件。

（b）免费扩容：百度云盘提供的一个特色功能。云盘初始提供 5G 的容量，用户可以通过完成各种任务实现免费扩容，最大可以达到 15G。

（c）常用功能：提供了“上传文件”“新建文件夹”和“离线下载”等常用的功能按钮。

（d）文件列表：文件按顺序排列，可以显示文件名、大小、修改日期等信息。通过单击列名（文件名、大小、修改日期）可以方便地按不同方式进行文件排序。

（e）文件操作：两处的文件操作实现同样的功能，包括下载、删除、移动、复制、重命名、和分享等。两处按钮正常不显示，上方按钮显示方法，选中某个或部分文件；右侧按钮显示方法，鼠标指针移动到某个文件上。

（f）用户信息：用户信息提供了查找和修改用户资料等功能，还有一个重要功能是退出百度云盘。

6.5.2　文件和文件夹的管理

百度云盘提供了智能分类浏览文件的功能，极大地方便了用户对云盘中文件的查找，但随着云盘的使用，其文件数越来越多，存储空间也越来越大，这样不仅会造成查找文件的不便，还会造成存储空间的不足。所以实现对文件和文件夹的管理是很有必要的。

文件和文件夹的管理操作包含以下操作：“常用功能”的新建文件夹和“文件操作”部分的删除文件、重命名文件、移动文件、复制文件等。它们的操作方法有点类似于操作磁盘中的文件和文件夹。

1. 建文件夹

【案例 6-14】在云盘建立一个“2013 基础教材”的文件夹，用来存放所有的和教材相关的文件。

操作步骤如下。

① 单击“新建文件夹”按钮，如图 6-69 所示，在显示的文本框中输入“2013 基础教材”，输入完成后单击右边的“✓”按钮。

② 新建文件夹，如图 6-70 所示。

图 6-69　新建文件夹

图 6-70　建立好的文件夹

2. 删除文件

【案例 6-15】删除云盘中不需要的文件。

操作步骤如下。

① 选中需要删除的文件，如图 6-71 所示，单击“文件操作”部分的“删除”按钮。

② 在弹击的“确认删除”对话框（见图 6-72）中选择“确定”按钮，就可以把文件删除了。

注意

此处的删除文件实际上是把文件放入云盘的回收站，如需要彻底删除文件还需要到回收站中进行相关操作。

图 6-71 选中文件

图 6-72 “确认删除”对话框

3. 重命名文件

【案例 6-16】将文件名不太规范的文件重命名为比较规范的名称。

操作步骤如下。

① 选中要重命名的文件，单击上方“文件操作”部分的“更多”按钮，如图 6-73 所示，选择“重命名”选项。

② 如图 6-74 所示，输入恰当的名称后，单击右侧的“✓”按钮即可完成重命名。

图 6-73 “更多”按钮

图 6-74 输入重命名名称

4. 移动/复制文件

移动和复制文件的操作较为相似，以移动文件为例。

【案例 6-17】将相应的文件移动到刚才创建的“2013 基础教材”文件夹中。

操作步骤如下。

① 把所有需要移动的文件都选中，单击“文件操作”部分的“更多”按钮，选择“移动

到”选项。

② 在打开的“移动到”对话框中，选择“2013 基础教材”文件夹，如图 6-75 所示，单击“确定”按钮。

③ 单击“文件列表”中的“2013 基础教材”文件夹，打开后看到，文件已经移动过来了，如图 6-76 所示。

图 6-75 “移动到”对话框

图 6-76 移动后的结果

6.5.3 文件上传

将本地文件上传到百度云盘有两种方式。一种是直接利用 WEB 方式上传文件，另一种是利用百度云盘客户端上传。一般情况下，小文件的上传直接采用 WEB 方式；而大文件如果采用 WEB 方式上传的话，可能会需要大量的时间才能将文件上传到服务器，所以一般大文件都是采用客户端来上传的。

本部分以 WEB 方式上传文件为例讲解。

【案例 6-18】将存在本地硬盘中的文件上传到之前创建的“2013 基础教材”文件夹中。

操作步骤如下。

① 单击“文件列表”中的“2013 基础教材”文件夹，进入该文件夹。

② 单击“常用功能”部分的“上传文件”按钮，打开“选择要上传的文件”对话框，如图 6-77 所示。

③ 选择单个或多个要上传的文件（多文件的选择可以结合 Ctrl 或者 Shift 键来控制），单击“打开”按钮。

④ 开始上传文件，如图 6-78 所示，上传成功后的文件将会在列表中显示出来。

图 6-77　选择要上传的文件

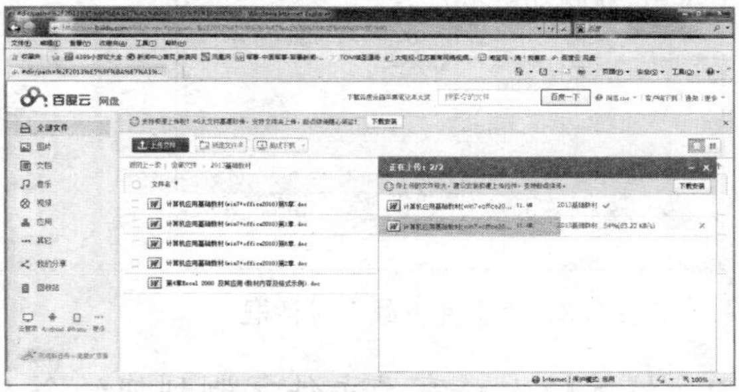

图 6-78　上传文件

6.5.4 资源下载

百度云盘不仅可以将云盘文件下载到本地计算机，还可以将别人共享的云盘文件复制到自己的个人空间，另外还提供了一种离线下载功能，可以帮助用户将网上的共享资源下载到个人空间中。

1. 将网盘文件下载到本地计算机

【案例 6-19】将“2013 基础教材”文件夹中的文件打包下载到本地硬盘的桌面上。

操作步骤如下。

① 单击“文件列表”中的“2013 基础教材”文件夹，进入该文件夹。

② 单击“文件操作”部分的“下载”按钮，打开“文件下载”对话框，如图 6-79 所示。

③ 在打开的“文件下载”对话框中，选择“普通下载”按钮，开始下载文件，如图 6-80 所示。如果下载的文件较大可以选择“加速下载”。

图 6-79 选中下载文件

图 6-80 “文件下载”对话框

④ 在打开的系统“文件下载”对话框（见图 6-81），选择“保存”按钮。

⑤ 在图 6-82 中，选择文件保存位置、保存文件，选择“保存”按钮，就可以把文件下载到本地磁盘的指定位置下了。

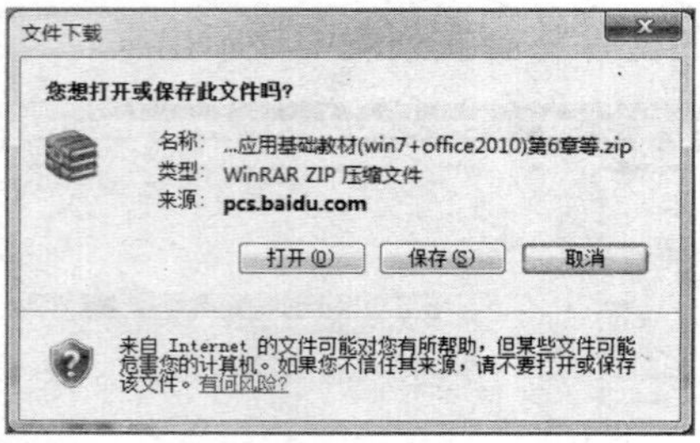

图 6-81 “文件下载”对话框

图 6-82 “另存为”对话框

2. 将其他人分享的文件复制到您的个人空间

他人在百度云盘中分享的文件可以直接下载到本地磁盘中，或者可以将文件复制到个人空间里，在需要的时候再下载到本地。后者在共享的文件较大时比较适用，用户可以有选择地在合适的时间、合适的地点以及网速较快的情况下将文件下载到本地磁盘中。

【案例 6-20】将网上查找到的他人或者朋友分享的百度云盘的内容保存到个人云盘中。

操作步骤如下。

① 将共享的链接网址输入或复制到 IE 的地址栏中，打开共享的网页，如图 6-83 所示。在页面中显示了共享文件的文件名、大小等相关信息。选择“保存至网盘”按钮（“下载”按钮会直接把文件下载到本地磁盘）。

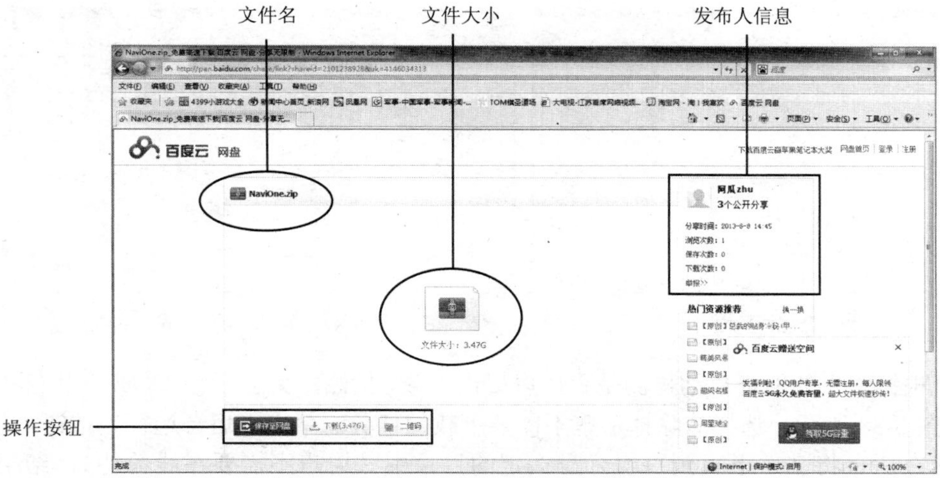

图 6-83　共享网页主页面

② 如图 6-84 所示，输入用户名和密码，登录个人百度云盘（如果本机已成功登录了云盘就会跳过本步执行下一步）。

③ 云盘登录成功后，系统会提示用户选择文件保存的位置，如图 6-85 所示。选择文件保存的目录后，单击“确定”按钮就可以将该共享文件复制到个人空间中了。

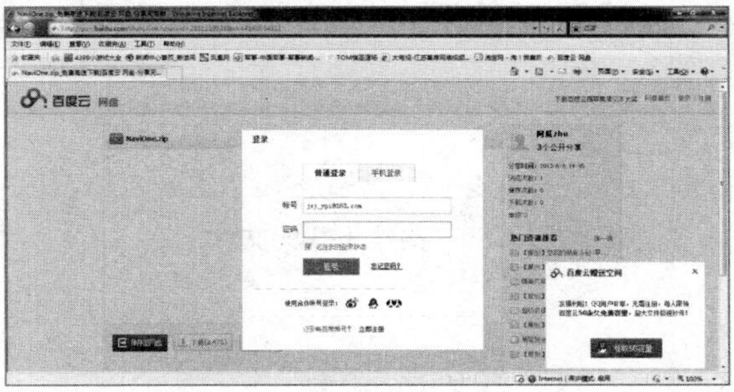

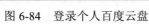

图 6-84　登录个人百度云盘

图 6-85　“保存到”对话框

3. 离线下载

网络上共享的文件很多，其中不乏一些容量超大的文件，下载这些文件总是一件令人头痛的事情。百度云盘为用户提供了一些很好的选择：如果这些文件是另一个百度云盘用户所共享的，就可以很方便快捷地复制到个人空间中；如果另一个用户不是用的百度云盘，可以直接下载到本地磁盘，也可以使用“离线下载”的功能将文件离线下载到个人云盘空间。

【案例 6-21】将非百度云盘用户共享的文件下载到个人云盘。

操作步骤如下。

① 登录百度云盘，单击“常用功能”部分的“离线下载”按钮，在菜单中选择“新建普通任务”，如图 6-86 所示。

② 在“新建离线普通任务”对话框中，输入文件的链接，如图 6-87 所示，选择“确定按钮”。

图 6-86　离线下载

图 6-87　输入离线下载的链接

③ 系统根据输入的网址自动检测是否可以提供下载，检测结果显示在“离线下载任务列表”中，如图 6-88 所示。选择清除掉那些不需要下载的任务，单击“后台运行”按钮。

④ 系统在后台将文件下载到百度云盘指定的目录中（用户不需要在线等待），结果如图 6-89 所示。

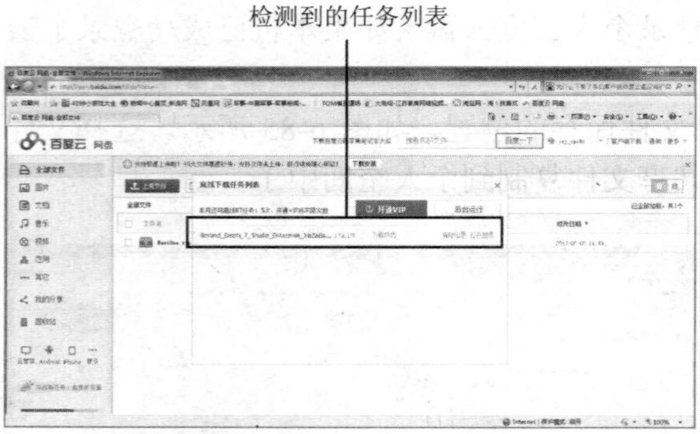

图 6-88　离线下载任务列表

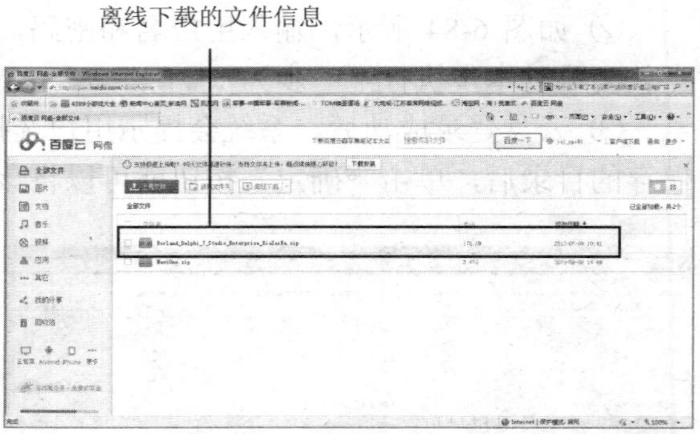

图 6-89　离线下载的文件

6.5.5　文件分享

百度云盘提供了两种分享方式：一种是公开分享，另一种是私密分享。这两种的区别是：公开分享的文件其他用户只需要得到共享链接，就可以通过链接访问、下载共享文件；而私密分享的文件不仅需要得到共享链接，还必须知道密码才能访问。

公开分享和私密分享两者的操作方法非常相似，只是一个提供“提取密码”，另一个不提供。

【案例 6-22】给云盘中的导航软件（NaviOne.zip 文件）创建一个公开分享。

操作步骤如下。

① 登录云盘，选中需要共享的文件，在“文件操作”部分选择“分享”按钮，在如图 6-90 所示的“分享文件”对话框中，选择“公开分享”选项卡，单击“创建公开链接”按钮。

② 在图 6-91 中，可以看到该公开分享的链接，可以将该链接复制下来，发送给自己的好友。操作完毕后，单击“关闭”按钮。

图 6-90 “分享文件”对话框

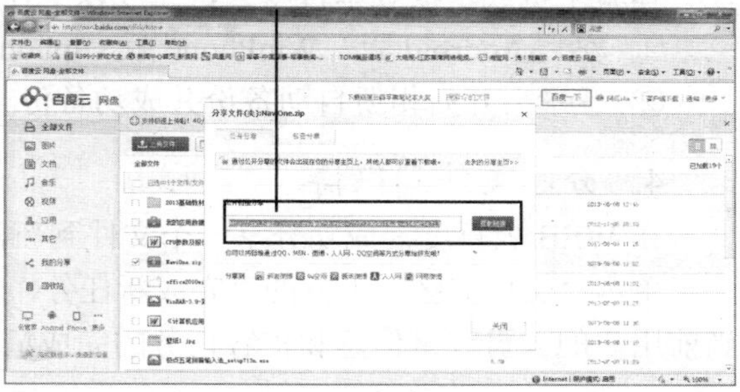

图 6-91　公开分享的链接

③ 查看我的分享情况：单击左侧“文件夹区”部分的“我的分享”按钮，可以查看我的分享情况，如图 6-92 所示。

④ 如果想取消分享，只需将要取消分享的文件选中，单击上方的“取消分享”按钮就可以实现取消分享的功能了，如图 6-93 所示。

注意

“取消分享”按钮正常情况下不显示，只有选中文件后才能显示出来。

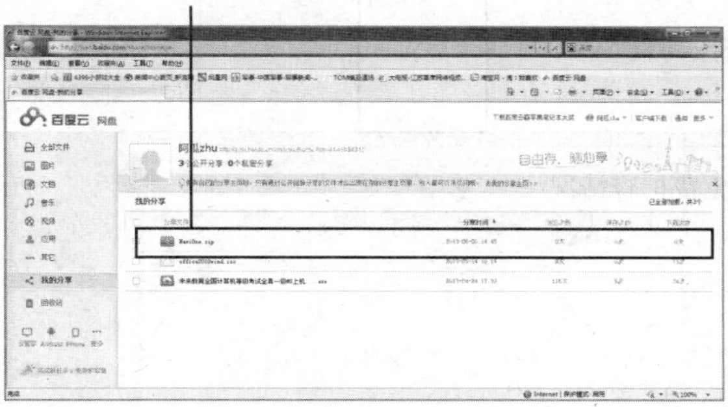

图 6-92　我的分享

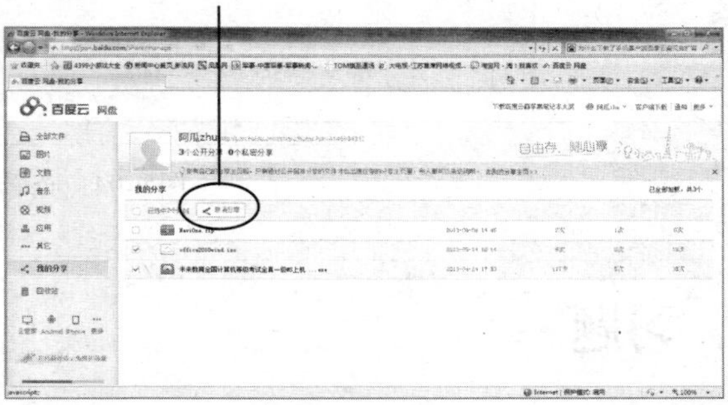

图 6-93　取消分享

6.5.6　免费自动扩容

百度云盘用户提供的初始容量为 5G，并为每个用户提供了免费扩容最大到 15G 的机会，用户只要完成指定的任务就可以达到扩容的目的。

用户免费扩容的途径有以下 4 种。

1. 邀请好友

每成功邀请一名好友登录百度云可获得 512M 的空间奖励，最多可获得 4G。

2. 上传文件

成功上传一个文件，奖励 1G。

3. 体验手机或 iPad 客户端

体验手机或平板版本百度云，完成以下任务。

① 安装 Android 版、WinPhone 版、iphone 版或 iPad 版任意一款并登录成功，奖励 2G。

② 登录后开启相册自动备份并成功备份一个文件，奖励 2G。

4. 分享文件到微博

在 WEB 版百度云成功分享一个文件到新浪微博，奖励 1G。

单击“文件夹区”下方的“完成新任务，免费扩容量”按钮，如图 6-94 所示，可以查看当前用户的云盘容量信息和扩容任务的完成情况。

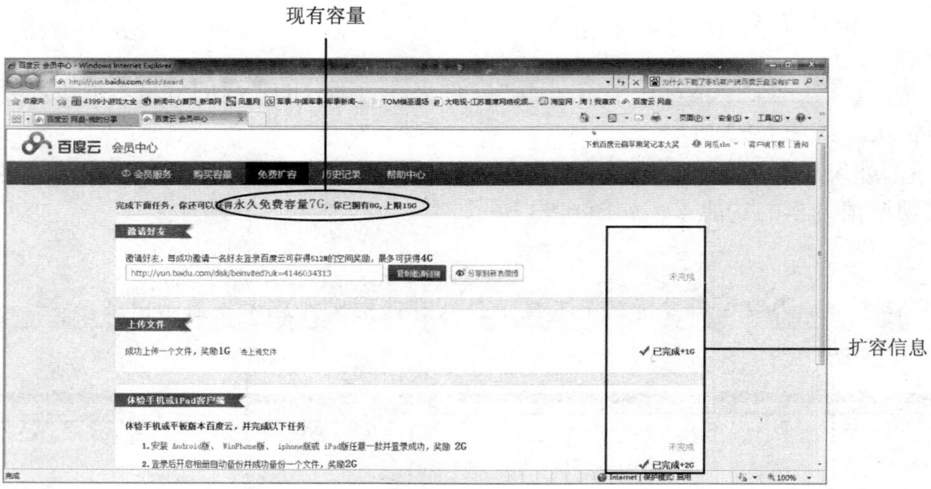

图 6-94　查看免费扩容情况

习题

（1）(　　) 是指连入网络的不同档次、不同型号的微机，它是网络中实际为用户操作的工作平台，它通过插在微机上的网卡和连接电缆与网络服务器相连。

A．网络工作站　　B．网络服务器

C．传输介质　　D．网络操作系统

（2）通常一台计算机要接入互联网，应该安装的设备是（　　）。

A．网络操作系统　　B．调制解调器或网卡

C．网络查询工具　　D．浏览器

（3）局域网的英文缩写是（　　）。

A．WAM　　B．LAN　　C．MAN　　D．Internet

（4）计算机网络分为总线、星型、环型和树型是根据网络的（　　）进行分类的？

A．规模　　B．物理拓扑　　C．逻辑拓扑　　D．交换方式

（5）OSI（开放系统互联）参考模型的最低层是（　　）。

A．传输层　　B．网络层　　C．物理层　　D．应用层

（6）OSI 参考模型将整个通信过程分为（　　）层？

A．5　　B．6　　C．7　　D．8

（7）网络中使用的传输介质中，抗干扰性能最好的是（　　）。

A．双绞线　　B．光缆　　C．细缆　　D．粗缆

（8）WLAN 是（　　）的简写？

A．宽带局域网　　B．无线局域网　　C．全球局域网　　D．广义局域网

（9）调制解调器（Modem）是电话拨号上网的主要硬件设备，它的作用是（　　）。

A．将计算机输出的数字信号调制成模拟信号，以便发送

B．将输入的模拟信号调制成计算机的数字信号，以便发送

C．将数字信号和模拟信号进行调制和解调，以便计算机发送和接收

D．为了拨号上网时，上网和接收电话两不误

（10）Internet 是一个（　　）。

A．大型网络系统　　B．国际性组织

C．电脑软件　　D．网络的集合

（11）下列各功能中，Internet 没有提供的是（　　）。

A．电子邮件　　B．文件传输　　C．远程登录　　D．调制解调

（12）Internet 实现了分布在世界各地的各类网络的互联，其最基础和核心的协议是（　　）

A．TCP/IP　　B．FTP　　C．HTML　　D．HTTP

（13）发送电子邮件时使用的协议是（　　）。

A．POP3　　B．SMTP　　C．ICMP　　D．ARP

（14）下列关于互联网上收/发电子邮件优点的描述中，错误的是（　　）。

A．不受时间和地域的限制，只要能接入互联网，就能收发邮件

B．方便、快速

C．费用低廉

D．收件人必须在原电子邮箱申请地接收电子邮件

（15）通过 Internet 发送或接收电子邮件（E-mail）的首要条件是应该有一个电子邮件（E-mail）地址，它的正确形式是（　　）。

A．用户名@域名　　B．用户名#域名

C．用户名/域名　　D．用户名.域名

（16）以下说法中，正确的是（　　）。

A．域名服务器（DNS）中存放 Internet 主机的 IP 地址

B．域名服务器（DNS）中存放 Internet 主机的域名

C．域名服务器（DNS）中存放 Internet 主机的域名与 IP 地址对照表

D．域名服务器（DNS）中存放 Internet 主机的电子邮箱地址

（17）接入 Internet 的每一台主机都有一个唯一的可识别地址，称为（　　）。

A．URL　　B．TCP 地址　　C．IP 地址　　D．域名

（18）微软的 IE（Internet Explorer）是一种（　　）。

A．浏览器软件　　B．远程登录软件

C．网络文件传输软件　　D．收发电子邮件软件

（19）因特网上的服务都是基于某一种协议，Web 服务是基于（　　）。

A．SNMP 协议　B．SMTP 协议　　C．HTTP 协议　　D．TELNET 协议

（20）某文件的 URL 为：ftp://www.rs.hebei.gov/instruction/index.htm，则访问该资源所用的协议是（　　）。

A．分布式文本检索协议　　B．超文本传输协议

C．文件传输协议　　D．自动标题搜索协议

（21）统一资源定位器 URL 的格式是（　　）。

A．协议：//IP 地址或域名/路径/文件名

B．协议://路径/文件名

C．TCP/IP 协议

D．http 协议

（22）下列各项中，非法的 IP 地址是（　　）。

A．126.96.2.6　　B．190.256.38.8　　C．203.113.7.15　　D．203.226.1.68

（23）IP 地址"202.119.2.3"的默认子网掩码是（　　）。

A．255.255.255.255　　B．255.255.255.0

C．255.255.0.0　　D．255.0.0.0

（24）将一台计算机以仿真终端方式登录到一个远程的分时计算机系统称为（　　）。

A．浏览　　B．FTP　　C．链接　　D．远程登录

（25）下列域名中，表示教育机构的是（　　）。

A．ftp.bta.net.cn　　B．ftp.cnc.ac.cn

C．www.ioa.ac.cn　　D．www.bua.edu.cn

第 7 章　信息检索与毕业论文排版

随着网络的发展，人们查找资料的方式发生了极大的变化，通过网络来检索自己所需要的知识成为一种必然。而大量网络检索工具的出现，使得我们更容易通过现代的方式来获取资源，信息资源检索相对于传统的纸质信息资源检索脱颖而出。因此了解网络资源，掌握网络检索工具的使用方法成为网络时代每个人信息素养必备的条件。

本章将围绕信息检索的相关知识、数据库检索、网络信息检索及搜索引擎、信息检索语法等介绍网络知识的获取。

学习目标：

- 了解信息检索的概念、信息检索的发展、信息检索的分类和信息检索的方法。
- 掌握数据库信息检索的方法。
- 掌握网络信息检索中搜索引擎的使用方法。
- 掌握检索词的构造和使用策略、技巧。

7.1 信息检索

7.1.1 信息的概述

1. 信息的定义

信息通常指经过加工的、有一定意义和价值，且具有特定形式的数据。这些数据能反映出客观世界事物的表面表象或内在联系及本质，从而影响信息获取者的行为或决策。从计算机系统的角度来看，数据是信息的载体，而信息则是数据加工的结果。信息资源管理学界认为：信息是数据处理的最终产品，即信息是经过采集、记录、处理，以可检索的形式存储的事实与数据。因而信息具有如下特性。

（1）可识别性

信息是可以识别的，识别又可分为直接识别和间接识别，直接识别是指通过感官的识别，间接识别是指通过各种测试手段的识别。不同的信息源有不同的识别方法。

（2）可存储性

信息是可以通过各种方法存储的。

（3）可扩充性

信息随着时间的变化，将不断被扩充。

（4）可压缩性

人们对信息进行加工、整理、概括、归纳就可使之精练，从而浓缩。

（5）可传递性

信息的可传递性是信息的本质等征。

（6）可转换性

信息是可以由一种形态转换成另一种形态。

（7）特定范围有效性

信息在特定的范围内是有效的，否则是无效的。

2. 信息的种类

① 文献型信息源：主要以文字形式存储于各种不同的载体上，是目前内容最丰富、使用频率最高的信息源，如报刊、百科书、词典及各类出版物等。

② 数据型信息源：主要以数值形式存储于各种不同的载体上，如统计图、表、测量数据等。

③ 声像型信息源：主要以声音或图像形式出现的信息源，相比较文字而言更直观，易于理解，如光盘、电话、电影、电视等。

④ 多媒体信息源：集声音、文字、图像、数据等多种媒介为一体的信息源，如因特网、数码相机、光盘等。

7.1.2 信息检索

信息检索（Information Retrieval）是指信息按一定的方式组织起来，并根据用户的需要找出相关信息的过程和技术。信息检索分为广义和狭义两种。广义的信息检索包含信息的存储和信息的查询两个过程。狭义的信息检索就是信息检索过程的后半部分，即从信息集合中找出所需要的信息的过程，也就是我们常说的信息查询（Information Search 或 Information Seek）。

1. 信息检索的发展

信息检索起源于图书馆的参考咨询和文献索引工作。随着 1946 年世界上第一台电子计算机问世，计算机技术逐步走进信息检索领域，并与信息检索理论紧密结合起来，在信息处理技术、通讯技术、计算机和数据库技术的推动下，信息检索在各领域高速发展，得到了广泛的应用。

目前，信息检索已经发展到网络化和智能化的阶段。网络化、智能化以及个性化的需要是目前信息检索技术发展的新趋势。

信息检索主要经历了以下几个阶段。

① 手工检索阶段（1876～1954 年），信息检索源于参考咨询和文摘索引工作。较正式的参考咨询工作是由美国公共图书馆和大专院校图书馆于 19 世纪下半叶发展起来的。到 20 世纪 40 年代，咨询工作的内容又进一步，包括事实性咨询、编目书目、文摘、进行专题文献检

索，提供文献代译。检索从此成为一项独立的用户服务工作，并逐渐从单纯的经验工作向科学化方向发展。

② 脱机批量处理检索阶段（1954～1965 年），美国海军机械试验中心使用 IBM701 型机，初步建成了计算机情报检索系统，预示着以计算机检索系统为代表的信息检索自动化时代的到来。单纯的手工检索和机械检索都显露出各自的缺点，因此极有必要发展一种新型的信息检索方式。

③ 联机检索阶段（1965～1991 年），1965 年美国系统发展公司研制成功 ORBIT 联机情报检索软件，开始了联机情报检索系统阶段。与此同时，美国洛克公司研制成功了著名的 Dialog 检索系统。20 世纪 70 年代卫星通信技术、微型计算机以及数据库产生的同步发展，使用户得以冲破时间和空间的障碍，实现了国际联机检索。计算机检索技术从脱机阶段进入联机信息检索时期。远程实时检索多种数据库是联机检索的主要优点。联机检索是计算机、信息处理技术和现代通信技术三者的有机结合。

④ 网络化联机检索阶段（1991 年至今），20 世纪 90 年代是联机检索发展进步的一个重要转折时期。随着互联网的迅速发展及超文本技术的出现，基于客户/服务器的检索软件的开发，实现了将原来的主机系统转移到服务器上，使客户/服务器联机检索模式开始取代以往的终端/主机结构，联机检索进入了一个崭新的时期。

按照存储的载体和实现查找的技术手段，相应的检索系统大致可按图 7-1 所示进行分类。

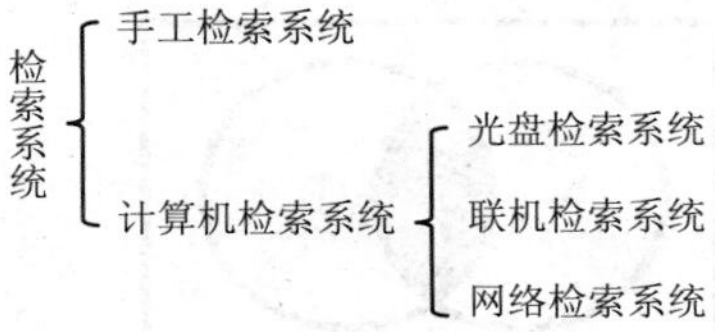

图 7-1　检索系统分类

2. 信息检索的分类

人们在社会实践中，根据工作、学习、科学研究的不同所需要进行的信息检索，大体上可以归纳为 4 类。

① 文献检索：检索结果是文献资料（包括有关文献的出处、收藏单位等）。文献检索主要是通过文献检索工具进行的，如书目、索引、题录、文摘等。

② 数据检索：其结果为数据（包括公式、图表、分子式等）。

③ 事实检索：其结果为事实结论（包括事物、事件的性质、定义、原理及发生的时间、地点、过程等）。

④ 声像检索：利用多媒体技术处理、检索声像信息，使图像、声音检索更为快捷。

前三种信息检索类型的主要区别在于，数据检索和事实检索是要检索出包含在文献中的信息本身，而文献检索则检索出包含所需要信息的文献即可。

3. 信息检索的技术

现代的信息检索主要使用的是计算机信息检索，计算机信息检索是利用计算机系统有效存储和快速查找的能力发展起来的一种计算机应用技术。计算机信息检索的主要技术有以下几种。

（1）布尔逻辑检索

利用布尔逻辑算符进行检索词或代码的逻辑组配，是现代信息检索系统中最常用的一种技术。常用的布尔逻辑算符有三种，分别是逻辑或（OR）、逻辑与（AND）和逻辑非（NOT）。

① 或（OR）运算符，也可用“+”代替，是用来组配具有同义或同族概念的词，如同义词、相关词等。其含义是，检出的记录中，至少含有两个检索词中的一个。OR 算符的基本作用是扩大检索范围，增加命中文献量，提高检索结果的查全率，OR 运算符还有一个去重的功能。在实际检索中，同一组中含义相同的词，相互之间都使用 OR 运算符。另外，在使用截词方法检索具有相同词干的检索词时，这些词之间也自动地隐含了逻辑"或"的关系，其结构如图 7-2 所示。

② 与（AND）运算符，也可用“*”代替，用来组配不同检索概念。其含义是检出的记录必须同时含有所有的检索词。AND 算符的基本作用是缩小检索范围，减少命中文献量，提高检索结果的查准率。在实际检索中，不同概念组面之间以及同一组面内的不同含义的词之间通常使用 AND 算符，其结构如图 7-3 所示。

③ 非（NOT）运算符，也可用“-”代替，但在检索时建议使用 NOT，以避免与词间的分隔符“-”混淆，NOT 算符是排除含有某些词的记录的，即检出的记录中只能含有 NOT 算符前的检索词，但不能同时含有其后的词。NOT 算符的基本作用是缩小检索范围，提高检索结果的查准率，其结构如图 7-4 所示。

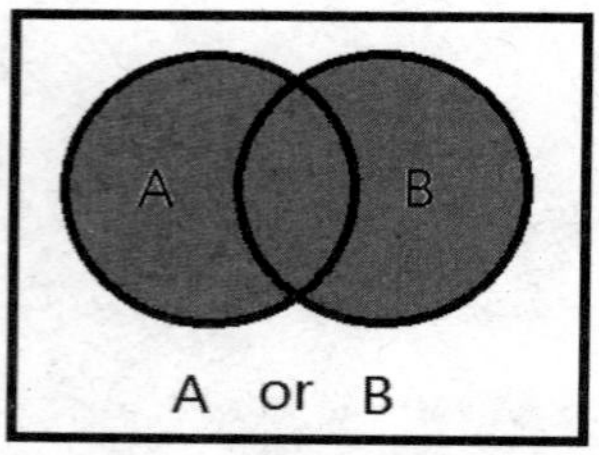

图 7-2　或运算符结构图

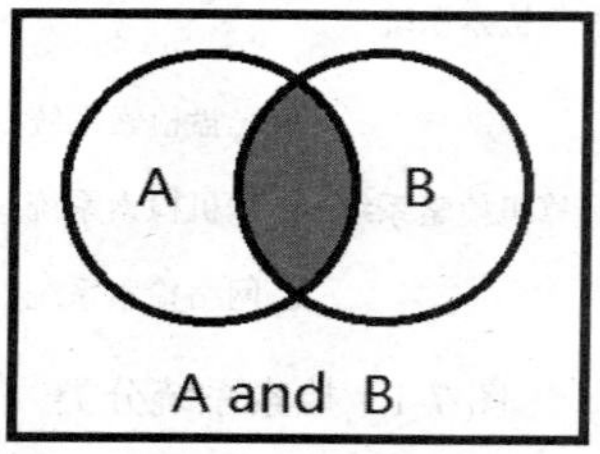

图 7-3　与运算符结构图

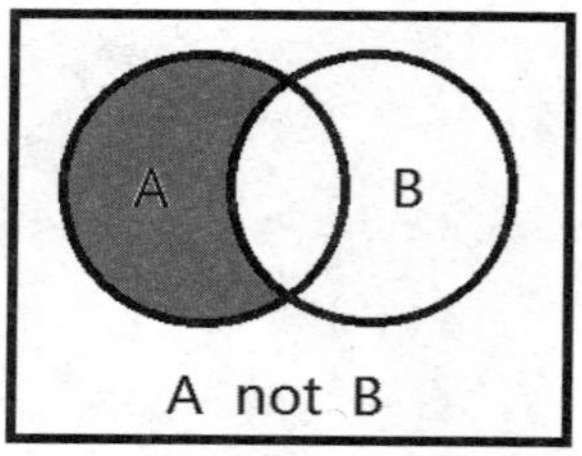

图 7-4　非运算符结构图

对于一个复杂的逻辑检索式，检索系统的处理是从左向右进行的。在有括号的情况下，先执行括号内的运算；有多层括号时，先执行最内层括号中的运算，逐层向外进行。在没有括号的情况下，And、Or、Not 的运算次序，在不同的系统中有不同的规定。

（2）位置检索

位置检索也叫位置字符检索、全文检索、邻近检索。位置算符又称邻接算符（adjacent operators），适用于两个检索词以指定间隔距离或者指定的顺序出现的场合，例如，以词组形式表达的概念、彼此相邻的两个或两个以上的词、被禁用词或特殊符号分隔的词等。位置算符是调整检索策略的一种重要手段。按照两个检索词出现的顺序和距离，可以有多种位置算符，而且对同一种位置算符，检索系统不同，规定的位置算符也不同。例如，Compendex 光盘数据库使用的位置算符“(N)”“(F)”“(S)”“(W)”四种，具体功能如下。

①（nW）算符：表示两个检索词（关键词、主题词）中间可以插入“n”个词，但他们之间的顺序不能颠倒，但允许有一空格或标点符号。

②（nN）算符：表示两个检索词（关键词、主题词）中间可以插入“n”个词，且词序可以颠倒。

③（F）算符：表示两个检索词（关键词、主题词）必须出现在同一个字段内，但两词的词序和中间插入的词数不限。

④（S）算符：表示两个检索词（关键词、主题词）必须出现在同一个子字段内，但两词的词序和中间插入的词数不限。

注意

在不同的数据库中，位置算符检索功能及算符不同，应参看数据库的使用说明。

（3）字段限定检索

字段限定也是调整检索策略的一种重要的手段。它是限定检索词在数据库记录中的一个或几个字段范围内查找的一种检索方法。如果想指定在题名等字段中查找所希望的检索词，就需要使用字段限制。字段限制适用于在已有一定数量输出记录的基础上，通过指定字段的方法，减少输出篇数，提高检索结果的查准率的情况。由于字段限制采用前缀和后缀的形式，因此又称为前缀限制和后缀限制。例如 Compendex 光盘数据库基本字段限制的用法是在需要指定字段的检索词后加上后缀运算符"/"和段码。这个数据库辅助字段限制的用法是在需要指定字段的检索词（有时检索词须放在双引号内）之前加上段码和前缀运算符"="。

常用的字段代码有标题（TI）、文摘（AB）、叙词（DE）、识别词或自由词（ID）、作者（AU）、语种（LA）、刊名（JN）、文献类型（DT）、年代（PY）等。这些限制符在不同的数据库系统有不同的表达形式和使用规则。

（4）截词符检索（Truncation、Wildcard Symbols）

截词检索是计算机检索系统中应用非常普遍的一种技术。由于西文的构词特性，在检索中经常会遇到名词的单复数形式不一致；同一个意思的词，英美拼法不一致；词干加上不同性质的前缀和后缀就可以派生出许多意义相近的词等，这是就要用到截词检索。利用检索词（关键词、主题词）的词干或不完整词形进行查找的过程为截词检索。它可以起到扩大检索范围，提高查全率，减少检索词（关键词、主题词）的输入量，节省检索时间。

右截断：截去某个词的尾部，是词的前方一致比较，也称前方一致检索。例如，输入 geolog?（?为截断符号），将会把含有 geological，geologic，geologist，geologize 等词的记录检索出来。

左截断：截去某个词的前部，是词的后方一致比较，也称后方一致检索。例如：输入?magnetic，能够检出含有 electromagnetic，paramagnetic，等词的记录。

中间截断：截去某个词的中间部分，是词的两边一致比较，也称两边一致检索。例如：输入 f??t 可查出 foot，feet。

复合截断：是指同时采用两种以上的截断方式。例如：?chemi?，可以检出 chemical，chemistry 等。

（5）加权检索

加权检索是某些检索系统中提供的一种定量检索技术。加权检索同布尔检索、截词检索等一样，也是文献检索的一个基本检索手段，但与它们不同的是，加权检索的侧重点不在于判定检索词或字符串是不是在数据库中存在、与别的检索词或字符串是什么关系，而是在于判定检索词或字符串在满足检索逻辑后对文献命中与否的影响程度。

（6）聚类检索

聚类是把没有分类的事物，在不知道应分几类的情况下，根据事物彼此不同的内在属性，将属性相似的信息划分到同一类下面。

4. 信息检索的方法和步骤

信息检索的方法包括普通法、追溯法和分段法。

① 普通法是利用书目、文摘、索引等检索工具进行文献资料查找的方法。运用这种方法的关键在于熟悉各种检索工具的性质、特点和查找过程，从不同角度查找。普通法又可分为顺检法和倒检法。顺检法是从过去到现在按时间顺序检索，费用多、效率低；倒检法是逆时间顺序从近期向远期检索，它强调近期资料，重视当前的信息，主动性强，效果较好。

② 追溯法是利用已有文献所附的参考文献不断追踪查找的方法，在没有检索工具或检索工具不全时，此法可获得针对性很强的资料，查准率较高，查全率较差。

③ 分段法是追溯法和普通法的综合，它将两种方法分期、分段交替使用，直至查到所需资料为止。

信息检索工作通常需要经过以下几个步骤。

（a）分析研究课题，明确检索要求。

（b）制定检索策略，选择检索工。

（c）确定检索途径与方法。

（d）根据初步检索结果调整检索策略。

（e）获取原始信息，评价检索效果。

7.1.3 数据库检索

Internet 拥有一万个以上的数据库。其中，Internet 可检索图书馆目录和数据库就囊括了从美国国会图书馆到欧美各国许多公用图书馆和大学图书馆的几百个联机目录和数据库。数据库检索包含电子文献、数据、事实、图像、声音等各种媒体所载信息的检索。

1. 联机公共目录查询系统（OPAC）

OPAC 全称 Online Public Access Catalogue，在图书馆学上被称作“联机公共目录查询系统”，可以提供图书馆所收藏的所有图书的书目信息查询，包括图书的基本信息，馆藏信息，目前是否在馆，以及读者个性化定制等内容，为读者提供了网络续借、网络预约、在线征订征询等服务。大多数图书馆都已经将自己的 OPAC 公布，用户只需要知道要访问的图书馆主页地址，就可以访问任意图书馆的 OPAC 来获取图书信息。

根据图书的特性，在网上书目的查找也有着不同的方式。其中最普及的查找方式有：书名检索、作者检索、ISBN 检索、年份检索、出版社检索。还有一些不常用但十分重要的检索方法：分类法检索、导出词检索、丛书检索、套书检索等，这些项目都可以在 OPAC 数据库里进行检索。

【案例 7-1】检索谭浩强教授的著作在扬州工业职业技术学院图书馆的收藏情况。

操作步骤如下。

① 打开学院图书馆首页面，选择读者服务中的书目检索，打开书目检索系统页面，如图 7-5 所示。

图 7-5　图书馆首页面

② 选择检索词类型，然后输入检索词。这里选择“责任者”查询类型，在检索词中输入“谭浩强”，在文献类型中选择“中文图书”。

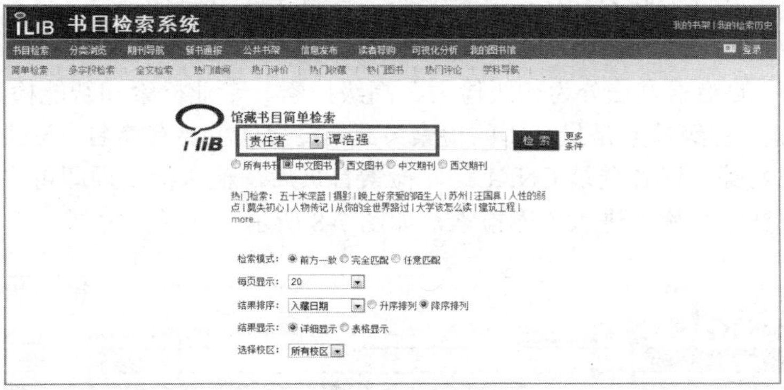

图 7-6　馆藏书目检索页面

③ 单击“检索”按钮，发现有 4 页，共 74 条相关可供借阅书目的信息，包括有图书的名称、作者、出版社、馆藏的复本及可借复本等基本信息。

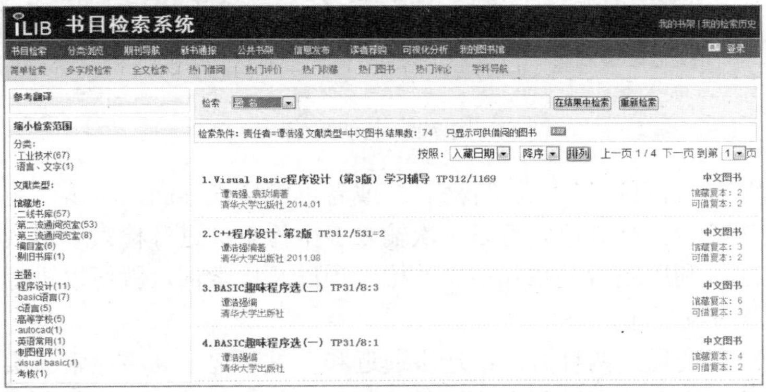

图 7-7　书目信息页面

二、中国知网（CNKI）

国家知识基础设施（National Knowledge Infrastructure，NKI）的概念，由世界银行于 1998 年提出。中国知网（CNKI）工程是以实现全社会知识资源传播共享与增值利用为目标的信息化建设项目，由清华大学、清华同方发起，始建于 1999 年 6 月。通过与期刊界、出版界及各内容提供商达成合作，中国知网已经发展成为集期刊杂志、博士论文、硕士论文、会议论文、报纸、工具书、年鉴、专利、标准、国学、海外文献资源为一体的、具体国际领先水平的网络出版平台。

中国知网（CNKI）是目前世界上最大的连续动态更新的中国期刊全文数据库。收录 1994 年至今约 7486 种期刊全文，并对其中部分重要刊物回溯至创刊。CNKI 分为十大专辑：理工 A、理工 B、理工 C、农业、医药卫生、文史哲、政治军事与法律、教育与社会科学综合、电子技术与信息科学、经济与管理。各专辑又分为若干专题。CNKI 中心网站及数据库交换服务中心每日更新，各镜像站点通过互联网或卫星传送数据可实现每日更新，专辑光盘每月更新，专题光盘年度更新。

（1）CNKI 检索的使用

登录 www.cnki.net，凭账号、密码登录或 IP 自动登录，如果是第一次使用 CNKI 的产品服务，那么需要下载并安装 CAJViewer 浏览器，才能看到文献的全文。

（2）CNKI 检索方法

CNKI 数据库的检索方法分为初级检索、高级检索、专业检索和智能检索等。

① 初级检索。初级检索是最基本的检索方式，检索项主要有篇名、关键词、摘要、作者、机构、全文、刊名等。读者登录 CNKI 跨库检索首页后，输入检索词即可进行初级检索，读者也可以单击数据库名称，进入单库检索，如图 7-8 所示。

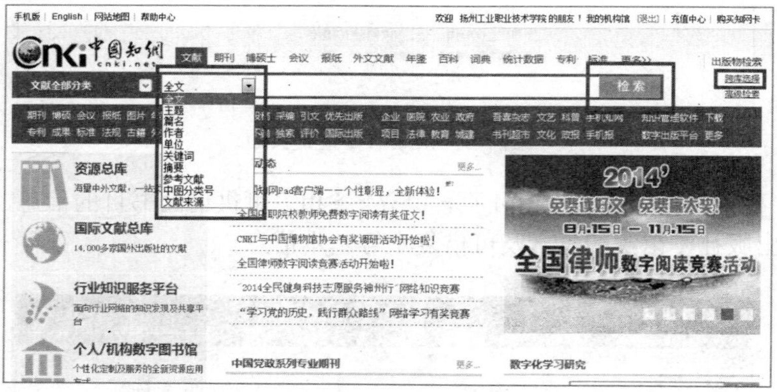

图 7-8　初级检索

② 高级检索。在首页选择“高级检索”，或者单库检索界面，单击“逻辑”下面的“+”号，即可进行高级检索。高级检索可以一次输入多个检索词进行检索。这其中就涉及一些逻辑关系的设定。通过利用逻辑关系和不同的检索项以及检索词，就可以进行多重限定，使检索更加准确，如图 7-9 所示。

在检索中，一般会用到两种方法：逐步逼近和多重限定。高级检索其实就是多重限定。无论在初级检索或者高级检索过程中，都可以在上一次检索后，勾选“在结果中检索”，也就是“二次检索”，对上一次的检索结果再次进行筛选，逐步地逼近我们的检索目标。

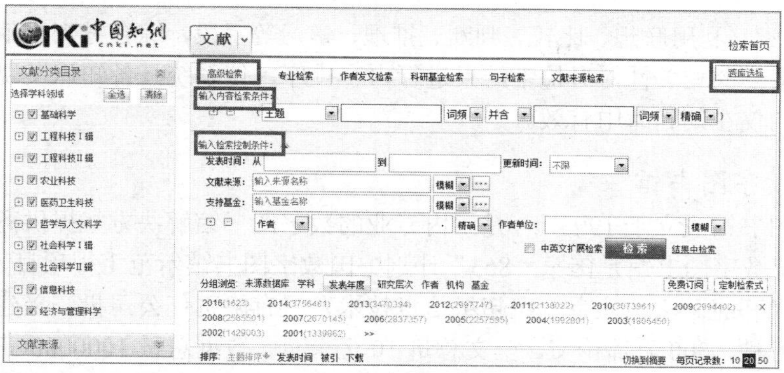

图 7-9　高级检索

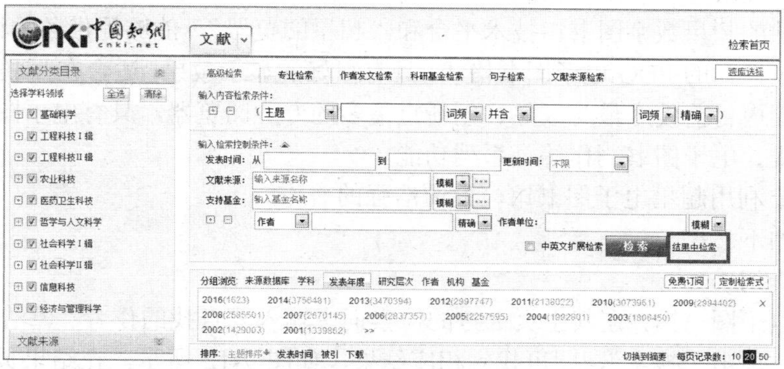

图 7-10　二次检索

③ 专业检索。专业检索使用起来有一定的难度，主要适用于单一检索项多条件的检索，多个检索项同时进行检索。在网页上选择“专业检索”即可进入专业检索界面。

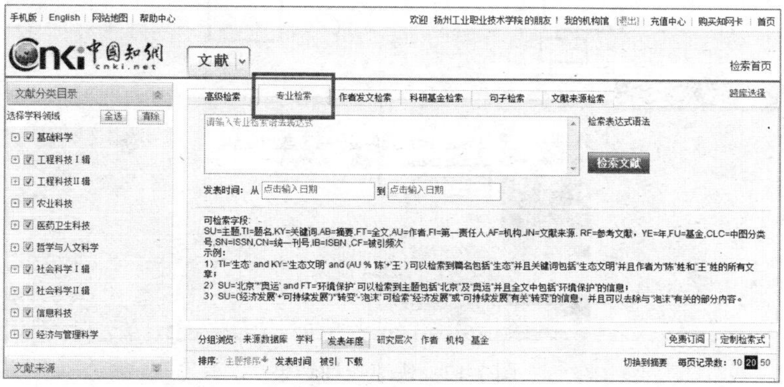

图 7-11　专业检索

专业检索的运算符主要有：>，<，=，>=，<=，分别表示查找“大于”“小于”“等于”“大于等于”“小于等于”等检索词的记录。

专业检索也使用逻辑与、逻辑或和逻辑非。可选不同的逻辑关系来限定检索条件，提高检索精度。

④ 智能检索。利用联想、比较、判断、推理、学习等手段，综合考查文献的内容和外部属性特征与检索词的相关性，对检索结果进行内容排序，使系统具备知识发现能力，并提高检索的查准率，仅在期刊库中有效。

3. 超星数字图书馆

超星数字图书馆成立于 1993 年，是国内专业的数字图书馆解决方案提供商和数字图书资源供应商。超星数字图书馆是国家“863”计划中国数字图书馆示范工程项目，2000 年 1 月，在互联网上正式开通。它由北京世纪超星信息技术发展有限责任公司投资兴建，目前拥有数字图书八十多万种，500 万篇论文，全文总量 10 亿余页，数据总量 1000000GB，为目前世界最大的中文在线数字图书馆。涉及哲学、宗教、社科总论、经典理论、民族学、经济学、自然科学总论、计算机等各个学科门类。

先进、成熟的超星数字图书馆技术平台和“超星阅览器”，能够提供各种读者所需功能。专为数字图书馆设计的 PDG 电子图书格式，具有很好的显示效果，适合在互联网上使用。“超星阅览器”是国内目前技术最为成熟、创新点最多的专业阅览器，具有电子图书阅读、资源整理、网页采集、电子图书制作等一系列功能。

【案例 7-2】利用超星电子图书馆检索谭浩强的著作。

具体方法如下。

（1）快速查询

打开超星电子图书馆，在其主页上方的检索词中输入要查找的作者“谭浩强”，选择“作者”检索途径，单击“搜索”，即可找到相应结果，如图 7-12 所示。在结果页中可以查看书目的基本信息，可以阅读书目。有阅读器阅读和网页阅读两种方式，还可对书目进行下载、收藏、纠错和评论等。

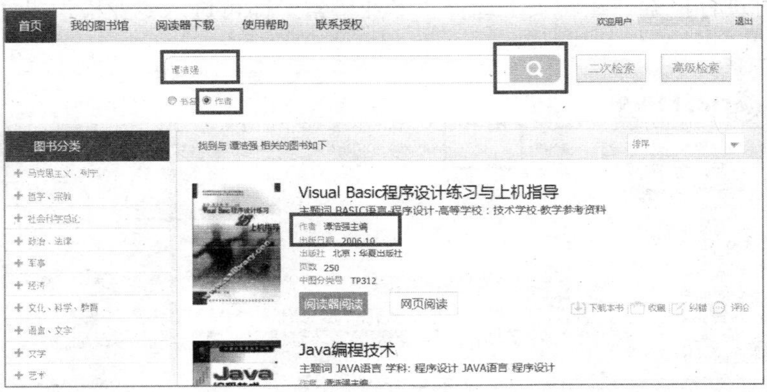

图 7-12　快速查询结果

（2）高级检索

单击数字图书馆主页上的“高级检索”，即可进入高级检索页面，这里提供了更多的检索途径，如书目、作者、主题词和年代等，这样可以进行更加精确的查找。在作者检索途径中输入“谭浩强”，主题词检索途径中选择“C 语言”，单击“高级检索”，即可检索到与“C 语言”相关的结果，如图 7-13 所示。

检索到相关结果后，同样可对检索到的书目进行收藏、纠错、评论，还可以使用阅读器阅读、网页阅读，并且可以下载书目进行浏览。

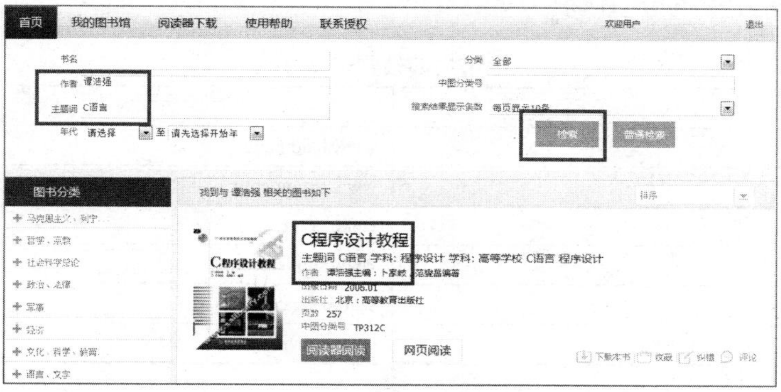

图 7-13　高级检索查询结果

4. 论文检索

这里所指的论文一般为学位论文。学位论文是指为了获得所修学位，被授予学位的人所撰写的论文。根据《中华人民共和国学位条例》的规定，学位论文分为学士论文、硕士论文、博士论文三种。通常，学位论文对问题的阐述比较详细和系统，还具有一定的独创见解，是比较重要的信息源。因硕士、博士学位论文的研究水平较高，所以其作为学术信息资源有较高的利用价值。

主要的学位论文的数据库检索系统有如下几个。

① 中国优秀博硕士论文数据库（http://www.cnki.net/inde7.htm）

② 中国学位论文全文数据库（http://www.wanfangdata.com.cn）

③ CALIS 高校学位论文数据库（http://opac.calis.edu.cn/）

④ PQDD 外文学位论文全文数据库（http://www.lib.global.umi.com）

7.1.4　Internet 网络信息检索

网络信息检索一般指因特网检索。通过网络接口软件，用户可以在一个终端上查询网络上的信息资源。这一类检索系统都是基于互联网的分布式特点开发和应用的，其检索的对象是存在于因特网信息空间中各种类型的网络信息资源。

进入 20 世纪 90 年代以后，互联网的发展风起云涌，人类社会的信息化、网络化进程大大加快。与之相适应的信息检索的交流平台也迅速转移到以 WWW 为核心的网络应用环境中，信息检索步入网络化时代，网络信息检索已基本取代了手工检索。

1. 搜索引擎

为了使用户尽快得到自己所需要的信息，许多网站都提供信息检索服务，称之为“搜索引擎”（Search Engine）。

随着因特网的迅猛发展，各种信息呈现爆炸式的增长，用户要在信息海洋里查找信息，就像大海捞针一样。每个上网用户面临信息过载的问题，无法准确找到所需要信息。搜索引擎正是为了解决这个“迷航”问题而出现的技术。搜索引擎提供的导航服务已经成为互联网上非常重要的网络服务，成为和电子邮件并列的最重要的互联网应用。

表 7-1 列出了一些常用的搜索引擎以及网址。

表 7-1　　常用的搜索引擎

名　称	网　址
百度搜索	www.baidu.com
搜狗搜索	www.sogou.com
北大天网	e.pku.edu.cn
搜狐搜索	www.sohuso.com
新浪搜索	search.sina.com.cn
雅虎中国	sg.search.yahoo.com

2. 搜索引擎的使用

一般来说，在每个搜索引擎中均提供分类目录及关键词检索这两种信息查询的方法。而这些搜索引擎的用法基本相同，搜索引擎站点中都提供一个可以输入关键词的文本输入框和一个“搜索”的按钮，用户可以在输入框中输入关键词，然后按“搜索”按钮，搜索引擎就会自动地在其内部的数据库中进行检索，把与关键词相符合的网站显示在结果页中，接着用户只需通过搜索引擎提供的链接地址，就可以访问到相关信息。

这种查询方法的关键之处在于关键词的选择和表达上。如果关键词选择不当，搜索的结果会返回大量无用的垃圾信息，或者有用的信息被淹没在大量的冗余的页面之中。这种情况责任通常不在搜索引擎，而是因为没有掌握提高搜索精度的技巧。熟练掌握关键词语法表达方式可以提高信息检索的效率，得到更精确的搜索结果，从而迅速找到所需要的信息。

虽然各个搜索引擎的搜索语法不完全相同，但一些搜索语法还是比较通用和常见的。

① 模糊查询，又称为智能查询，是最常用的方法。直接输入关键字，搜索引擎就把包含关键字的网站地址一起返回给用户。例如，输入“网上教学”，搜索引擎就会把“网上教学”“网上”“教学”“网上互动式教学活动”等内容的网址一起反馈给用户，因此这种查询方法往往会返回大量不需要的信息。

② 利用半角的双引号，来查询完全符合关键字串的网站。例如，输入“网上教学”，会找出包含网上教学的网站，但是会忽略掉“网上”“教学”“网上互动式教学活动”的网站。这种查询方法要求用一对半角的双引号来把关键字包括起来。

③ 利用“+”来限定关键字串一定要出现在结果中。例如，输入“电脑+网络”，会找出包含电脑和网络的网站。

④ 利用“-”来限定关键字串一定不要出现在结果中。例如，输入“电脑-网络”，会找出包含电脑但除了网络的网站；输入“发如雪-html”，会在“发如雪”的相关网页中过滤掉后缀名为“html”网页。

⑤ 加“t”：在关键字前，搜寻引擎仅会查询网站名称。例如，输入“t:电脑”，会找出包含电脑的网站名称。

⑥ 加“u”：在关键字前，搜寻引擎仅会查询网址（URL）。例如，输入“u:yangzhou”，会找出包含“yangzhou”的网址。

⑦ 利用“()”可以把多个关键词作为一组，并进行优先查询。例如，键入“(电脑+网络)-(硬件+价格)”，搜索包含“电脑”与“网络”的信息，但不包含“硬件”与“价格”的网站。

⑧ 利用“*”代替所有的字母，用来检索那些变形的关键词或者是不能确定的关键词。例如，输入“电*”后的查询结果可以包含电脑、电影、电视等内容。

⑨ 对搜索的网站进行限制。“site”表示搜索结果局限于某个具体网站或者网站频道，如“www.sina.com.cn”“edu.sina.com.cn”或者是某个域名，如“com.cn”“com”等。如果是要排除某网站或者域名范围内的页面，只需用“-网站/域名”。

【案例 7-3】搜索中文教育科研网站（edu.cn）上关于搜索引擎技巧的页面。

搜索：“搜索引擎技巧 site:edu.cn”。

注意

site 后的冒号为英文字符，而且冒号后不能有空格，否则“site:”将被作为一个搜索的关键字。此外，网站域名不能有“http://”前缀，也不能有任何“/”的目录后缀。网站频道只局限于“频道名.域名”方式，而不能是“域名/频道名”方式。

⑩ 在某一类文件中查找信息。“filetype:”是 Google 开发的非常强大实用的一个搜索语法。

【案例 7-4】搜索几个信息检索的 Office 文档。

搜索：“信息检索 filetype:docx OR filetype:xlsx OR filetype:pptx”

搜索也可取其中一种类型的文件，类似“* filetype:docx”，将只显示 docx 文档的相应内容。注意，下载的 Office 文件可能含有宏病毒，需谨慎操作。

⑪ 搜索的关键字包含在 URL 链接中。“inurl”语法返回的网页链接中包含第一个关键字，后面的关键字则出现在链接中或者网页文档中。有很多网站把某一类具有相同属性的资源名称显示在目录名称或者网页名称中，比如“MP3”等，于是，就可以用“inurl”语法找到这些相关资源链接，然后，用第二个关键词确定是否有某项具体资料。“inurl”语法和基本搜索语法的最大区别在于，前者通常能提供非常精确的专题资料。

【案例 7-5】查找 MP3 曲“李白”。

搜索：“inurl:mp3 “李白””

注意

“inurl:”后面不能有空格，Google 也不对 URL 符号如“/”进行搜索。

⑫ 搜索的关键字包含在网页标题中。“intitle”和“allintitle”的用法类似于上面的“inurl”，只是后者对 URL 进行查询，而前者对网页的标题栏进行查询。网页标题，就是 HTML 标记语言 title 中之间的部分。网页设计的一个原则就是要把主页的关键内容用简洁的语言表示在网页标题中。因此，只查询标题栏，通常也可以找到高相关率的专题页面。

【案例 7-6】查找明星胡歌的照片集。

搜索：“intitle:胡歌 "写真集"”

结果：已搜索有关 intitle:胡歌 "写真集"的中文（简体）网页。

⑬ 搜索所有链接到某个 URL 地址的网页。如果想知道有多少其他网页对一个特定的网站作了链接，“link”语法可以迅速达到这个目的。

【案例 7-7】搜索所有指向华军软件园“www.newhua.com”链接的网页。

搜索：“link:www.newhua.com”

⑭ 从 Google 服务器上缓存页面中查询信息。“cache”用来搜索 Google 服务器上某页面的缓存，通常用于查找某些已经被删除的死链接网页，相当于使用普通搜索结果页面中的“网页快照”功能。

以上是搜索引擎中一些基本的语法知识，各搜索引擎的具体使用方法有可能与上述的有差别，在使用搜索引擎时，可以先察看一下所选搜索引擎主页上的说明。

3. 信息的检索、保存及排版

① 开机，联网，运行 Internet Explorer。

② 在地址栏中键入搜索引擎网址“www.baidu.com”，进入“百度”搜索引擎页面。

③ 搜索并打开“计算机等级考试”的网页。

使用关键字“计算机等级考试”进行搜索，打开页面如图 7-14 所示。

图 7-14 搜索“计算机等级考试”页面

④ 筛选出自己能用的信息并进行整理。

（a）单击“计算机等级考试_百度百科”链接，打开网页，如图 7-15 所示。

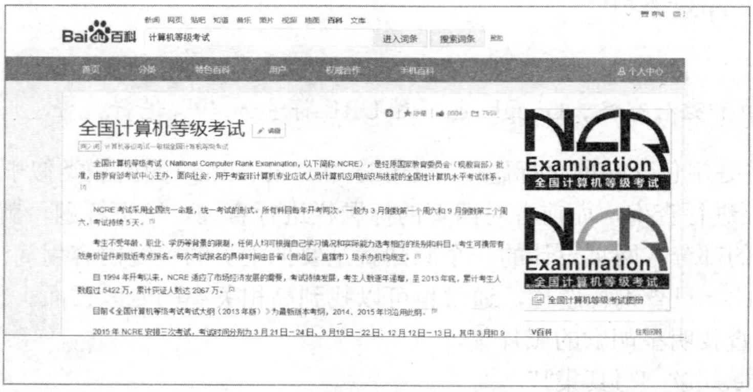

图 7-15 “计算机等级考试_百度百科”页面

（b）复制并粘贴所需信息。在网页中浏览信息的同时可以将网页中包含的信息（可以是整个网页，部分文字或者图片）保存到计算机中。

ⓐ 保存整个网页

可以使用“文件”菜单项的“另存为”命令，打开“保存网页”对话框。如图 7-16 所示，在该对话框中选择保存文件名、保存类型、保存位置等选项后，按保存按钮即可将搜索到的网页保存下来。

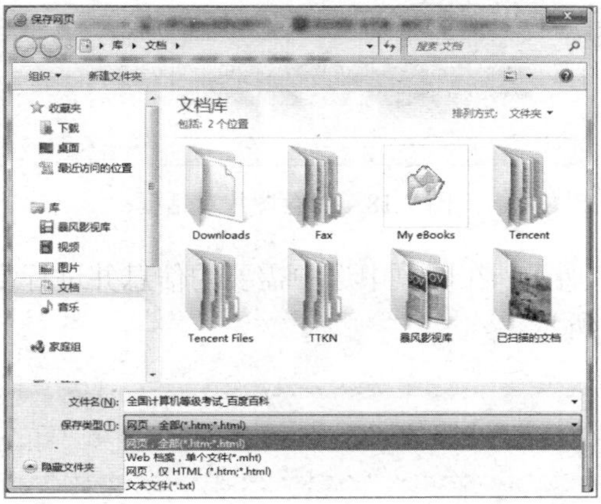

图 7-16　保存网页对话框

ⓑ 保存网页中的部分文字

如果只需要保存网页中的部分文本时可以采用以下方法，如图 7-17 所示。

- 选中文本。按住鼠标左键并拖动选定需要复制的文件。
- 复制。按下CTRL+C组合键或者鼠标右击，在弹出菜单中选择“复制”命令。
- 粘贴，保存。打开某个编辑器（如Word或记事本等），执行“粘贴”，并保存文件。

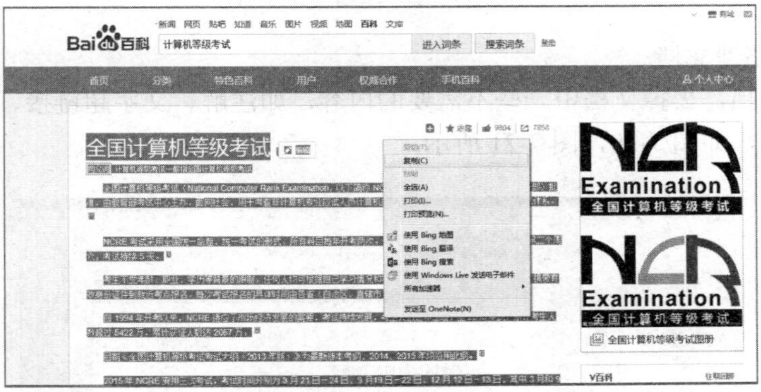

图 7-17　保存网页中的部分文字

ⓒ 保存网页中的图片

- 用鼠标右击要保存的图片，在弹出菜单项中选择“图片另存为”命令。
- 在“保存图片”对话框中选择保存位置、保存文件名后，按“保存”按钮即可，如图7-18所示。

图 7-18　保存图片对话框

上面任务中如图 7-17 所示，在网页中选中需要的信息并进行复制，将复制的信息粘贴到 Word 2010 中，如图 7-19 所示。

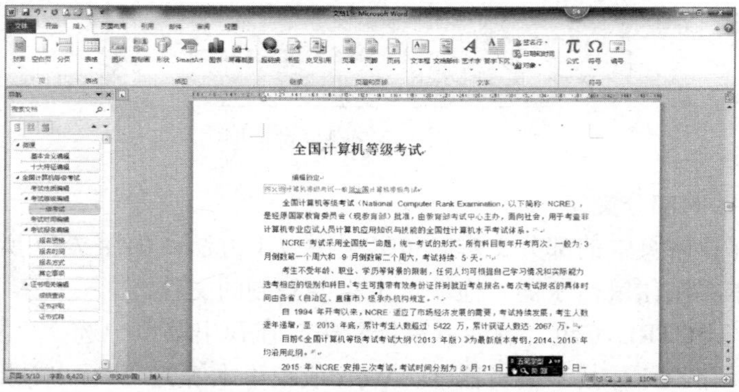

图 7-19　在文档中粘贴内容

ⓓ 编辑、整理文档

● 编辑文档，去掉文档中一些不需要的内容，如注解、文字超链接、目录、图片和一些不需要的信息，如图 7-20，图 7-21 所示。

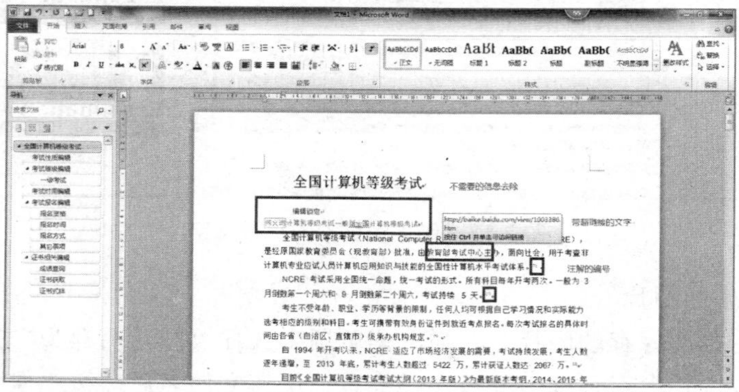

图 7-20　去除文档中不需要的内容

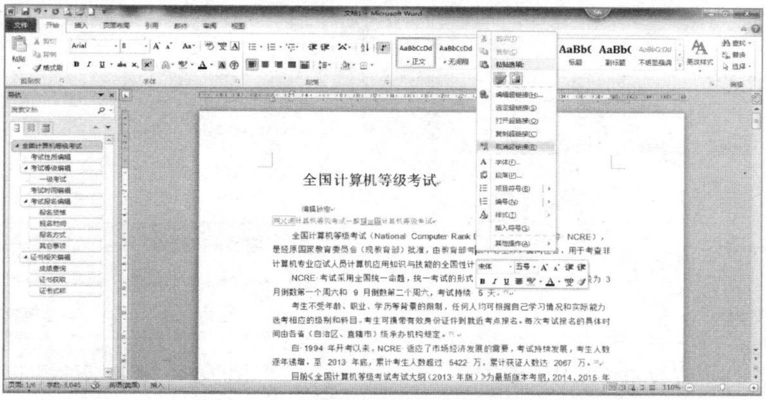

图 7-21　取消文字的超链接

● 如图 7-22 所示，按下“开始”标签中“段落”功能区的“显示/隐藏编辑标记”按钮，用来显示文档中的非打印字符，如全角空格“□”、半角空格“ · ”、段落标记“↵”和手动换行符“↓”等。

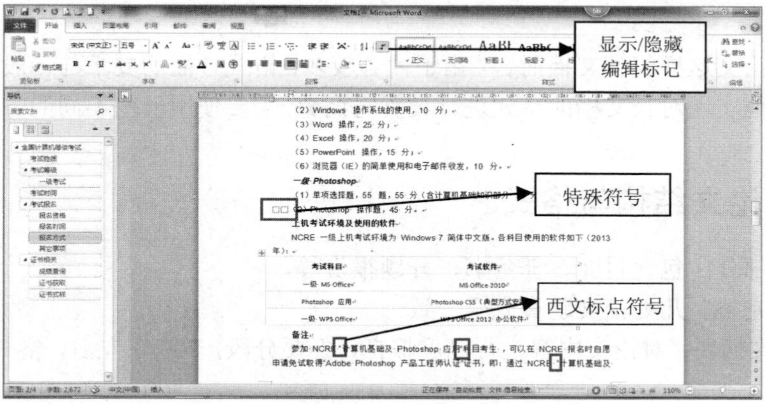

图 7-22　显示编辑标记

对显示出来的一些非打印字符进行必要的清理，如去除手工换行符和全角空格以利于文档的排版。

【案例 7-8】去除文中显示出来的全角空格。

操作步骤如下。

ⓐ 选中文中的一个特殊符号全角空格，鼠标右键单击选择“复制”命令，或按键盘上的 Ctrl+C 组合键进行复制。

ⓑ 打开替换对话框，在查找内容项中执行“粘贴”命令，或光标定位后按键盘上的 Ctrl+V 组合键进行粘贴，替换为下拉文本框中为空，如图 7-23 所示。

ⓒ 设置好后单击“全部替换”按钮，得到如图 7-24 所示。

ⓓ 若是从文章开始处进行的替换，则单击“否”，完成全角空格的去除，再单击“关闭”按钮退出查找和替换命令。

其他特殊符号的去除与此类似，不再一一介绍。

图 7-23　查找和替换对话框

图 7-24　替换后的提示框

⑤ 最后对文档进行排版，如字体、段落格式的统一设置等，使文档整齐、美观，并保存文档。

7.2　毕业论文的排版

对于毕业论文这样的长文档而言，由于内容较多，格式方面的要求与一般文档有所不同，为了快速有效地实现对长文档的格式进行设置与调整，需要使用一些不同的方法来进行处理。

7.2.1　论文结构与格式

（1）前置部分：包含封面、任务书、开题报告等。

内容填写完整，几处论文题目完全一致。

（2）中英文摘要：对论文内容进行高度概括，不要分段，200 字左右，格式要求如图 7-25 所示。

（3）论文目录：生成在摘要和正文之间，格式要求如图 7-26 所示。

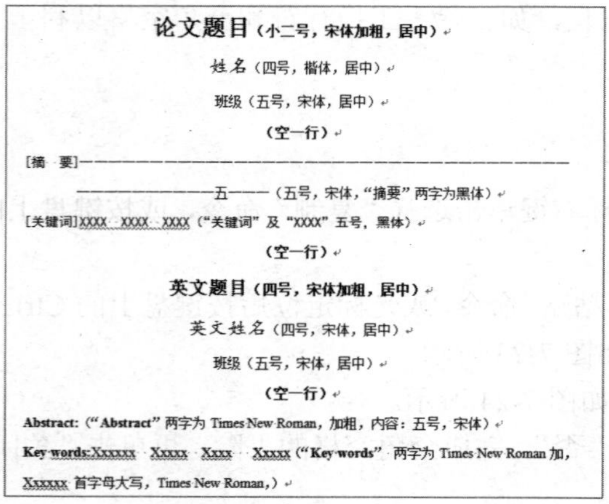
论文题目（小二号，宋体加粗，居中）

姓名（四号，楷体，居中）

班级（五号，宋体，居中）

（空一行）

[摘　要]——————————————————————

——————五———（五号，宋体，“摘要”两字为黑体）

[关键词]XXXX　XXXX　XXXX（“关键词”及“XXXX”五号，黑体）

（空一行）

英文题目（四号，宋体加粗，居中）

英文姓名（四号，宋体，居中）

班级（五号，宋体，居中）

（空一行）

Abstract:（“Abstract”两字为 Times New Roman，加粗，内容：五号，宋体）

Key words: Xxxxxx　Xxxxx　Xxxx　Xxxxx（“Key words”两字为 Times New Roman 加，Xxxxxx 首字母大写，Times New Roman,）

图 7-25　中英文摘要格式

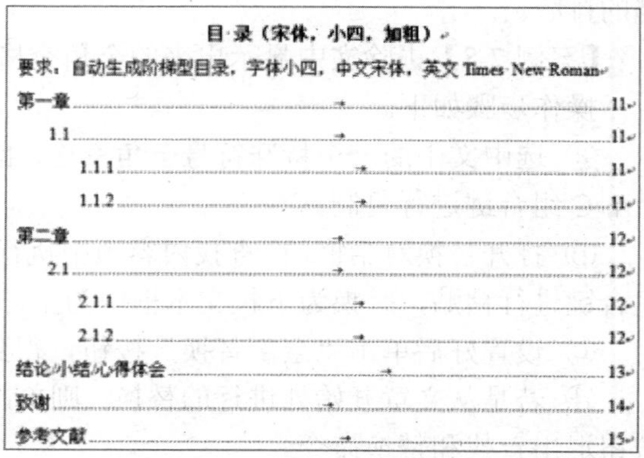
目录（宋体，小四，加粗）

要求，自动生成阶梯型目录，字体小四，中文宋体，英文 Times New Roman

第一章……11
1.1……11
1.1.1……11
1.1.2……11
第二章……12
2.1……12
2.1.1……12
2.1.2……12
结论\小结\心得体会……13
致谢……14
参考文献……15

图 7-26　目录格式要求

（4）论文正文：正文内容形式较多，一般由文字、图、表、公式等组成，各部分格式要求如图 7-27 至图 7-32 所示。

第一章（宋体、小四，加粗）

1.1

1.1.1

1.1.2

第二章（宋体、小四，加粗）

2.1

2.1.1

2.1.2

图 7-27　正文章节格式

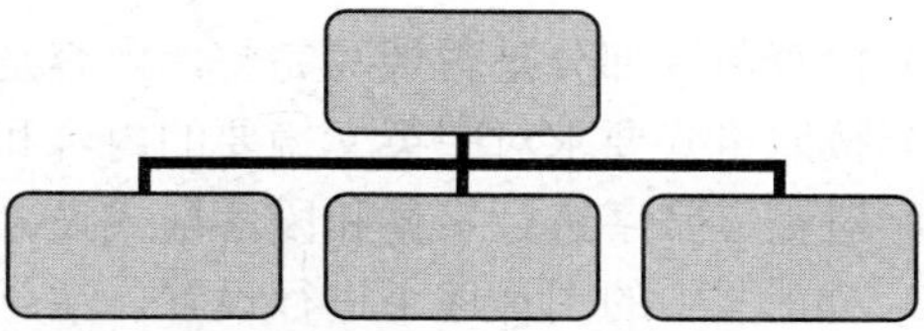

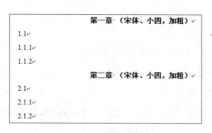

（图说明文字及图中标识文字均要求采用字体格式：中文宋体，英语 Times New Roman，五号字体，图和文字均居中对齐）

图 7-28　图形格式要求

表 1-1 表说明文字

（表说明文字及表中文字均采用要求字体格式：中文宋体，英文 Times New Roman，五号字体，表和说明文字均居中对齐）

图 7-29　表格格式要求

$$y = x + 1 \cdots\cdots\cdots\cdots (1\text{-}1)$$

（公式序号采用要求字体格式：中文宋体，英文 Times New Roman，五号字体，页边距右对齐）

图 7-30　公式格式要求

1、全部采用小四号字，中文宋体，英文 Times New Roman

2、每章开头新起一页

3、各章节图采用顺序编号、表格采用顺序编号，图标均居中放置

4、全文采用 1.5 倍行距

5、毕业课题完成有实物或程序等仿真结果，毕业课题的名称定为毕业设计，所有相关表格填写、封面等都是“毕业设计”字样

图 7-31　正文文字格式要求

（5）后置部分：包含致谢和参考文献。参考文献以近 5 年的为宜，数量不能太少。

致谢（宋体、小四，加粗）

参考文献（宋体、小四，加粗）

[1]作者.文章题目.期刊名称[J].出版年份.卷数（期数）：起始页码-结束页码.（小四号，中文宋体，英文 Times New Roman）

[2]作者.书名 M.出版社.出版年份.（小四号，中文宋体，英文 Times New Roman）

图 7-32　后置部分格式要求

7.2.2 排版过程

（1）检查前置部分是否填写完整，内容是否得当。

（2）按照格式要求对中英文摘要的内容和格式进行设置。

（3）对正文文字进行字体和段落格式设置（充分利用格式刷的功能）。

（4）对正文中的图片逐个进行设置，注意事项如下。

① 图片和说明文字居中对齐，说明文字在图片的下方。

② 说明文字的编号形式为：第一章的图片编号按“图 1-1，图 1-2……”的形式编写，第二章的图片编号按“图 2-1，图 2-2……”的形式编写，以此类推。

③ 图片不宜过大或过小，图片与文字的环绕方式为“嵌入型”。

④ 对于自己手动绘制的图形，一定要将图片的各部分组合成一个整体。

（5）对正文中的表格逐个进行设置，注意事项如下。

① 表格和说明文字居中对齐，说明文字在表格的上方。

② 说明文字的编号形式为：第一章的表格编号按“表 1-1，表 1-2……”的形式编写，第二章的表格编号按“表 2-1，表 2-2……”的形式编写，以此类推。

（6）对正文中的公式逐个进行设置，注意公式的对齐方式为右对齐。

（7）文档分节

① 将插入点定位至第一章的章标题之前，单击“页面布局”选项卡。

② 单击“页面设置”组中的“分隔符”，单击“分节符”列表中的“下一页”项，如图 7-33 所示。

③ 将插入点分别定位至其他章标题之前，重复前面的操作，完成文档的分节。

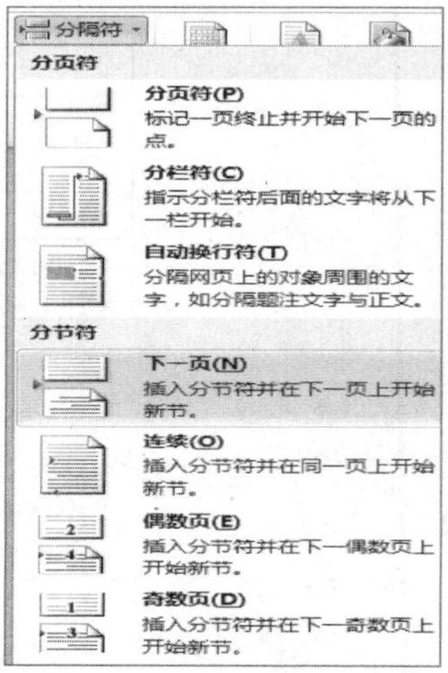

图 7-33 “分隔符”列表

注意

对文档进行分节操作有两个作用，一是确保每一章的标题都是从新页面的顶端开始；二是有助于生成符合要求的页眉和页码。

（8）利用内置样式设置文档的标题格式

要求如下：所有章标题行格式设为标题 1；所有节标题行格式设为标题 2；所有小节标题行格式设为标题 3。

① 选定第一章标题所在行，单击“开始”选项卡中“样式”组右侧的箭头，打开样式列表，选定“显示预览”左侧的复选框，如图 7-34 所示。

② 单击样式列表中的“选项”命令，打开“样式窗格选项”对话框，选定“段落级别格式”和“字体格式”左侧的复选框，如图 7-35 所示。单击“确定”按钮。

③ 再拖动样式列表中的滚动条，找到样式“标题 1”，单击鼠标左键，完成一个章标题的设置。

④ 逐个选定其他章标题行，重复以上操作，完成所有章标题的设置。或者利用格式刷的

功能，可以更快速高效地完成其他章标题行的格式设置。

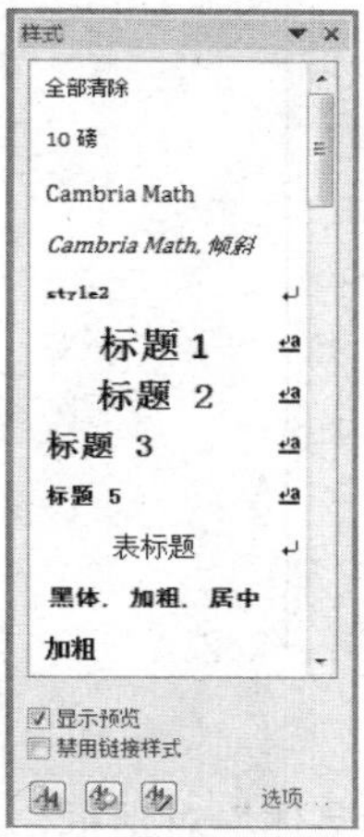

图 7-34 “样式”列表

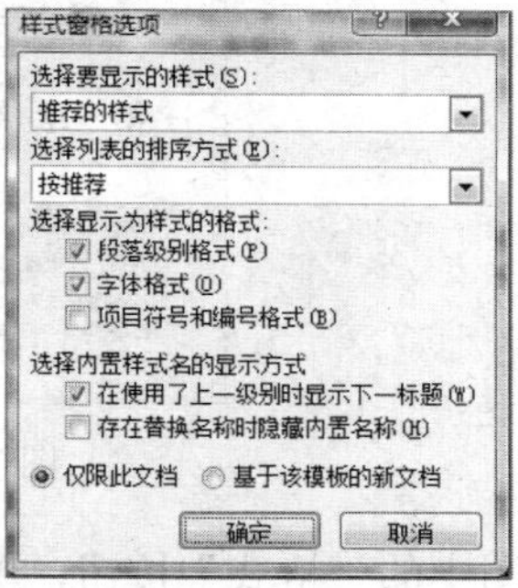

图 7-35 “样式窗格选项”对话框

⑤选定一个节标题所在行（如：1.1……），再拖动样式列表中的滚动条，找到样式“标题 2”，单击鼠标左键，完成一个章标题的设置。

⑥ 逐个选定其他节标题行，重复以上操作，完成所有章标题的设置。或者利用格式刷的功能，可以更快速高效地完成其他节标题行的格式设置。

⑦ 选定一个小节标题所在行（如：1.1.1……），再拖动样式列表中的滚动条，找到样式“标题 3”，单击鼠标左键，完成一个章标题的设置。

⑧ 逐个选定其他小节标题行，重复以上操作，完成所有章标题的设置。或者利用格式刷的功能，可以更快速高效地完成其他小节标题行的格式设置。

（9）样式的修改

要求如下：由于系统内置的标题格式与论文中要求的标题格式有一定的差异，所以需要对标题样式的格式做适当修改，对样式格式的修改会自动反映到所有应用这种样式的文字上。

① 选定第一章标题所在的行，打开图 7-36 所示的样式列表。

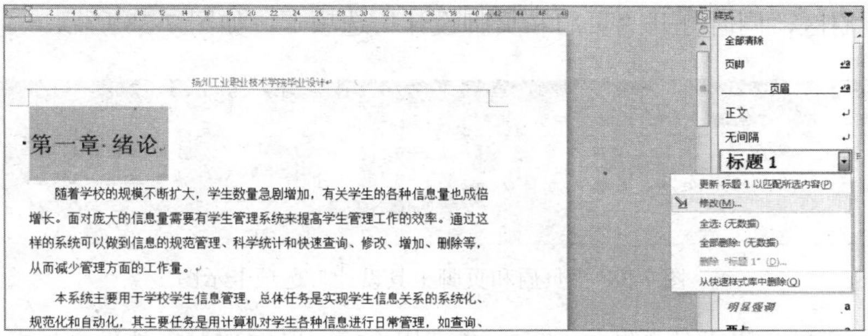

图 7-36　修改样式示图

② 单击样式列表中“标题 1”右侧的下拉箭头，选择“修改”命令，打开“修改样式”对话框，如图 7-37 所示。

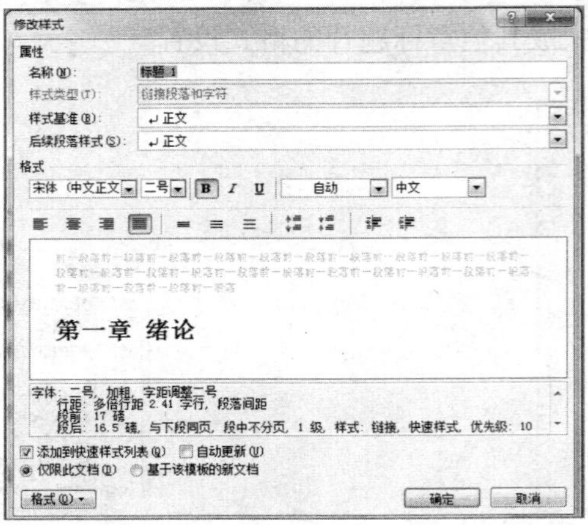

图 7-37 “修改样式”对话框

③ 单击图中的“格式”按钮，单击“字体”命令，打开“字体”对话框，设置相应的字体格式，单击“确定”以返回“修改样式”对话框。

④ 单击图中的“格式”按钮，单击“段落”命令，打开“段落”对话框，设置相应的段落格式，单击“确定”以返回“修改样式”对话框。

⑤ 单击“修改样式”对话框中的“确定”按钮，则所有章标题自动调整为所设定的格式。

⑥ 选定一个节标题所在的行，打开如图 7-36 所示的样式列表，单击样式列表中“标题 2”右侧的下拉箭头，选择“修改”命令，重复以上步骤，即可完成所有的节标题的格式调整。

⑦ 选定一个小节标题所在的行，打开如图 7-36 所示的样式列表，单击样式列表中“标题 3”右侧的下拉箭头，选择“修改”命令，重复以上步骤，即可完成所有的小节标题的格式调整。

（10）创建页眉和页码

对文档进行了分节操作的基础上完成下述操作：从“第一章 绪论”所在页面开始设置页眉和页码，页眉文字为“扬州工业职业技术学院毕业设计”，页码从 1 开始。

① 将插入点定位至“第一章 绪论”所在页面，单击“插入”选项卡。

② 单击“页眉和页脚”组中的“页眉”项，选择“编辑页眉”命令。插入点自动定位至当前页面的页眉区，同时打开“页眉和页脚设计”选项卡，如图 7-38 所示。

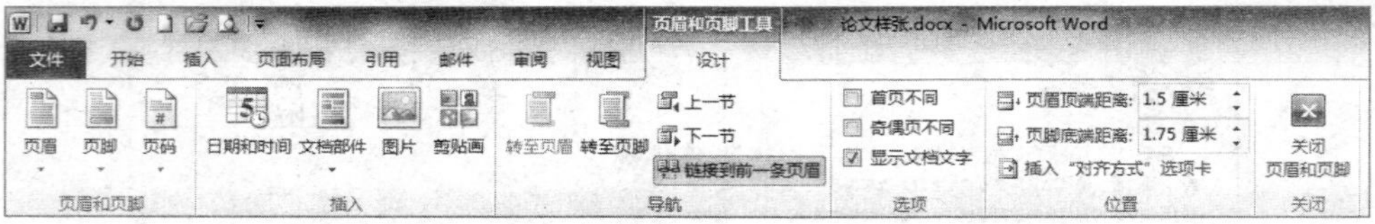

图 7-38 “页眉和页脚工具设计”选项卡示图

③ 单击“导航”组中的“链接到前一条页眉”项，以取消对它的选定。在页眉区输入页眉文字。

④ 单击“导航”组中的“转至页脚”项，将插入点到位至页脚区，居中对齐。

⑤ 再单击“导航”组中的“链接到前一条页眉”项，以取消对它的选定。

⑥ 单击“页眉和页脚”组中的“页码”项，在打开的菜单中选择“设置页码格式”命令，如图 7-39 所示，打开“页码格式”对话框。

⑦ 选定“起始页码”前的单选按钮，如图 7-40 所示，单击“确定”按钮。

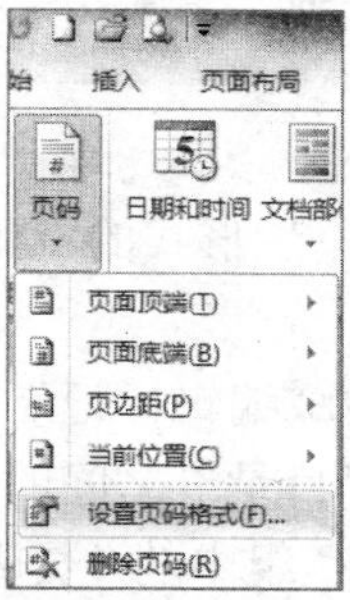

图 7-39　“页码”菜单

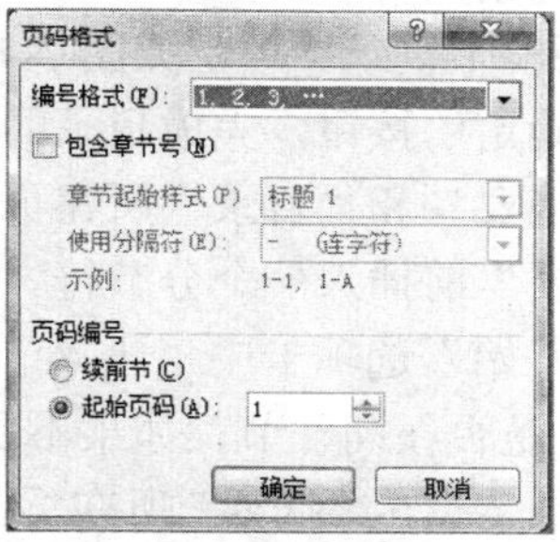

图 7-40　“页码格式”对话框

⑧ 单击“页眉和页脚”组中的“页码”项，选择“当前位置”命令。在弹出的列表中选择“普通数字”项，单击鼠标左键，完成页码设置。

⑨ 单击“关闭页眉页脚”项，完成页眉和页码的设置。

（11）生成文档目录，并将目录置于“摘要”页与“第一章 绪论”页之间。

① 在“摘要”页面最后一个段落结束标志之前插入一个分节符，Word 自动插入一个空页。

② 单击“引用”选项卡，单击“目录”组中的“目录”项，在弹出的菜单中选择“自动目录 2”，如图 7-41 所示，单击鼠标左键。

③ 将“目录”所在行设置为居中对齐，生成的文档目录如图 7-42 所示。

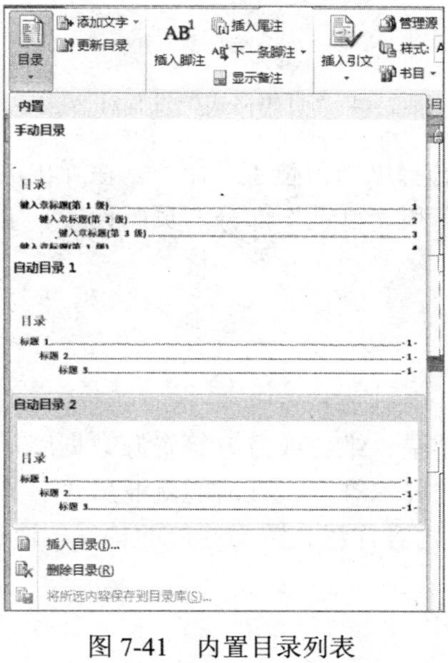

图 7-41　内置目录列表

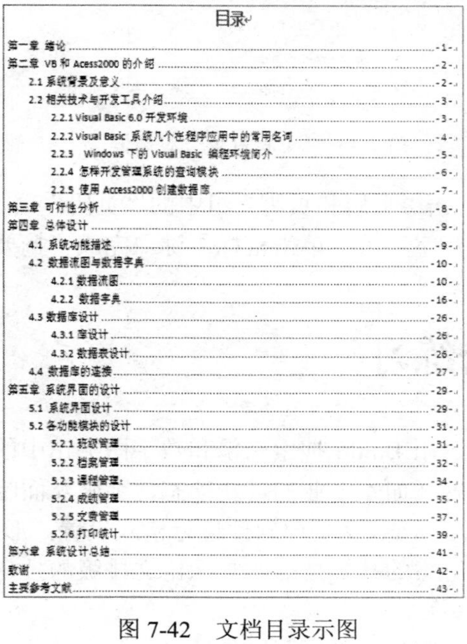
目录

图 7-42　文档目录示图

（12）更新目录

目录设置好后，如果对章节标题再进行修改，只要对目录进行更新，就可以将更新的内容快速地反应到目录上去。

① 鼠标指针指向目录区，单击鼠标右键，选择“更新域”命令，打开“更新目录”对话框，选取“更新整个目录”项，如图 7-43 所示。

② 单击“确定”按钮，完成目录的更新操作。

（13）在“摘要”和“目录”所在页面生成“I，II，III……”形式的页码。

① 在“摘要”前插入一个分节符。

② 单击“开始”选项卡中“段落”功能区中的“显示/隐藏编辑标记”按钮，查看“摘要”和“目录”是否在同一节，如果不是，则将“摘要”和“目录”之间的分节符删除。

③ 将插入点定位至“摘要”所在页面，单击“页眉和页脚”组中的“页脚”项，选择“编辑页脚”命令。

④ 再单击“导航”组中的“链接到前一条页眉”项，以取消对它的选定。

⑤ 单击“页眉和页脚”组中的“页码”项，在打开的菜单中选择“设置页码格式”命令，打开“页码格式”对话框。

⑥ 在“页码编号”中选择“起始页码”，在“编号格式”列表中选择“I，II，III……”，如图 7-44 所示，单击“确定”按钮。

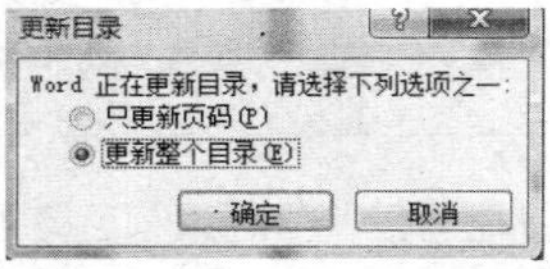

图 7-43 “更新目录”对话框

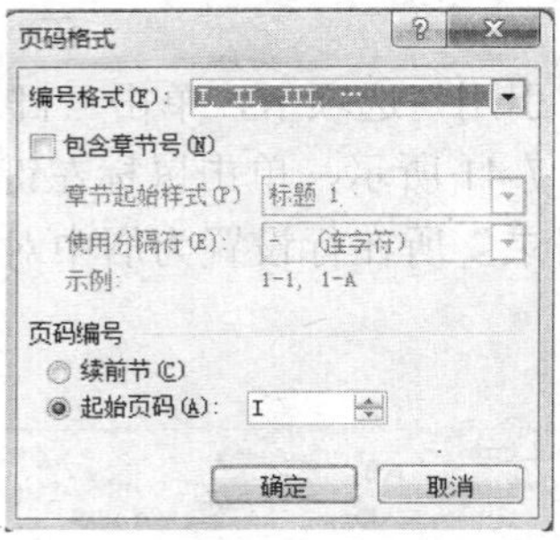

图 7-44 “页码格式”设置对话框

⑦ 单击“页眉和页脚”组中的“页码”项，选择“当前位置”命令。在弹出的列表中选择“普通数字”项，单击鼠标左键。完成“摘要”和“目录”部分的页码设置。

综合练习

综合运用 Baidu 搜索引擎和数字图书馆中的超星、维普或万方等资源数据库，获得最感兴趣的主题（如本专业的最新动态、突破及面临的技术难点、目前的就业形式等）的相关资料，并利用 Word 字处理软件进行格式设置，形成内容详尽、图文并茂的论文。通过该练习，熟悉信息检索的基本技能，掌握论文排版的技巧。

要求：

信息检索最终报告可以包括以下几个部分。

（1）分析研究课题：需要解决的问题，检索主题内容的背景分析。

（2）使用的检索工具。

（3）使用的检索方法。

（4）查找支撑主题的文献条目、记录文献线索，对其进行梳理排版。

（5）使用搜索工具的体会。

版面设置：

（1）纸张大小：A4。

（2）封面、扉页的格式与字体：自由设计发挥。

（3）具体格式要求如下。

① 论文题目：小二号，宋体加粗，居中。

② 制作论文目录。目录两字要求（宋体，小四，加粗），目录内容要求自动生成阶梯型目录，字体小四，中文宋体，英文 Times New Roman。

③ 各章节标题要求宋体，小四，加粗。

④ 各章节图采用顺序编号、表格采用顺序编号，图标均居中放置。图说明文字及图中标识文字均采用字体格式：中文宋体，英文 Times New Roman，五号字体，放置于图片下方；表说明文字及表中文字均采用字体格式：中文宋体，英文 Times New Roman，五号字体，放置于表格上方。

⑤ 其余正文全部采用小四号字，中文宋体，英文 Times New Roman。

⑥ 全文采用 1.5 倍行距。

⑦ 页边距：上，3 cm；下，2.5 cm；左，3.0 cm；右，2.5 cm；页眉标注“信息检索综合作业”，5 号宋体，居中，页脚显示页码，5 号宋居中，首页不显示页码。

综合评价：

（1）选题内容丰富，与时俱进。

（2）文章结构清晰，通过多种搜索方式获得立体材料支撑观点。

（3）充分运用多种格式，排版效果协调统一。

思考：

（1）我想到图书馆借一本高等数学习题集或者借几本小说，在偌大的书库中怎样找到我需要的书？

（2）我听说了大学生数学建模竞赛，并对此很感兴趣，想看看 2014 年全国大学生数学建模竞赛试题，怎么获得呢？

（3）我要考英语四六级，我想找一些历年的试题做一做。到哪儿能获得这些资料呢？

（4）我要写毕业论文了，需要参考一些外文资料，但这些外文资料该去哪儿找呢？

（5）我在从事某个专业相关科研课题的研究，需要全面掌握该课题国内外有关研究的背景与进展，从而保证研究成果的先进性、新颖性等，怎样才能有效获取相关信息？

习题答案及解析

第 1 章

（1）【答案】C

【解析】第 1 代计算机是电子管计算机，第 2 代计算机是晶体管计算机，第 3 代计算机主要元件是采用小规模集成电路和中规模集成电路，第 4 代计算机主要元件是采用大规模集成电路和超大规模集成电路。

（2）【答案】A

【解析】1946 年冯·诺依曼和他的同事们设计出的逻辑结构（即冯·诺依曼结构）对后来计算机的发展影响深远。

（3）【答案】C

【解析】计算机的主要特点就是处理速度快、计算精度高、存储容量大、可靠性高、工作全自动以及适用范围广、通用性强等。

（4）【答案】A

【解析】人们可以按照不同的角度对计算机进行分类，按照计算机的性能分类是最常用的方法，通常可以分为巨型机、大型机、小型机、微型机和工作站。

（5）【答案】A

【解析】计算机在现代教育中的主要应用就是计算机辅助教学、计算机模拟、多媒体教室以及网上教学、电子大学。

（6）【答案】D

【解析】计算机作为现代教学手段在教育领域中应用得越来越广泛、深入。主要有计算机辅助教学、计算机模拟、多媒体教室、网上教学和电子大学。

（7）【答案】B

【解析】十进制整数转成二进制数的方法是“除二取余”法，得出几选项的二进制数。其中 201D=11001001B，为八位。

（8）【答案】D

【解析】十进制向二进制的转换采用“除二取余”法。

（9）【答案】A

【解析】解答这类问题，一般是将十六进制数逐一转换成选项中的各个进制数进行对比。

（10）【答案】B

【解析】解答这类问题，一般都是将这些非十进制数转换成十进制数，才能进行统一的对比。非十进制转换成十进制的方法是按权展开。

（11）【答案】B

【解析】1Byte=8bits。

（12）【答案】D

【解析】1GB=1024MB，1MB=1024KB，1KB=1024B。

（13）【答案】B

【解析】总线（Bus）是系统部件之间连接的通道。

（14）【答案】C

【解析】CPU 读取和写入数据都是通过内存来完成的，其他存储器必须要通过内存才能和 CPU 交换数据。

（15）【答案】A

【解析】一般而言，外存的容量较大是存放长期信息，而内存是存放临时的信息区域，读写速度快，方便交换。

（16）【答案】A

【解析】RAM 即易失性存储器，一旦断电，信息就会消失。

（17）【答案】A

【解析】RAM 分为 SRAM（静态随机存储器）和 DRAM（动态随机存储器）两种。

（18）【答案】A

【解析】RAM 中的数据一旦断电就会消失；外存中信息要通过内存才能被计算机处理。故 B、C、D、有误。

（19）【答案】D

【解析】只读存储器（ROM）有几种形式：掩膜型只读存取器（MROM）、可编程只读存储器（PROM）和可擦除的可编程只读存储器（EPROM）等。

（20）【答案】B

【解析】为了存取到指定位置的数据，通常将每 8 位二进制组成一个存储单元，称为字节，并给每个字节编号，称为地址。

（21）【答案】B

【解析】图形扫描仪是输入设备，绘图仪和显示器是输出设备，磁盘驱动器既可以做输入设备又可以做输出设备—类似的设备还有耳麦等（耳机是输出设备，麦克风是输入设备）。

（22）【答案】D

【解析】打印机、绘图仪、显示器等是输出设备，键盘、鼠标、扫描仪是输入设备。

（23）【答案】B

【解析】硬盘的特点是整体性好、密封好、防尘性能好、可靠性高，对环境要求不高。但是硬盘读取或写入数据时不宜震动，以免损坏磁头。

（24）【答案】C

【解析】磁盘是以盘表面磁介质不同的磁化方向来存放二进制信息的，所以放在强磁场中会改变这种磁化方向，也就是破坏原有信息；磁盘放置的环境有一定的要求，例如，避免日光直射、高温和强磁场，防止潮湿，不要弯折或被重物压，环境要清洁、干燥、通风。一般的 X 射线监视仪由于射线强度较弱，也不会破坏磁盘中原有的信息。

（25）【答案】C

【解析】优盘是一种辅助存储设备，具有热插拔的功能。

（26）【答案】D

【解析】操作系统的 5 大管理模块是处理器管理、作业管理、存储器管理、设备管理和文件管理。

（27）【答案】A

【解析】单用户操作系统的主要特征就是计算机系统内一次只能为一个用户服务，缺点是资源不能充分利用，微型机的 DOS、Windows 操作系统属于这一类。

（28）【答案】C

【解析】使用高级语言编写的程序，通常称为高级语言源程序。

（29）【答案】A

【解析】将高级语言转换成机器语言，采用编译和解释两种方法。

（30）【答案】B

【解析】软件系统可分成系统软件和应用软件。前者又分为操作系统和语言处理系统，C 属于语言处理系统。

（31）【答案】C

【解析】软件系统可分成系统软件和应用软件。前者又分为操作系统和语言处理系统，A，B，D 三项应归在此类中。

（32）【答案】D

【解析】汇编语言虽然在编写、修改和阅读程序等方面有了相当的改进，但仍然与人们的要求有一定的距离，仍然是一种依赖于机器的语言。

（33）【答案】D

【解析】系统软件包括操作系统、程序语言处理系统、数据库管理系统以及服务程序。应用软件就比较多了，大致可以分为通用应用软件和专用应用软件两类。

（34）【答案】A

【解析】ASCII 码是美国标准信息交换码，被国际标准化组织指定为国际标准。

（35）【答案】B

【解析】全拼输入法和双拼输入法是根据汉字的发音进行编码的，称为音码；五笔型输入法根据汉字的字形结构进行编码的，称为形码；自然码输入法兼顾音、形编码，称为音形码。

（36）【答案】A

【解析】GB2312-80 是中国人民共和国国家标准汉字信息交换用编码，习惯上称为国际码、GB 码。

（37）【答案】D

【解析】汉字内码为了与 ASCII 码（最高位为 0）相区别，将其两个最高位均置为“1”。

（38）【答案】A

【解析】国际码=区位码＋2020H，汉字机内码=国际码＋8080H。首先将区位码转换成国际码，然后将国际码加上 8080H，即得机内码。

（39）【答案】C

【解析】选项 A：字节通常用 Byte 表示。选项 B：Pentium 机字长为 32 位。选项 D：字长总是 8 的倍数。

（40）【答案】B

【解析】计算机辅助设计的英文缩写是 CAD，计算机辅助制造的英文缩写是 CAM。

（41）【答案】C

【解析】常用的计算机辅助工程有：计算机辅助设计 CAD、计算机辅助制造 CAM、计算机辅助教学 CAI 等。

（42）【答案】A

【解析】在 ASCII 码中，有 4 组字符：一组是控制字符，如 LF，CR 等，其对应 ASCII 码值最小；第 2 组是数字 0～9，第 3 组是大写字母 A～Z，第 4 组是小写字母 a～z。这 4 组对应的值逐渐变大。

（43）【答案】A

【解析】注意，这里考核的是微型计算机的分类方法。微型计算机按照字长可以分为 8 位机、16 位机、32 位机、64 位机；按照结构可以分为单片机、单板机、多芯片机、多板机；按照 CPU 芯片可以分为 286 机、386 机、486 机、Pentium 机。

（44）【答案】B

【解析】所谓“32 位”是指计算机的字长，字长越长，计算机的运算精度就越高。

（45）【答案】B

【解析】“500”的含义即 CPU 的时钟频率，即主频，它的单位是 MHz（兆赫兹）。

（46）【答案】A

【解析】24×24 点阵的汉字字模需要存储空间：24*24/8=72B。

（47）【答案】C

【解析】计算机病毒不是真正的病毒，而是一种人为制造的计算机程序。

（48）【答案】D

【解析】计算机病毒不是真正的病毒，而是一种人为制造的计算机程序，不存在什么免疫性。计算机病毒的主要特征是寄生性、破坏性、传染性、潜伏性和隐蔽性。

（49）【答案】B

【解析】计算机病毒几乎可以在所有类型的文件中传播；盘片设置为只读不写，只能防止本盘片不被病毒感染；计算机病毒的传播途径主要是通过存储设备和网络，特别是近年来发展迅速的 Internet。

（50）【答案】C

【解析】网络是病毒传播的最大来源，预防计算机病毒的措施很多，但是采用不上网的措施显然是防卫过度。

第 6 章

（1）【答案】A

【解析】网络工作站是网络中实际为用户操作的工作平台；网络服务器为工作站提供各种

服务功能；传输介质是网络中的连接介质；网络操作系统是运行于网络服务器中的软件系统。

（2）【答案】B

【解析】调制解调器或网卡是有线方式接入 Internet 不可缺少的硬件设备。

（3）【答案】B

【解析】网络按照计算机之间的距离和网络覆盖面的不同可以划分为：局域网 LAN、城域网 MAN，广域网 WAN 等。

（4）【答案】B

【解析】网络按照计算机之间的距离和网络覆盖面的不同可以划分为：局域网 LAN、城域网 MAN，广域网 WAN 等；按照物理拓扑结构可以分为总线、星型、环型和树型等。

（5）【答案】C

【解析】OSI（开放系统互联）参考模型共分为 7 层：物理层、数据链路层、网络层、传输层、会话层、表示层和应用层；最高层是应用层，最低层是物理层。

（6）【答案】C

【解析】OSI（开放系统互联）参考模型共分为 7 层。

（7）【答案】B

【解析】网络中使用的传输介质中，抗干扰性能最好的是光缆。

（8）【答案】B

【解析】WLAN 是 Wireless Local Area Network 的简写，即无线局域网。

（9）【答案】C

【解析】调制解调器的作用是：调制器是把计算机的数字信号（如文件等）调制成可在电话线上传输的声音信号的装置；在接收端，解调器再把声音信号转换成计算机能接收的数字信号。

（10）【答案】A

【解析】Internet 是一个大型网络系统。

（11）【答案】D

【解析】Internet 提供的服务有：WWW、E-mail、Telnet、FTP 等，没有调制解调服务。

（12）【答案】A

【解析】Internet 最基础和核心的协议是 TCP/IP，FTP 是其提供的服务之一，HTTP 是 WWW 的协议方式；HTML 是超文件标记语言。

（13）【答案】B

【解析】发送电子邮件时使用的协议是 SMTP；接受邮件时使用的协议是 POP3、ICMP 或 HTTP。

（14）【答案】D

【解析】电子邮件的优点是：（1）发送速度快；（2）信息多样化；（3）收发方便高效可靠，可以在任意时间、任意地点通过服务器收发 E-mail。

（15）【答案】A

【解析】E-mail 的正确形式是“用户名@域名”。

（16）【答案】C

【解析】IP 地址与域名之间存在着对应关系，在 Internet 实际运行时域名地址由域名服务器 DNS 转换为 IP 地址，即域名服务器中存放 Internet 主机的域名与 IP 地址对照表。

（17）【答案】C

【解析】网站的主机都有一个唯一的地址，称为 IP 地址。

（18）【答案】A

【解析】微软的 IE(Internet Explorer)是目前最常用的浏览器软件。

（19）【答案】C

【解析】SNMP 协议—简单网络管理协议；SMTP 协议—邮件发送协议；TELNET 协议—远程登录协议；HTTP 协议—超文本传输协议。WWW 基于 HTTP 协议，采用标准的 HTML 语言编写。

（20）【答案】C

【解析】ftp—文件传输协议。

（21）【答案】A

【解析】统一资源定位器 URL 的格式是“协议：//IP 地址或域名 / 路径 / 文件名”，其中“路径 / 文件名”可以省略。

（22）【答案】B

【解析】IP 地址由 32 位二进制组成，每 8 个二进制位为一个字节段，共分为四个字节段。8 位二进制表示的十进制数值范围是 0~255，故 B 是非法的。

（23）【答案】B

【解析】IP 地址“202.119.2.3”属于 C 类地址（首字节数值范围为 1～127 为 A 类地址；128~191 为 B 类地址；192~223 为 C 类地址），A、B、C 三类地址默认子网掩如下：A 类—255.0.0.0；B 类—255.255.0.0；C 类—255.255.255.0。

（24）【答案】D

【解析】远程登录（Telnet)：用户在自己的机器上运行 Telnet，Rlogin 或其他程序，可以连接到另一台计算机上，作为远程用户，运行该机上的程序，使用它的信息资源。

（25）【答案】D

【解析】机构性域名中“edu”表示教育机构；“net”表示 Internet 网络经营和管理机构。

全国计算机等级考试一级 MS Office 考试大纲（2013 年版）

基本要求

1. 具有微型计算机的基础知识（包括计算机病毒的防治常识）。
2. 了解微型计算机系统的组成和各部分的功能。
3. 了解操作系统的基本功能和作用，掌握 Windows 的基本操作和应用。
4. 了解文字处理的基本知识，熟练掌握文字处理 MSWord 的基本操作和应用，熟练掌握一种汉字（键盘）输入方法。
5. 了解电子表格软件的基本知识，掌握电子表格软件 Excel 的基本操作和应用。
6. 了解多媒体演示软件的基本知识，掌握演示文稿制作软件 PowerPoint 的基本操作和应用。
7. 了解计算机网络的基本概念和因特网（Internet）的初步知识，掌握 IE 浏览器软件和 Outlook Express 软件的基本操作和使用。

考试内容

一、计算机基础知识

1. 计算机的发展、类型及其应用领域。
2. 计算机中数据的表示、存储与处理。
3. 多媒体技术的概念与应用。
4. 计算机病毒的概念、特征、分类与防治。
5. 计算机网络的概念、组成和分类；计算机与网络信息安全的概念和防控。
6. 因特网网络服务的概念、原理和应用。

二、操作系统的功能和使用

1. 计算机软、硬件系统的组成及主要技术指标。
2. 操作系统的基本概念、功能、组成及分类。

3．Windows 操作系统的基本概念和常用术语，文件、文件夹、库等。

4．Windows 操作系统的基本操作和应用：

（1）桌面外观的设置，基本的网络配置。

（2）熟练掌握资源管理器的操作与应用。

（3）掌握文件、磁盘、显示属性的查看、设置等操作。

（4）中文输入法的安装、删除和选用。

（5）掌握检索文件、查询程序的方法。

（6）了解软、硬件的基本系统工具。

三、文字处理软件的功能和使用

1．Word 的基本概念，Word 的基本功能和运行环境，Word 的启动和退出。

2．文档的创建、打开、输入、保存等基本操作。

3．文本的选定、插入与删除、复制与移动、查找与替换等基本编辑技术；多窗口和多文档的编辑。

4．字体格式设置、段落格式设置、文档页面设置、文档背景设置和文档分栏等基本排版技术。

5．表格的创建、修改；表格的修饰；表格中数据的输入与编辑；数据的排序和计算。

6．图形和图片的插入；图形的建立和编辑；文本框、艺术字的使用和编辑。

7．文档的保护和打印。

四、电子表格软件的功能和使用

1．电子表格的基本概念和基本功能，Excel 的基本功能、运行环境、启动和退出。

2．工作簿和工作表的基本概念和基本操作，工作簿和工作表的建立、保存和退出；数据输入和编辑；工作表和单元格的选定、插入、删除、复制、移动；工作表的重命名和工作表窗口的拆分和冻结。

3．工作表的格式化，包括设置单元格格式、设置列宽和行高、设置条件格式、使用样式、自动套用模式和使用模板等。

4．单元格绝对地址和相对地址的概念，工作表中公式的输入和复制，常用函数的使用。

5．图表的建立、编辑和修改以及修饰。

6．数据清单的概念，数据清单的建立，数据清单内容的排序、筛选、分类汇总，数据合并，数据透视表的建立。

7．工作表的页面设置、打印预览和打印，工作表中链接的建立。

8．保护和隐藏工作簿和工作表。

五、PowerPoint 的功能和使用

1．中文 PowerPoint 的功能、运行环境、启动和退出。

2．演示文稿的创建、打开、关闭和保存。

3．演示文稿视图的使用，幻灯片基本操作（版式、插入、移动、复制和删除）。

4．幻灯片基本制作（文本、图片、艺术字、形状、表格等插入及其格式化）。

5．演示文稿主题选用与幻灯片背景设置。

6．演示文稿放映设计（动画设计、放映方式、切换效果）。

7．演示文稿的打包和打印。

六、因特网（Internet）的初步知识和应用

1．了解计算机网络的基本概念和因特网的基础知识，主要包括网络硬件和软件，TCP/IP 协议的工作原理，以及网络应用中常见的概念，如域名、IP 地址、DNS 服务等。

2．能够熟练掌握浏览器、电子邮件的使用和操作。

考试方式

1．采用无纸化考试，上机操作，考试时间为 90 分钟。

2．软件环境：Windows 7 操作系统，Microsoft Office2010 办公软件。

3．在指定时间内，完成下列各项操作：

（1）选择题（计算机基础知识和网络的基本知识）。（20 分）

（2）Windows 操作系统的使用。（10 分）

（3）Word 操作。（25 分）

（4）Excel 操作。（20 分）

（5）PowerPoint 操作。（15 分）

（6）浏览器（IE）的简单使用和电子邮件收发。（10 分）

参考文献

[1] 朱凤明，王如荣．计算机应用基础（Windows 7+Office 2010）[M]．北京：化学工业出版社，2013．
[2] 朱凤明，秦久明．计算机应用基础[M]．北京：电子工业出版社，2007．
[3] 朱凤明，范民红．计算机应用基础情境教程[M]．北京：西苑出版社，2011．
[4] 教育部考试中心．全国计算机等级考试一级教程—计算机基础及 MS Office 应用（2013 版）[M]．北京：高等教育出版，2013．
[5] 郑德庆．计算机应用基础（Windows 7+Office 2010）[M]．北京：中国铁道出版社，2011
[6] 高万萍，吴玉萍．计算机应用基础教程（Windows 7，Office 2010）[M]．北京：清华大学出版社，2013．
[7] 张俊才．计算机应用基础（Windows 7+Office 2010）[M]．大连：东软电子出版社，2011．
[8] 彭爱华，刘晖，王盛．Windows 7 使用详解[M]．北京：人民邮电出版社，2012．
[9] 位元科技．Windows 7 完全使用详解[M]．北京：电子工业出版社，2011．
[10] 谢希仁．计算机网络（第 6 版）[M]．北京：电子工业出版社，2013．